굿필링

미생물이 들려주는
생명과 건강의 새로운 이야기

컷필링

미생물이 들려주는
생명과 건강의 새로운 이야기

초판 인쇄 2025년 8월 20일
초판 발행 2025년 8월 30일

지은이 | 알레시오 파사노, 수지 플래허티
옮긴이 | 김규원, 김우영
펴낸이 | 김태화
펴낸곳 | 파라사이언스 (파라북스)
기획편집 | 전지영
디자인 | 김현제

등록번호 | 제313-2004-000003호   등록일자 | 2004년 1월 7일
주소 | 서울특별시 마포구 와우산로29가길 83 (서교동)
전화 | 02) 322-5353   팩스 | 070) 4103-5353

ISBN 979-11-88509-90-4 (93470)

* 파라사이언스는 파라북스의 의학·과학 분야 전문 브랜드입니다.
* 값은 표지 뒷면에 있습니다.

GUT FEELINGS: The Microbiome and Our Health by Alessio Fasano, Susie Flaherty
Copyright © 2021 by Massachusetts Institute of Technology All rights reserved.
This Korean edition was published by PARABOOKS.CO., LTD. in 2025 by arrangement with The MIT Press through KCC(Korea Copyright Center Inc.), Seoul.

이 책은 (주)한국저작권센터(KCC)를 통한 저작권자와의 독점계약으로 (주)파라북스에서 출간되었습니다. 저작권법에 의해 한국 내에서 보호를 받는 저작물이므로 무단 전재와 복제를 금합니다.

것필링

미생물이 들려주는
생명과 건강의 새로운 이야기

알레시오 파사노, 수지 플래허티 지음
김규원, 김우영 옮김

Gut
Feelings

The Microbiome and
Our Health

파라사이언스

차례

프롤로그 … 6

Part 1 미생물의 지혜

Chapter 1 진화생물학으로 설명하는 세균의 적응력 … 12
Chapter 2 조상 마이크로바이옴 … 32
Chapter 3 인간 마이크로바이옴에 영향을 미치는 초기 요인들 … 62
Chapter 4 코드 해독하기: 인간게놈에서 인간 미생물군집까지 … 95
Chapter 5 세균을 넘어서: 다른 "옴스(Omes)" … 119
Chapter 6 마이크로바이옴 가설: 마이크로바이옴의 후성유전학적 역할 … 150

Part 2 질병에서 마이크로바이옴의 역할

Chapter 7 마이크로바이옴과 염증성 장질환 … 184
Chapter 8 마이크로바이옴과 비만 … 206
Chapter 9 마이크로바이옴과 자가면역 … 228
Chapter 10 마이크로바이옴과 신경 및 행동 장애 … 259
Chapter 11 마이크로바이옴과 환경성 장병증 … 282
Chapter 12 마이크로바이옴과 암 … 296

Part 3 건강 유지를 위한 마이크로바이옴의 조작

Chapter 13   연관성에서 인과관계로: 질병 발생에서 마이크로바이옴 구성과
기능에 대한 새로운 접근 방식 ⋯ 316

Chapter 14   예방 의학: 질병 예측 및 차단을 위한
마이크로바이옴 모니터링 ⋯ 338

Chapter 15   질병 치료법: 프리바이오틱스, 프로바이오틱스, 신바이오틱스,
포스트바이오틱스 ⋯ 372

Chapter 16   장-뇌 축 질환의 마이크로바이옴 연구: 사이코바이오틱스 ⋯ 409

Chapter 17   인공지능, 합성생물학, 그리고 마이크로바이옴 ⋯ 419

Chapter 18   노년기까지 회복력 있는 마이크로바이옴의 유지 ⋯ 439

에필로그: 마이크로바이옴 연구가
우리의 미래를 위해 중요한 이유 ⋯ 452

감사의 말씀 ⋯ 471
역자 후기 ⋯ 473
주석 ⋯ 477
찾아보기: 인명 및 고유 명사 ⋯ 514
      일반 용어 ⋯ 520

프롤로그

건강과 질병에서 인간 미생물의 잠재적 역할을 더 잘 이해하기 위해 미생물 세계로의 여정에서 우리가 어디까지 왔고, 현재 어디에 있으며, 어디로 가고 있는지 살펴보자. 얼마 전까지만 해도 미생물이 감염성 질환의 원인이라고 확신하며 숙주-미생물 상호작용에 관한 연구에 집중했다.

일부 질병이 미생물에 의해 발생한다는 전염병의 세균 이론은 1546년 지롤라모 프라카스토로Girolamo Fracastoro에 의해 처음 공식화되었다. 그의 이론은 콜레라나 "흑사병"과 같은 풍토병이 유해한 형태의 "나쁜 공기" 때문이라는 훨씬 더 널리 알려지고, 거의 보편적으로 받아들여진 갈레노스고대 로마시대 의사의 포말전염설에 도전하는 것이었다. 14세기 중반 유라시아와 북아프리카 전역에서 예르시니아 페스티스균Yersinia pestis에 의해 발생한 전염병인 흑사병은 7,500만 명에서 2억 명에 이르는 사람들을 죽음으로 몰고 갔다.

프란체스코 레디Francesco Redi, 아고스티노 바시Agostino Bassi, 이그나츠 섬멜바이스Ignaz Semmelweis, 존 스노우John Snow 등의 선구적인 연구는 루이 파스퇴르Louis Pasteur와 로버트 코흐Robert Koch의 중요한 발견으로 이어져 세균 이론을 확인했을 뿐만 아니라 세균학 및 전염병이라는 새로운 과학 분야를 확립하는 데 기여했다. 그 이후로 인류는 감염병을 효율적으로 치료하기 위해 미생물을 박멸하려는 미생물과의 전쟁을 벌여왔다. 미생물은 대량살상무기(항생제)를 개발하고 대비하였다가 어떤 대가를 치르더라도 무차별적으로 무찔러 없애야 하는 고약한 적이라는 개념이 확립되었고, 이런 생각은 지금도 많은 사람의 머릿속에 남아 있다.

그러나 이제 질병 발병과 예방의 전체 분야에서 미생물 생태계가 인간의 건강 상태를 유지하는 데 중요한 역할을 하며, 미생물 생태계가 교란되면 유전적 소인이 있는 개인에게 일련의 질병을 유발할 수 있다는 새로운 발견의 혁명이 일어났다. 인간게놈의 해독에 이어 인간 마이크로바이옴의 복잡성을 이해하게 되면서 우리는 인간이 매우 풍부한 미생물 환경에 둘러싸여 있다는 사실을 깨닫게 되었다.

이전에는 이 미생물 생태계의 구성원 중 인간 주변에 사는 미생물의 5%만 배양하여 그 정체를 확인할 수 있었다. 그러나 이제는 마이크로바이옴뿐만 아니라 그 구성 요소인 '바이러스군', '기생충군', '곰팡이군' 등을 밝혀낼 수 있는 도구를, 불과 5년 또는 10년 전만 해도 꿈도 꾸지 못했던 과학기술을 갖추게 되었다.

그리고 호전적인 사람이 있듯이 우리를 병들게 할 수 있는 호전적인 미생물도 있다는 사실을 깨달았다. 최근 코로나19 팬데믹의 원인이 된 SARS-COV-2 바이러스가 그 호전적인 예이다. 하지만 숙주와 평화롭게 공생하며 살아가는 우호적인 균도 있다는 사실을 주목해야 한다. 우리 자신과 마이크로바이옴 사이의 이러한 상호작용에 대해 더 많이 알수록 질병을 예측하고 질병의 발병을 이해하는 데 더 가까워질 것이다.

이 담대한 미생물과 그 서식지에 관한 새로운 세계를 더 깊이 파헤치기 전에 우리 자신의 종에 대해 살펴보자. 먼저 이 질문에 답해 보자. 인류의 역사를 통틀어 탐구자의 가장 고집스러운 특성은 무엇일까? 철학, 지리학, 과학, 항공학, 로큰롤의 역사 등 어떤 분야이든 그 분야의 연구자에 대해 생각해 보자. 인간이 특정 질문에 대한 답을 찾는 모든 분야에 대해 고심해 보자. 이 모든 탐구의 영역에서 공통 분모는 무엇일까? 바로 지적 호기심이다.

인류가 아프리카 대륙을 넘어 지구 반대편으로 이동해 살기 시작한 이래로 호기심, 즉 탐험에 대한 충동은 인간에게 동기를 부여하는 원동력이었다. 크리스토퍼 콜럼버스는 이름 없는 폴리네시아 뱃사람들이 새로운 땅에 정착하기 위해 먼 거리를 여행했던 것처럼 아메리카 대륙의 해안을 탐험하고 싶었다.

인간은 언제나 탐험가였다. 마젤란부터 콜럼버스까지, 실크로드 여행부터 아마존 유역 횡단까지 탐험은 인류 역사를 깊고 풍부하게 만들었다. 우리 인간은 연구선으로 개조된 영국의 지뢰 제거선인 자크 쿠스토의 칼립소 호와 같이 대륙의 끝을 지나 대양을 탐험했다. 여기에 멈추지 않고 인간은 해양 탐험과 함께 우주 탐험에 대한 끊임없는 열망이 생겨나서, 이제 우리는 화성을 탐험하고 있다.

우리는 새로운 개척지와 새로운 외계 세계를 찾고자 하는 호기심과 깊은 욕구로 움직인다. 무엇이 우리를 탐험으로 이끄는 걸까? 우리는 진정으로 혼자인지, 지구가 유일한 거주 행성인지 확인하려고 하는 것일까? 우리는 우리가 거대한 우주의 작은 부분인 것을 알고 있으며, 우리 혼자서는 여기 있을 수 없는 것 같다. 그렇다면 우리는 무엇을 찾고 있을까?

새로운 문명의 가능성을 추구할 때 우리는 무엇을 찾기를 희망할까?

외계인이 우리와 닮은 외모를 가지고 있고, 우리와 같은 도구나 관용구를 사용할 수 있을까? 기괴한 생물체와 사이버 괴물이 등장하는 환상적인 우주 문학작품과 영화를 생각해 보자. 우리는 경계 너머의 미지 영역을 찾기 위해 상상 속에서 믿을 수 없는 많은 여러 생명체를 꿈꿔왔다.

우리가 인간 마이크로바이옴이라고 부르는 이 놀라운 생태계가 바로 최근에 알려진 새로운 개척지다. 우리는 지금까지 가장 매혹적이고 복잡하며 정교한 문명이 우리 안에 살고 있는데도 이를 인식하지 못하고 먼 곳에서 새로운 문명을 찾아 헤맸다. 우리 몸은 미생물이 서식하는 거대한 세계이며, 이 미생물은 다른 신체나 환경으로 이동해 우리 몸에서 다른 세계로 이동할 수 있다. 미생물도 우리처럼 성장하고, 우리처럼 상호작용하며, 우리처럼 소통한다. 그들의 유전적 언어는 여러 면에서 우리와 유사하다. 그들은 또한 그들의 세계에서 무슨 일이 일어나고 있는지 그들의 대사 언어로 우리에게 말해주고 있다.

수백만 년 동안 진화하는 동안 그들은 인간 숙주를 매우 주의 깊게 조사해 우리와 소통할 방법을 찾아냈다. 그들은 우리 몸의 해부 구조와 생리 현상, 우리의 강점과 약점, 그리고 우리가 필요로 하는 것과 생물학적 목표를 매우 명확하게 이해하게 되었다. 그리고 우리가 누구인지, 인간이 어떻게 기능하는지 알기 위한 모든 커뮤니케이션 라인을 마침내 구축하였다.

그러나 이와 반대로 우리는 입주자인 미생물에 대해 아는 것이 거의 없다. 아주 부분적으로는 이해하지만, 대부분은 알지 못한다. 우리의 과제는 이러한 지식의 격차를 줄이는 것이다. 이제 우리는 이 새로운 세계를 발견했고, 이 동거인에 대해 더 많이 배우고 더 친근하게 소통할 기회를 얻게 되었다.

우리는 미생물을 적으로 보는 근시안적인 시각에서 우리 자신의 생존을 위해 존중하고 함께해야 하는 문명을 가진 존재라는 관점으로 태도를 바꾸어야 한다. 그렇게 하여 과학과 의학의 패러다임 전환으로 이어져 이전에는 불가능했던 질병을 치료하고 예방하는 새로운 방법을 열어줄 과학 혁명이 시작될 수 있을 것이다. 이 책의 목표는 독자들이 우리가 또다른 과학 혁명의 여명기에 있다는 사실을 이해하도록 돕는 것이다.

신종 코로나바이러스가 전 세계적인 팬데믹을 일으키며 국제 공중보건 대응과 세계 경제를 심각하게 테스트하기 전에 이 책의 집필을 완료했다. 일부 섹션에 코로나19에 관한 자료를 추가했지만, 점차 공중보건 및 연구 환경이 급변할 것이다. 이 책이 출간되는 시점 이후에도 제약기업의 참여와 사려 깊은 세계 지도자들의 지원 속에 국제 연구 커뮤니티의 협력적이고 신속한 대응을 통해 효과적인 치료법과 백신 후보를 계속 개발하기를 바란다.

Part 1
미생물의 지혜

Chapter 1
진화생물학으로 설명하는 세균의 적응력

지구 최초의 생물

약 40억 년 전 지구에 최초로 등장한 미생물은 전 세계 곳곳으로 빠르게 퍼져나갔다. 그린란드의 해빙 중인 눈 속에서부터 서호주의 화산 먼지에 이르기까지 과학자들은 초기 미생물의 어디에나 존재하고 끈질긴 생명력을 관찰해 왔다. 과학자들은 아주 작은 유기체 하나가 우리의 물리적 환경에 미칠 수 있는 엄청난 영향력을 오랫동안 확인했다. 한 예로, 최근 그린란드 서부에서 발견된 한 종의 시아노세균cyanobacteria이 그린란드 빙상의 어두워짐을 가속화하고 있는 것으로 보인다. 이 미생물은 먼지와 그을음을 뭉치게 해서 어두운 색깔을 띠게 하면서 북반구에서 가장 큰 빙체가 더 빨리 녹는 원인이 되고 있다.[1]

혹독한 환경에서도 살아남을 수 있는 또 다른 극한성 미생물 그룹은 캄차카반도 끝자락에서 연구되었다. 환태평양 조산대의 이 화산 지역에서는 대부분의 생명체가 상상할 수 없는 조건에서 살아남았다.[2] 핵이 없는 단세포 미생물인 고균은 세균이나 진핵생물 영역과 구별되는 뚜렷한 생물체 영역을 차지한다(아래 참조). 이 미생물은 장관을 이루는 화산, 간헐천, 온천의 산성이나 고온의 환경에서도 발견된다.

그리스어로 '오래된 것'을 뜻하는 고균Archaea은 지구상에서 가장 오래된 생물이며 산소 대신 유황을 먹고 자란다. 과학자들은 이 원시 생물이 고온에서도 생명을 유지할 수 있는 비결을 규명하기 위해 노력하고 있다. 한 연구팀은 태평양 해저 깊숙이 있는 열수 배출구에서 130℃에서 2시간 동안 생존할 수 있는 고균 군집을 발견했다.[3] 그리고 2012년 미국 콜로라도 대학 볼터 캠퍼스의 과학자들은 남미 화산에서 영하 10℃에서 영상 56℃의 온도 범위에서 높은 자외선을 받으면서도 생존하는 세균, 진균, 고균을 새롭게 확인했다.[4]

연구자들은 현재의 과학적 이론에 따라 지구가 생성된 지 얼마 되지 않은 약 40억 년 전의 미생물 화석을 분류했다. 특히 알파인 미생물 관측소의 설립자인 스티브 슈미트Steve Schmidt는 지구 위의 황폐하고 열악한 곳, 또 그 너머의 지역을 추적하는 신세대 미생물 사냥꾼 중 한 명이다. 슈미트는 전 세계의 다른 과학자들과 협력하여 남극의 코어 얼음 샘플을 깨고 극한 환경에서 미생물 공동체가 정착하는 데 단서를 제공하는 극저온 생명체 주머니인 크라이오코나이트cryoconites를 연구하고 있다. 그 결과, 남극 테일러 밸리Taylor Valley의 세 지점에서 채취한 단일 가닥 DNA 바이러스의 특성을 분석해, 그 중 맥머도 드라이 밸리McMurdo Dry Valleys 지역의 담수 숙주에서 "독특한 지역 바이러스군 unique regional virome"의 존재를 확인했다.[5]

아주 오래전에 발생한 대기와 기후의 급격하고 지속적인 변화를 고려할 때, 이러한 갑작스러운 지구환경의 변화에 적응하기 위해서는 상당한 유전적 유연성이 필요했을 것이다. 그러므로 **빠르게 적응하는 능력**이 뛰어난 것으로 알려진 미생물이 지구에 가장 먼저 식민지를 형성한 생명체일 가능성이 높다는 것은 놀라운 일이 아니다. 지구의 초기 대기에는 산소가 부족했기 때문에 대부분의 미생물은 혐기성으로 산소 없이도 생존할 수 있었다.

진핵생물의 진화

원핵생물의 생활양식을 특징짓는 뛰어난 적응력을 더 완벽하게 이해하려면 원핵생물과 진핵생물의 진화적 측면을 먼저 살펴볼 필요가 있다. 우리가 세균이라고 부르는 생명체가 속하는 원핵생물은 핵이 없는 단세포 유기체이다. 진화 과정에서 볼 때 곰팡이, 식물, 동물을 포함하는 다세포 생물인 진핵생물의 발달에 선행한 것으로 보인다. 지금까지 진화의 역사는 주로 진핵생물에 초점을 맞추어 서술됐으며, 가장 오래되고 다양한 생물의 집합체인 미생물은 간과되었다. 이는 우리가 진화 생물학에 대한 전모를 파악하는 데 많은 제약이 되었다.

대부분 진핵생물의 진화 경로는 한 종이 환경 변화의 압력을 받아 적응적 유전적 변화를 서서히 축적하는 점진적인 과정인 아나게네시스 anagenesis로 정의된다. 결국 수천 년 또는 수백만 년이 지나면 새로운 종이 우세해지면서 원조 종은 멸종하게 된다.

아나게네시스의 대표적인 예는 '새벽 말dawn horse'[6]이라는 뜻의 에오히푸스Eohippus라는 작은 포유류가 진화의 여정을 시작한 것이다. 키가 30~50cm인 작은 동물로 아치형 등에 짧은 목과 주둥이, 긴 꼬리를 가졌다. 수천만 년에 걸쳐 연쇄적으로 일어난 종의 변화가 에오히푸스에서 현대의 말인 에쿠스까지 진화를 이끌었다. 가장 눈에 띄는 진화적 변화는 동물의 전체 크기와 하반신의 극적인 변화였다.

약 5,600만 년 전 에오히푸스는 대개 숲과 정글 환경에서 살며 주로 나뭇잎을 먹었다. 하지만 시간이 지남에 따라 현재 말이 속하는 말과 family의 동물들이 선호하는 서식지는 숲에서 평원으로 바뀌었다. 평원의 넓고 탁 트인 공간을 돌아다니면서 말들은 몸집이 커지면서, 작은 포식동물이 덤벼들지 못하고, 다른 큰 동물보다 더 빨리 달릴 수 있게 되었다. 이와 같이 현대 말의 조상은 숲에서 평원으로 서서히 적응하면서 발가락들이 사라지고 하나의 발굽으로 바뀌게 되었다.

원핵생물의 진화

앞의 아나게네시스와 달리 원핵생물에만 국한된 것은 아니지만, 클라도게네시스 cladogenesis는 모종이 진화적으로 두 개의 다른 종으로 분리되어 '계통분기 clade'를 형성하는 것이다. 이러한 진화는 일반적으로 소수의 생명체가 새로운, 종종 멀리 떨어진 지역으로 이동하거나 환경 변화로 인해 여러 생물종이 멸종하고 살아남은 생물종에게 새로운 생태적 틈새가 열릴 때 발생한다.

미생물의 계통수 분석에 따르면 거시적 진화주요 진화적 변화는 원핵생물과 진핵생물 사이에서 다를 수 있음을 시사한다. 또한 생물체 간의 진화 관계를 나타내는 도표인 계통수는 원핵생물과 일부 미생물 진핵생물이 시간에 따라 계통 간에 일정한 비율의 클라도게네시스가 예상됨을 보여준다.

그러나 원핵생물과 많은 진핵생물 사이에 거시적 진화의 역동성에서 발견되는 주요 차이점은 적어도 두 그룹 간에 박테리오파지가 매개하는 수평적 유전자 전달의 빈도 차이에 기인한다. 진핵생물 내에서 유전자 전달은 전부는 아니지만 수평적으로는 드물고 주로 수직적으로 이루어지며, 이는 오랜 기간에 걸쳐 같은 계통 간에 유전적 변이가 출현할 수 있게 하는 특성으로, 빠른 적응에는 적합하지 않다.

그에 비해 원핵생물의 수평적 유전자 전달은 급격한 환경 변화에 대응한 유전적 변이를 일으킬 수 있어 계통분기의 속도를 증가시킬 수 있다. 이런 차이점을 고려할 때, 거시적 진화에서 진핵생물은 주요 혁신의 상대적 독점성을 나타내는 반면 원핵생물은 좀 더 제약없는 특성을 나타낼 수 있다.

행복한 운명적 우연의 혜택을 누리는 인간

바다와 대기 중에 산소가 등장하면서 초기 혐기성 미생물과 나중에 미토콘드리아로 알려진 다른 단세포 미생물 사이에 공생 관계가 형성되었다. 이 미토콘드리아는 세포 내 특수 구조물로서 세포가 생존하는 데 필요한 대부분 에너지를 생산하는 세포의 '엔진' 역할을 한다.

이러한 두 종류의 미생물 간의 상호작용은 소위 '단순한' 단세포 또는 단세포 유기체 간의 상호작용으로, 상호 유익한 관계를 발전시킴으로써 진화적으로 우위를 점할 수 있음을 보여주는 최초의 사례로 볼 수 있다. 세포 내 공생관계를 이루면서 미토콘드리아는 침입한 세균 숙주의 대사 경로에 접근할 수 있게 되었고, 이는 미토콘드리아의 발달에 큰 영향을 미치게 되었다.

동시에 세균은 미토콘드리아 효소에 의한 포도당 분해인 해당 작용을 통해 에너지 생산을 극대화할 수 있는 엄청난 이점을 얻게 되었다. 혐기성 조건에서 하나의 포도당 분자가 산화되면 세포에서 에너지를 저장하고 전달하는 분자인 아데노신 5-삼인산(ATP)$^{\text{adenosine 5-triphosphate}}$이 약 2몰^{mole} 생성된다.

그러나 미토콘드리아와의 공생에 의한 유산소 조건에서는 포도당 분자 1개에서 생성되는 ATP가 32몰로 치솟는다. 즉 산소가 추가되면 ATP 생산이 16배 더 효율적으로 이루어진다. 이와 같이 지구 생명체 발달의 초기 단계에서도 서로 힘을 합치고 협력하는 것은 양쪽 모두에게 엄청난 이점을 가져다주었으며, 이는 오늘날 공생 세균과 다른 미생물 사이뿐만 아니라 동물과 인간 공동체의 사례에서도 여전히 유효한 현상이다.

전쟁을 치를 것인가, 아니면 공존을 배울 것인가?

다음 진화 단계는 거의 20억 년 전에 단세포 생물이 다세포 생물로 발전하면서 일어났다. 어떻게 이런 일이 일어났는지는 최근까지 미스터리였는데, 이제 일본 연구진이 그 실마리를 찾은 것 같다. 과학자들은 진화의 길을 따라 선조들이 있었을 것이라는 사실을 오랫동안 알고 있었다.[7] 하지만 화석 기록을 보면 복잡한 다세포 생물은 갑자기 나타난 것일 뿐이다. 일본 과학자들이 태평양 해저에서 발견한 새로운 종인 칸디다투스 프로메테오아르케움 신트로피쿰 균주Candidatus Prometheoarchaeum syntrophicum strain MK-D1은 모든 동물, 식물, 곰팡이, 그리고 물론 인간의 기원을 설명하는 데 도움이 되는 과도기적 형태인 것으로 밝혀졌다.

초기 다세포 유기체의 가장 설득력 있는 예 중 하나는 소수의 세포로만 구성된 고대 회충인 예쁜꼬마선충Caenorhabditis elegans이다. 호흡기나 신경계는 없지만, 이 다세포 진핵생물은 모든 생명체의 가장 중요한 목표인 종 보존이라는 주요한 선택지를 잘 보여준다. 다세포 생활방식과 단 8개의 세포로만 위장 시스템을 구성하는 예쁜꼬마선충C. elegans은 에너지 수확의 효율성을 한 단계 끌어올릴 수 있다.

그러나 이러한 기본적이고 초보적인 다세포 유기체에서도 에너지 수확과 번식의 최적화는 또 다른 공생의 예에 크게 의존한다. 실제로 이러한 동물의 장은 세균이 서식하지 않으면 최상의 기능을 발휘할 수 없다. 벌레, 공룡, 인간 등 지구상에 미생물과의 공진화 없이 존재할 수 있는 다세포 생명체는 존재하지 않는다. 하나의 미생물이 북반구에서 가장 큰 얼음 생태계에 영향을 미칠 수 있는 것처럼, 하나의 미생물이 인간 생태계에 막대한 영향을 미칠 수 있다.

물론 현재 우리가 노출된 다양한 미생물 생태계에 대한 이해는 아직 초기 단계에 머물러 있다. 그럼에도 토양, 바다, 샘과 강, 화산, 대기, 식물과 동물 등 다양한 서식지에서 발견되는 미생물을 별개의 생태계로 조사해 보면 이들이 구획되고 완전히 분리된 생태계가 아니라는 사실이 분명하고 직관적으로 드러난다. 대신 토양에서 인간으로, 인간에서 물로, 공기로 미생물이 지속해서 교환된다. 그러므로 인간의 마이크로바이옴과 그것이 건강과 질병에 미치는 영향을 이해하려면 지구 생태계 전체를 하나의 연속적인 생명순환으로 간주해야 한다.

'미생물 실종' 가설

이러한 인간과 미생물 간의 진화적 공동 적응에서 벗어나는 것이 건강에 미치는 영향을 이해하려면 인간과 마이크로바이옴의 공생 관계의 진화적 경로를 이해해야 한다. 우리는 인간 마이크로바이옴, 특히 장내 마이크로바이옴의 구성과 기능이 인간의 주거, 생활 방식, 식단 등 다양한 요인에 의해 영향을 받는다는 것을 알고 있다. 사람마다 각기 다른 마이크로바이옴을 가지고 있지만, 연구자들은 전 세계의 인간 마이크로바이옴을 연구하여 특정 경향을 확인했다.

예를 들어, 선진국 사람들의 장내 마이크로바이옴은 비서양 국가 사람들의 장내 마이크로바이옴에 비해 15~30% 더 적은 종을 포함하고 있는 것으로 나타났다. 생활 방식의 명백한 차이 외에도 이러한 차이를 설명하려는 몇 가지 이론이 있다. 한 가지 제안은 2014년 마틴 블레이저Martin Blaser가 제시한 '미생물 실종Missing Microbes' 가설이다. 그는 항생제 치료로 인해 조상 미생물군에서 특정 세균 종의 손실이 발생하여 초기 생애에 일어나는 면역, 대사 및 인지 발달의 맥락이 바뀌었고 그 결과 만성염증성 질환이 증가했다고 이론화했다.[8] 하지만 이 미생물 실종 이론은 어떤 전제에 기초하고 있을까?

2장에서는 블레이저의 이론을 좀 더 자세히 살펴보고 고대 마이크로바이옴과 현대 마이크로바이옴을 비교 분석해볼 것이다. 멸종된 마이크로바이옴 이론이 맞는다고 가정하면, 정의상 오늘날 살아있는 어떤 인간도 '조상' 마이크로바이옴을 가지고 있지 않다.

이러한 가설을 증명하기 위해 과학자들은 인간 미라의 유골과 공생체화석화된 배설물의 마이크로바이옴 구성에 대해 분석을 시행했다. 그 결과, 유인원의 전형적인 약탈 채집에서 원시 인류의 수렵 채집으로의 변화 또는 농업의 출현과 같은 생활 방식의 급격한 변화와 일치하는 주요 변화를 보여주는 인간 마이크로바이옴의 진화가 밝혀졌다.

비인간 영장류와 인간 영장류의 장내 미생물군집 비교

롭 나이트Rob Knight, 에밀리 데이븐포트Emily Davenport 등이 인간과 비인간 영장류의 장내 미생물을 비교 분석한 결과, 인간은 장내 미생물의 다양성이 낮고 의간균*Bacteroides*(그람음성, 혐기성 세균속)의 상대적 풍부도는 증가했으며 메타노브레비박테르 속*Methanobrevibacter*(혐기성, 고균)과 파이브로박터*Fibrobacter*(혐기성, 반추위 세균)속은 상대적으로 감소한 것으로 나타났다. 이러한 변화는 육식 위주 식생활로의 전환을 반영하는 것으로 보인다. 비인간 영장류와 인간 마이크로바이옴을 비교하여 확인된 다른 주요 역사적, 진화적 변화도 인간 마이크로바이옴이 얼마나 빠르게 변화하고 있는지를 보여준다. 즉 인간의 장내 마이크로바이옴 구성은 유인원과 비교할 때 분지가 되면서 빠른 속도로 갈라진 것으로 보인다.[9]

장내 마이크로바이옴 구성의 가속화된 변화의 원인이 될 수 있는 인류 진화와 역사의 특징으로는 농업의 출현, 조리된 음식, 도시화, 인구밀도 증가 등이 있다. 인간 집단 간 차이는 식단에 의해 주도되는 것으로 보이며, 비인간 영장류와의 차이가 일어난 주요 원동력은 서식지와 계절과 관련이 있는 것으로 보인다.

요약하자면, 숙주와 숙주의 장내 미생물군집 사이에는 진화적 형질에 잠재적으로 상호 영향을 미치는 강력한 상호 연결 관계가 있는 것으로 보이며, 아직 밝혀지지 않은 것은 건강에 미치는 영향이다. 보다 구체적으로, 진화적 적응을 위해 마이크로바이옴 구성과 기능의 변화가 필요한 시기를 결정하는 것이 중요하지만, 질병 발병은 계획되지 않은 해로운 변화일 것이다.

앞서 제시한 증거에 따르면 인간과 마이크로바이옴은 종에 따라 다른 공진화적 운명을 공유할 가능성이 높다. 예를 들어 설치류의 마이크로바이옴을 인간의 마이크로바이옴으로 대체한 '인간화 쥐'는 완전히 성숙한 장 면역체계가 손상되어 있으며, 토종 마이크로바이옴을 가진 쥐에 비해 감염에 취약한 것으로 나타난다. 이러한 증거는 인간과 마이크로바이옴의 공진화라는 또 다른 개념, 즉 홀로게놈^{hologenome}의 도입으로 이어진다.

이 진화 이론에 의하면 인간게놈에 따라 유도된 표현형과 미생물에 의해 유도된 표현형 사이에 강력한 상호 영향이 있어서 인간-미생물 결합시스템인 통생명체^{holobiont} 개념을 주장한다. 이러한 진화 이론가들은 숙주-미생물 시스템을 동일한 진화 여정에 있는 확장된 단일 유기체로 간주할 정도로 서로 얽혀있는 새로운 개념을 제안한다.

9개월 대 20분

56℃의 화산이나 북극의 -67℃에 적응된 미생물이 인간과 동거하면서 37℃의 환경에 빠르게 적응한다는 것은 놀라운 일이 아니다. 이러한 절묘한 적응 능력은 15분에서 20분마다 스스로 번식할 수 있는 미생물의 빠른 수명 주기의 결과이다. 이 과정에서 무작위적인 유전적 돌연변이가 발생한다. 새로운 생활 방식에 유익한 적응은 보존되지만, 쓸모없거나 해로운 적응은 진화 과정에서 살아남지 못한다.

현재 우리는 지구의 생성 초기에 일어난 엄청난 변화를 관찰하고 있지는 않지만, 지금 우리가 목격하고 있는 기후 변화는 적응이 생존에 필요한 필수 요소임을 다시 한번 보여준다. 일부 다세포 생물은 기후 변화로 인해 멸종 위기에 처해 있다. 이에 비해 민첩한 세균은 이러한 기후 및 환경 변화를 활용할 수 있지만, 산업화된 국가의 인간은 최근 기후 및 환경 변화와 관련이 있는 코로나19 팬데믹을 비롯한 다양한 염증성 질환으로 고통을 받고 있다.

인간이 20분마다 번식할 수 있다면, 세균이나 다른 미생물의 특징인 가소성을 제대로 누릴 수 있을 것이다. 하지만 인간의 생체 시계는 번식하는 데 9개월이 필요하다. 따라서 인간에게 유익하든 해롭든 무작위적인 유전자 돌연변이는 너무 느리게 발생하기 때문에 갑작스러운 환경 변화에 적응할 수 없다.

단세포 생물인 세균은 거대한 나무인 세쿼이아덴드론 기간테움 *Sequoiadendron giganteum*(자이언트 세쿼이아)이나 호모 사피엔스와 같은 복잡한 다세포 생물에 비해 '보잘것없는' 단역 배우로 간주할 수 있다. 그러나 새로운 기술을 사용하여 미생물 영역을 세밀하게 파고들어 우리 안팎의 미생물을 연구함으로써, 인간 마이크로바이옴의 역할이 필수적으로 관여하는 진화 생물학과 생태학에 분자 및 세포생물학의 개념을 확장하고 있다.

콜레라가 우리에게 주는 교훈

미생물 세계에서 세균의 유연성을 보여주는 절묘한 예는 인류에게 가장 치명적인 설사병인 콜레라의 원인이 되는 장내 병원균인 비브리오 콜레라 *Vibrio cholerae*이다. 콜레라는 개발도상국의 많은 지역에서 여전히 질병률과 사망률의 주요 원인이다. 또한 지진이나 전쟁과 같은 자연재해 또는 인위적인 재난이 발생하면 콜레라는 위생 상태가 최악인 난민 캠프를 통해 빠르게 확산하여 전 세계적으로 심각한 위협이 될 수 있다.

그리스어로 '쉼표'를 뜻하는 비브리오는 긴 극성 편모를 가지고 심하게 구부러진 단일 세포 그람음성균이다. 쉼표처럼 생긴 '꼬리'를 가진 비브리오균은 물이 있는 환경에서 특유의 빠른 운동성을 발휘한다. 즉 이 치명적인 세균은 수영을 잘한다.

일반적으로 구강-대변 경로를 통해 전염되는 이 치명적인 콜레라균은 주로 오염된 음식과 물을 통해 전파된다. 1854년 런던에서 콜레라가 유행했을 때 존 스노우John Snow는 브로드 스트리트의 급수펌프에서 끌어온 오염된 물을 통해 콜레라가 확산하는 것을 관찰했다.[10] 그가 공공 당국에 펌프 손잡이를 제거하도록 설득한 후 신규 환자 발생이 많이 감소했다. 또 같은 시기에 필리포 파치니Filippo Pacini는 콜레라 대유행 당시 병원 환자와 세탁부들의 부검 샘플을 사용해 1854년 장 점막에서 '진동vibrion'이라고 명명된 쉼표 모양의 세균을 분리해냈다.[11]

그러나 콜레라와 관련되어 가장 기억되는 사람은 1884년 인도에서 콜레라의 원인균인 콜레라균을 분리한 독일 바덴바덴 출신의 의사인 로버트 코흐이다.[12] 그는 탄저균과 결핵에 대한 선구적인 발견을 통해 오늘날에도 여전히 유효한 미생물학 연구의 네 가지 가설을 개발했다. 코흐는 정밀한 연구 방법을 통해 질병을 일으키는 세균을 규명함으로써 자연 발생설을 확고히 뒤집고 질병의 세균 이론을 확립했다.

지난 2세기 동안 전 세계적으로 7번의 콜레라 대유행이 발생했다. 기록된 최초의 콜레라 유행은 1817년 갠지스강 삼각주에서 시작되어 아시아, 중동, 지중해로 퍼져나갔다. 이후 6번의 콜레라 발병 중 5번은 인도에서 발생했다. 일곱 번째 콜레라는 1961년 인도네시아에서 발생하여 아시아와 중동을 거쳐 1970년대에 이탈리아, 일본, 남태평양에 도달했다.

남미에서 콜레라가 사라진 지 100년이 지난, 1991년 페루에서 다시 콜레라가 발생하여 1만 명이 사망하는 등 페루 전역으로 확산하였다. 이 콜레라균은 10년 전에 사라졌던 7차 대유행 때와 유사한 변종이었다. 그리고 1994년에는 콩고민주공화국의 르완다 난민 캠프에서 이 콜레라균이 발병하여 수만 명이 사망했다.

 2010년 아이티를 강타한 지진 이후 같은 콜레라균에 의한 콜레라가 유행하여 약 20만 명의 아이티인이 사망했다. 1992년 방글라데시에서 새로운 콜레라 종이 발견되었고, 이 변종은 1996년 캘커타에서 다시 출현했다.[13] 전염병학자와 연구자들은 새로운 콜레라 종이 기존의 균종과 공존하는지를 모니터링하고 있다.

제로섬 게임이 없는
비브리오 콜레라

 현재까지 인간을 감염시킬 수 있는 콜레라균은 30종 이상이 확인되었다. 우리가 모르는 것은 콜레라가 인간에게 영향을 미치지 않는 팬데믹 사이사이 어디에 존재하는지이다. 콜레라는 쉼표 모양의 꼬리 편모 덕분에 수영을 잘한다는 사실을 기억하자. 물이 질병 전파의 주요 매개체이기 때문에 자연 서식지가 수중 환경이라는 가설이 제기되었다.

 하지만 어떻게 콜레라가 개울이나 강에서 사람의 장과 같이 완전히 다른 환경으로 갑자기 이동할 수 있을까? 이 수수께끼 같은 질문은 1998년 미국 메릴랜드 대학교 백신 개발 센터(CVD)의 짐 카퍼Jim Kaper와 동료들에 의해 해결되었다. 알레시오 파사노이 책의 공저자가 콜레라 백신을 개발하기 위해 카퍼의 연구실에서 일하던 중, 미셸 트럭시스Michele Trucksis와 다른 동료들은 V. 콜레라의 유전 물질이 수중 환경에 적응하는 데 필요한 유전자가 있는 작은 염색체와 사람의 장 환경에 적응하는 데 필요한 유전자가 있는 큰 염색체 두 가지로 배열되어 있다는 사실을 알아냈다.[14]

이 두 번째 염색체에는 콜레라의 군집화 인자colonization factors와 콜레라를 정교하게 생성하는 유전자가 포함되어 있으며, 이 두 가지는 세균을 감염시키는 바이러스의 일종인 '파지'라고도 하는 박테리오파지를 통한 수평적 이동으로 획득된 것이다. 세균에 부착된 파지는 스스로 삽입되어 세균 게놈 속으로 자기의 게놈을 안정적으로 통합시킨다. 이렇게 콜레라의 병원성 파지가 삽입되면 세균이 사람의 장에 서식하는 데 필요한 단단하고 머리카락 같은 가느다란 필러스를 정교화할 수 있다. 이와 같이 콜레라의 전형적인 설사를 유발하는 강력한 콜레라 독소를 정교화하는 콜레라 독소 파지는 바이러스와 세균 간의 공생을 보여주는 절묘한 예이다.

비브리오균은 한 환경에서 다른 환경으로 끊임없이 전환하여 지속적으로 유연한 적응력을 보여주는 훌륭한 예이다. 이 세균는 끊임없이 돌연변이를 모색할 필요 없이 어떤 유전자를 발현하고 어떤 유전자를 억제할지 결정할 때 두 가지 가능성을 모두 염두에 둔 유연한 적응성을 가진다. 이 미생물은 또한 이 책의 핵심 주제인 숙주-미생물 상호작용이 양방향 교차 형식으로 일어난다는 또 다른 교훈을 우리에게 가르쳐준다. 미생물에서 숙주로, 숙주에서 미생물로 이어지는 커뮤니케이션의 결과는 우리의 전반적인 건강 유지뿐만 아니라 다양한 병적 상태에 대한 취약성으로 나타난다.

우리는 어떻게 이 새로운 과학 패러다임을 알게 되었을까? 전형적으로 그렇듯이, 이것은 부정확하거나 부분적으로만 올바른 개념에 이의를 제기함으로써 과학 지식을 재구성한 결과로써, 기존 패러다임이 새로운 패러다임에 의해 전복된 것이다.

세균에 대한 기본적인 생각

미생물의 역사는 거의 40억 년이나 되었지만 파치니, 코흐, 파스퇴르, 알렉산더 플레밍과 같은 선구자들의 연구 덕분에 우리는 지난 몇 세기 전에야 그 존재에 대해 알게 되었다. 최근까지 인류의 질병과 사망률의 주요 원인이 전염병이었다는 사실에 의해 세균학에 대한 큰 관심이 촉진되었다.

현미경으로 세균을 관찰하거나 배양 접시에서 배양하여 항생제로 세균을 죽이는 도구를 개발하는 것은 인류의 적대자인 세균들과 벌일 수 있는 최첨단 과학적 성취의 최전선에 서 있는 것이다. 최근까지 미생물학 및 면역학 분야의 주류 사고방식은 미생물의 침입을 인간의 죽음과 질병의 주요 원인으로 간주해 왔다. 하지만 지난 30년 동안 두 가지 주요한 성과 덕분에 이러한 인식은 완전히 바뀌었다. 첫 번째는 2003년 4월 인간게놈 프로젝트가 완료된 것이다.

인간은 유전적으로는 완전히 평범한 존재

1990년 인간게놈 프로젝트가 전 세계적인 노력으로 시작되었을 때, 이 프로젝트의 야심찬 목표가 달성될 수 있을지 회의적인 시각이 많았다. 당초 인간게놈 지도 작성이라는 목표를 달성하는 데 30억 달러의 비용과 15년이 소요될 것으로 예상되었다. 이 프로젝트는 미국 국립인간게놈연구소와 에너지부가 주도하는 국제 인간게놈 시퀀싱 컨소시엄의 27억 달러 투자로 예정보다 3년 앞당겨 완료되었다.[15]

동시에 메릴랜드주 록빌에 있는 게놈 연구소TIGR의 J. 크레이그 벤터Craig Venter 그룹이 주도하는 매우 대담한 접근 방식에 의해서도 인간게놈 시퀀싱이 완료되었다. 벤터 그룹도 동일한 결과를 얻었다. 이에 2000년에 국립 인간게놈 연구소 소장인 프랜시스 콜린스와 빌 클린턴 대통령이 공동 기자회견을 통해 이를 발표했다.

1953년 프랜시스 크릭Francis Crick과 함께 DNA 이중나선 구조를 처음 해명한 노벨상 수상자 제임스 왓슨James Watson의 말을 통해 이 업적의 위대함을 가장 잘 알 수 있다. "1953년, 제 과학적 삶이 DNA 이중나선 구조에서 시작하였을 때 인간게놈의 30억 비밀을 밝히는 경로를 지나게 될 것이라고는 꿈에도 생각하지 못했습니다. 하지만 인간게놈의 염기서열을 밝힐 기회가 생겼을 때, 저는 이것이 할 수 있는 일이고 반드시 해야 하는 일인 것을 알았습니다. 인간게놈 프로젝트의 완성은 전 세계 모든 인류에게 정말 중요한 순간입니다."[16]

왓슨 박사의 이 말에서 비롯된 흥분된 기대감은 인간게놈의 염기서열 해독이 인류에게 영향을 미치는 모든 질병의 해결로 이어질 것이라는 기대에 기반했다. 당시에는 하나의 유전자가 하나의 단백질을 암호화하고 하나의 질병을 일으킨다는 패러다임이 생물학적 지식의 기본 상식이었다. 하지만 이후 인간은 2만 5,000개의 암호화된 유전자로 구성되어 있다는 사실이 밝혀지고, 나중에 그 수가 2만 3,000개 미만으로 축소되면서 과학계 전체가 당혹스러운 수수께끼를 안게 되었다.

클레어 프레이저Claire Fraser는 TIGR의 대표로서 비교 유전체학 분야를 개척하고 미생물 유전체학 분야를 확립하는 데 기여했다. 현재 메릴랜드 대학교 의과대학의 게놈 과학 연구소 소장을 맡고 있는 그녀는 인간 유전자 수의 초기 추정치가 7만 5,000개에서 10만 개였다고 언급했다. 처음 인간게놈에 2만 5,000개의 유전자가 포함되어 있다고 보고되었을 때 그 수가 예상보다 훨씬 적어 과학자들은 매우 놀랐다.[17] 그러므로 예측한 유전자의 수가 너무 많았다는 가정과 하나의 유전자가 하나의 질병의 원인이라는 개념도 폐기되었다. 따라서 과학자들은 질병 발생에서 유전자의 역할을 해명하기 위해 더 깊이 들어가야 했다.

가장 평범한 유전적 존재 중 하나인 호모 사피엔스가 지구상에서 지배적인 종이 될 만큼 복잡하고 정교해진 것을 어떻게 설명할 수 있을까? 이 질문은 기초 및 중개 연구자 모두를 자기 자리인 실험실 벤치와 임상시험으로 돌아가서 이렇게 설명할 수 없는 현상을 해명하기 위해 진지한 노력을 기울이게 했다. 그 결과 2008년 미국 국립보건원의 공동 기금을 통해 설립된 휴먼 마이크로바이옴 프로젝트가 구축되어 최근의 두 번째 주요 과학적 성과로 이어지게 되었다.

미생물의 평행 우주

인간 미생물군집에서 발견되는 미생물을 식별하고 분류하려는 이 노력은 인간게놈 프로젝트에서 개발된 기술을 활용했다. 미생물을 현미경으로 관찰하고 호기성 조건에서 배양하는 고전적인 미생물 연구 방식은 우리 몸에 존재하는 전체 미생물 생태계의 일부만을 식별할 수 있다.

1990년대 게놈 시퀀싱 혁명이 일어나기 전에는 1982년에 설명한 것처럼 혐기성 세균을 플라스크에 배양하는 등 여러 기술을 통해 미생물의 일부를 확인했다.[18] 이러한 기술들은 같은 인체 내에서도 시간이 지나면서 지속해서 변화하는 미생물군집 연구의 역사적으로 복잡한 과정을 이해하는 데 도움이 되었다.

인간은 제한된 수의 유전자를 가진 안정적인 인간게놈을 가지고 있다. 우리는 부모로부터 유전자를 물려받으며 다양한 생물학적 및 병리학적인 특성에 대한 유전적 소인을 갖게 된다. 이에 비해 인간 미생물은 인간보다 100배나 많은 유전자를 발현하고, 가소성이 극히 높으며, 시간이 지남에 따라 개체마다, 그리고 같은 개체 내에서도 그 구성과 기능을 바꿀 수 있는 다양한 환경적 요인들에 의해 변화할 수 있다. 이와 같은 인체 안팎에서 발견되는 수조 개의 끊임없이 변화하는 미생물과 함께 인간의 게놈은 진화해 왔다.

이러한 사실을 고려할 때, 우리 인간이 실제로 이 두 가지 상호 작용하는 홀로바이오틱 게놈의 산물이라는 가설은 논리적이면서 또한 매우 흥미진진한 가설이다. 이 가설에 의해 인간게놈만을 분석하고 다른 한

쪽, 즉 마이크로바이옴을 알지 못하면 특정 유전적 배경을 가진 사람이 왜 질병에 걸리는지에 대한 해답을 얻을 수 없는 것이다.

또한 연구를 인간과 미생물 중 하나의 시스템으로만 한정해서는 자가면역 및 기타 만성질환이 전례 없이 급증하는 이유와 이러한 전염병을 막기 위해 우리가 할 수 있는 일을 설계할 수 없다. 이 두 시스템의 상호작용과 마이크로바이옴을 인간에게 유리하게 조작하는 방안을 더 잘 파악함으로써 이 책의 3부에서 다루는 주제인 정밀의학 및 예방의학의 실현 가능성에 한 걸음 더 가까이 다가갈 수 있다. 먼저 인간의 진화와 인간의 건강 및 질병, 특히 비감염성 만성염증성 질환에서 인간 마이크로바이옴의 역할을 살펴볼 것이다.

Chapter 2
조상 마이크로바이옴

진화하는 마이크로바이옴

　인간 마이크로바이옴의 복잡성과 이것이 인간의 건강과 질병에 미치는 잠재적 역할을 완전히 이해하기 전에 일부 과학자들은 지난 50년 동안 비감염성 만성염증성 질환의 발병률이 급격히 증가한 현상에 대해 인간 마이크로바이옴과는 다른 이유를 제시했다. 그것은 '위생가설'로서 1989년 전염병학자 데이비드 스트라찬$^{David\ Strachan}$이 처음 주장한 것으로, 손 씻기와 상하수도 관리를 통한 위생의 향상과 도시화된 생활방식, 핵가족 증가와 같은 사회적 변화가 유아기의 감염 발생률을 낮추었으나 소아 알레르기 질환의 증가와 관련이 있다는 가설이다.[1]

　이후 과학자들은 위생가설을 확장했다. 이들은 천식, 염증성 장질환(IBD), 다발성 경화증, 제1형 당뇨병(T1D), 셀리악병 및 기타 만성염증성 질환의 발병률 증가가 적어도 부분적으로는 너무 청결한 생활방식과 환경변화 때문일 수 있다고 주장한다. 위생 상태가 최악이고 기생충 감염률이 여전히 높은 일부 적도 국가의 사례는 이 위생가설을 더욱 뒷받침한다. 이러한 지역에서는 만성염증성 질환의 증가가 그렇게 높게 나타나지 않았기 때문이다.[2]

그러나 사람들이 개발도상국에서 선진국으로 이주해 새로운 생활방식에 따르면 만성염증성 질환의 위험이 똑같이 증가한다. 이는 "너무 깨끗한" 서구식 생활방식이 저개발 지역에 여전히 존재하는 면역체계가 손상을 입지 않고 제대로 작동해 우리를 보호할 수 있는 일부 환경 요인을 제거한다는 가설을 뒷받침하는 것으로 보인다. 즉 공생 미생물군집의 구성과 기능을 좌우하는 이러한 환경적 요인 중 일부는 비감염성 만성염증에 대한 자연 면역 보호 기능을 강화하는 역할을 할 수도 있다.

그러나 최근에는 일부 개발도상국의 위생 수준이 향상되었음에도 서구에서 관찰된 것과 같은 만성질환의 급격한 증가가 나타나지 않았다는 사실에 의해 위생가설이 도전받고 있다. 그대신 마이크로바이옴의 복잡성과 질병을 유발할 수 있는 내성과 면역반응 사이의 균형을 조절하는 마이크로바이옴의 잠재적 역할에 대해 더 많이 알게 되면서 '마이크로바이옴 가설'이 대안으로 제시되고 있다.

지난 50년 동안 인류가 경험한 변화를 살펴보면, 단순히 위생 상태가 개선된 것 이상으로 훨씬 더 복잡한 변화가 일어나고 있다. 그 결과 염증 부위의 세포 유형에 변화를 초래할 수 있는 장기적인 반응인 만성염증과 관련된 질병이 미국에서 향후 30년 동안 계속 증가할 것으로 예상된다. 2014년에 랜드연구소RAND Corporation는 미국 인구의 약 60%가 만성질환을 하나 이상, 42%가 2개 이상, 성인의 12%가 5개 이상의 만성질환을 앓고 있다고 추정했다.[3] 이러한 비감염성 만성염증 질환의 급격한 증가가 시작된 이후에 나타난 사회적, 경제적, 정치적 변화를 더욱 심층적으로 분석함으로써 이러한 전염병을 더 포괄적으로 설명할 수 있는 여러 요인이 작용하는 것으로 밝혀졌다.

네안데르탈인의 치석 분석

400만 년에서 600만 년 전, 아프리카 대륙에서 초기 인류가 진화하면서 우리 조상들은 네 발에서 두 발로 걷기 시작했다. 고인류학자들은 인류가 진화하면서 더 크고 복잡한 두뇌, 도구를 만들고 사용할 수 있는 능력, 언어 능력을 발달시켰다고 말한다.

다른 과학 분야와 마찬가지로 고인류학도 논란이 없는 것은 아니며, 어떤 인류 종이 언제 어떻게 겹쳐 살았는지는 수십 년 동안 논쟁의 대상이 되어 왔다. 하지만 약 200만 년 전에 호모 속의 여러 종이 아프리카에서 유럽으로 이주했다는 사실은 잘 확립되어 있다. 현재 유럽에서 유골이 발견된 네안데르탈인Homo neanderthalensis은 가장 가까운 인류의 멸종한 친척으로 간주한다.

약 20만 년 전 현생 인류인 호모 사피엔스가 등장했을 때, 우리는 식량을 더 쉽게 조달하기 위해 특수 도구를 개발하는 데 박차를 가했다. 네안데르탈인과 현생 인류 사이의 다양한 상호작용은 게놈 데이터를 통해 확인되었지만, 초기 인류가 현생 인류에 동화되었는지 아니면 현생 인류와의 경쟁에서 멸종했는지에 대한 논란은 아직 계속되고 있다.

2017년 과학자들은 인간 중심의 진화 논의를 1장에서 설명한 인간 마이크로바이옴의 공진화 개념인 통생명체holobiont로 확장했다. 그들은 다섯 명의 네안데르탈인 샘플의 구강 미생물에 대한 샷건 시퀀싱 shotgun sequencing을 수행하고 그 결과를 벨기에와 스페인의 현대인들과 비교했다. 그 결과 두 그룹 간에 매우 다른 식단 선호도를 확인할 수 있었다. 그러나 현대인의 입안에서 우세한 세균 문인 방선균Actinobacteria,

후벽균, 의간균, 푸소세균, 프로테오세균, 스피로케테스가 네안데르탈인에게도 역시 우세한 것으로 나타났다.[4]

더욱 흥미로운 것은 질병의 징후로서 잠재적인 병원균의 분석 결과이다. 네안데르탈인의 구강 미생물군에는 현대인보다 잠재적 병원성 그람음성균이 더 적었으며, 연구에 포함된 침팬지의 샘플과 유사했다. 이런 결과에 따라 "현대인에게 나타난 그람음성 면역 자극 균들의 다양성의 증가는 서양인의 광범위한 질병과 밀접한 관련이 있다"[5]라고 보고하였다. 이 연구는 초기 인류의 식습관, 행동, 건강에 대한 데이터를 제공할 뿐만 아니라 인간 속의 여러 인류종 사이에 미생물종의 진화 과정을 흥미롭게 보여준다. 현생 인류인 호모 사피엔스가 번식하고 동물을 길들이고 농업을 발전시키면서 인류는 기원전 1만 2,500년경 수렵 유목민에서 농경 정착민으로 전환했다. 그리고 무역이 확대되고 정착지가 늘어나면서 인구밀도가 점차 증가했다. 일부 학자들은 로마를 인구 100만 명에 도달한 최초의 도시로 지목하기도 하지만, 이는 역사가와 다른 학자들에 의해 여전히 논쟁의 여지가 있다. 어떤 고대 도시가 최초로 인구 100만 명을 돌파했든, 해상 무역이 확대되고 도시가 건설되면서 다양한 미생물군집의 교류가 더욱 빈번해졌다. 하지만 이러한 사회적, 경제적 변화는 대가 없이 이루어진 것은 아니었다.

당연히 이러한 미생물 교류의 증가는 페스트, 인플루엔자, 천연두, 그리고 최근에는 코로나19와 같은 전염병의 대유행으로 이어졌다. 인간은 가축에서 고기와 우유를 더 안정적으로 공급받는 것과 함께 동물 사육을 통해 질병에 걸릴 위험도 증가했다(5장 참조). 동물을 뜻하는 그리스어 'zoon'과 질병을 뜻하는 'nosos'의 합성어인 동물원성 감염증

zoonosis은 병원체가 자연 상태의 동물 숙주에서 인간으로 옮겨갈 때 발생한다. 이는 미생물이 적응해 인간을 감염시킬 수 있는 돌연변이 때문일 수 있고 이에 관련된 미생물인 바이러스, 세균, 곰팡이, 기생충은 모두 인수공통감염병의 경로가 될 수 있다.

코로나19의 기원을 추적하다

2019년 말 중국 남부 후베이성의 주도인 우한에서 살아있는 야생동물을 판매하는 시장에서 유래한 것으로 추정되는 신종 코로나바이러스가 출현한 후 '인수공통감염병'이라는 단어는 전 세계적으로 더 큰 의미를 갖게 되었다. 전 세계적으로 엄청난 규모의 팬데믹을 일으킨 코로나19의 원인 바이러스는 중증 급성 호흡기증후군(SARS) 코로나바이러스 2(CoV-2)이다. SARS-CoV-2가 어떻게 동물에서 인간 숙주로 이동해 감염시켰는지는 아직 완전히 밝혀지지 않았다. 하지만 2002~2003년에 처음 발생한 SARS-CoV는 신종 코로나바이러스의 전파 특성에 대한 초기 단서를 제공한다.

2002년 11월 중국 광둥성에서 처음으로 인간 질병으로 알려진 사스 SARS는 30개 이상의 국가로 확산하여 약 8,000명을 감염시키고 700명 이상의 사망자를 발생시켰다.[6] 2003년 연구자들은 광둥성의 한 동물시장에서 히말라야 사향고양이와 시장에서 일하는 인간과 다른 동물에게서 사스 코로나바이러스 유사 바이러스(SCoV)를 분리했다.[7] 사향고양이에서 분리된 코로나바이러스는 초기 사스 코로나바이러스와 게놈의 99.8%를 공유해 사향고양이가 저장소 숙주로 확인되었다. 그 후 2006년에 두 연구 그룹은 여러 말굽박쥐 종을 사스 코로나바이러스와 유전적 관계가 밀접한 바이러스의 저장소 숙주로 보고하였다.[8]

초기 SARS-CoV 유행에서 17년이 흐른 지금, 우리는 SARS-CoV-2 바이러스의 파괴적인 영향으로인해 크게 변화된 세상에 살고 있다. 이 병원체는 인간에게 전염된 초기 신종 코로나바이러스뿐만 아니라 말굽박쥐와 천산갑에서 발견되는 코로나바이러스와도 밀접한 관련이 있다. 포유류 중 유일하게 비늘을 가진 천산갑은 작은 개미핥기과 동물로, 중국 전통 의학에서 고기와 비늘이 귀한 대접을 받으며 사용된다.

천산갑 샘플의 메타게놈 시퀀싱은 이 포유류가 중간 숙주일 가능성이 높다는 것을 나타낸다. 그러나 일부 과학자들은 천산갑 코로나바이러스와 SARS-CoV-2의 게놈 유사성이 약 91%에 불과해 진화적 관계를 확인할 만큼 높지 않으며 다른 동물이 중간 숙주일 가능성이 있다고 반론을 제기하고 있다.[9] 동물에서 사람으로 전염되는 경로가 무엇이든, 코로나19의 발생은 인류의 역사가 지구를 공유하는 미생물과 얼마나 깊이 얽혀 있는지를 깨우쳐 준다.

치명적인 미생물로 인한 폐해

작은 포유류의 벼룩을 통해 전염되는 페스트흑사병가 최초로 발생된 기록에 의하면, 서기 540년에서 750년 사이에 흑사병으로 인해 인류 인구의 1/4에서 절반가량이 사라진 것으로 추정된다. 쥐가 옮기는 페스트균은 수 세기 후인 1347년 흑해에서 12척의 '죽음의 배'가 이탈리아 메시나에 입항하면서 아시아에서 유럽으로 돌아왔다. 이후 흑사병으로 유럽 전역에서 유럽 인구의 거의 3분의 1에 해당하는 약 2,500만 명이 사망했다.[10]

동물을 통해 처음 전염된 인플루엔자는 제1차 세계대전 중 '스페인독감'을 일으켜 전 세계적으로 약 5,000만 명의 사망자를 냈다. 일리노이주 그레이트 레이크에 있는 미 해군 병원의 간호사 조시 브라운은 "영안실은 시신으로 거의 천장까지 가득 차서 겹겹이 쌓여 있었습니다. …… 우리는 그들을 치료할 시간이 없었어요. …… 우리는 그들에게 약간의 뜨거운 위스키 음료인 토디를 제공했을 뿐입니다."[11] 대부분의 치명적인 병원체와 달리 인플루엔자 바이러스는 표면 단백질을 변화시켜 자신을 재창조하는 독창적인 능력을 발휘해 면역체계가 '새로운' 침입자를 감지하기 어렵게 만듦으로 끊임없이 진화하는 인플루엔자 바이러스에 대항하기 위해서는 매년 예방접종을 받아야 한다.

식민주의가 전 세계로 확산하는 과정에서 전쟁과 함께 인플루엔자, 천연두, 홍역은 원주민 인구를 황폐화하는 데 기여했다. 천연두는 멕시코의 유럽 정복자들에게 큰 도움이 되었으며, 17세기에는 홍역으로 인해 약 200만 명의 멕시코 원주민이 사망했다. 1618년부터 1619년까지 천연두로 인해 나중에 미국 매사추세츠 베이 식민지가 될 지역의 인디언 원주민 90%가 사라졌는데,[12] 이미 수십 년 전에 유럽인들과의 만남을 통해 원주민의 건강이 악화되어 있었다. 그리고 지구 반대편인 호주에서도 천연두로 인해 수십 년 후 원주민의 절반 이상이 사망했다.[13]

보다 최근에 발생한 치명적인 미생물 질병으로는 1981년 6월에 처음 5건의 희귀 폐 감염 사례가 확인된 HIV/AIDS 전염병이 있다.[14] 그리고 2019년 말 새로운 팬데믹이 발생해 전 세계 200여 개 국가와 지역에서 수백만 명의 사람들에게 영향을 미치고 수십만 명의 사망자를 낸 심각하고 생명을 위협하는 질병인 COVID-19가 발생했다.[15] 중증 COVID-19 환자는 생명을 위협하는 바이러스성 폐렴을 나타내며, 이는 급성 폐 손상(ALI)$^{acute\ lung\ injury}$, 급성호흡곤란증후군(ARDS)$^{acute\ respiratory\ distress\ syndrome}$, 전신 염증으로 진행되어 다기관 부전 및 사망으로 이어질 수 있다.

이는 미생물이 한 종에서 다른 종으로, 그리고 같은 종의 개체들 사이에서 전파될 때 때때로 치명적인 결과를 초래할 수 있다는 명백하고 가시적인 증거이다. 그러나 이러한 현상은 생명체 간에 항상 발생하는 미생물군집의 교환 측면에서 볼 때 빙산의 일각에 불과하다.

미생물 '수송'의 현대적 방식

마이크로바이옴 커뮤니티의 교류를 촉진하는 또 다른 핵심 요소는 운송 수단의 극적인 변화이다. 70년 전만 해도 유럽에서 미국으로 여행하려면 배로 3주가 걸렸다. 이제 유럽의 어느 도시에서든 비행기를 타고 몇 시간 만에 미국으로 갈 수 있으며, 코로나19 감염 사례에서 보듯이 질병은 며칠 만에 한 대륙에서 다른 대륙으로 확산할 수 있다. 이는 서로 다른 생활방식을 가진 서로 다른 커뮤니티 간에 미생물 교류가 점진적인 적응이 아닌 실시간으로 일어날 수 있음을 의미한다.

이런 점에서 위생 상태의 향상은 숙주 미생물군에 해로운 방식으로 영향을 미쳐 특정 유전적 배경을 가진 질병의 발병으로 이어질 수 있는 여러 요인 중 하나에 불과하다는 개념을 분명히 나타낸다. 수 세기에 걸친 생활방식의 현대화로 인해 전염병의 확산이 크게 영향을 받은 것처럼, 만성염증성 질환의 유행도 비슷한 변화의 영향을 받았다.

단일 병원체에 의한 감염병 유행은 SARS-CoV-2가 우리에게 무자비하게 보여주었듯이 몇 주 또는 며칠 만에 지역사회를 황폐화할 수 있다. 그러나 만성염증성 질환의 증가 현상은 미생물군집의 보다 복잡한 변화로 수십 년에 걸쳐 발생했다. 따라서 다음 장에서 더 자세히 다룰 개념인 비감염성 만성염증성 질환의 유행에 대한 근본 원인으로 마이크로바이옴 가설을 고려하는 것이 논리적으로 합당해 보인다.

간단히 말해, 현대인의 생활방식은 통생명체 공진화holobiontic coevolution의 조건을 변화시킴으로써 마이크로바이옴의 균형을 무너뜨렸다. 일부 과학자들은 건강이나 질병의 상태를 결정하는 데 중요한 역할을 하는 역동적인 미생물군집과 복잡한 인간 면역체계 간의 소통이 중단되었다고 생각한다. 인간 마이크로바이옴은 더 이상 진화 생물학 방식에 따라 진화하는 것이 아니라 지난 수십 년 동안 발생한 인간 환경의 급격한 변화에 반응하고 적응하고 있다. 이러한 구성 및 기능적 마이크로바이옴의 변형은 유전적 소인에서 임상적 결과로의 전환을 증가시키는 후성유전학적 변화를 일으켜 서구에서 비감염성 만성염증성 질환의 발병률이 가속화되는 이유가 된다.

그러므로 마이크로바이옴 구성과 기능에 영향을 미치는 요인을 분석하는 것이 특정인에게 특정 질병에 대한 잠재적 유전적 소인이 어떻게 실제 질병으로 나타나는지 알 수 있는 열쇠를 쥐고 있을 수 있다. 그렇다면 마이크로바이옴 구성과 중요한 기능에 영향을 미치는 요인을 연구하는 것이 개인 맞춤형 치료와 더 이상적으로 질병의 초기 예방을 위한 표적 발굴의 해결책을 제공할 수 있다.

조상 마이크로바이옴 추적하기

앞으로의 새로운 과학적 패러다임을 향해 나아가고 있는 지금, 인간 마이크로바이옴에 대한 우리의 지식은 매우 한정적이고 많은 불확실성을 포함하고 있다. 1장에서 처음 소개한 클레어 프레이저는 메타게놈학 분야의 선구자이자 휴먼 마이크로바이옴 프로젝트의 리더이다. 그녀는 제한된 도구로 마이크로바이옴을 설명하려 했던 마이크로바이옴 연구의 초창기를 여섯 명의 장님과 코끼리의 비유로 설명한다.[16] 여섯 명은 자기 손으로 느낄 수 있는 것에만 의존하여 만진 동물의 특성을 판단했고, 그 결과 6개의 서로 다른 설명이 나왔다.

현재 연구자들 사이에서 일치하는 한 가지 사실은 인간의 행동이 대기 및 수질 오염, 방사선 노출, 기타 기후 변화와 같이 물리적 환경을 변화시킨 것처럼, 특히 산업화 이후 시대의 라이프스타일 변화가 인간 마이크로바이옴의 구성에 큰 영향을 미쳤다는 점이다. 즉 항생제 남용, 가공식품 섭취 증가, 라이프스타일 및 환경 요인의 변화는 모두 마이크로바이옴에 직접적인 영향을 미친다.

1장에서 설명한 바와 같이, 일부 과학자들은 이러한 최근의 변화로 인해 인간종과 함께 진화한 특정 고대 미생물이 멸종하여 특정 질병에 걸릴 위험이 더 커졌다고 주장한다. 이 가설을 해명할 이상적인 인간 모델이 없는 상황에서 가장 좋은 대안은 비인간 영장류 및 수렵 채집 생활방식을 여전히 고수하고 있는 지구의 외딴 지역에 사는 인간과 비교 연구를 평가하는 것이다.

현재 마이크로바이옴, 특히 장내 마이크로바이옴에 관한 대부분의 연구는 선진국 사람들을 대상으로 수행되었다. 이러한 불균형을 바로잡기 위해 홀로바이오틱 진화 생물학에 관심이 있는 연구자들은 아프리카, 남미, 아시아에 거주하는 수렵채집인의 마이크로바이옴 구성을 연구하는데 노력을 집중해 왔다. 이러한 연구결과를 종합하면, 이들 집단의 장내 미생물 생태계는 서구의 장내 미생물 생태계와는 다른 미생물로 구성되어 있으며, 전반적으로 미생물 생태계가 더 다양해 보이는 것으로 나타났다.

아마존에서 발견한 놀라운 미생물

현대의 미생물 사냥꾼인 마리아 도밍게즈-벨로(Maria Dominguez-Bello)는 전 세계 동물과 인간의 미생물 기능을 연구하고 있다. 도밍게즈-벨로는 생태학, 건축학, 환경 공학 등 다양한 분야의 데이터를 통합하여 뉴욕시의 현금자동입출금기(ATM) 패드와 남미와 남아프리카의 수렵채집인들로부터 분리한 특징적인 미생물종을 분석했다. 그뿐만 아니라 제프 고든과 롭 나이트 등 선도적인 미생물군집 과학자들로 구성된 광범위한 연구팀과의 공동연구를 통해 서구화가 인간 미생물군집에 미친 영향을 규명하고 있다. 전 세계 오지에서 미생물종을 수집하는 소규모 연구팀의 일원인 그녀는 오지의 원주민들이 인간 건강에 대해 우리에게 가르쳐줄 것이 많다고 믿는다.[17]

베네수엘라의 아마존 정글에 사는 반유목 수렵 채집 집단인 야노마미Yanomami족과 협력하여 도밍게즈-벨로 연구팀은 2015년에 이 집단이 "전례 없는 수준의 세균 다양성"[18]을 보인다는 데이터를 발표했다. 피부와 대변 샘플의 미생물 다양성은 미국인보다 야노마미족에서 훨씬 더 높았다. 특히 미국인들과 달리 야노마미족은 프레보텔라균 비율이 높고 의간균 비율이 낮은 것으로 나타났다.[19]

새, 작은 포유류와 게, 개구리와 작은 물고기, 페카리peccaries(아메리카 대륙에 분포하는 돼지 비슷한 동물-역주), 원숭이, 테이퍼tapir(중남미에 서식하는 코가 뾰족한 돼지 비슷한 동물-역주)의 고기와 함께 야생 바나나, 제철 과일, 질경이, 야자수, 카사바, 식이섬유가 많은 야노마미족의 식단을 고려하면 이는 놀라운 일이 아닐 수 있다. 프레보텔라균은 식이섬유를 단쇄지방산(SCFAs)으로 발효시키는 것과 관련이 있으며, 여러 위장 기능에 유익한 영향을 미치는 것으로 문헌에 이미 여러 차례 검증되었다.

그러나 하이 오리노코 지역에서 수행된 이 연구에서 가장 주목할 만한 연구결과 중 하나는 개체의 항생제 내성(AR)antibiotic resistance 유전자의 집단인 레지스톰의 특성 분석이다. 도밍게즈-벨로에 따르면, 야노마미족은 1만 1,000년 이상 상대적으로 고립된 채 살아왔기 때문에 서양인과 게놈이 다른 것은 놀라운 일이 아니다. 그러나 항생제에 노출된 적이 없는 야노마미족의 마이크로바이옴에 AR 유전자가 존재한다는 사실은 흥미롭다. 도밍게즈-벨로와 동료들은 AR 유전자가 토양에 서식하는 인간의 공생 조상에서 진화했거나 항생제를 생산하는 토양 미생물, 또는 외부와 주고받은 물건이나 일련의 인간 접촉을 통해 유입되었을 수 있다고 가정한다.[20]

이러한 가설이 그럴듯하지만, 박테리오파지를 통한 수평적 유전자 전달 과정에 의해 항생제 내성 유전자가 세균 숙주의 게놈 속으로 통합하여 획득되었다는 설명도 가능하다. 이러한 박테리오파지는 세균이 좀 더 생존에 유리하도록 항생제 감수성 세균을 성공적으로 제거하기 위해 자신의 생존과 증식을 보장하는 숙주세균에 AR 유전자를 도입한다. 이는 수평적 유전자 전달을 통한 파지와 세균 간의 공생적 이점의 대표적 예시이다.

도밍게즈-벨로 연구팀의 연구결과에 따르면 항생제에 내성이 없는 미생물군에서 확인된 이러한 AR 유전자는 새로운 종류의 항생제에 대한 내성이 미생물군집에서 어떻게 그렇게 빠르게 발생할 수 있는지를 설명하는 데 도움이 된다. 연구팀은 "항생제에 민감한 대장균에 의해 코딩된 기능성 AR 유전자의 발견은 미생물군집의 향후 항생제 내성을 현재 심각하게 과소평가하고 있음"[21]을 암시한다고 주장한다.

말라리아, 홍역과 같은 치명적인 질병과 함께 불법 금광업자들의 위협을 받는 야노마미 부족은 풍부한 마이크로바이옴과 레지스톰과 상관없이 그들의 삶의 방식을 유지할 수 있을지는 불확실하다. 그래서 야노마미 부족과 같이 오랜 기간 고립된 원주민의 타액, 혈액, 조직, 대변 샘플을 수집하는 것은 시간과의 싸움이다. 도밍게즈-벨로와 동료들은 다양한 민족의 공통 항생제 내성을 연구함으로써 "항생제를 설계하고 신중하게 처방하여 이미 존재하는 여러 내성이 집약되는 것을 최소화하는 데 도움이 될 것이다."[22]라고 주장하였다.

이러한 연구의 한 가지 한계는 연구자들이 야노마미 부족과 함께 보내는 시간 동안 원주민의 마이크로바이옴 샘플에 영향을 미칠 수 있다는 사실이다. 비록 짧은 시간 동안이라도 같이 지낸 서양인의 마이크로바이옴과 다른 생활방식에 영향을 받아 마이크로바이옴이 교환되어 야노마미 부족의 원래 마이크로바이옴 구성이 바뀔 수 있기 때문이다.

의문을 불러일으키는 마이크로바이옴

도밍게즈-벨로는 탄자니아와 페루의 수렵 채집인 그룹의 마이크로바이옴에 비피더스균이 부족하다는 연구에도 공동으로 참여하였다. 이 장내 세균군은 서양인의 장내 미생물군에 대한 임상 및 중개 연구를 통해 건강한 장내 미생물의 구성 집단으로 확인되었다.

반면 수렵 채집인 그룹에는 매독을 유발할 수 있는 스피로헤타 세균인 트레포네마 팔리듐*Treponema pallidum*이 포함되어 있다. 그래서 마이크로바이옴 중 어느 균종 하나가 다른 마이크로바이옴보다 "더 건강"에 유익한지 어떻게 판단할 수 있을까? 단순히 식량 획득에 적응하고 특정 지역 병원균과 환경적 위협에 맞서 싸우는 문제로 해석해야 할까, 아니면 더 복잡한 문제일까?

이러한 문제는 건강한 인간 마이크로바이옴을 정의할 때 우리가 직면하는 또 다른 과제를 보여준다. 궁극적으로 모든 사람에게 건강할 수 있는 마이크로바이옴 구성을 규명할 가능성은 거의 없다. 그대신 우리를 건강한 상태로 유지할 수 있는 마이크로바이옴의 구성은 숙주의 유전적 구성과 숙주가 살고 있는 환경에 따라 크게 달라질 수 있다. 또한 아직 밝혀지지 않은 다른 요인과 특정 개체에 적응한 미생물종에 따라 달라질 수도 있다.

수렵채집인의 특정 장내 미생물 구성은 식량 공급, 물, 기후, 계절 변화, 접촉한 사회나 동물 집단, 그리고 특정 지역을 규정하는 여러 가지 환경 변수를 반영할 가능성이 높다. 소위 유익한 세균과 유해한 세균으로 이루어진 전체 세균 영역의 경우, 트레포네마^{Treponema}와 같은 종 수준에서 질병을 유발할 수 있는 종과 유용한 공생 파트너가 될 수 있는 종들이 있다. 예를 들면 세실 루이스$^{Cecil\ Lewis}$ 연구팀이 페루 수렵채집인을 대상으로 한 연구에서 탄수화물과 같은 음식물의 소화를 돕는 유용한 트레포네마 종을 한 예로 보고한 것처럼, 트레포네마 종 중에서도 유익한 공생 파트너가 있다.[23]

흥미롭게도 탄자니아의 하드자^{Hadza} 지역 수렵채집인과 비인간 영장류에서도 이와 유사한 트레포네마 균주가 발견되었지만, 산업화한 사람의 장 생태계에서는 전혀 발견되지 않았다. 이러한 연구결과를 바탕으로 이 연구를 수행한 연구자들은 이 균주가 "산업화된 농업의 도입 및/또는 기타 생활방식의 변화로 인해 사라진 인간 조상 장내 미생물군집의 일부일 수 있다."[24]고 제안했다.

사라진 미생물

 이들의 가설은 1장에서 소개한 상당히 충격적인 미생물 실종 가설과 일치한다. 미생물 실종 가설을 제안한 블레이저는 특히 식습관, 위생, 항생제 남용 등 현대인의 라이프스타일 변화로 인해 '고대 미생물군집'의 일부 구성 요소가 고갈되어 지금은 멸종했다고 주장한다. 따라서 이러한 변화가 지난 50년 동안 선진국 전역에서 자가면역 질환, 음식 알레르기, 비만, 신경 염증성 질환을 비롯한 만성염증성 질환의 증가에 영향을 미쳤을 수 있다고 주장한다.[25]
 블레이저의 이론이 흥미롭고 설득력이 있어서, 이 이론은 오늘날 세계에 존재하는 먼 지리적 집단이 세계의 다른 지역에서는 멸종된 고대 세균의 보고라고 가정한다. 또 다른 설명으로는 이런 마이크로바이옴의 차이가 단순히 전통적인 생활방식이 현재의 미생물이 번성할 수 있는 이상적인 틈새를 제공하는 것일 수 있다는 것이다. 즉 트레포네마는 이 집단에 보존되어 온 고대 세균 중 하나라기보다는 독특한 생활방식을 가진 수렵채집인의 장에서 번성하고 있는 현대적인 종을 단순히 나타낼 수 있다.
 또한 장내 미생물 구성은 숙주 게놈, 바이러스, 곰팡이, 기생충과 같은 장내 다른 미생물의 존재 또는 기타 확인되지 않은 변수를 포함한 여러 요인에 의해 영향을 받을 수 있다. 예를 들면 특정 기생충, 특히 엔트아메바Entamoeba(척추동물에 기생하는 원생생물-역주)의 존재가 장내 미생물 구성에 큰 영향을 미쳐 수렵채집인에게서 발견되는 특징, 즉 트레포네마 종의 다양성과 증가에 유리하게 작용할 수 있다는 연구가 있다.

그러나 기생충이 장내 미생물 구성에 어떤 영향을 미치는지는 아직 밝혀지지 않았다. 그에 대한 설명으로 기생충이 특정 세균 종을 잡아먹거나 특정 대사산물을 섭취함으로써 세균의 먹이 공급을 제한시킬 수도 있고 마이크로바이옴의 일부 구성 미생물을 직접 제거하는 등 몇 가지 가능성이 있다.

고대 미생물의 멸종과 생활방식에 따른 미생물의 적응에 대한 논쟁은 앞으로도 해답을 얻지 못할 수 있다. 그러나 지속 가능한 라이프스타일, 즉 가까운 자연환경에서 생산된 농산물로만 생활하는 농촌 인구의 장내 미생물 생태계는 산업화한 국가에 사는 사람들의 장내 미생물 생태계 구성과 상당히 다르다는 것은 분명해졌다. 이러한 차이가 현재 유행하는 만성염증성 질환의 원인인지, 아니면 이러한 질환의 결과인지, 그도 아니면 단순히 일시적인 현상인지를 파악하는 것은 건강과 질병에서 인간 마이크로바이옴의 역할에 관심이 있는 과학자들이 직면한 흥미로운 과제 중 하나이다.

수렵, 채집, 그리고 지중해식 식단

인간의 해부학과 생리학을 학습하다 보면 인간이 잡식성 종이라는 사실을 금방 알 수 있다. 인간의 진화 생물학을 단순하게 살펴보면 수렵 채집 조상은 일반적으로 시간의 90%를 식량 조달에, 10%를 번식에 할애했다고 가정할 수 있다. 식량을 찾는데 왜 그렇게 많은 시간이 필요했을까? 간단한 대답은 식량 공급의 예측 불가능성이다. 이러한 환경에서 과일과 채소, 덩이뿌리나 견과류는 인간이 항상 쉽게 구할 수 있고 풍부하게 공급되는 '쉬운 음식'이었다고 가정할 수 있다.

반대로 버팔로, 영양, 심지어 물고기와 같은 동물을 잡기 위해 사냥 기술과 인내심이 필요한 사냥꾼의 식량 확보는 예측 불가능성이 훨씬 더 크고 실패율도 높을 것이다. 따라서 진화적으로 볼 때 우리 종은 큰 동물을 사냥하는 것보다 먹이사슬의 채집 부분에 훨씬 더 많이 의존해 왔다고 가정해 볼 수 있다.

이 개념의 추론에 따르면 과일, 채소, 덩이뿌리, 견과류, 식물성 기름을 매일 많이 섭취하고 동물성 식단은 제한적으로 섭취하는 것이 인간의 진화 과정을 더 잘 반영하며, 따라서 건강을 유지하기 위한 이상적인 균형 잡힌 식단이라고 할 수 있다. 이는 적어도 이론적으로 대부분 상황에서 사실일 것이다. 이 개념은 또한 심혈관 질환 위험을 줄이기 위한 건강한 식습관으로 안셀 키스Ancel Keys가 공식적으로 제안한 '지중해식 식단'과 많은 부분이 유사하다.

이러한 인체 생리와 영양에 관한 연구를 바탕으로 키스Keys는 제2차 세계대전 당시 이동 중인 미군을 위한 포켓 사이즈의 일일 배급량인 'K-레이션'을 개발했다. 이탈리아 남부의 작은 마을에서 만난 이탈리아 사람들이 뉴욕의 친척들보다 더 나은 건강을 누리고 있다는 사실을 알게 된 키스는 식단, 라이프스타일, 심혈관 건강의 교차점에 주목했다. 그는 1958년 이탈리아, 그리스 섬, 유고슬라비아, 미국, 네덜란드, 핀란드, 일본의 건강한 중년 남성 1만 2,000명의 건강과 영양을 평가하는 수십 년에 걸친 소위 '7개국 연구Seven Countries Study'를 시작했다.[26]

그 연구결과 키스는 포화지방의 과다 섭취가 심혈관 질환 증가와 관련이 있다는 결론을 내렸다. 당시와 그 후 수십 년 동안 그의 연구결과는 논란이 없지는 않았지만, 건강한 영양식으로서의 지중해식 식단(그림 2-1 참조)이라는 개념은 현재 널리 받아들여지고 있으며 키스의 주요 업적 중 하나로 남아 있다.

이탈리아 남부 출신인 공동 저자 알레시오 파사노는 영양과 건강한 생활이라는 측면에서 지중해식 식단의 우수성을 직접 증명할 수 있었다. 그러나 식단과 장내 미생물군집 사이의 관계를 더 깊이 파고들면 특정 환경적 특성과 밀접하게 관련된 이 영양학적 생활방식에 예외가 있음을 발견할 수 있다. 이러한 예외의 탁월한 예는 탄자니아 북부의 에야시 호수 기슭에 사는 하드자Hadza족 수렵채집인의 경우이다.

계절에 따른 마이크로바이옴

하드자족이 거주하는 지역은 동부 아프리카의 독특한 기상 패턴과 관련이 있는 우기와 건기 사이의 극심한 변동이 특징이다. 우기는 11월부터 4월까지 지속되고 5월부터 10월까지는 극도로 건조한 날씨가 이어진다. 하드자족의 총인구는 1,000명으로 추정되지만, 그중 약 150명이 주로 수렵채집 생활을 하며 수천 년 동안 지속되어 온 자급자족 생활방식으로 주로 야생 사냥감과 식물을 먹으며 살아가고 있다.

건기에는 동물들이 희귀한 물 공급원이 있는 곳으로 모일 것이라는 예측이 가능하기 때문에, 하드자족은 건조한 날씨에 큰 사냥감의 획득을 더 잘 예측할 수 있다. 또한 건기에는 잎이 부족하기 때문에 동물들이 더

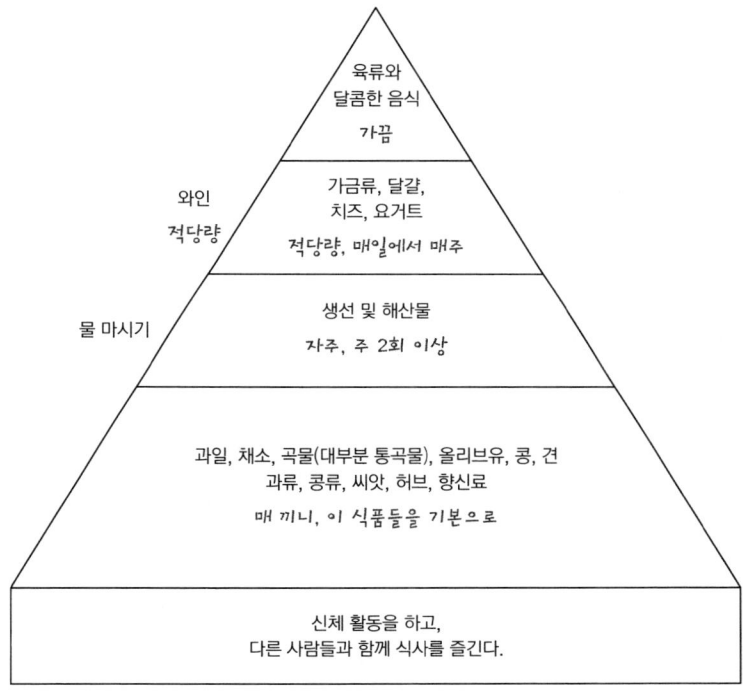

그림 2-1 지중해식 식단과 라이프스타일을 기반으로 한 음식 피라미드
https://oldwayspt.org에서 발췌

잘 보이고 하드자족의 사냥 기술에 훨씬 더 취약해진다. 사냥한 고기를 보존할 수단이 없기에 하드자는 단기간에 고기를 소비해야 한다. 식물의 희소성과 함께 6개월 동안의 육류 소비는 동물성 단백질과 지방 섭취를 증가시키고, 다른 공급원에서의 칼로리 섭취는 감소시킨다.

하지만 우기에는 탄자니아는 꽃과 과일, 천연 당분이 풍부한 베리류, 야생 꿀이 풍부한 푸르른 녹색의 땅이 된다. 비가 오면 큰 동물들은 나뭇잎으로 위장해 흩어지고 잡기가 어려워지기 때문에 하드자족은 채집 기술을 바탕으로 한 식단에 의존하게 된다. 또한 하드자족은 1년 내내 식이섬유가 많은 바오밥나무 열매와 덩이뿌리를 먹는다. 서구의 부모들이 자녀에게 과일과 채소의 형태로 식이섬유를 더 많이 섭취하도록 권유하는 것과 마찬가지로, 하드자족은 매일 많은 양의 식이섬유를 섭취한다.

하드자족과 이의 연구진은 토양, 동물, 인간 등의 상호 연결된 미생물 생태계에 미치는 계절의 중요성을 알려주었다. 이는 인류가 인위적인 조건을 만들어 미생물 구성을 변화시키기 전에 정상적이고 건강한 마이크로바이옴은 어떤 모습이었을지에 대한 핵심적인 질문에 답을 줄 수 있다. 이런 연구를 통해 현대의 인간 마이크로바이옴에서 사라지거나 부족해진 미생물종의 기능적 기여를 알 수가 있을 것이다.

마이크로바이옴의 생체리듬

이야기를 더욱 복잡하게 만드는 동시에 더욱 흥미롭게 만드는 것은 최근 마이크로바이옴에 일주기적 변화가 있다는 관찰 결과이다. 위 분비물, 혈류, 줄기세포 재생, 소화, 면역 등 여러 위장 기능은 24시간마다 반복하는 분자 일주기 리듬의 영향을 받는 것으로 알려져 있다.

마찬가지로 최근에는 빛뿐만 아니라 후각, 규칙적인 식사 습관, 매력적인 음식에 대한 시각이나 생각, 음식 섭취에 대한 기대감과 같은 여러 자극으로 조절되는 장의 일주기 시계도 장내 미생물 구성과 기능에 영향을 미친다는 사실이 입증되었다. 따라서 시차 적응이나 청소년의 수면 패턴 불량과 같이 위장 기능의 일주기 리듬을 방해하는 모든 요인은 쥐와 사람 모두에서 입증된 바와 같이 장내 미생물 불균형을 유발할 수 있다.

생체리듬이 깨진 $Per1^{-/-}$, $Per2^{-/-}$ 유전자의 이중 녹아웃 쥐를 사용하여 크리스토프 타이스Christoph Thaiss와 동료들은 이 쥐에서 장내 미생물의 풍부함, 구성 및 기능이 극적으로 변화한다는 사실을 확고하게 입증했다. 또한 불균형한 미생물군집이 일주기 위장 시계에 변화를 일으켜 위장 일주기 리듬과 장내 미생물군집 사이에 양방향 관계가 있다는 흥미로운 결과도 보고하였다.[27] 장내 미생물이 장 면역에 미치는 막대한 영향을 고려할 때, 일주기성 미생물군집의 리듬이 점막 면역의 일주기 리듬과 밀접하게 얽혀 있다는 것은 놀라운 일이 아니다.

일주기 시계는 지질다당류(LPS)와 같은 세균 내독소에 노출되면 소장에서 방출되는 디펜신의 일주기 방출을 조절하며, 이는 식사 중에 섭취된 세균에 대한 점막 방어 메커니즘의 존재를 암시한다. 또한 장내 병원균에 대한 점막 선천 면역반응의 핵심 요소인 톨-유사Toll-like 수용체와 인터루킨-6(IL-6)의 발현은 일주기적 조절의 영향을 받는다.

점막 면역반응의 또 다른 핵심 요소인 대식세포와 자가면역에 대항하는 적응 면역반응에서 작용하는 Th17 세포로의 미성숙 T세포 성숙과 같은 반응은 일주기 위장관 시계가 작동할 때 가장 빈번하게 일어난다. 이는 일주기 리듬 교란이 장 면역과 마이크로바이옴 기능에 부정적인 결과를 미칠 수 있고, 더 나아가 만성염증성 질환과 관련이 있을 수 있음을 시사한다.

산업화한 세계에서 변천하는 마이크로바이옴

이러한 전제를 염두에 두고 우리가 마이크로바이옴과 평화로운 공존을 되찾기 위한 최선의 전략은 무엇일까? 우리에게 가장 유익한 미생물 동반자는 누구일까? 유기농 식품만 먹거나 프리바이오틱스 또는 프로바이오틱스 보충제와 함께 특정 식단을 수용하는 것이 도움이 될까?

하드자족 연구결과가 "정상"으로 정의된 적절한 마이크로바이옴 구성을 되찾는다는 목표와 관련이 있다면, 획일적인 접근방식보다는 계절과 일주기 리듬에 초점을 맞춰야 할 수도 있다. 다시 말해, 북극의 이누이트족, 호주의 원주민, 탄자니아 하드자족의 수렵채집 마이크로바이옴은 비슷할까? 그리고 이들 그룹의 마이크로바이옴은 토박이 뉴요커, 파리 관광객 또는 싱가포르의 주식 중개인의 장내 생태계와 무엇이 다를까?

이것들은 시간이 지남에 따라 우리가 살고 있는 환경의 복잡한 상호작용의 결과물이 어떻게 되는지를 보여주는 분명한 예이다. 다시 말해, 우리는 우리가 먹는 것에 의해 좌우될 뿐만 아니라 '우리가 사는 곳'에 의해 정의되기도 한다. 소위 정상 마이크로바이옴을 파악하려는 노력은 순전히 이론적인 개념으로, 건강을 유지하기 위해 미생물 생태계와 적절한 균형을 이루기 위한 최적의 상호작용을 찾는 데는 거의 영향을 미치지 못할 수 있다.

  그럼에도 불구하고 동부 아프리카를 인류 진화의 요람으로 간주한다면, 하드자 부족을 수십만 년 전 인류 생활의 살아있는 화석으로 간주할 수 없다는 점을 분명히 하면서, 초기 인류 진화의 가능한 예로 볼 수 있다. 이러한 한계를 염두에 두고 수렵채집 생활방식, 자연적인 출산 관행, 긴 모유 수유 시간, 서양의 약품 및 문화에 대한 제한된 접근, 물, 토양, 동물, 채소의 자연 미생물 생태계와의 긴밀한 상호작용을 가진 하드자족은 고대 미생물 생태계의 모습을 이해하는 데 가장 적합한 모델일 수 있다.

대사 기능: 미생물의 큰 그림

  하드자족을 연구하는 연구자들은 건기와 우기 두 계절의 급격한 식습관 변화가 수렵채집 집단 구성원의 장내 미생물 구성에 놀라운 변화를 가져왔다는 사실을 알게 되었다. 하지만 이러한 변화가 반드시 기능의 변화를 의미하는 것은 아니다. 미생물군집은 급격하게 변해도 이 미생물 생태계가 발휘하는 대사 기능은 시간이 지나도 동일하게 유지될 수 있기 때문이다.

  우리 자신과 장내 미생물 생태계 사이의 이상적인 공생 생활방식이 장내 생태계에 의한 대사 경로의 안정성을 의미한다면, 장내 미생물 구성의 극적인 변화도 대사 안정성을 유지하기 위해 프로그래밍하여야 한다. 실제로 장내 생태계 내의 서로 다른 미생물군이 대사 경로에 비숫한 영향을 미쳐 기능 안정성을 유지할 수 있다. 다시 말해, 자연은 항상 예비 계획을 가지고 있다.

이 개념이 사실이라면 서구에서 만연한 만성염증성 질환을 개선하거나 역전시키기 위해 마이크로바이옴을 목표로 삼는 우리의 목표가 특정 프로바이오틱스나 프리바이오틱스를 추가하여 미생물의 구성을 바꾸는 데 있어서는 안 될 것으로 보인다. 대신 제2형 당뇨병(T2D) 환자의 인슐린 분비 이상과 같이 서구식 생활방식으로 인해 부정적인 영향을 받은 마이크로바이옴의 대사 기능의 변화를 살펴봐야 한다.

미생물군집 구성을 조작하여 대사 기능을 조절하는 방법에 대해 더 많이 연구하는 것은 전체 마이크로바이옴 분야의 잠재력을 활용하기 위한 핵심 단계이다. 현재 수십억 달러 규모의 프로바이오틱스 산업처럼 너무 성급하게 이 목표를 달성하려고 하면 마이크로바이옴을 표적으로 만성염증성 질환을 치료할 수 있는 엄청난 잠재력을 오히려 위태롭게 할 수 있다. 페니실린이 개발되었을 때 모든 종류의 감염에 대한 치료제로 무분별하게 사용했던 것과 같은 실수를 범할 수 있기 때문이다.

이제 우리는 페니실린이 그람양성 세균에만 영향을 미치며 무분별한 사용으로 인해 항생제 내성 세균 균주가 출현했다는 것을 알고 있다. 치명적인 감염을 물리치고 수백만 명의 생명을 구한 페니실린의 영웅적인 역할에 대해서는 논란의 여지가 없다. 그러나 페니실린의 광범위한 사용은 치명적인 감염에 대해 매우 효과적인 치료제로서의 페니실린 효용 저하를 비롯한 값비싼 대가를 치러야 했다.

식이섭취의 차이

탄자니아, 페루, 아마존에서 연구를 수행한 연구자들과 마찬가지로, 하드자족의 장내 미생물 구성을 연구한 연구자들도 서구 세계 인구의 장내 미생물군집에서 가장 풍부한 속인 의간균 속이 희소하다는 사실을 발견했다. 이러한 현저한 차이의 원인을 명확히 알 수는 없지만, 가장 유력한 설명은 서구식 식단과 하드자 식단의 차이와 관련이 있을 수 있다.

전반적인 영양소 섭취의 질과 양은 비교적 비슷할 수 있지만, 가장 두드러진 차이는 현재 미국 및 서구 표준 식단의 식이섬유 섭취량(하루 20g 미만)이 극히 낮지만, 하드자족의 식이섬유 섭취량은 몇 배 더 높다는 점이다. 식이섬유 섭취가 부족하면 미생물 환경이 달라질 수 있을까? 식이섬유 섭취의 부족은 균형 잡힌 생태계를 유지하는 데 중요한 다른 구성 미생물이 줄어드는 대신 의간균이 장내 우세한 종으로 되는 환경일 수 있다.

또 다른 놀라운 발견으로, 하드자 사람들이 서양에서는 거의 사라진 옥실산염 분해 장내 미생물인 옥살로박터 포르미게네스 *Oxalobacter formigenes*를 가지고 있다는 사실이다. 이 균종은 최근 신장 결석인 옥실산칼슘의 형성을 억제하는 능력으로 주목을 받고 있다. 이 그람음성 혐기성 세균의 수치가 낮은 사람은 고옥살산뇨증과 신장 질환이 발병할 위험이 크다.

연구자들은 또한 서양인의 장에서 단 두 종만이 확인된 것에 비해, 하드자족 미생물군집에는 12종 이상의 균종이 포함된 프레보텔라 속이 매우 풍부하다는 사실을 발견했다.[28] 프레보텔라는 일부 만성염증성 질환, 특히 관절염과 관련이 있기 때문에, 프레보텔라 속의 다양성 감소와 비교했을 때 다양한 프레보텔라 종 구성이 만성염증 예방에 도움이 될 수 있다는 가설은 매우 흥미롭다. 이러한 지구 반대편에 있는 원주민 그룹의 마이크로바이옴에서 얻은 예비 연구결과는 프레보텔라 퍼즐에 대한 추가적인 단서를 제공할 수 있을 것이다.

북극에서 들려오는 경고의 목소리

1999년, 원주민 부족의 수십 년에 걸친 활동 끝에 누나부트 지역은 캐나다에서 가장 크고 최북단에 있는 영토로 확정되었다. 이 지역의 총 면적은 200만 제곱킬로미터가 넘으며 약 3만 8,000명의 이누이트족이 거주하고 있다. 수천 년 동안 유목민으로 살아온 이누이트족 일부는 여전히 사냥과 낚시, 현지 식재료 채취를 통해 전통적인 식생활을 유지하고 있다.

이들 전통 식단에는 일각고래, 벨루가, 활머리고래와 함께 물개와 수염 물범, 순록, 북극곰, 기타 육상 포유류, 바닷물과 신선한 생선이 큰 부분을 차지한다. 고기는 날것, 냉동 또는 발효시켜 먹거나 익혀서 먹으며, 바다표범의 피는 이누이트 전통 식단과 문화에서 중요한 부분을 차지한다. 이누이트족은 조개, 덩이뿌리, 열매, 풀과 해초, 일부 초본 식물도 채집하여 섭취한다.

몬트리올 대학의 연구자들은 대변 샘플을 사용하여 이들 캐나다 북극 원주민의 장내 미생물군집을 조사했다.[29] 연구진은 서구식 식단을 따르는 몬트리올 사람들과 전통적인 이누이트 식단을 따르는 사람들의 미생물군집을 비교하면서 두 샘플에서 뚜렷한 차이가 있을 것으로 예상했다. 그러나 연구진은 전반적인 미생물군집 수준에서 도시 거주자와 이누이트족의 장내 미생물군집이 구별할 수 없을 정도로 유사하고 다양성 수준이 비슷하다는 사실을 발견했다.[30] 이누이트족과 칼루나트족(비이누이트족)의 저식이섬유 고지방 동물성 단백질 식단과 몬트리올 사람의 식단과의 유사성을 고려하면, 특히 많은 이누이트인들이 전통적인 음식 공급원에서 벗어나 서구식 식단을 받아들이는 상황에서 이는 놀라운 일이 아닐 수 있다. 하지만 마이크로바이옴을 좀 더 깊이 들여다보면 또 다른 놀라움이 발견된다.

연구진은 올리고타이핑oligotyping 기법을 사용하여 특정 미생물 분류군의 상대적 풍부도에 있어 아속 수준에서 상당한 차이가 있음을 발견했다. 프레보텔라는 두 그룹 모두에서 풍부했지만, 이누이트 그룹에서는 유전적 다양성이 낮게 나타났다. 연구진은 저식이섬유 식단이 프레보텔라에 대한 선택과 다양성을 감소시킨다는 가설을 세웠다. 서양식 식단을 섭취하는 이누이트족의 아주 작은 표본에서는 이누이트족의 대규모 그룹보다 전체적으로 프레보텔라가 훨씬 더 풍부했으며, 그 프레보텔라 속은 "훨씬 다양하고 균등성도 높았다"라고 한다.[31]

우리는 프레보텔라 균주가 사람마다 다르다는 것을 알고 있다. 우리는 특정 균주가 식습관 및 건강 상태에 따른 연관성을 가질 수 있다는 몬트리올 연구진의 제안에 동의한다. 또한 일부 균주는 식이섬유 섭취와 상관관계가 있지만 다른 균주는 그렇지 않을 수 있으며, 식이섬유

이외의 요인이 프레보텔라 아종의 다양성에 영향을 미칠 수 있다는 주장에도 동의한다. 마지막으로, 후속 연구에서 몬트리올 연구진은 일반적으로 개체 내 차이가 개체 간 차이보다 덜 두드러진다는 사실을 확인했다. 또한 연구진은 다른 연구 그룹과 마찬가지로 장내 미생물군집의 다양성이 시간이 지남에 따라 더 안정적으로 유지되는 경향이 있다는 사실을 보고하였다.[32]

최고의 미생물 마을 만들기

앞에서 설명한 몇 가지 사례는 미생물군집이 건강에 미치는 주요한 역할에 대해 반복적으로 잘 보여준다. 서구에서 비감염성 만성염증성 질환의 출현은 인간 장에 가장 유익한 공생 미생물의 다양성을 잃은 결과일 가능성이 높다. 이 공생 미생물군집은 체내 많은 대사 경로가 적절한 기능을 발휘하기 위한 핵심 신호를 제공했을 수 있다.

약 2만 3,000개의 유전자로 구성된 인류의 다소 빈약한 게놈 자산으로는 인간 종의 놀라운 복잡성을 완전히 설명할 수 없다는 것은 분명해 보이며, 이 주제를 다시 한번 살펴볼 필요가 있다. 인간은 인간게놈과 인간보다 100~150배 더 많은 유전자를 포함하는 메타게놈[미생물군집의 유전자 배열]과의 공진화의 산물이다. 메타게놈의 유전자 수치는 미생물군집 연구 분야의 발전에 따라 계속 변화하고 있다.

일부 연구자들이 주장하듯이 마이크로바이옴의 다양성의 3분의 1 또는 절반을 잃는다는 것은 우리 유전적 정체성의 거대한 구성 요소를 잃는 것과 마찬가지이다. 이러한 손실에는 대가가 따른다는 것은 놀라운 일이 아니다. 그 대가는 우리 유전자와 남은 마이크로바이옴 유전자 사이의 긴밀한 협조가 잘 이루어지지 않게 되어 공생 세균을 통해 발현되는 우리 몸의 면역체계가 더 이상 최고의 능력을 발휘할 수 없다는 것을 의미한다.

이와 같이 유전적 풍부함이 줄어들면 건강과 질병 사이의 균형을 유지할 수 있는 능력이 줄어든다는 것은 분명하다. 그리고 3장에서 살펴볼 것처럼 개인의 마이크로바이옴 발달에 있어 생후 첫 1,000일보다 더 중요한 시기는 없다는 사실이다.

Chapter 3
인간 마이크로바이옴에 영향을 미치는 초기 요인들

미생물 '기관'의 발달

이 책의 다른 곳에서 언급했듯이 건강과 질병 사이의 균형은 주로 유전자–환경 상호작용의 결과이다. 환경이 유전적 소인을 임상적 결과로 전환시켜 유전자의 발현에 후성유전적으로 영향을 미치는 기전은 아직 완전히 밝혀지지 않았다. 그러나 장내 미생물군집이 유아기의 건강한 발달에 중요하다는 사실은 점점 더 분명해지고 있다. 아동의 건강, 더 나아가 생애 전반에 걸친 건강에 미치는 환경적 영향의 역할은 다양한 산전, 출산 전후, 출생 후 상황과 밀접한 관련이 있다(그림 3-1 참조).

이 세 가지 중 어느 시기를 분석하든, 모든 환경 요인이 마이크로바이옴 구성과 기능에 영향을 미칠 수 있으므로, 마이크로바이옴은 각 개인의 유전적으로 취약한 비감염성 만성염증성 질환의 발병에 영향을 미치는 모든 환경 요인의 전달자가 될 수 있을 것이다. 따라서 이 장에서는 마이크로바이옴의 구성과 각 개인의 평생 건강에 미치는 환경 요인들을 태아기, 출산 전후로 나누어 최신 지식을 분석하고자 한다.

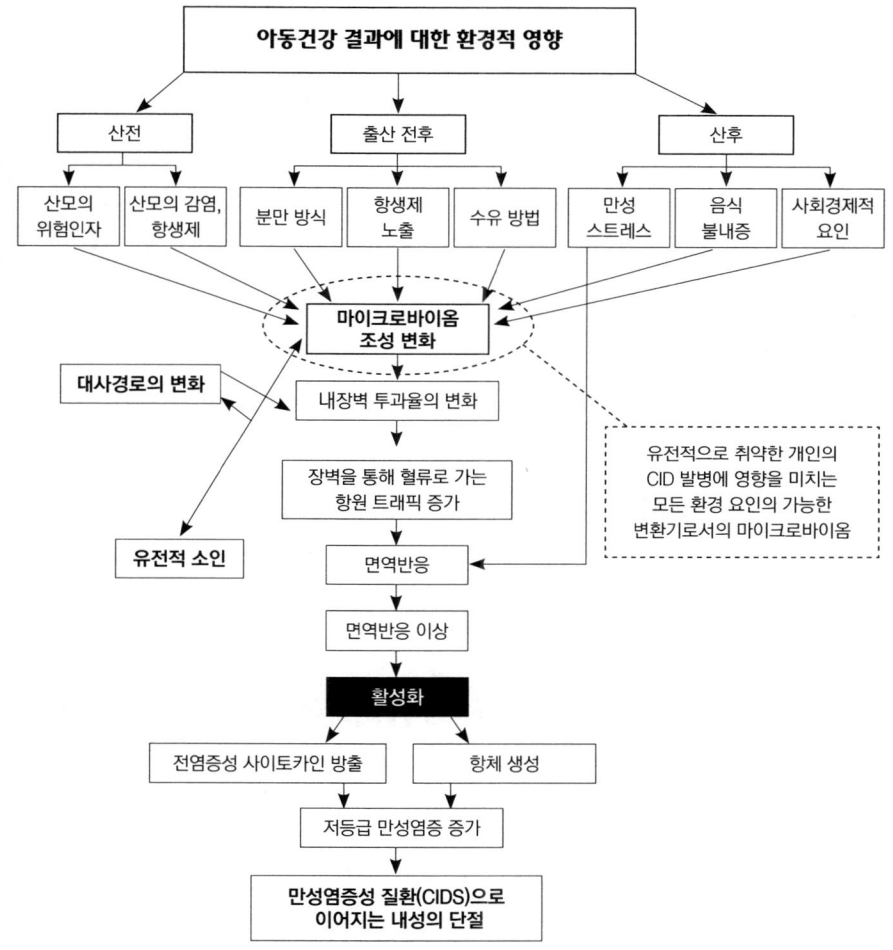

그림 3-1 태아기, 주산기, 출생 후 요인이 마이크로바이옴 구성과 기능에 미치는 영향

V. J. Martin, M. M. Leonard, L. Fiechtner, A. Fasano, 〈마이크로바이옴에 대한 설명적 이해에서 기계적 이해로의 전환〉: 질병 예측을 위한 전향적 종단적 접근법의 필요성"에서 각색, 소아과학회지 179 (2016년 12월 1일): 240-248, https://doi.org/10.1016/j.jpeds.2016.08.049.

산모 마이크로바이옴

유아의 마이크로바이옴은 모체와 자식간의 미생물 교환으로부터 큰 영향을 받기 때문에 산모의 라이프스타일이 이러한 교환에 매우 중요하다. 예비 엄마가 건강한지, 만성염증성 질환이 있는지, 활동적이거나 앉아서 생활하는지, 흡연자인지 비흡연자인지, 오락용 약물을 사용하는지, 술을 마시는지, 스트레스를 많이 받는지, 도시 또는 시골에 사는지, 사회경제적 수준이 낮은지 높은지, 비만인지 아닌지 등은 아기에게 전달되는 미생물군 구성에 영향을 줄 수 있는 많은 변수 중 일부가 된다.

이러한 변수 대부분은 이 책의 다른 섹션에서 더 자세히 설명되어 있다. 그러나 산모의 생활방식이 앞에서 설명한 수렵채집인의 생존양식에서 벗어날수록 미생물군집의 구성과 기능 측면에서 아기에게 이상적인 미생물군을 전달하려는 생물학적 계획에서 벗어날 가능성이 높다는 것은 직감적으로 알 수 있다. 아직 정확히 규명되지 않은 중요한 또 다른 변수는 산모의 건강 불균형이 산모와 아기의 마이크로바이옴에 미치는 영향이다. 빈곤, 영양실조, 교육 수준 등 사회경제적 요인과 관련된 스트레스가 인간의 마이크로바이옴 구성에 부정적인 영향을 미칠 수 있다는 증거가 점점 더 많아지고 있다.[1]

인간게놈은 약 2만 3,000개의 유전자로 구성된 다소 빈약한 수준이라는 점을 고려할 때, 인간 생물학의 복잡성을 설명하는 가장 유력한 해석은 인간이 두 개의 공진화하는 게놈의 산물이라는 것이다. 그중 하나는 부모의 유전에 영향을 받고 시간이 지나도 변하지 않는 인간게놈이다. 여기에는 복잡하게 얽혀 질병 발병 위험을 결정하는 유전자가 포함되어 있다. 또 다른 하나는 인간 미생물군집의 게놈으로 매우 역동적이며 건강상의 격차 및 의료 서비스 접근성 저하 등 여러 요인에 의해 영향을 받을 수 있다.

마이크로바이옴과 관련된 건강 격차

질병 발병 위험의 증가는 단지 불우한 사회경제적 환경에서 살기 때문일까? 손상된 미생물군집의 구성이 질병 발병 위험을 높일 수 있다면 임산부가 경험하는 건강 격차가 자손의 운명에도 영향을 미칠까? 그렇다면 이러한 사회적, 경제적 어려움을 겪은 여성에게서 태어난 아기는 그렇지 않은 여성에게서 태어난 아기에 비해 불리한 상황에 부닥치게 된다.

안타깝게도 코로나19 팬데믹뿐만 아니라 아동 비만, 영아 사망률, 감염병의 발생이 미국 내에서 일반 인구보다 아프리카계 미국인과 히스패닉 인구에서 더 높은 비율로 발생하는 사례가 이를 입증한다.[2] 이러한 부정적인 결과의 유일한 원인으로 장내 미생물 구성을 지목하는 것은 다인자성 병인의 영향을 받는 건강 결과를 지나치게 단순화시킬 수 있다. 그러나 아동기의 부정적인 질병 발생의 위험을 증가시키는 미생물 구성에 대한 현재의 지식을 더 확장하는 것은 향후 아동기의 건강 유지에 매우 유용할 것이다.

그렇다면 미생물군집의 특징적인 구성이 산모의 건강 불균형과 순차적으로 연관되어 있고 아동에게 부정적인 영향을 미치는 것으로 확인되면 어떻게 될까? 만약 이것이 사실로 밝혀진다면, 이러한 격차를 완화하기 위한 정치적, 경제적 개입은 빈곤층 가정에 대한 도덕적 의무가 될 것이다. 또한 사회경제적 지위가 낮은 산모에게서 태어난 아이들의 부정적인 건강 상태를 예방할 강력한 기회를 제공해야 한다.

임산부가 사회적 지원 시스템 없이 빈곤하게 생활하는 경우, 이와 같은 환경 및 외부 요인뿐만 아니라 이러한 요인이 자녀에게 전달되는 미생물군 구성에도 영향을 끼쳐 자녀의 건강에 부정적인 결과가 나타날 수 있다. 반대로, 아이에게 더 유익한 미생물 구성이 물려지면 아이는 질병 발병 위험을 줄이는 데 유리할 수 있다.

예를 들어 임산부가 유전자에 이상이 생겨 대장암이나 T1D와 관련된 유전자를 자손에게 물려주는 경우, 이러한 유전자의 전달을 피할 수 있는 방안이 많지 않다. 반면에 임산부가 환경적, 사회적 요인으로 인해 불리한 환경에 처해 있어 자손의 만성염증성 질환 위험을 높이는 마이크로바이옴을 전달할 위험이 큰 경우, 적어도 이론적으로는 이러한 외부 요인을 교정하여 후성유전적으로 자녀의 유전적 소인을 질병 발병으로 전환하는 위험을 줄일 수 있다. 즉, 고정된 인간 유전 암호가 질병으로 발현되는지는 가소성을 가진 마이크로바이옴의 유전 암호를 교정하여 바꿀 수 있다는 사실이다.

산모의 생활방식이 자손에게 전달되는 마이크로바이옴의 구성과 기능에 영향을 미치고 때로는 질병을 초래하기도 한다는 증거가 축적되고 있다. 메릴랜드 의과대학UMSOM의 연구원 트레이시 베일Tracy Bale은 2015년 펜실베이니아 대학교에서 실시한 쥐 실험을 통해 어미에게 스트레스를 유발하면 갓 태어난 새끼의 장내 미생물이 변화한다는 사실을 밝혀내 화제를 모았다. 또한 베일은 어미 쥐의 임신 초기 스트레스가 어미 쥐의 질 내 미생물군집의 변화를 통해 새끼 쥐의 뇌 발달에 영향을 미칠 수 있다고 주장했다.[3]

UMSOM의 레베카 브로트만Rebecca Brotman과 자크 라벨Jacques Ravel이 이끄는 연구팀은 흡연이 질내 미생물군집에 유익한 미생물의 수를 감소시키고 그 결과가 자연분만을 통해 아기에게 전달될 수 있다는 사실을 발표했다.[4] 그리고 식습관과 임신 결과에 대한 자크 라벨의 연구 중 흥미롭고 예상치 못한 결과로서, 임산부에게 임상의가 24시간 내내 접근하여 질문에 답하고 치료를 제공하는 것이 스트레스 수준을 낮추고 미생물군집의 구성에도 영향을 주어 결과적으로 긍정적인 영향을 미치는 것으로 나타났다.[5] 이처럼 인간 마이크로바이옴과 관련된 연구 결과가 늘어남에 따라, 인간게놈과 마이크로바이옴 사이의 끊임없이 변화하고 복잡한 상호작용의 특성을 파악하는 것이 실제로 엄청난 작업이지만, 이러한 복잡한 상호작용이 완전히 해명되면 질병의 발생과 진행 과정을 바꿀 엄청난 기회이기도 하다는 것을 알게 되었다.

태아 마이크로바이옴 각인

파리의 파스퇴르 연구소의 앙리 티시에Henry Tissier가 1906년 유아의 장에서 비피도박테리움*Bifidobacterium*을 최초로 분리했다. 또한 이 프랑스 소아과 의사는 태아가 무균 환경에서 자란다는 오랜 교리인 '무균자궁 가설'을 처음 제안했다. 이 가설은 배양 방법론을 사용한 과거 연구방법론에 근거하며 분만 전 양수가 완전 무균 상태라고 한 것이다.[6] 그러나 시퀀싱을 통해 배양할 수 없는 미생물을 식별하는 능력이 발전함에 따라 이 가설에 대한 과학적 논쟁이 치열하게 전개되고 있다. 라벨Ravel 박사에 따르면, 이 책이 출간되는 시점을 기준으로 하여 가장 최근의 연구(아래 참조)는 태반 마이크로바이옴의 개념은 여전히 논란의 여지가 많지만, 무균자궁 가설은 기울어지고 있다.[7]

무균자궁 가설에 대한 반박으로, 최근의 배양법이 아닌 중합효소연쇄반응(PCR) 분석은 양수의 미생물군집에는 젖산간균, 프레보텔라, 의간균 속을 포함한 다양한 미생물들이 포함될 가능성을 다수 보여주고 있다. 더 나아가 일부 과학자들은 아기가 자궁 내 양수를 삼킴으로써 유익한 미생물을 섭취할 수 있다는 가설을 세우기도 하였다. 최근 연구에 따르면 태반에는 매우 다양한 마이크로바이옴이 존재한다는 사실도 밝혀졌다.[8]

2011년 약 200개의 태반 샘플 중 약 1/3 정도에서 세균을 발견한 워싱턴 대학의 인디라 미소레카Indira Mysorekar 박사의 연구에 이어, 2014년에는 키르스티 아가드Kjersti Aagaard 박사가 태반 조직에서도 세균 DNA를 확인했다.[9] 이런 연구들로 태반과 양수를 통해 태아가 출생 전부터 이미 엄마의 마이크로바이옴에 노출될 수 있다는 증거가 점점 더 많아지고 있다.

태변에서 미생물 배양하기

한편 다른 연구에서 과학자들은 시퀀싱 방법을 사용하여 신생아가 생성하는 첫 번째 배설물인 태변 내의 미생물을 확인했다. 이러한 연구는 신생아 장내에 다양한 세균의 존재를 보여주며, 신생아의 장내 미생물군집에 대부분 유익한 세균들이 태아기에 각인되고 정착될 것이라는 주장을 강력하게 지지하고 있다. 플로리다 대학교의 신생아 전문의 조셉 뉴Josef Neu와 그의 동료인 미생물 생태학자 에릭 트리플렛Eric Triplett과 그의 연구생들은 첫 번째 태변을 분석하였다. 조셉 뉴에 따르면 이 태변에서 발견된 미생물은 피부 미생물과 다르므로 출생 직후 항문 피부의 오염 가능성이 작다고 한다. 그러므로 트리플렛과 뉴는 무균 자궁 가설에 도전하거나 적어도 의문을 제기하는 과학자 그룹에 속해 있다. 뉴는 "자궁에 미생물이 있고, 태반에 미생물이 있고, 양수에도 미생물이 있다는 이야기에는 분명히 무언가가 있다고 생각합니다."[10]

그러나 마이크로바이옴 연구의 많은 분야와 마찬가지로, 우리는 해답보다 훨씬 더 많은 의문을 가지고 있다. 건강한 아기의 태변에 미생물이 존재하는 것이 모체로부터의 어떤 형태의 전달이 아니라면 어떻게 설명할 수 있을까? 그리고 곤충, 척추동물 및 기타 동물에서 엄마로부터 태아에게 미생물이 직접 전파되는 것을 보여주는 연구가 인간에도 관련이 있지 않을까?[11]

뉴는 2010년 플로리다 대학교 연구팀과 조지아 트빌리시의 그룹과 함께 미숙아의 태변에서 미생물 DNA를 발견하여 미생물이 출생 후 유래한 것이 아니라는 증거를 제시했다.[12] 그 이후로 건강한 산모와 유아를 대상으로 한 동물 연구와 인간 연구에서 첫 번째로 배출된 태변 샘플에 세균이 존재한다는 추가 증거가 제시되었다.

또 다른 흥미로운 연구에서 핀란드의 연구팀은 임신 중 반려동물의 존재가 산모의 마이크로바이옴과 아기의 태변에서 더 높은 미생물 다양성과 관련이 있는 것으로 확인했다.[13] 그리고 다른 연구결과에 따르면 조산아 태변의 미생물 구성은 정상 분만 신생아의 그것과 뚜렷한 차이가 있는 것으로 나타났다.

뉴는 많은 과학자와 이 주제에 대해 많은 토론을 해왔다. 그는 동료인 트리플렛이 가장 통찰력 있는 답변을 내놓을 수 있을 것으로 생각했다. 그러나 뉴에 따르면, 트리플렛은 이 문제를 이분법적인 질문으로 보지 않고 있다. 트리플렛은 자궁이 무균이냐 아니냐의 논쟁에 대한 답을 가지고 있지 않다. 왜냐하면 트리플렛은 현재 미생물 다양성의 원동력을 감귤류, 농업 생태계, 조산아 장내 등의 다양한 환경에서 조사하고 있기 때문에 미생물의 모체 전파 가설에 대해 비이분법적인 접근방식을 취하는 것은 당연한 것이다.

혼란을 일으킬 수 있는 기술적 오류

그러나 태아 장내 미생물에 대한 논쟁은 아직 해결되지 않았으며 메릴랜드 대학교 의과대학 유전체 과학 연구소의 부소장인 자크 라벨은 자궁 내 무균 환경에 대한 오랜 증거를 너무 빨리 폐기해서는 안 된다는 설득력 있는 주장을 제시한다. 그는 양수나 태반의 세균이 신생아에 미치는 부정적인 결과와 관련이 있을 가능성이 가장 높다고 지적했다.[14] 태반과 양수에는 자연 유산을 포함하여 태아에게 심각한 병을 일으키지 않고서는 위장관에서 검출되는 것과 같은 정도의 고농도 미생물이 서식할 수 없다는 데는 일반적으로 동의하고 있다.

라벨이 무균자궁 가설을 지지하는 또 다른 이유는 특히 분만 전과 분만 후 샘플 수집의 기본적인 어려움과 샘플링 및 처리 기술의 오염 가능성이다.[15] 이러한 견해는 태변, 양수 및 태반에서 낮은 수의 세균이 검출되는 것이 실험 방법과 관련된 오염의 결과인지 판단하기 어렵다는 점에서도 뒷받침된다. 펜실베이니아 대학교의 연구진은 건강한 분만 6건의 태반 샘플과 오염 대조군을 비교한 결과 두 그룹을 구분할 수 없었으며, 이는 샘플 세트의 경우 태반 세균과 DNA 정제 과정에서 유입된 오염을 구분할 수 없음을 시사한다.[16]

'키톰kitome'이라는 용어는 샘플 수집 시 세균 DNA 오염이라는 실제 현상을 반영하기 위해 일부 신중한 연구자들에 의해 만들어졌다. 라벨은 또한 마이크로바이옴 연구의 현 단계에서는 현재의 기술이 무균 자궁 문제를 완전히 해결하기에는 너무 제한적이라고 주장한다. 그는 분자적 방법으로 연구하기 전에 이러한 신체 부위에 미생물이 존재한다는 현미경적 증거를 확립하는 데 집중해야 한다고 주장한다.[17] 마리아 엘리사 페레즈-무노즈Maria Elisa Perez-Munoz와 동료들은 비판적 리뷰에서 태반과 양수 샘플에서 검출된 "저생물량low-biomass" 미생물 집단을 연구하기에는 검출 한계가 불완전한 분자적 접근법을 사용하기 때문에 "자궁 내 군집화 가설in utero colonization hypothesis"을 주장할 수 있는 증거가 약하다고 주장한다. 즉 오염에 대한 적절한 제어가 부족하고

세균의 생존에 대한 증거가 제한적이어서 회의론이 커졌다.[18]

이 문제를 해결하려면 잠재적인 교차 오염을 배제하고 통계적 견고성을 보장하기 위해 충분히 큰 표본 크기를 포함하는 연구가 필요하다. 최근 영국의 마르쿠스 드 고파우Marcus de Goffau와 동료들이 이러한 연구에 대해 보고했다.[19] 저자들은 537명의 여성의 태반 샘플을 철저한 DNA 염기서열 분석법과 DNA 추출 장비를 사용하여 태반 샘플과 생물학적 물질이 없는 것으로 추정되는 음성 대조군 모두에서 미생물 함량을 검색했다. 태반 샘플에서 분리될 수 있는 미생물의 풍부함을 확인하기 위해 연구진은 양성 대조군으로 알려진 살모넬라 봉고리균 *Salmonella bongori*을 일정량 태반 샘플에 주입하고, 샷건 메타게놈 분석과 16S rRNA 유전자 서열분석법을 사용한 분석방법으로 잠재적 편향 가능성을 파악했다.

그 결과 건강한 임신 중에는 태반에 미생물이 서식하지 않는다는 사실이 분명하게 밝혀졌다. 연구진은 병원성 세균의 한 종류인 연쇄상구균 아갈락티아*Streptococcus agalactiae*가 5%의 샘플에서만 드물게 발견되는 것을 제외하고는 오염이 태반에서 검출된 세균의 존재에 대한 설득력 있는 설명임을 입증했다. 이 병원균이 출산 중 산모에게 존재하면 신생아에게 전달되어 폐렴, 패혈증, 수막염을 일으킬 수 있다.

무균 태반에 대한 강력한 증거에도 불구하고 세균은 많은 숙주 장벽을 극복할 수 있고 현재의 기술로는 검출하기 어려운 소수의 미생물이 태아의 장에 도달하여 자궁 내 군집화를 시작할 수 있기 때문에 드 고파우와 동료들이 적시한 무균 태반에 대한 결과는 결정적으로 증명하기가 아직 어렵다. 하지만 자궁에는 미생물이 없다는 도그마가 더 확인되어야 한다고 하더라도 태반이 건강한 상태에서 태아에게 복잡한 미생물군을 전달하는 미생물 저장소일 가능성은 작다.

앞서 언급한 자궁 내 미생물군집화를 뒷받침하는 주장 외에도, 조셉 뉴가 말한 것처럼 몇 가지 다른 증거가 있다. 여기에는 다양한 무척추동물과 척추동물에서 모체가 자손에게 미생물을 전달시킨 진화론적 역사가 포함된다.[20] 또한, 분만 후 면역글로불린 M(IgM)과 혈장 세포를 생성하는 능력뿐만 아니라 유의미한 면역반응의 부족은 미생물을 통한 태아 프로그래밍과 내성 발달이 자궁 내 숙주-미생물 상호작용으로 발생할 수 있음을 시사한다. 마지막으로, 여성 상부 생식기관의 미생물 존재와 뇌,[21] 태반,[22] 및 위장관[23]에 미생물이 있다는 여러 연구는 자궁에서도 유사한 태아기 군집화가 발생할 가능성이 있음을 암시한다.

포유류 숙주와 미생물군집의 공생이 출생 전에 확립되는지 여부는 여전히 흥미로운 질문으로 남아 있다. 미생물의 전달은 태반을 통한 경로 외에도 동물 실험에 의하면, 태아-모체 장내 미생물군 사이의 연결 통로가 제안되었다. 즉 모체의 장 내강으로 '잠망경'을 보낼 수 있는 특수 면역 세포인 모체 수지상 세포가 유익한 세균을 채취하여 세포 내로 포획하였다가 모체 순환을 통해 태반으로 전달되었다가 궁극적으로 태아에게도 전달할 수 있다고 제안되기도 하였다. 상호 배타적이지 않은 이러한 이론이 타당한지는 더 연구가 필요하지만, 태아기 마이크로바이옴 생착 이론이 가능하다고 가정할 때 완전히 무균 환경으로 간주하던 산모의 자궁이 태아의 생존에 중요한 미생물 생태계에 노출되는 최초의 환경이 될 수 있다는 증거가 점점 더 많아지고 있다.

주산기 마이크로바이옴의 각인

미생물군 생착의 또 다른 중요한 순간은 출산 중과 출산 직후에 발생하는 주산기이다. 아기의 장내 미생물군집 형성에 필요한 특정 미생물은 질 및 장내 미생물과 관련된 산모의 미생물 생태에 직접적으로 영향을 받는다. 아기는 산도를 통해 이동하면서 엄마로부터 미생물을 전달받기 때문에 질 미생물군은 특히 중요하다.

질 마이크로바이옴의 복잡성은 최근의 인간 마이크로바이옴 '혁명' 이전부터 이미 잘 알려져 있었다. 여성의 평생 질 미생물군집의 구성은 여성의 특정 발달단계와 관련되어 다양한 변화를 겪는다. 질 내 미생물군집은 10년 이상 집중적인 연구의 대상이 되어 왔으며, 이 장의 앞부분에서 언급했듯이 자크 라벨은 이 분야를 선도하는 연구자 중 한 명이다. 그와 함께 질 내 미생물군집과 젖산간균의 역할에 관한 최근 연구에 대해 이야기를 나눠보았다.

염기서열분석 기술이 등장하기 전에 수행된 배양 기반 연구로 미생물에 의한 유병률이 제시되었으며, 특히 질 내 미생물군집의 주요 구성 요소인 젖산간균에 주목했다. 그 연구결과에 따르면 질 내 미생물군 중 상대적으로 젖산간균이 부족한 여성 그룹이 존재한다는 사실이 밝혀졌다.

라벨은 최근의 연구들이 다수의 젖산간균만이 정상적이거나 건강한 질 미생물군집을 구성한다는 생각에 도전하고 있다고 언급했다.[24] 앞으로 자세히 논의하겠지만, 이러한 질 내 미생물군집 유형의 차이가 자손의 특정 임상결과와 관련이 있는지는 아직 불분명하지만, 젖산간균이 부족한 미생물군을 가진 여성이 병적인 상태가 아니더라도 특정 조건에서는 최적이 아닐 가능성이 높다.[25] 그리고 장내 미생물이 장 상피세포에 영향을 미칠 수 있다는 것은 충분히 입증되었지만, 질 미생물이 질 상피세포에 미치는 영향에 관한 연구는 이제 막 시작되었다.[26]

이 정보를 염두에 두고 생각할 수 있는 질문은 임신 전, 임신 중 그리고 임신 후 질 미생물군집의 구성과 특성을 변화시키는 정밀한 진화 프로그램이 있는지 여부이다. 여러 연구에서 이 문제를 해결하려고 시도했지만, 대부분의 연구는 임신 전, 임신 중, 임신 후 동일한 여성을 추적하는 전향적 종단 연구가 아닌 단면 관찰에 불과하며 답을 얻을 수가 없다.

따라서 현재 설명된 질 내 미생물군집의 변화는 임신 중 질 내 미생물군집 구성의 진정한 차이가 아니라 연구 대상자 간 차이를 반영할 수 있으므로 신중하게 고려해야 한다. 그러나 최근 몇 가지 전향적 연구가 얻어짐에 따라 특정 질 미생물군집의 구성과 기능을 조산을 포함한 특정 임상결과와 기계적으로 연결하는 데 도움이 되기도 한다.

질 내 미생물군집

임신 중 여성의 장내 미생물 구성과 이러한 변화가 산모와 태아의 건강 상태와 어떻게 관련될 수 있는지에 대한 정보는 제한적이다. 영양이 부족한 산모가 영양이 풍부한 산모보다 성장기 내내 문제가 발생할 위험이 높은 아기를 임신하게 된다는 것은 쉽게 알 수 있다. 이러한 좋지 않은 결과는 영양소와 비타민의 양적 결핍과 관련이 있지만, 미생물 구성과 기능의 변화도 아기의 임상결과에 영향을 미칠 수 있다.

일부 보고에 따르면 특정 그룹에서는 임신 중 산모의 장내 미생물 구성이 변화하는 반면, 다른 집단에서는 임신 기간 내내 미생물군이 더 안정적으로 유지되는 것으로 보고되었다. 이렇게 명백히 다른 산모의 미생물군집과 식단이 후성 유전적 태아 각인을 제공하여 아기의 임상적 건강 결과로 이어질 수 있는 가능성을 나타내고 있다.

지난 50년 동안 서구에서 비감염성 만성염증성 질환의 유행에 대한 설명으로 미생물군집 가설을 받아들인다면, 우리는 인간 미생물군집, 특히 장내 미생물군집이 인간에게 어떻게 정착되고 진화하는지를 이해해야 한다. 특히 임신 말기에 산모의 영양과 생활방식이 장내 미생물 구성에 큰 영향을 미칠 수 있다는 사실을 알고 있다. 이는 태아의 영양 발달에 영향을 미쳐 아기의 운명에 크게 영향을 미치고 조산 등의 합병증을 유발할 수 있다. 그러나 장내 미생물과 함께 출생 시 필수적인 역할을 하는 또 다른 모체 미생물은 질내 미생물로서, 미생물 각인의 조기 전파를 통해 아이의 일생에 걸쳐 영향을 미칠 수 있다.

연구결과에 의하면 질내 미생물군집은 장내 미생물군집보다 덜 복잡하다고 한다. 라벨은 개인마다 거의 고유한 장내 미생물군집의 복잡성과 달리, 질 미생물군집은 무엇이 '최적'인지, 또 '건강한' 것인지에 대해 더 잘 밝혀져 있다고 언급했다.[27] 즉 그 답은 170여 종의 젖산간균속이 질과 장의 건강한 미생물군집에서 주도적인 역할을 할 것으로 예상된다.

젖산간균 살펴보기

스트레스, 음주, 항생제 사용, 성병, 피임, 흡연 및 기타 요인에 따라 매일 변동될 수 있는 질 내 미생물군은 임신하지 않은 여성보다 임신한 여성의 구성이 더 안정적으로 유지된다. 연구자들은 미생물 질 내 시그니처를 5가지 '커뮤니티 상태 유형(CSTs)'으로 분류했으며, 이 중 대부분은 젖산간균이 우세한 종이다.

젖산간균는 아프리카와 아프리카계 미국인 여성에 비해 유럽계 여성의 질 내 미생물에서 특히 우세한 것으로 나타났다.[28] 젖산간균은 복합 당을 세포 에너지와 젖산으로 전환시킬뿐만 아니라 병원균에 대한 공격에서 숙주 면역반응을 매개하여 보호 효과도 제공한다. 이와 같이 질 내 미생물군집의 유익한 구성 요소로 여겨지는 젖산간균과 달리, 세균성 질염과 관련된 세균은 프레보텔라와 가드네렐라 등으로서 염증성 면역반응과 관련이 있는 것으로 알려져 있다.

젖산간균이 인류 진화에서, 적어도 백인 질 미생물군집에서 어떻게 그렇게 지배적인 역할을 하게 되었는지는 아직 미스터리로 남아 있으며, 향후 창의적인 설명이 요구된다. 라벨은 그 원인에 대해 몇 가지 가설을 제시한다. 한 가지 전제는 인류가 농업을 발전시키면서 음식을 장기간 저장하고 발효가 일어났다는 것이다. 이렇게 인간이 발효 식품을 먹기 시작하면서 유산균이 질로 유입되었고, 질은 유산균이 선호하는 영양소가 풍부하여 매우 번성하기 좋은 장소라고 라벨은 설명한다.[29]

라벨과 다른 연구자들에 따르면, 질 미생물군집과 유익한 관계를 이룬 인간 숙주는 떨어져 나온 세포와 선 분비물로 유산균에게 영양분을 공급한다. 질 입구의 양쪽에 위치한 바르톨린샘이라는 두 개의 작은 분비샘은 질을 촉촉하게 유지하는 점액을 분비하여 유산균의 성장에 필요한 영양분을 공급한다. 이렇게 토착민이 된 유산균 군집은 병원성 침입자로부터 질 생태계를 보호하여 질 미생물과 인간은 상호공생 관계를 이룬다.

유아 면역체계의 강화

라벨이 세운 두 번째 가설은 젖산간균이 질 미생물군집으로 이동하는 것이 인류역사상 훨씬 더 오래전에 발생했으며 임신과 관련이 있을 수 있다는 것이다.[30] 인간이 두 발로 걷기 시작하면서 골반뼈가 안쪽으로 회전하기 시작했고 여성의 골반 입구는 줄어들기 시작했다. 하지만 인간의 뇌도 진화하고 있었는데, 유아의 머리는 다른 영장류에 비해 비례적으로 훨씬 더 크다. 이 두 가지 상반된 진화론적 발전은 1960년 셔우드 워시번Sherwood Washburn이 주장한 '산과적 딜레마obstetrical dilemma' 가설을 낳았는데, 여성이 대부분의 영장류보다 훨씬 덜 발달한 자손을 낳는다는 가설이다. 홀리 던스워스Holly Dunsworth는 이 가설에 도전하는 과학자 그룹 중 한 명이다.

던스워스는 산과적 딜레마 가설에 이의를 제기하는 한편, 성인의 뇌가 크고 행동이 복잡할수록 자손의 부모에 대한 의존도가 높은데, 이는 모두 인간에게 과도할 정도 임을 지적한다.[31] 라벨은 인간의 아기는 다른 포유류가 가지고 있는 많은 기술(예: 걷거나 적극적으로 어미에게 젖을 찾는 능력)을 갖추지 못한 채 태어나는데, 이는 아기의 머리가 크고 엄마의 골반 입구가 작아 비슷한 크기의 다른 영장류보다 임신 기간이 더 짧은 것으로 여겨지기 때문이라고 지적한다.[32]

그는 인간 아기가 질 분만 시 어머니로부터 받은 젖산간균들이 면역 체계를 자극하여 아기가 성숙함에 따라 보호 항균 물질을 생성하는 역할을 할 수 있다고 제안했다. 또한 그는 젖산간균이 질 내에 지속해서 존재하는 임산부는 임신 기간 내내 젖산간균이 부족한 여성보다 조산이 감소한 더 좋은 결과만삭 임신를 보이는 경향이 있다고 한다.[33]

아기가 일찍 태어날 때

라벨과 다른 연구자들의 연구에 따르면 질 내 미생물군집의 구성이 전 세계 유아 사망의 주요 원인인 조산의 위험에 영향을 미칠 수 있다. 여러 연구로 변화된 질 내 미생물은 조산과 관련이 있는 것으로 밝혀졌다. 스탠포드 대학교 의과대학의 다니엘 디줄리오Daniel DiGiulio와 데이비드 렐먼David Relman은 젖산간균이 부족한 질 유형인 CSTs 4타입이 조산 발생률 증가와 관련이 있다는 사실을 발견했다. 또한 가드네렐라Gardnerella 또는 유레아플라즈마Ureaplasma 수치가 높은 CSTs 4타입인 경우 조산 위험이 더 두드러진다는 사실도 발견했다.[34]

렐먼의 연구팀은 조산 위험이 있는 소수의 여성을 대상으로 매주 샘플을 채취하여 미생물군집, 특히 CSTs 4타입을 연구하는 데 집중하였다. 저자들은 샘플링 빈도가 적었다면 "CSTs 4를 검증할 수 있는 횟수를 놓쳤을 것이고, 따라서 이 상태를 조산과 연관시키는 데 걸림돌이 되었을 것"이라고 지적한다."[35]

미숙아는 백인 여성에 비해 아프리카계 미국인 여성에서 더 높은 비율로, 소외된 인구에서 더 자주 발생하는 합병증인 것은 잘 알려져 있다. 이러한 전제를 바탕으로 몰리 스타우트Molly Stout와 동료들은 임신한 아프리카계 미국인 여성을 대상으로 특정 질 내 미생물군집 특성이 조산 위험과 관련이 있는지 확인하기 위해 전향적 종단 연구를 수행했다.[36] 이 목표를 달성하기 위해 임신한 아프리카계 미국인 여성 77명이 연구에 합류했고, 이들의 질 내 미생물군집 구성은 임신 기간 내내 종단적으로 모니터링되었다.

이들 중 31%는 조산했다. 저자들은 만삭 출산 여성과 조산 여성 모두에서 질 미생물군집의 다양성이 감소하는 추세가 있긴 했지만 "그러나 만삭 출산 여성들 사이에서 질 미생물군집의 풍부함과 다양성은 안정적으로 유지되었다."라고 덧붙였다. 이에 비해 조산한 산모는 "임신 중 질 내 미생물군집의 풍부성, 다양성, 균일성이 현저히 감소"했으며, 임신 1기와 2기 사이에 가장 큰 변화가 발생했다.[37]

이러한 결과를 바탕으로 연구자들은 주로 아프리카계 미국인 인구에서 질 미생물군집의 풍부함과 다양성의 현저한 감소가 조산과 관련이 있다고 결론지었다.[38] 이러한 다양한 질 미생물군집 구성은 임신 초기에 나타났기 때문에 임신 초기가 조산 또는 만기 출산 결과에 영향을 미칠 수 있는 사건에 생태적으로 중요한 시기일 수 있다는 것을 시사한다.

보다 최근의 전향적 연구에서 데이비드 렐먼의 연구팀은 조산 위험이 낮은 백인 임산부 39명과 조산 위험이 큰 흑인 임산부 96명의 질 내 미생물군집 샘플을 매주 분석했다. 저자들은 이전에 보고된 조산과 낮은 젖산간균 및 높은 가드네렐라 농도 사이의 연관성을 저위험 임산부 코호트에서는 확인할 수 있었지만, 고위험 임산부에서는 확인할 수 없었다.[39]

좀더 정밀하게 분석할 수 있는 생물 정보학을 적용하여 종과 아종 수준에 대한 분류학적 분류를 조사했을 때, 연구진은 젖산간균 크리스파투스Lactobacillus crispatus는 두 코호트 모두에서 조산을 예방하는 반면, 젖산간균 이너스는 그렇지 않으며, 가드네렐라 바지날리스Gardnerella vaginalis의 아종 군집이 조산과의 연관성이 있음을 발견했다. L. 크리스파투스와 가드네렐라 간의 공존 패턴은 매우 배타적인 반면, 가드네렐라와 이너스는 높은 빈도로 공존하는 경우가 많았다. 이 결과를 바탕으로 저자들은 질 내 미생물군집은 앞서 설명한 다섯 가지 CSTs로 분류하는 것보다 이러한 주요 분류군의 정량적 빈도로 더 잘 나타낼 수 있다고 주장했다.[40]

펜실베이니아 대학교의 라벨과 그의 동료인 미갈 엘로비츠Michal Elovitz는 조산 위험이 있는 좀 더 정밀한 그룹을 연구하기 위해 임신 중인 2,000명의 여성으로부터 질 내 미생물군집 샘플을 수집했는데, 이는 지금까지의 연구 중 가장 큰 규모이다.[41] 연구진은 자연 조산을 경험한 여성 120명의 면역학적 방법과 미생물 대표 그룹을 사용하여 조산 위험이 있는 여성을 식별할 수 있는 도구를 개발했다. 또한 조산을 방지하기 위해 질에 삽입시키는 "살아있는 생물치료제live biotherapeutic(미생물 균종의 고도로 특이적인 혼합물)"를 개발하고 있다.[42]

다른 인간 미생물군집 연구와 마찬가지로, 조산 위험과 같은 질환에 대한 효과적인 치료법을 개발하려면 전향적이고 장기적인 연구가 필요하다. 이런 관점에서 앞으로 개인의 미생물 조성과 유전적, 환경적 요인에 초점을 맞춘 연구가 이루어질 것이다.

출산 방식

최근 연구에 따르면 정상 분만으로 태어난 아기의 임상적 운명이 제왕절개로 태어난 아기와 다르다는 사실이 밝혀진 것은 놀라운 일이 아니다.[43] 일부 연구결과에 따르면 제왕절개로 태어난 아기는 당뇨병, 천식, 셀리악병 등 다양한 비감염성 만성염증성 질환에 걸릴 위험이 더 높다고 한다.[44]

제왕절개 분만이 이러한 질환의 위험이 더 높은 이유는 아직 명확하지 않다. 한 가지 설명은 정상 분만을 통해 아기에게 전달되는 엄마의 미생물군집 중 후성 유전적으로 더 많은 면역학적 내성을 유도하는 미생물 성분을 아기에게 제공할 수 있다는 것이다. 이는 아기가 만성염증성 질환에 걸리기 쉬운 유전적 소인과 관계없이 건강한 상태를 유지하는 데 도움이 될 수 있다.

제왕절개로 태어난 아기는 대부분 산모의 피부 미생물군집이 전달된다. 이 미생물군집은 산모의 질 및 장내 미생물군집만큼 고도로 특화되지는 않았지만, 대신 유전적으로 유래된 성분과 함께 주변 환경에서 획득된 미생물이 혼합되어 구성된다. 연구에 따르면 여기에는 병원 환경 유래 미생물과 분만실에 있는 사람의 미생물도 포함된다.

피부 미생물군집에 관한 현재 연구에 따르면, 신체 부위와 개인에 따라 다양하고 변수가 많은 미생물 구성을 보여준다. 장 면역학자들의 연구와 유사하게 샌디에이고 캘리포니아 대학교의 피부과 전문의 리처드 갈로Richard Gallo는 피부 미생물군이 선천 면역체계에 관여하는 분자 메커니즘을 연구하고 있다.

갈로, 니나 숌머Nina Schommer 등의 연구는 피부 미생물군집에 대한 새로운 설명을 제공할 수 있는 피부 세균, 바이러스, 곰팡이, 진드기 집단의 기능적 중요성에 관한 연구를 촉발하고 있다. 이 새롭게 부상하고 있는 중요한 연구 분야는 숌머와 갈로가 설명한 것처럼 '상리공생 유기체'로서의 인체의 복잡성에 대한 이해를 더 하고 있다.[45]

의학적 필요성보다는 경제적 또는 문화적 요인에 의해 결정되기도 하는 제왕절개 분만은 전 세계적으로 증가하고 있다. 정상 분만 영아와 제왕절개 분만 영아의 미생물군집에 미치는 영향과 장기적인 건강 및 만성 질환의 위험에 관한 결과는 이제 막 밝혀지기 시작했다.

이 장의 앞부분에서 소개한 신생아 학자인 조셉 뉴는 제왕절개와 정상 분만의 결과는 단순히 산도를 통과하는 과정에서 미생물을 놓치는 것보다 더 복잡할 수 있음을 상기시켜 준다. 제왕절개로 분만하는 산모는 일상적인 예방 조치의 하나로 항생제를 투여받게 되는데, 이는 산모의 모유에 영향을 미칠 수 있으며, 결국 아기의 미생물군집 초기 발달에 악영향을 미칠 수 있다고 뉴 박사는 말한다. 또 다른 결과는 이러한 아기가 정상 분만한 아기처럼 엄마 젖을 먹지 못하거나 이유식을 제때 먹지 못할 수 있다는 점이라고 그는 지적했다. 또한 제왕절개 입원은 일반적으로 더 길기 때문에 아기들은 병원 미생물에 더 오랜 기간 노출

된다.[46]

인간 미생물군집에 대한 이해가 깊어지면서 제기된 또 다른 논란은 제왕절개로 태어난 아기에게 출생 직후 어머니의 질 내 미생물을 인위적으로 "씨를 뿌리는" 시술이다. 미국 산부인과의사협회(ACOG)에서 기관검토위원회의 승인을 받은 연구 프로토콜에 따라 지원하는 이 시술에서는 산모의 질액을 면봉에 채취하여 신생아의 입, 코 또는 피부에 주입한다.

이 시술은 그 효과와 안전성에 대해 전문가들 사이에서 격렬한 논쟁을 불러일으켰다. 뉴 박사는 이 시술에 대해 의구심을 품고 있으며, 산모의 질액에 단순 포진이나 클라미디아 같은 병원균이 존재할 수 있어 신생아에게 부정적인 영향을 미칠 수 있다고 지적하며 산모의 요청에 따라 시술을 시행하는 경우 산모에 대한 질병 검사가 필요하다는 ACOG의 권고[47]가 이를 반영하고 있다고 하였다.

호주의 한 연구팀은 현재 발표된 문헌을 엄밀히 검토한 결과, 제왕절개 신생아의 질 내 미생물군집 노출 부족이 신생아 미생물 불균형의 주요 원인이 될 가능성은 낮다고 결론지었다.[48] 이와 반대로 중국 신생아의 태변 미생물군집에 대한 조사에서 연구진은 "정상 분만 신생아의 미생물군집과 대사 다양성이 제왕절개 그룹보다 유의하게 높았다."라고 발표하였다.[49] 제왕절개 신생아는 정상 분만 신생아보다 의간균 *Bacteroidetes* 수가 적고 후벽균 *Firmicutes* 수가 많다는 연구결과가 다수 보고되었다.[50]

출생 후 미생물군집의 각인

분만 방식과 관계없이 아기가 태어나고 산전 및 주산기 노출을 통해 미생물에 의해 군집화되면 장내 미생물군은 생후 1년 동안 매우 역동적이고 혼란스러워 보이는 변화의 시기를 겪게 된다. 초기 군집화는 주로 호기성 세균에 의해 이루어지지만, 거의 즉시 혐기성 세균으로 대체되어 아기의 일생 동안 장 점막에 서식하는 가장 큰 세균 그룹이 될 것이다.

파트리시오 라 로사Patricio La Rosa와 동료들은 출생 시 몸무게가 1,500g 미만인 미숙아 58명의 대변으로부터 922개의 표본을 시퀀싱했다. 그 결과 수유 방법, 항생제 사용, 분만 방식 등 외부요인의 영향을 최소화로 받는 장내 미생물군집의 패턴화된 진행과정을 발견했다. 그것은 임신 기간이 미생물군집의 진행 속도에 가장 큰 영향을 미치는 것으로 나타났다. 따라서 라 로사의 연구팀은 산모의 상태가 유아 장내 미생물 진행에 더 중요한 역할을 하는지에 대해 의문을 나타내게 되었다.[51]

아기가 성장함에 따라 장내 미생물은 아기의 첫 번째 생일이 될 때까지 미생물 서식지가 더 안정화되면서 계속 변형을 거듭한다. 한 살이 되면 아기의 장내 미생물군은 성인의 장내 미생물군 구성과 비슷해지며, 이 변형 과정은 느린 속도이긴 하지만 세 살까지 계속된다.

다른 환경 및 생활 습관 요인이 작용하지 않는 한, 장내 미생물 구성은 장내 미생물이 다시 불안정하고 역동적으로 변하는 노년기까지 모든 개인에서 거의 변하지 않는다. 미생물군 구성과 기능에 영향을 미치는 출생 후 요인은 유아기의 장내 생태계를 형성하는 데 중요한 역할을 하며, 이렇게 형성된 장내 생태계의 다양성은 전 생애에 걸쳐 건강과 질병 유발에 광범위한 영향을 미칠 수 있다. 장내 미생물군집과 그 기능에 가장 큰 영향을 미치는 환경 요인은 수유 방식, 감염, 항생제 사용이며, 이런 요인들은 아기의 운명에 가장 큰 영향을 미친다.

정상 분만으로 태어나 모유를 먹고 항생제에 노출되지 않은 아기는 200만 년 전에 태어난 아기와 매우 유사한 생물학적 상황인 것은 직관적으로 알 수 있다. 이 아기들은 인류가 한 종으로서 진화해 온 생물학적 단계를 따르게 될 것이다. 이 개념은 모유의 성분을 비롯한 생물학적 증거에 의해 뒷받침되기 때문에 이론 그 이상의 것이다.

아기의 장내 미생물군집 먹이기

첫 6개월 동안 영아에게 모유만을 먹이거나 또는 모유를 다른 것보다 많이 수유하는 것의 이점이 잘 알려져 있는데 여기에 미생물군집의 회복력 증가를 목록에 추가할 수 있다. 이사벨 카르발류–라모스Isabel Carvalho-Ramos와 동료들은 브라질의 한 도시 지역에서 생후 1년 동안 11명의 유아의 변을 분석했다. 이 작은 표본에서도 연구진은 분유와 식품을 혼합하여 수유하는 아이들에 비해 모유만 먹거나 주로 모유를 먹은 아이들의 미생물군집 발달 패턴이 상당히 안정적이라는 사실을 발견했다. 모유 수유를 하는 아기의 경우, 장내 미생물군집은 보완 수유와 항생제 사용 등의 외부 영향에도 불구하고 지속해서 생태학적 변형을 거치면서 진화했는데, 이는 5개월 이전에 혼합 수유와 고형식을

먹은 아이들에게는 관찰되지 않는 현상이었다.[52]

　모유에 가장 풍부한 성분 중 하나는 모유 올리고당(HMOs)이다. 올리고당이 처음 소개되었을 때, 아기가 올리고당을 에너지원으로 사용하지 않기 때문에 그 역할에 대해 연구자들을 당황하게 했다. 이후 인간 장내 미생물군집의 복잡성을 발견하고 이해하게 되면서 이러한 당류의 가장 중요한 기능은 유아의 장에 서식하는 특정 세균 종을 먹이는 것임을 알게 되었다.

　최근 연구에 따르면 올리고당의 함량과 구성이 유아의 성장을 좌우할 수 있다고 한다. 심하게 발육이 부진한 영아의 어머니는 올리고당, 특히 시알릴화sialylated 및 뮤코실화mucosylated 올리고당의 농도가 현저히 낮은 것으로 나타났다.

　또한 올리고당이 신체적 성장뿐만 아니라 두뇌 발달과 인지력에도 중요하다는 증거가 점점 더 많아지고 있다. 미생물군집의 구성에 영향을 미칠 수 있는 모유의 또 다른 주요 구성 성분으로는 우유에 가장 풍부한 당분인 유당과 항균 분자가 있다. 그리고 최근에 오랫동안 무균 상태라고 여겨졌던 모유가 자체적인 미생물 생태계를 가지고 있다는 사실이 알려졌다.

　앨런 워커Allan Walker는 40년 이상 모유 성분을 연구해 왔다. 매사추세츠 종합병원(MGH)의 점막 면역학 및 생물학 연구 센터(MIBRC)Mucosal Immunology and Biology Research Center에 있는 그의 연구실에 의하면 모유는 다양하고 균형 잡힌 미생물군의 증식을 촉진하고 건강한 면역반응의 장기적인 발달에 도움이 되는 것으로 나타났다.[53]

미숙아의 괴사성 장염

　유아용 조제분유에는 모유가 가지고 있는 풍부한 미생물군집과 아기의 건강한 미생물군집을 형성하는 데 도움이 되는 모유의 유익한 성분이 빠져 있다. 이는 분유를 먹인 영유아와 모유를 먹인 영유아의 장내 미생물군집에 차이가 있다는 보고를 부분적으로 설명해 줄 수 있다. 그리고 일부 연구에 따르면 조산아와 저체중아에게 분유를 먹이면 단기적으로 더 높은 성장률을 보일 수 있지만 괴사성 장염(NEC)이 발생할 위험도 더 크다고 한다.[54]

　괴사성 장염은 미숙아에게 흔히 나타나는 위험한 장 감염으로, 장 천공과 이로 인한 세균 감염 및 복막염으로 이어질 수 있다. 캐나다 연구자들은 극소저체중 출생아의 5~12%가 NEC에 걸릴 수 있다고 추정한다. NEC는 20~40%에서 수술이 필요하고, 25~50%에서 치명적인 결과를 초래한다.[55] 산모가 모유를 제공할 수 없는 경우, NEC 예방을 위해 가장 작은 아기에게 기증자의 모유를 투여하는 경우가 많다. 뉴 박사는 기증자 우유는 저온 살균 처리되어 대부분의 세균을 죽이는데, 플로리다 대학의 공동연구자들이 모유에서 세균을 배양할 수 있었다고 언급했다.[56]

　NEC에 대한 새로운 연구 분야로서 MIBRC의 과학자들은 인간의 장 오르가노이드 또는 "미니 장"을 사용하고 있다. 스테파니아 셍거^{Stefania} ^{Senger}가 이끄는 이 연구 그룹은 태아 후기나 성인 장 오르가노이드와 비교했을 때 미숙아 장에서 염증에 대한 감수성이 증가한다는 것을 보여주었다. 그리고 워커 연구 그룹의 〈표 3-1〉에 나열된 모유의 보호

면역 성분을 제공함으로써 미숙아 장의 성숙에 모유가 중요하다는 것을 다시 확인하였다.[57]

유아기의 항생제 오남용

출산 후 1년이 지나면서 정상 분만과 제왕절개, 모유 수유와 분유 수유를 하는 아기의 미생물군집의 차이는 점점 더 뚜렷해진다. 여러 연구에서 고형 식품을 먹이는 것이 유아의 장내 미생물군집이 성인 미생물군집을 향해 진행하는 것을 가속화한다는 가설을 뒷받침한다. 그리고 체계적인 연구에 따르면 제왕절개와 정상으로 분만한 아기는 3개월까지 유의미한 차이가 있었으며, 6개월 후에는 이러한 차이가 사라지는

표 3-1. 미성숙한 선천 면역을 완화하는 '모유의 보호 면역 인자'

미숙아 선천성 면역의 특징	모유에서 발견되는 보호 면역 인자
임신 후기 태반을 통해 전달되는 모체 항체 부족	면역 글로불린 분비 IgA, IgG
세균 감염에 대한 부적절한 세포 외부의 제거	사이토카인 IL-6, IL-8, TNF-α, TGF-α1 및 TGF-B2
부적절한 염증을 유발하는 패턴 인식 수용체(PRR) 및 밀착 접합(TJ)의 기능 감소	성장 인자 EGF, TGF-α, TGF-B
비정상적인 장내 군집화	미생물학적 인자 락토페린, 모유 올리고당, 프로바이오틱 세균

K. E. Gregory와 W. A. Walker, "모유의 면역학적 인자와 조산아의 질병 예방,"에서 발췌, Current Pediatrics Reports, 1, no. 4 (9월 2013): 222-228, https://doi.org/10.1007/s40124-013-0028-2.

것으로 나타났다.

출산 후 미생물군집의 역학에 영향을 미치는 또 다른 핵심 요소는 항생제 사용이다. 세균 감염을 퇴치하는 데 사용되는 이 약물은 20세기에 영아 사망률을 낮추는 데 크게 이바지하였다. 그러나 대부분 감염이 바이러스성 감염임에도 불구하고 일반적으로 생후 2년 동안 처방되는 항생제의 무분별한 사용은 수많은 유아의 장내 미생물군집의 구성과 다양성에 큰 변화를 일으켰다.

항생제 사용이 질 내 미생물 구성에 미치는 영향도 면밀히 조사되고 있다. 영국의 연구자들은 태아 양막의 조기 파열이 일어날 때 질 내 미생물군집의 역할을 조사한 결과, 만삭 임신과 달리 연구 대상의 3분의 1에서 양막이 파열되기 전에 질 내 미생물군집에 젖산간균이 부족하다는 사실을 발견했다. 또한 이 상태를 예방하기 위해 일반적으로 처방되는 예방적 항생제가 질 내 미생물 조성의 불균형을 악화시키는 것으로 밝혀졌다. 또한 이러한 젖산간균 고갈은 신생아 패혈증의 조기 발병과도 관련이 있는 것으로 나타났다.[58]

미생물군집 생착과 장기적인 임상결과

신생아 장내 미생물군집의 확립과 역동성에 관여하는 복잡하고 정교한 산전, 주산기 및 출생 후 요인을 검토하면, 이것이 무작위적인 과정이 아니라 정교하게 조율된 프로그램인 것을 알 수 있다. 이 과정은 지난 200만 년의 인류 역사를 통해 자리잡은 진화적 필요로 결정된다.

이 과정이 인간 숙주의 운명을 좌우할 수 있는 이유는 수태부터 시작되는 첫 1,000일이 면역체계의 기능을 형성하는 데 중요한 역할을 한다는 점을 생각하면 더 잘 이해할 수 있다. 또한 이러한 면역체계의 정교한 형성은 장내 미생물이 형성된 직후뿐만 아니라 사람의 일생 동안 이루어진다.

이는 결국 개인의 특정 유전적 배경하에서 내성건강 상태과 면역반응질병 사이의 균형을 조절하게 된다. 이런 면역체계의 미묘한 상호작용에 너무 일찍 불필요한 항생제가 투입되면 아기의 발달에 해로운 영향을 미칠 수 있다는 사실이 밝혀지고 있다.

면역체계의 훈련

다양한 구성과 균형을 갖춘 미생물군집은 외부 위험에 대처하기 위해 염증을 일으킬 필요성과 그 시기에 대해 면역체계를 훈련한다. 진화론적으로 볼 때 면역체계는 미생물이라는 단일한 적과 싸우도록 생명 공학적으로 설계되었다. 구석기 시대 조상기원전 260만 년 전부터 1만 년 전까지의 평균 수명은 약 33세였다는 사실을 기억하자. 더 최근의 신석기 시대 조상들의 평균 수명은 20세에서 33세 사이였다. 인류의 생물학적 역사를 통틀어 가장 빈번한 사망 원인은 포식자에 의한 사망과 감염에 의한 사망 두 가지였다. 그런데 최근 몇 년 사이에 면역체계는 공해, 방사선, 독성 화학물질 노출, 암과 같은 새로운 적을 만나게 되었다.

미생물에 노출되면 면역체계는 선천 면역과 후천 면역을 모두 사용하여 염증 상태를 만들어 미생물이 살기 어려운 미세 환경을 조성한다. 이 환경은 너무 뜨거워져대부분의 미생물이 살기에 적합한 온도는 37℃ 미생물에게 적대적일 수 있다. 또한 면역체계는 사이토카인과 케모카인을 포함한 화학물질을 생성하고 대부분의 미생물을 죽일 수 있는 다양한 면역 세포를 불러들인다.

이 염증 과정은 숙주에게 부수적인 손상, 즉 염증 과정이 발생한 조직의 파괴를 초래한다. 그러나 이와 같은 정교한 과정은 숙주가 감염에 굴복하지 않도록 보호한다. 이렇게 면역체계가 염증을 일으킬지와 시기를 결정하는 가장 중요한 트레이너이자 안내자는 미생물군집이다.

산모의 건강 상태, 정상 분만, 모유 수유, 항생제 사용 자제 등 최적의 산전, 주산기 및 출생 후 환경 요인 덕분에 균형 잡히고 잘 정립된 미생물군집은 면역체계가 꼭 필요한 경우에만 염증을 일으키도록 훈련할 수 있다. 이런 미생물군집은 패턴 인식 수용체를 통해 우리 몸의 감시 시스템이 잠재적으로 위험한 상황을 인식할 때만 염증을 일으키도록 한다(그림 3-2 참조).

균형이 깨진 장내 미생물군집

반대로 장내 미생물군집의 구성이 산모의 열악한 생활방식, 제왕절개 분만, 분유 수유, 항생제 남용 등 인간의 진화상 일정표와 일치하지 않는 요인들에 의해 영향을 받는다면 미생물군집의 균형이 깨지게 된다(불균형). 이러한 불균형은 장 투과성 변화, 항원 이동 증가, 꼭 필요하지 않은 경우에도 면역체계가 염증을 일으키도록 유도하는 비정상적인 면역반응 등 일련의 생물학적 결과를 초래할 수 있다. 궁극적으로 이러한 일련의 사건은 미생물에 의해 유도된 후성 유전적 변화와 함께 유전적 소인이 있는 사람의 내성이 깨지고 만성염증성 질환을 발병시킬 수

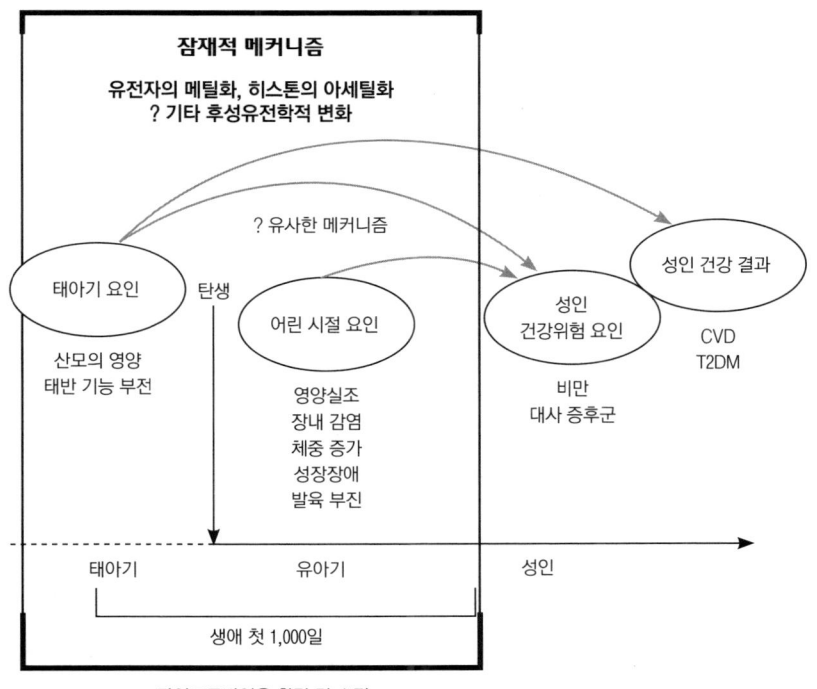

그림 3-2
생후 첫 1,000일(임신부터 2세까지)의 요인과 라이프스타일은 성인기 마이크로바이옴의 생착과 기능 및 성인 건강 결과에 영향을 미친다.

있는 저농도 만성염증의 증가로 이어질 수 있다.

 따라서 아기의 장내 미생물 프로그래밍은 생후 1,000일 이내에 완료되기 때문에 이 중요한 시기에 부적절한 미생물 구성이 개인의 건강 상태에 광범위한 영향을 미칠 수 있다는 가설을 세울 수 있다. 이 가설에 의해 특정 유전적 배경을 가진 사람의 경우 지속적이고 만성적인 염증 과정이 부정적인 임상결과를 야기시킬 수 있다.

Chapter 4
코드 해독하기: 인간게놈에서 인간 미생물군집까지

세균 식별에 관한 초기 연구

인체에 대한 지식이 발전하면서 우리는 해부학의 기초를 위해 시체를 비밀리에 연구하던 레오나르도 다빈치에서 신체의 구성과 기능에 대한 보다 전체적인 시각으로 나아갔다. 다능성 또는 만능성 줄기세포의 활성 덕분에 일부 조직과 장기가 재생될 수 있다는 사실을 알게 되면서 인간을 다세포의 정적인 유기체로 보는 환원주의적 시각에서 벗어나 확대되었다.

이러한 확장된 개념은 인간을 주변 환경과 연속체의 일부로 인식하게 한다. 우리가 미생물군집과 공유하는 공생 관계에 대한 인식은 인간 생리학을 한 단계 더 복잡하게 만들고 있으며, 후성유전학은 우리가 유전적 돌연변이가 없이도 환경에 적응할 수 있는 가소성과 능력의 일부로 간주된다.

분자 미생물 생태학자인 리타 콜웰Rita Colwell은 인간 미생물군이 인간 생존의 진화적 여정에 미치는 영향과 관련된 이러한 혁신적이고 새로운 관점을 깊이 이해시켜 주기에 적합한 과학자 중 한 명이다. "이 지구상에는 통합된 그물구조와 서로 얽혀 있는 연결성이 있다. 우리 인간은 지구라는 거대한 진화 환경에 존재하는 하나의 종에 불과하다는 사실을 이해해야 한다."라고 콜웰은 말한다.[1] 그녀는 오늘날의 미생물군집 과학이 있기까지 여러 세대에 걸친 과학 연구의 역사적 토대를 상기시킨다.

1920년대에 과학자들은 생리기능에 따라 그룹을 짓고 분리하여 효소와 세균을 연구했다. 콜웰은 1940년대의 역사를 회상하며 과학자들이 소의 당 분해 경로인 엠덴-마이어호프-파르나스 경로에 인간과 동일한 효소가 포함되어 있다는 사실에 주목했던 것을 '생화학의 통일성'을 위한 '중간지점'이라고 정의했다고 설명한다. 콜웰은 "1940년대에 이는 큰 발견이었다"라고 말한다.[2] 이제는 각종 생명 유기체가 분자 수준에서 놀라울 정도로 유사하다는 것은 보편적인 진리로 받아들여진다.

그 후 수십 년 동안 관심은 공통성에서 벗어나 개별 유기체를 식별하기 위한 정량적 연구로 옮겨갔다. 콜웰은 이중나선 구조 발견에 따른 DNA 혁명으로 인해 생물종마다 염기 구성이 다르다는 사실을 이해하게 되었고, 이는 생물체의 단순한 교잡으로 이어져 '우아한 밀도 구배 교잡elegant density gradient hybridization'으로 이어졌다고 설명한다.[3]

자칭 '미생물 체계론자'이자 미생물 생태학자인 콜웰은 50년 이상 콜레라를 연구하고 800편 이상의 논문을 썼으며 최소 60개의 명예 학위를 받았다. 그녀는 미국 국립과학재단 이사와 미국 과학진흥협회 회장을 역임한 바 있다. 콜레라에 대한 획기적인 발견과 인간 미생물군집의 개념에 대한 폭넓은 이해를 바탕으로, 그녀는 우리 시대의 '로버트 코흐'라고 할 수 있다. 60년간의 연구 활동은 과학의 여러 시대와 생물학의 여러 분야를 아우르지만, 초기에 체계생물학을 선택한 것은 그녀의 성별과 관련이 있다.

콜웰은 "나는 여성 과학자였고, 1960년대에는 여성 과학자가 실험실에서 환영받지 못했다."라고 말한다. 워싱턴 대학교에서 미생물학 박사 학위를 받기 위해 해양 미생물학 분야에서 일하던 그녀는 "특히 야간에 해양학이나 어업 작업을 위해 배에 탑승하는 것은 환영받지 못했기" 때문에 현장 연구가 주간 크루즈에만 국한되었다고 회상했다.[4]

이러한 성 편견은 현재 지구라는 생물권의 집단적 미생물군집의 모든 측면을 연구하는 과학자들에게는 오히려 불행 중 다행이었다. 왜냐하면 1960년 콜웰은 워싱턴 대학교에서 최초로 도입한 컴퓨터인 IBM 650을 사용하여 수치 분류학이라는 기술을 사용하여 해양 세균을 식별하는 최초의 컴퓨터 프로그램을 작성했기 때문이다. "작은 벌레little bug" 프로그램이라고도 알려진 박사 학위 논문을 위해 콜웰은 해양 세균을 배양한 다음 일련의 테스트를 거쳐 유사성을 계산했다. 〈네이처Nature〉와 〈사이언스Science〉를 비롯한 영향력 있는 저널에 게재된 그녀의 초기 연구결과는 세균을 정량적인 방법으로 식별할 수 있다는 것을 이해하는 데 도움이 되었다.[5]

수도원 수사와 완두콩 식물

첨단 기술을 사용하여 인간 미생물군집의 구성과 기능을 연구하는 최근의 정밀한 과제로 넘어가기 전에 퍼즐의 유전적 조각을 다시 살펴볼 필요가 있다. 1913년 알프레드 스터트반트Alfred Sturtevant가 초파리 염색체에서 일련의 유전자의 상대적 위치를 매핑하면서 양적 유전학의 황금기가 비약적으로 발전했다.[6] 그러나 유전적 탐구의 지적 뿌리는 19세기 중반, 약 3만 개의 완두콩 식물을 교배하여 유전의 원리를 확립한 유명한 아우구스티누스 수도사 그레고르 멘델Gregor Mendel로 거슬러 올라간다.

과학 패러다임의 변화와 함께 종종 발생하는 것처럼 획기적인 연구는 처음에는 폄하되거나 간과되는데, 1865년 멘델이 형질의 유전성에 관한 연구를 발표했을 때 이런 일이 일어났다.[7] 멘델의 연구는 20세기 초에 재발견되었고, 이는 양적 유전학의 발전으로 이어져 생물학과 의학의 여러 측면과 스터트반트, 토마스 헌트 모건Thomas Hunt Morgan을 비롯한 많은 과학자에게 큰 영향을 미쳤다.

6남매 중 막내였던 알프레드 스터트반트는 형인 에드거의 권유로 멘델의 법칙에 관한 책을 읽게 되었고, 앨라배마에 있는 가족 농장의 말에 멘델의 원리를 적용하여 털 색깔의 유전을 설명했다. 1908년 컬럼비아 대학에 입학한 그는 1933년 "유전에서 염색체의 역할에 관한 발견"으로 노벨 생리의학상을 받은 모건 밑에서 연구했다.[8] 비판적이고 독립적인 사고를 하는 모건은 과학적 정설에 도전하는 것을 두려워하지 않았다.

1909년경 초파리를 연구하던 모건은 흰 눈을 가진 수컷 초파리 같은 눈에 띄는 돌연변이를 발견했고, 이후 흰 눈을 성별과 연관된 형질로 밝혀냈다. 당시에는 염색체가 유전 정보의 저장소라는 사실이 아직 밝혀지지 않았을 때였다. 모건은 초파리 연구를 통해 세포핵 안의 염색체에 유전자가 들어 있다는 사실을 확인했다. 모건은 염색체 내부에서 유전자가 긴 줄로 배열되어 있을 뿐만 아니라 서로 관련된 형질이 염색체에서 서로 가까운 유전자에 어떻게 대응하는지도 알아냈다. 또한 모건은 서로 다른 염색체 일부가 서로 자리를 바꿀 수 있는 '크로스오버' 현상도 발견했다.

색이 바랜 이중나선 구조?

스터트반트와 모건의 발견으로부터 40년이 지나, 1953년 프랜시스 크릭과 제임스 왓슨이 생명과학 역사상 가장 중요한 발견인 DNA 분자의 이중나선 구조를 밝혀낸 것이 그다음 중요한 이정표가 되었다. 이들은 모리스 윌킨스Maurice Wilkins와 함께 1962년 "핵산의 분자 구조와 생명 물질의 정보 전달에 대한 중요성에 관한 발견"으로 노벨 생리의학상을 받았다.⁹ 그러나 이 발견도 종종 그렇듯이 과학의 큰 도약은 소통 부족, 성격적인 갈등, 연구결과에 대한 논란의 여지 등으로 인해 손상되었다.

지금은 익숙한 왓슨과 크릭의 DNA 이중나선 구조 이미지의 모델을 만드는 데 크게 이바지한 로잘린드 프랭클린Rosalind Franklin과 그녀의 대학원생 레이몬드 고슬링Raymond Gosling의 초기 연구는 이중나선 구조 이야기에서 번번이 빠졌다. DNA 연구 이후 바이러스의 분자 구조를 연구한 프랭클린은 1958년 사망했으나, 이후 DNA의 구조적 퍼즐을 푸는 데 중추적인 역할을 한 공로로 사후에 많은 관심과 영예를 얻게 되었다.¹⁰

킹스 칼리지 런던의 존 랜들 생물물리학Biophysics 연구소에서 수행한 X-선 결정학 연구를 통해 프랭클린과 고슬링은 두 가지 형태의 DNA(건식 및 습식)를 확인했는데, 프랭클린은 이를 형태 A와 형태 B라고 불렀다. 형태 B는 리보스 사슬 바깥쪽에 인산염이 있는 나선형 구조일 가능성이 높지만, 형태 A의 수학적 분석 결과는 나선형 구조가 나타나지 않았다. 프랭클린은 좀 더 복잡한 형태인 A가 나선형이 아닌 차이점을 해결하기 위해 노력했고, 1953년 초에 두 형태 모두 나선형 구조로 되어 있다는 것을 알아냈다.[11]

한편 일부 기록에 따르면 킹스 칼리지의 생물물리학 연구실에서 결정학 연구를 담당했던 윌킨스는 고슬링이 찍은 결정적인 사진을 프랭클린도 모르게 왓슨과 크릭에게 공유했다고 한다. 랜들이 고슬링을 프랭클린의 연구원 겸 대학원생으로 배정하기 전, 고슬링은 윌킨스 밑에서 X-선 회절 연구를 수행한 적이 있었다. 프랭클린의 전기 작가 중 한 명에 따르면, 크릭의 논문 지도교수인 맥스 퍼루츠Max Perutz는 크릭과 왓슨에게 프랭클린과 고슬링의 미공개 자료를 공유하기도 했다.[12]

이 자료는 왓슨과 크릭이 나선형 구조의 최종 모델을 만드는 데 도움이 되었고, 이후 그들은 1953년 4월 〈네이처Nature〉에 DNA의 분자 구조를 설명하는 짧지만 획기적인 논문을 발표했다.[13] 같은 호에서 윌킨스, 알렉산더 스톡스Alexander Stokes, 허버트 윌슨Herbert Wilson으로 구성된 킹스 칼리지의 두 팀과 프랭클린과 고슬링으로 구성된 다른 팀이 "DNA의 분자 구조 가능성"에 대한 증거를 뒷받침하는 실험 데이터를 발표했다.[14]

910 단어로 이루어진 왓슨과 크릭의 논문에는 그들의 연구결과를 뒷

받침하는 증거가 포함되어 있지 않았고 프랭클린의 연구결과를 언급하지 않았지만, 감사의 말에서 윌킨스와 프랭클린을 언급했다. "우리는 또한 런던 킹스 칼리지의 윌킨스 박사, 프랭클린 박사 및 동료들의 미발표 실험결과와 아이디어의 일반적인 성격에 대한 지식에 자극받았습니다."[15]

2003년에 린 오스만 엘킨Lynne Osman Elkin은 이들의 말을 "과학사 서술에서 가장 위대한 과소평가 중 하나"라고 표현했다. 그녀는 "왓슨과 크릭은 20세기 가장 중요하고 인상적인 과학적 발견 중 하나를 이루었지만, 그들이 프랭클린과 윌킨스를 대하는 방식 때문에 그들의 황금나선이 퇴색되었다."[16]라고 덧붙였다. 이 이야기를 자세히 읽어보면 레이먼드 고슬링이 엘킨이 기술한 DNA 이미징 연구의 선구자 목록에 추가되어야 할 것이다.

DNA 염기서열 기술의 발전

1970년대에 프레더릭 생어Frederick Sanger는 단백질 구조에 관한 연구를 통해 DNA 염기서열 분석에 성공했다. 같은 부문에서 노벨상을 두 번이나 수상한 소수의 인물 중 한 명인 생어는 1958년 첫 노벨화학상을, 1980년에는 월터 길버트Walter Gilbert, 폴 버그Paul Berg와 공동 수상하며 같은 부문에서 두 번째 노벨상을 받았다.[17] 2년 전 현대 분자생물학의 아버지라 불리는 해밀턴 "햄" 스미스Hamilton "Ham" Smith는 "제한효소restriction enzymes의 발견과 분자 유전학 문제에 대한 응용"[18]으로 노벨생리의학상 수상자 중 한 명이었다. 이러한 제한효소는 세균이 DNA 조각을 자르는 데 사용되어 탁월한 유전적 가소성과 적응성을 제공한다. "1990년대 초 J. 크레이그 벤터Craig Venter에 의해 게놈 연구소에 영입된 스미스는 전체 유기체의 DNA 염기서열을 해독하는 데 중추적인 역할을 담당했다. 스미스가 합류하기 전에는 벤터가 무작위로 샘플을 채취하여 소량의 cDNA를 시퀀싱했다. 이에 비해 스미스는 유기체의 전체 게놈을 '샷건'하는 대담한 접근법을 제안했다.

그 방법은 가정용 주방 블렌더를 사용하여 유기체의 DNA를 수백만 개의 작은 조각으로 나누고, 그 작은 조각들은 자동화된 염기서열 분석기를 통해 실행된 다음, 고속 컴퓨터와 TIGR에서 개발한 새로운 소프트웨어를 사용하여 전체 게놈으로 재조립되었다. 1996년, 옥스퍼드 대학의 분자 전염병 그룹 과학자들과 협력하여 TIGR 그룹은 이전에 스미스가 제한효소를 발견한 미생물인 해모필루스 인플루엔자의 전체 게놈을 발표했다.[19] 그런 다음 TIGR은 곧 전체 인간게놈의 염기서열을 해독하는 경쟁에 합류했다.

한편 1987년, 방사능이 인간게놈에 돌연변이를 일으킬 수 있다는 위협에 대응하기 위해 미국 에너지부(DOE)는 초기 게놈 프로젝트를 수립했다. 1년 후, 의회는 DOE와 국립보건원(NIH)이 이러한 프로젝트의 타당성을 조사할 수 있도록 자금을 지원하도록 승인했다. 이 장의 앞부분에서 만난 제임스 왓슨은 1989년 NIH가 설립한 기관인 국립 인간게놈연구센터의 초대소장으로 임명되었고, 1997년 국립 인간게놈연구소로 연구소 지위가 격상되었다.[20]

1990년 초기 계획 단계에 이어 연구계획이 발표되었다. 그러나 왓슨은 1992년에 사임하고 마이클 고트스만Michael Gottesman이 잠시 재임한 후, 프랜시스 콜린스Francis Collins가 소장으로 임명되어 15년 동안 재직하였다. 국립 인간게놈 연구소는 인간게놈 프로젝트를 완수하기 위한 노력을 주도했으며, 12년의 시간과 27억 달러의 비용을 들여 2001년 2월 인간게놈에 대한 초기 분석 결과가 발표되었다.[21]

게놈의 '스위치' 찾기

그러나 인간게놈을 해독한다고 해서 과학자들이 예상했던 것처럼 인간의 질병을 효과적으로 해결하는 방법에 대한 쉬운 해답을 얻을 수 있는 것은 아니었다. TIGR에서 벤터와 스미스와 함께 일하며 다른 과학자들과 협력하여 헤모필루스Haemophilus 게놈 시퀀싱을 통해 미생물 유전학 분야를 개척한 클레어 프레이저Claire Fraser는 유기체와 인간게놈 프로젝트 초기의 높은 기대감을 회상한다. "인간게놈은 아니었지만, 최초의 미생물 게놈의 경우 모든 유전자를 식별하고 모든 유전자를 경로에 넣을 수 있을 것이라고 믿었던 것 같습니다. 그러면 유기체의 경로 지도가 만들어지고 스위치를 켜면 모든 것이 어떻게 작동하는지 볼 수 있을 거라고요."[22]

1990년대에 과학자들은 인간 유전자의 총수를 약 7만 5,000개에서 10만 개로 추정했다. 인간게놈 프로젝트의 결과로 그 수는 약 2만 3,000개로 대폭 감소했다. 그 시점에서 하나의 유전자, 하나의 단백질, 하나의 질병이라는 패러다임은 사라졌다. 이러한 발견으로 인해 과학자들은 인간게놈 프로젝트가 해결하고자 했던 무수한 인간 질병을 한 번에 해결할 수 있는 명확한 길을 찾지 못했다. 그 대신 이 프로젝트에서 얻은 방대한 양의 데이터와 기술적 진보를 활용하여 과학적 초점은 인간 미생물군집으로 옮겨졌다.

당시 TIGR 그룹은 국방고등연구계획국의 미생물군집 프로젝트에 참여하고 있었다. 그 프로젝트에서 과학자들은 수년간 개별 미생물이 인간 숙주와 어떻게 상호작용하여 감염성 질환을 일으키는지에 대해 협력해 왔지만, 미생물군집 과학으로 방향이 전환되면서 상황이 크게 달라지기 시작했다.

인간 미생물군집 프로젝트

실제로 과학자들은 인간 종의 비교적 단순한 게놈 구성에 대한 이해를 바탕으로 인간 마이크로바이옴이 인간게놈과 함께 건강과 질병 사이의 균형을 맞추는 데 복잡하게 관여할 수 있다는 가설을 세웠다. 당시에는 이러한 연구가 인간 마이크로바이옴 프로젝트의 토대가 될 것이라는 사실을 거의 알지 못했다.

인간게놈 프로젝트가 완료된 후 콜린스는 미국의 주요 게놈 센터의 리더들과 여러 미생물 유전체학 및 생태학 전문가들을 모아 인간 마이크로바이옴 프로젝트에 어떤 일을 해야 할지 구상했다. 프레이저는 이러한 노력이 인간게놈 프로젝트와 유사하며, 충분한 마이크로바이옴 시퀀싱을 통해 분명히 파악된 종착점에 도달할 수 있으리라 생각했다.

그러나 개별 유기체가 아닌 생태계의 관점에서 생각했을 때, 그녀는 그처럼 명확한 결과가 나올지, 시퀀싱이 언제 완료될지 확신할 수 없었다.[23]

"저는 해양 미생물 생태학자와 함께 일하기 시작했고, 미생물 연구에 생태계적 접근 방식을 취하고 있었습니다. 데이터 시퀀싱만으로는 유기체 간의 상호작용과 숙주와 마이크로바이옴 간의 상호작용을 모두 설명할 수 없다고 생각했습니다."[24] 당시 일부 과학자들은 프레이저의 의견을 무시했지만, 그녀의 '가설'은 후속 연구를 통해 입증되었다.

인간 마이크로바이옴 프로젝트 초기에 인간게놈 프로젝트에서 개발한 기술을 활용하여 마이크로바이옴 구성과 기능을 연구하는 데 있어 두 가지 주요 장애물은 비용과 훨씬 더 높은 수준의 복잡성이었다. DNA 염기서열분석 이전에는 세균 병원균과 숙주-마이크로바이옴 상호작용에 관한 연구는 전적으로 배양 접시나 현미경으로 볼 수 있는 미생물을 배양하는 능력에 의존했다.

2001년에는 인간게놈 전체를 시퀀싱하는 데 27억 달러와 12년이 걸리던 비용이 1억 달러와 단 1년 만에 완료할 수 있는 비용으로 떨어졌다. 이렇게 훨씬 더 저렴하고 빠른 작업이 가능해졌지만, 엄청나게 더 복잡하고 역동적인 인간 미생물군집에는 여전히 적용되지 않았다. 그리고 그 당시 임상의들은 미생물 게놈 시퀀싱이 임상 적용에 중요한 역할을 할 것이라고는 전혀 예상하지 못했다.

현재에 와서는 인간의 전체 게놈 서열을 얻는 데 700달러와 몇 시간이 소요된다. 2001년에 약 4,700달러였던 노트북 컴퓨터의 가격이 2019년에는 1,000달러로 4배나 하락한 것을 생각하면 이해하기가 쉬울 것이다. 같은 기간 동안 인간게놈 시퀀싱 비용은 140만 배나 하락했는데, 이는 지난 수십 년 동안 인간게놈 프로젝트 덕분에 DNA 시퀀싱 분야의 기술과 지식이 얼마나 발전했는지를 적나라하게 보여주는 증거이다.

마이크로바이옴의 역동적인 특성

게놈 시퀀싱의 경제성 덕분에 인간 마이크로바이옴 시퀀싱이라는 명제가 실현 가능해졌다. 인간 마이크로바이옴 프로젝트 기금은 인간 마이크로바이옴의 특성 및 건강과 질병에서의 역할을 규명하기 위해 2008년에 설립되었다.

자동화된 DNA 시퀀싱 기술과 새로운 게놈 조립 알고리즘을 사용하여 단일 미생물의 전체 게놈을 시퀀싱할 수 있다는 사실이 1995년에 입증되었다. D. W. 후드Hood, E. R. 목슨E. R. Moxon, R. D. 플라이쉬만Fleischmann과 동료들은 헤모필루스 인플루엔자Haemophilus influenzae의 게놈을 시퀀싱했고,[25] 프레이저와 동료들은 불과 몇 달 후 마이코플라즈마 제니탈리움Mycoplasma genitalium의 전체 게놈 시퀀스를 보고했다.[26]

시간이 지남에 따라 게놈 데이터가 알려진 미생물의 수는 10만 개 이상으로 급속히 늘어났으며, 이제는 한 종의 미생물에 대한 시퀀싱 프로젝트를 완료하는 데 몇 시간밖에 걸리지 않는다. 2000년대 초반에 차세대 시퀀싱 기술이 도입되고 어셈블리 알고리즘과 유전자 확인 작업이 지속적으로 개발되면서 인간 숙주에 서식하는 전체 미생물 생태계의 시퀀싱이 가능해졌다. 이런 기술들의 발전으로 인해 고균, 진핵생물, 세균, 바이러스 등 인체와 연관되어 살아가는 모든 미생물을 분석할 수 있는 기반이 마련되었다(그림 4-1 참조).

인간 마이크로바이옴 프로젝트를 통해 기도, 구강, 피부, 위장관 및 비뇨생식기 등 인체의 여러 부위에 서식하는 미생물군집에 대해 더 잘 파악할 수 있게 되었다. 인간 마이크로바이옴 프로젝트의 초기 추정치에 따르면 인간 마이크로바이옴의 세균은 인간 세포보다 10배 더 풍부

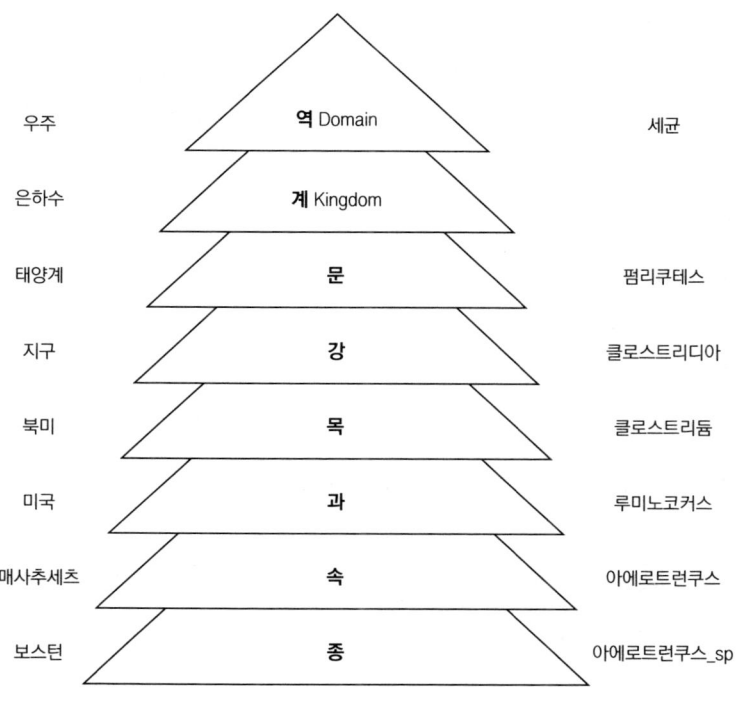

그림 4-1. 세균 영역의 분류 계층 구조

하다고 한다. 그후 이 수치는 상당히 축소되었다. 롭 나이트는 2018년 BBC와의 인터뷰에서 이 수치는 "일대일에 훨씬 가까워서 현재 추정치는 모든 세포를 세어보면 인간 세포는 43% 정도"[27]라고 말했다.

이제 과학기술 및 경제적 타당성의 추가적인 발전으로 인해 인간 마이크로바이옴 연구는 새로운 차원의 정교함을 갖추게 되었다. 배양이 필요 없는 16S rRNA 시퀀싱 기술을 이용한 단순한 구성 분석에서 미생물군집의 전체 유전적 구성을 종합적으로 조사할 수 있는 메타게놈 접근법으로 전환하고 있다. 이와 같은 마이크로바이옴 구성과 기능에 대한 연구력이 목표하는 마지막 단계는 메타전사체의 규명이다.

메타게놈학이 어떤 미생물이 존재하고 어떤 게놈 잠재력을 가졌는지 목록화하는 반면, 메타전사체학은 특정 환경과 특정 시기에 가장 많이 발현되는 유전자, 즉 미생물의 활성에 대해 알려준다. 따라서 메타전사체학은 특정 샘플의 전체 전사체 세트(RNA-seq)의 기능과 활동을 연구하는 것으로, 이를 통해 숙주-마이크로바이옴 상호작용의 영향을 받는 가능한 경로를 식별하여, 그로 인한 임상결과를 도출할 수 있다. 다시 말해 메타전사체 접근법은 숙주가 앓고 있는 질병의 발병에 대한 특정 경로의 활성화에 가장 크게 관여하는 마이크로바이옴에 의해 발현되는 유전자를 식별하여 새로운 치료 표적을 찾아낼 수 있는 잠재력을 가지고 있다.

인간게놈과 비교할 때 인간 마이크로바이옴의 정의를 더욱 복잡하게 만드는 것은 시간에 따른 구성과 기능의 역동적인 변화이다. 다면적인 인간 마이크로바이옴은 비타민과 같은 필수 요소를 생성하고 면역체계의 기능을 조절하며 병원균 퇴치를 돕고 뼈 대사, 지방 저장 촉진, 신경계 변형과 관련된 근본적인 인체 생화학 경로를 조절할 수 있다. 이는 건강과 질병에서의 역할을 더 잘 이해하기 위해 마이크로바이옴의 구성과 기능을 모두 연구하는 것이 얼마나 중요한지 보여주는 몇 가지 주요 사례에 불과하다.

인간 미생물군집 프로젝트의 목표

인간 미생물군집 프로젝트가 구체화하였을 때, 이 프로젝트의 전반적인 임무에 필수적인 다섯 가지 목표가 제안되었다. 첫 번째 목표인 "3,000개의 분리된 미생물 게놈서열의 참고 목록의 개발"은 달성되었다.[28] 그러나 이 장과 이 책의 다른 많은 부분에서 설명한 것처럼, 개체의 미생물군집의 조성을 아는 것(즉, "누가" 있는지에 대한 질문에 답하는 것)은 하나의 구성 요소일 뿐이다. 이는 마이크로바이옴이 인간 건강에 미치는 잠재적 영향에 관한 연구에서 가장 중요한 요소가 아닐 수도 있다. 현재의 정보에 따르면, 단순히 인간 마이크로바이옴의 조성을 평가하는 것만으로는 숙주의 특정 유전적 배경에 따라 특정 마이크로바이옴이 질병의 발병과 연관되어 있다고 단정할 수 없기 때문이다.

두 번째 목표인 "각 신체 부위의 미생물군집의 복잡성에 대한 추정치를 생성해 각 부위에 '핵심' 미생물군집이 있는지에 대한 질문에 초기 답변을 제공하는 것"[29]은 훨씬 더 문제가 될 수 있다. 왜냐하면 정상 또는 핵심 마이크로바이옴의 구성과 기능을 파악하는 것은 질문의 복잡성을 고려하지 않고 있기 때문이다.

비슷한 연령, 성별, 생활방식, 거주지를 가진 100명의 사람을 대상으로 정밀 분석을 수행하면 균질하지 않은 혼란스러운 결과를 얻을 수 있다. 또한 한 사람을 대상으로 6개월마다 전체 마이크로바이옴에 대해 정밀 분석을 수행해도 비슷한 혼란스러운 결과를 얻을 수 있다. 따라서 두 그룹 모두에서 예측할 수 있는 핵심 구성 패턴이 나타나지 않을 가능성이 높다.

예를 들어, 3장에서 설명한 것처럼 한 여성의 질 내 미생물 생태계는 임신, 출산, 폐경기에 따라 매우 역동적으로 변화하며 스트레스와 흡연을 비롯한 환경적 요인에도 큰 영향을 받는다. 결론은 마이크로바이옴의 기능보다는 구성에 초점을 맞추는 것은 세 번째 목표를 달성하기 위한 잘못된 접근 방식일 수 있다는 것이다(아래 참조). 매우 다른 마이크로바이옴 구성이 동일한 기능적 결과를 초래할 수 있으며, 따라서 유사한 임상결과를 초래하는 대사 상태를 만들 수도 있다.

세 번째 목표인 "질병과 인체 미생물군집의 변화 사이의 관계를 규명하기 위한 실증 프로젝트"는 가장 어려운 과제이다.[30] 현재 마이크로바이옴에 관한 대부분 문헌은 건강한 피험자와 연구 대상인 질병에 걸린 환자라는 두 가지 다른 코호트를 대상으로 하여 마이크로바이옴 구성과 때로는 기능 측면에서 분석하는 횡단면 연구를 기반으로 하고 있다.

이 장의 뒷부분에서 언급하겠지만 횡단면 연구는 연령, 성별, 사회경제적 배경, 지역 등의 변수에 잘 맞게 되었다하더라도 결과즉 질병가 마이크로바이옴 조성과 기능의 차이로 인해 발생한다고 가정할 위험이 있다. 그 반대의 경우, 즉 질병 자체가 마이크로바이옴의 변화를 일으킨다는 것도 전적으로 가정할 수 있다.

네 번째 목표는 '새로운 도구와 기술의 개발'이고, 다섯 번째 목표는 '인간 미생물군집의 메타게놈 분석 연구 및 적용에 고려해야 할 윤리적, 법적, 사회적 영향에 대한 조사'이다.[31] 다섯 가지 목표 중 이 두 가지 목표만이 인간 마이크로바이옴을 통해 평가되는 건강과 인간 질병의 균형에 관한 연구의 실현 가능성에 직접적인 영향을 미칠 수 있는 잠재력을 가지고 있다.

마이크로바이옴 사냥꾼들이 전 세계적으로 인간 표본을 찾기 위해 계속 노력함에 따라, 인간 표본을 얻기 위한 이 경쟁의 윤리적, 법적, 사회적, 문화적 함의가 더욱 날카롭게 주목받고 있다. 앤 기븐스Ann Gibbons의 〈사이언스Science〉 기사는 하드자Hadza족의 수가 줄어들고 사냥감으로 가득한 땅에 대한 접근성이 감소함에 따라 이러한 문제에 대한 우려를 다루었다.[32]

하드자족에 대한 과도한 관심은 관광 사업, 야영지, 도로 건설뿐만 아니라 알코올 중독과 약물 남용으로까지 그 영향을 미쳤다. 기븐스는 일부 연구자들은 과학자들이 하드자족에 대해 "너무 많은 것을 요구했다"라고 생각하며, 일부 과학자들은 토지 권리 확보와 기타 문제에 대해 더 많은 발언권과 지원을 원하는 하드자족을 위해 노력하고 있다고 언급했다.[33]

게놈에서 '멀티 바이옴Multi-Biome'으로의 전환

프레이저는 인간게놈 프로젝트와 인간 마이크로바이옴 프로젝트의 핵심 참여자로서 두 프로젝트 사이의 전환과 인간게놈에 대해 배운 것을 인간 마이크로바이옴 연구에 통합하는 방법에 대한 통찰력을 제공한다. 인간 마이크로바이옴 프로젝트의 초기 단계에서 프레이저는 구획화되고 서로 다른 유기체가 같은 공간을 공유하는 것이 아니라 생태계의 관점에서 생각하는 방법을 배웠다.[34] 그리고 콜레라의 원인균인 V. 콜레라가 인간 숙주로 이동하기 전에 수생 환경에서 서식한다는 사실을 발견한 콜웰은 세균과 인간을 더 큰 생태계의 연속체라는 관점에서 바라보았다.[35]

그러나 이러한 접근 방식은 인간 마이크로바이옴 프로젝트에 처음 채택된 것은 아니다. 프레이저에 따르면, 인간 마이크로바이옴 프로젝트의 첫 5년은 인간게놈 프로젝트와 거의 동일한 방식으로 프로젝트를 설정하는 데 보냈다. 초기에는 동물 연구는 포함되지 않은 채 거의 전적으로 16S rRNA 염기서열 분석에만 집중했고, "누가 있는가?"라는 관점에서만 마이크로바이옴을 바라보았다.

프레이저는 "이는 논리적인 첫걸음이었다."라고 말한다. "하지만 16S rRNA를 기반으로 마이크로바이옴의 대략적인 윤곽을 얻었을 때 모든 사람이 다르다는 것을 즉시 알게 되었고, 이로부터 어떠한 기능적 데이터도 얻어지지 않았다."[36]

한편, 프레이저는 S. 두스코 에를리히S. Dusko Ehrlich가 이끄는 유럽 MetaHIT인간 장의 메타게놈학 프로젝트가 진행되고 있었다고 언급했다.

"그들은 이 사실을 이미 알고 있었다. 그래서 그들은 메타게놈 서열과 메타전사체 서열을 생성하고 동물 연구를 하고 있었다. 일부 팀에는 영양학자가 포함되어 있었으며, 그들의 접근 방식은 처음부터 총체적이었다."[37] 프레이저는 '약으로서의 음식'이라는 개념을 신봉하며, 이와 관련하여 마이크로바이옴에서 배울 수 있는 것을 인간의 질병 예방과 치료에 활용하려고 노력한다.

2008년에 EC의 자금 지원으로 시작된 MetaHIT는 인간 장내 미생물의 유전자 수가 330만 개로 인간게놈의 2만 3,000개에 비해 훨씬 많다는 초기 결과를 도출했다. MetaHIT는 540기가바이트의 DNA를 생성하고 이전에 확인되지 않은 5,000개를 포함하여 19,000개의 유전자 기능을 목록화했다. MetaHIT 연구진은 또한 장내 세균 군집의 구성에 따라 인간을 그룹으로 분류하는 '장내 유형'을 최초로 규명했다.[38]

장내 미생물군집의 복잡하고 역동적인 특성, 샘플링 방법의 일관성 문제, 세계 여러 인구 집단 간의 세균 다양성 등을 고려할 때 장내 미생물 분류에 대한 이러한 접근 방식은 어려움을 겪게 된다. 2013년에 오메리 코렌Omry Koren과 그 동료들은 "장내 미생물을 분류할 때 다양한 접근법의 필요성을 주장하였다."[39] 2018년 프레이저는 다른 국제 동료 연구자들과 더불어 독일 하이델베르크에 있는 유럽 분자생물학 연구소의 피어 보크Peer Bork, 커티스 후텐하우어Curtis Huttenhower, 나이트Knight, 루스 레이Ruth Ley 등 소규모 연구 그룹들과 협력하여 장내 미생물 유형의 개념을 재검토하였다. 그 결과 2018년 네이처 미생물학에 게재된 논문에서 프레이저 연구팀은 인간 마이크로바이옴에 대한 장내 유형 분류 체계에만 의존하는 것을 경계했지만, 장내유형을 "인간 미생

물 집단을 총체적으로 연구하는 데 유용한 도구"임을 제시했다.[40]

콜웰은 다양한 방법론을 사용해야 한다는 코렌 그룹의 주장에 동의하면서, "점진적gradient" 접근법을 사용하는 개념이 개별 마이크로바이옴에 대한 보다 포괄적인 관점을 제공한다고 덧붙였다.[41] 인간 마이크로바이옴 연구가 발전함에 따라 프레이저는 유럽과 백인 그룹을 넘어 훨씬 더 다양한 샘플 수집이 필요하다고 주장한다. 그리고 프레이저의 예측대로 사람마다 다른 마이크로바이옴을 가지고 있다는 초기 결과는 놀라운 일이 아니었다. 장내 병원체와 인간 숙주 간의 상호작용에 관한 연구를 통해 동일한 병원체와 동일한 인간 질병 표적을 다루더라도 임상결과는 사람마다 매우 다를 수 있다는 사실을 깨닫게 되었고, 이에 대한 몇 가지 예를 살펴보도록 하겠다.

비브리오의 변종

앞에서 설명했듯이 비브리오 콜레라균은 감염률이 매우 높은 전염병을 일으켜 사망에 이르는 경우가 많다. 콜웰은 오염 위험을 줄이고 오염된 물 음용으로 인한 사망률을 낮추기 위해 사리천sari cloth으로 식수를 걸러내는 등 혁신적이고 간단한 기술을 사용하여 이러한 질병에 맞서 싸웠다.[42] 그러나 콜레라에 감염된 모든 사람이 동일한 질병 중증도와 기간으로 끝나는 것이 아니다. 실제로 일부 사람들은 콜레라의 증상이 나타나지 않고 단순히 보균자가 될 수 있으며 콜레라에 전혀 감염되지도 않는다. 이와 정반대로 콜레라균에 노출된 후 심한 탈수 증세를 보이다가 사망하는 사람들도 있었다.

볼티모어에 있는 메릴랜드 대학교 백신 개발 센터에서 근무하는 동안 공동 저자인 알레시오 파사노는 지원자들이 콜레라균, 살모넬라균, 시겔라균과 같은 장내 병원균에 노출되는 임상시험에 참여했다. 이 임상시험은 매우 통제된 연구 환경이지만 임상결과는 개인마다 달랐다. 다시 말하자면, 살모넬라균에 노출된 사람 중 일부는 병에 걸리지 않았지만, 또 다른 사람들은 전형적인 살모넬라증을 나타냈다. 시겔라균 *Shigella*에 노출된 사람들도 스스로 제어할 수 있는 정도의 수양성 설사를 하기도 하고, 심한 경우 혈변 설사와 심한 복통을 동반한 이질의 고통을 받았다.

이런 인간 숙주와 상호작용하는 단일 미생물에 노출되었을 때 임상결과의 분명한 차이는 전체 미생물군집으로 확장했을 경우에 훨씬 더 복잡한 상호작용이 일어나고 그에 따른 임상결과도 예측하기가 더 어려울 수 있음을 보여준다. 따라서 특정 유전적 배경에서 어떤 사람은 질병에 걸리고 어떤 사람은 걸리지 않는 이유를 미생물군집의 특정 미생물이 열쇠를 쥐고 있을 것이라는 가정은 무리한 발상이다.

큰 그림 보기

몇 가지 예외를 제외하면 인체는 미생물이 생존하고 적응하는데 배타적인 생태계가 아니다. 오히려 인간도 토양과 해양 환경, 미생물이 생존하고 번식하기 위해 빠르게 적응해야 하는 다른 동물 숙주를 포함한 훨씬 더 복잡한 지구 생태계의 일부이다. 따라서 우리는 메타게놈 연구로 얻은 지식을 통해 미생물군집의 조성과 기능이 인간의 라이프 스타일, 항생제 사용, 영양 및 식단 등 다양한 변수의 영향을 받는 역동적인 과정이라는 개념 안에서 이해해야 한다.

다시 말해, 장과 같은 특정 인체 부위의 미생물을 시퀀싱하여 "정상적인" 미생물군집을 찾는다는 목표는 아마도 유용한 목표가 아닐 것이다. 많은 마이크로바이옴 과학자들은 현재 정상적인 미생물군집이란 존재하지 않는다고 확신하고 있다. 한 미생물군집의 시퀀싱이 완료될 때쯤에는 환경 및 기타 요인의 영향을 받아 해당 부위의 생태계가 매우 다를 수 있기 때문이다.

문제를 더욱 복잡하게 만드는 것은 인간 바이롬(바이러스군집)은 동일한 수명 주기 내에서 한 미생물에서 다른 미생물로 유전자를 수평 이동할 수 있다는 점이다(5장 참조). 이로 인해 미생물군집의 구성이 동일하게 유지되더라도 시간이 지남에 따라 특정 부위의 미생물군집의 기능에 더 많은 변동성이 생길 수 있다.

프레이저는 마이크로바이옴 분야가 마침내 초기의 제약에서 벗어났다고 생각한다. 그러나 그녀는 마이크로바이옴이 건강과 질병에 어떻게 기여하는지에 대한 해결책을 얻는 가장 좋은 방법이 미생물종의 변화를 열거하는 것이라는 생각에는 한계가 있다고 생각한다. 그녀는 장내 미생물군집과 같은 복잡한 생태계의 경우 기능에 초점을 맞춰야 하며, 동물 및 실험실 연구와 추가적인 통합 연구가 포함되어야 한다고 주장한다.

마이크로바이옴 구성과 가장 중요한 기능을 특정 질병과 연관시키는 유일한 방법은 건강한 사람과 질병에 걸린 사람의 코호트를 비교하는 단면 연구에서 특정 질병의 유전적 위험이 있는 피험자를 대상으로 하는 전향적, 종단적 연구로 전환하는 것이다. 이러한 유형의 연구는 질병 발병 전, 발병 중, 발병 후의 마이크로바이옴 구성과 기능을 조사할 수 있다. 마이크로바이옴, 메타게놈, 메타트랜스크립토믹스, 그리고 대사체학의 데이터를 종합적인 임상 및 환경 데이터와 통합함으로써 환경이 미생물군집의 기능과 구성에 어떤 영향을 미쳐 개인별로 유전적으로 취약한 질병의 발생으로 이어지는지에 대한 수학적 모델을 구축할 수 있을 것이다. (이 개념은 14장과 17장에서 다시 살펴보고 확장할 것이다.)

새로운 생물학적 계산 모델을 만들고 마이크로바이옴 연관성에서 원인으로 나아가는 명확한 경로를 구축하는 것은 비감염성 만성염증성 질환의 발병과 개인 맞춤형 치료 또는 예방을 위한 가능한 표적을 얻기 위한 기계론적 접근을 제공하는 데 꼭 필요한 단계이다. 이는 마이크로바이옴에 초점을 맞춘 연구가 우리가 매일 생활하고 상호작용하는 생물학적 생태계의 맥락에 놓고 접근할 때만 가능하다. 콜웰은 "우리는 이 미생물군집이 진화해온 하위 숙주나 원래 진화한 환경에서 어떤 기능을 하는지 이해하려고 노력하지 않기 때문에 실수를 반복하고 있다."[43]라고 지적했다.

지금은 인간 마이크로바이옴 프로젝트에 의해 촉발된 인간 마이크로바이옴의 여러 단계와 측면에 대한 엄청난 관심과 연구 노력이 이루어지고 있다. 그러나 다양한 만성염증성 질환을 치료하기 위해 인간 마이크로바이옴을 활용할 수 있는 단계의 끝에 와있는 것이 아니라는 프레이저와 콜웰의 의견에 전적으로 동의한다. 오히려 인간 마이크로바이옴 프로젝트가 이미 생성한 엄청난 양의 연구를 활용하여 앞으로 건강과 질병 사이의 균형을 이룰 수 있게 된다면 매우 유망한 시작점이 될 것이다.

Chapter 5
세균을 넘어서: 다른 "옴스(Omes)"

신체의 균형 유지

인간 마이크로바이옴 가설에 따르면, 장내 미생물을 구성하는 복잡한 미생물군집은 숙주와 상호 작용하여 생리적 항상성을 유지함으로써 건강을 유지하는 데 도움을 준다. 그러나 건강과 질병 사이의 불안정하고 고도로 역동적인 균형을 유지하기 위해 신체의 다양한 구성 요소 또는 인자들을 조화롭게 유지하는 모델은 전 세계적으로 새로운 것이 아니다.

전 세계 여러 지역에서 여전히 시행되고 있는 전통 의학은 부조화 상태에 있다고 여겨지는 요소의 균형을 맞춰 신체의 건강을 회복하기 위한 중재술을 기반으로 하는 경우가 많다. 태국 전통 의학(TTM) Traditional Thai Medicine에서는 허브, 마사지, 요가 수련을 통해 흙, 물, 바람, 불이라는 인체 요소 간의 균형을 바로잡는 데 사용된다. 다른 전통 의학 분야와 달리 TTM은 1889년에 설립된 최초의 태국 의과대학에 포함되었지만 1916년에 커리큘럼에서 제외되었다.[1]

1978년 세계보건기구(WHO)의 알마–아타 Alma-Ata 선언은 회원국들에 지역사회의 1차 의료 수요에 대응하기 위해 '전통의'를 포함할 것을 촉구했다. 이 선언 이후 태국 공중보건부가 일차 의료 프로그램에서 약

용 식물을 장려하는 정책을 발표하면서 TTM은 다시 한번 정부 정책에 포함되었다.[2]

수천 년 동안 중국 한의사들이 구전으로 전승해 온 전통 중국 의학(TCM)[Traditional Chinese Medicine]은 1950년대와 1960년대에 중국 정부에 의해 법제화되었다. TCM은 질병이 있는 경우에 최적의 건강을 위해 몸 전체를 전반적으로 회복하고 조화를 유지한다는 개념에 중점을 두었다. 이 정교한 의료 시스템에 대한 최초의 문헌은 약 3천 년 전의 거북이 껍질과 뼈에 남아 있다.[3]

이 고대 기록은 공기 또는 증기인 기[qì]와 혈액인 혈[xuè]의 순환 운동에 초점을 맞추고 있다. 미국 한의학 대학에 따르면 건강이 나빠지는 것은 "기와 혈[qi and xuè]의 정체, 결핍 또는 부적절한 움직임으로 인해 음과 양의 불균형으로 초래될 수 있다"[4]라고 한다. 19세기 대륙 횡단 철도를 따라 일하러 온 중국 이민자들이 한의학을 미국으로 가져왔지만, 한의학은 거의 중국인 커뮤니티에서만 시행되었다.

서양에서 가장 잘 알려진 한의학 치료 도구인 침술은 한의학의 한 구성 요소일 뿐이다. 다른 한의학 치료법으로는 한약 사용, 중국식 치료 마사지, 기공과 태극권, 식이요법, 작은 유리병으로 피부에 부항을 놓아 흡인하는 "부항 요법" 등이 있다.

최근 코로나19 팬데믹 동안 한의학은 영양 지원, 프리바이오틱스 및 프로바이오틱스와 함께 장내 미생물 균형을 조절하고 2차 감염의 위험을 줄이기 위해 사용되었다. 2020년, 저장대학교 의과대학 제1 부속병원의 의사들이 "4가지 억제요법과 2가지 균형요법"이라는 치료 전략의 일환으로 질병 재활을 촉진하기 위해 한의학을 사용했다. 그 치료 전략은 "항바이러스, 항쇼크, 항저산소혈증, 항2차 감염의 4가지 억제요법과 수분 및 전해질과 산염기 균형 그리고 미세생태적 균형의 유지인 2가지 균형요법"으로 정의한다.[5]

한의학은 북한, 일본, 대한민국을 비롯한 다른 국가의 전통 의학에도 영향을 미쳤으며, 유사하게 조화의 유지와 회복에 초점을 맞추고 있다. 서양에서도 중세시대로 거슬러 올라가면 균형과 조화를 강조하는 유사한 정교한 의학 치료 및 수련 시스템을 찾을 수 있다.

스콜라 메디카 살레르니타나

이탈리아 살레르노에서 태어난 이 책의 공동 저자 알레시오 파사노는 건강을 유지하기 위한 균형의 필요성에 대해 서양 의학계에서 가장 중요하고 아마도 가장 영향력 있는 자료로 알려진 "스콜라 메디카 살레르니타나살레르노 의과대학"의 역사를 매우 잘 알고 있다.

"스콜라 살레르니"로도 알려진 이 서양 최초의 의과대학은 9세기에 설립되어 10세기에 명성을 나타냈다. 이탈리아 남부 살레르노 시의 티레니아 해에 위치한 이 대학은 중세 서유럽에서 가장 중요한 의학 지식의 원천이었다. 성 니콜라스 수도원의 진료실에서 성장한 이 학교는 롬바르드 제국의 마지막 수십 년에서 호헨스타우펜Hohenstaufen이 몰락한 10세기에서 13세기 사이에 최고의 전성기를 맞이했다. 1077년 콘스탄틴 아프리카누스Constantine Africanus가 도착하면서 살레르노의 고전 시대가 시작되었다. 살레르노 대주교 알파노 1세Alfano I의 격려와 콘스탄

티누스 아프리카누스가 아랍어에서 라틴어로 의학 서적을 번역한 덕분에 살레르노는 "히포크라테스의 도시히포크라티카 시비타스 또는 히포크라티카 어브스"라는 칭호를 얻게 된다.

낫기를 희망하는 병자와 의학 기술을 배우고 가르치기 위한 학생들남녀 포함이 전 세계에서 모두 스콜라 살레르니로 몰려들었다. 이 학교는 그리스와 라틴 전통의 융합에 기반을 두었으며 아랍과 유대 문화의 지식으로 보완되었고, 그 추구하는 바는 치료보다는 예방의 우대와 실행에 기반을 두어 의학에서 경험적 방법의 길을 열었다.

네 가지 체액(피, 가래, 흑색 담즙, 황색 담즙) 따르기

스콜라 살레르니와 그 대학 식물학 연구당시 약전은 주로 허브 사용에 중점을 두었다의 치료적 접근 방식은 고대 "네 가지 원소의 이론"에 기초한 "네 가지 체액의 원리"에 기반을 두었다. 이 이론은 기원전 6세기 사모스의 피타고라스와 크로톤 학파의 추종자들에 의해 구체화되고 탄력을 받게 되었다. 이들은 4원소 이론을 물질의 조성을 지배하는 "조화harmony"라는 개념과 연결시켰다.

피타고라스는 선구적인 직관력을 바탕으로 이 조화는 물질의 모든 조성에 본질적으로 존재하는 반대되는 힘의 균형 잡힌 길항작용의 결과로써 지속해서 불안정한 평형을 기반으로 하는 비정적이고 극도로 동적인 것으로 개념화했다. 피타고라스에 따르면 우주를 지배하는 조화는 인간도 지배하여 건강한 상태를 제공하는 반면, 이 평형이 교란되면 질병으로 이어진다고 하였다.

그러나 피타고라스와 그의 추종자들이 이 의학적인 개념을 넘어 생명이 공기, 흙, 불, 물의 네 가지 원소로 구성되며, 그 각각의 특성인 건조, 차가움, 따뜻함, 습함의 네 가지 특성을 포함하는 개념으로까지 확장시켰다. 즉 몸의 분비물 또는 '체액피, 가래, 흑색 담즙, 황색 담즙'은 네 가지 원소공기, 흙, 불, 물와 연관되어 있으며 동일한 특성이 있다.

체액, 즉 원소는 그 원소를 특징짓는 소위 "일차적 특성건조, 차가움, 따뜻함, 습함"과 직접적인 관계가 있어서, 혈액은 습하고 따뜻하며, 가래는 차고 습하며, 황색 담즙은 따뜻하고 건조하며, 흑색 담즙은 건조하고 차다고 설명되었다. 이 이론에 따르면 이 네 가지 체액의 조합이 사람의 "기질"과 정신적 성질 및 건강 상태를 결정한다.

이 이론에 의하면 인체는 이 네 가지 체액의 존재에 의해 지배되며, 불균형이 발생하면 사람에게 병리적인 상태가 발생한다. 따라서 한 체액이 다른 체액에 비해 과다해서 일어나는 '질병'은 과도한 체액과 반대되는 성격의 '제제단일 또는 복합'를 사용하여 치료해야 한다.

이 접근 방식에서는 인간의 체액을 연구하는 데 사용되는 것과 동일한 기준으로 약용 식물을 분류하는 것이 중요하다. 즉 약초에는 따뜻하고 습한 것, 따뜻하고 건조한 것, 차갑고 습한 것, 차갑고 건조한 것이 있다. 이 분류와 함께 농도에 따른 약초의 효능에 대해서도 똑같이 중요한 분류가 있다. 이 농도는 콘스탄틴 아프리카누스의 『디 심플리치 메디카민De Simplici Medicamine』에 설명된 분류 기준이다.[6] 이 교과서에서 그는 4단계의 강도를 설명했는데, 가장 강한 약초에는 사망까지 이르게 하는 부작용이 있다.

살레르노의 현대 의학

이러한 모든 개념과 약초의 농도 분류는 살레르노의 옛 성 니콜라스 수도원 근처에 있는 현대 스콜라 메디카 살레르니타나의 지아르디니 델라 미네르바 식물원에 충실하게 재현되어 있다. 1811년 학교가 문을 닫은 지 정확히 200년 만인 2011년 살레르노 대학교 의과대학이 개교하면서 전문 의료 교육이 다시 시작되었다.

이 역사적인 장소에는 2013년에 지역 지자체와 매사추세츠주 보스턴의 매사추세츠 어린이 종합병원(MGHfC)이 지원하는 국제 연구 기관으로 설립된 살레르노 유럽 생의학연구소(EBRIS)가 자리하고 있다. EBRIS의 현대적인 연구 시설은 옛 수도원에 자리 잡고 있으며, 9세기 이전의 온천탕의 고고학적 유적을 보여주는 유리 바닥과 같은 건축적 디테일이 돋보인다. 티레니아 바다가 내려다보이는 살레르노 절벽에 있는 이 웅장한 기념물은 의학의 역사에 관심이 있는 이라면 누구나 꼭 들러야 할 곳이다.

히포크라테스의 공헌

이러한 네 가지 자연 구성 요소와 관련된 네 가지 체액의 개념과 더불어 히포크라테스는 아마도 서양에서 교육받은 많은 임상의에게 더 친숙할 것이다. "현대 의학의 아버지"로 불리는 히포크라테스는 종교나 미신보다는 임상 관찰과 이성적인 결론에 의존했다.

히포크라테스 의학에서 의사는 "'자비로운 자연'의 치유 작용을 촉진하여" 흑색 담즙, 황색 담즙, 가래, 혈액의 건강한 균형을 회복시켜야 했다. 그리스의 신경학자 크리스토스 야피자키스Christos Yapijakis는 오늘날 사용되는 대부분의 임상 용어뿐만 아니라 서양 의학의 현대적인 윤리적 시술이 히포크라테스로부터 시작되었다고 한다.[7] 지금은 믿기 어렵지만, 기원전 500년부터 1858년 "병리학의 아버지"로 불리는 루돌프 피르호Rudolf Virchow가 『세포 병리학Cellular Pathology: 생리학과 병리적 조직학에 근거하여』을 출간하여 세포 이론을 제시한 피르호 혁명 때까지 네 가지 체액설은 도전받지 않고 자리를 지켰다.[8]

네 가지 체액과 병행하여 발전한 아유르베다 의학은 인도 대륙에서 5천 년 이상 시행되었다. 아유르베다는 에테르^{공간}, 공기, 불, 물, 흙의 조합인 바타^{vata}, 프리타^{pritta}, 카파^{kapha}의 세 가지 '체액'의 고유한 균형을 유지하거나 회복하는 데 초점을 맞추고 있다. 아유르베다에서는 만물의 보편적인 상호 연결성, 신체 상태, 생명력, 이 모든 것이 건강과 웰빙을 유지하는 마음과 육체, 그리고 정신의 미묘한 균형 속에 있다고 생각한다. 이렇게 고대인들이 건강을 좌우하는 요소로 균형을 중시했듯이, 장내 미생물군집의 다양한 구성 요소 간의 균형도 인체 건강에 관한 이 책의 논점에서 중요한 부분을 차지할 것이다.

미생물로 짜인 태피스트리

건강을 유지하기 위한 균형 회복의 개념은 인체 미생물군집에도 매우 밀접하게 적용되었다. 세균을 포함한 다양한 구성 요소로 이루어진 인간 마이크로바이옴의 총체를 보다 면밀히 조사함으로써, 인간 마이크로바이옴을 연구하는 것이 구성 미생물을 단순히 시퀀싱하고 식별하는 것보다 훨씬 더 복잡하다는 것이 분명해졌다. 리타 콜웰Rita Colwell 은 "지구에는 통합된 직물 구조와 서로 얽혀 있는 연결성이 존재한다. 우리 인간은 지구라는 거대한 진화 환경 속에서 하나의 종에 불과하다는 사실을 이해해야 한다."라고 말한다.[9]

우리가 미생물의 구성과 기능, 미생물 간의 상호작용에 대해 더 깊이 탐구하면서 마침내 세균을 넘어 인간 마이크로바이옴을 구성하는 다른 미생물들을 파악하기 시작했다. 이 작업이 얼마나 복잡한지는, 현재 가장 많은 연구가 이루어진 인체 미생물군집인 장내 미생물군집이 정확히 무엇으로 구성되어 있는지에 대한 합의가 아직 이루어지지 않고 있다는 점을 이해하면 된다.

그 동안의 연구결과에 따라 장내 미생물은 세균, 바이러스, 진균, 고균, 기생충을 포함하며, 여기에 효모와 원생동물도 포함되기도 한다. 마이크로바이옴 연구자들의 다음 큰 과제 중 하나는 메타게놈학, 전사체학, 단백질체학, 대사체학을 포함하는 "오믹스omics" 기술을 사용하여 이 다면적인 생태계를 밝히는 것이다.

메타게놈 연구를 통해 마이크로바이옴 분야가 발전함에 따라 과학자들은 세균에서 "바이러스군집virome"을 포함한 마이크로바이옴의 다른 구성 요소로 초점을 확장했다. 바이러스는 지구상에서 가장 풍부한 생명체로, 세균 다음으로 많이 연구하는 인간 마이크로바이옴의 구성 요소이다. 과학자들은 100여 년 전에 처음으로 바이러스를 발견했으며 천연두, 인간 면역결핍 바이러스(HIV), 신종플루, 에볼라, 그리고 현재 SARS-CoV-2와 같이 잘 알려진 치명적인 바이러스들은 100년 이상 인류의 역사와 밀접하게 얽혀 있다.

안토니오 가스바리니Antonio Gasbarrini와 동료들에 따르면, 우리는 이제 거의 모든 환경에서 단일 유전자 서열로부터 바이러스 입자를 재구성할 수 있다.[10] 지구상에서 가장 풍부하고 다양한 유기체로 간주되는 지구상의 바이러스-유사 입자는 10^{31}개로 계산되었으며, 이를 끝에서 끝까지 늘어놓으면 1억 광년 길이에 달한다.[11] 이 수치는 해양 환경에 대한 대규모 염기서열 조사가 완료되고 분석 도구가 더욱 정밀해지면 변경될 가능성이 높다. 그리고 인간의 정상생리 분야에 내재된 미생물과의 전쟁에서 기회주의적 살인자로 묘사된 바이러스가 박테리오파지bacteriophage(바이러스의 일종)로 인해 파괴자일뿐 아니라 구축자라는 보다 복잡한 초상화로 바뀌고 있다.

바이러스의 역할 재정의

박테리오파지는 인간 세포를 포함한 포유류 세포는 감염시키지 않고 세균이나 때로는 고균만을 감염시키는 바이러스로서 "박테리오파지"라는 이름이 붙었다. 파지에는 크게 두 가지 유형이 있다. 세균 세포 메커니즘을 탈취하여 복제하고 다른 세균으로 퍼지면서 세포를 파괴하는 용균성lytic 파지와 세균 염색체에 자신의 게놈을 통합시켜 숙주 세균과 같이 복제하다가 나중에 파지로 재조립하면서 숙주 세균을 탈출하여 다른 세균을 감염시키는 용원성temperate 파지가 그것이다.

용원성 파지는 같은 세대의 세균 사이에서 발생하는 수평적 유전자 전달과 한 세대에서 다음 세대로 발생하는 수직적 유전자 전달을 다 담당하기 때문에 매우 중요한 역할을 한다. 수평적 유전자 전달은 세균이 항생제 내성을 획득하는 방법의 하나이기도 하다.

장내 미생물군집의 세균 조성과 마찬가지로, 메타게놈 DNA 시퀀싱에 의해 인체에는 일시적 감염을 일으키는 동물 세포 바이러스, 세균과 고균을 모두 감염시키는 박테리오파지, 내인성 레트로바이러스, 지속 감염과 잠복 감염을 일으킬 수 있는 바이러스들로 구성된 풍부한 바이러스 군집이 밝혀졌다.[12] 이러한 바이러스 메타게놈 분석법은 장내에서 새로운 인간 관련 바이러스를 탐지하는 데도 사용되었다.

최근 네덜란드에서 원인 불명의 급성 위장염이 발생했을 때, 대변 샘플의 메타게놈 분석 결과 아넬로바이러스과Anelloviridae, 피코비르나바이러스과Picobirnaviridae, 헤르페스바이러스과Herpesviridae, 그리고 피코르나바이러스과Picornaviridae에 속하는 새로운 바이러스들이 발견되었다.[13] 그러나 예전에는 역학 조사관들이 알려지지 않은 병원체를 식별하기 위해 이러한 정교한 도구를 사용할 수 있는 것은 아니었다.

바이러스 탐정

1993년 봄, 〈워싱턴 포스트〉의 스티브 스턴버그 기자에 따르면 스무 살의 나바호족 크로스컨트리 선수였던 메릴 바헤는 뉴멕시코주 리틀 워터에서 다가오는 결혼식을 고대하고 있었다. 하지만 1993년 5월 9일, 그의 약혼녀였던 플로레나 우디(당시 21세)가 원인 모를 호흡기 질환으로 사망했다. 며칠 후 그녀의 장례식에 가던 바헤도 호흡곤란으로 중태에 빠졌다.[14]

친척들이 그를 갤럽 인디언 메디컬 센터로 데려갔으나, 몇 시간 후 호흡 부전으로 사망했다. 이 센터의 내과 과장이었던 브루스 템페스트는 입원 직후 이 청년을 보았고, 바헤의 약혼녀도 얼마 전 사망했다는 소식을 듣고 동료들에게 연락해 지난 6개월 이내에 급성 호흡곤란으로 사망한 다른 건강한 나바호족 성인 3명에 대해서도 알게 되었다. 그는 젊은 여성의 장례식에 참석한 주 정부 의료 조사관에게 연락하여 나바호족에게는 매우 이례적인 부검실시를 요청하였고, 이 요청은 흔쾌히 받아들여졌다.

템페스트는 당시 뉴멕시코에서는 드물지 않은 페스트가 의심되었지만, 주 보건부의 검사 결과는 음성이었다. 그는 일반적인 폐렴과 스트렙-A 폐렴을 배제하고 왜 이 미스터리한 호흡기 질환이 사망한 부부의 갓난아이들에게는 발병하지 않았는지 의아해했다. 그 결과 미국 질병통제센터(현재 질병관리본부)의 특수병원체국과 뉴멕시코, 콜로라도와 유타 주의 보건부, 인디언 보건의료서비스센터, 나바호족, 뉴멕시코 대학교가 힘을 모아 원인 불명의 질병의 원인을 규명하기 위해 노력했다.

사망자가 늘어나자 지역 신문에서는 이 질병을 '나바호 독감'이라고 부르며 불안과 편견을 조장하기도 했다. 5월 말까지 30명 이상의 조사관은 그 원인을 알 수 없는 출혈열, 비정형 인플루엔자 또는 미지의 환경 독소로 범위를 좁혀나갔다. 나바호 부족 지역 근처에 거주하는 아메리카 원주민도 이 병에 걸렸고 애리조나, 콜로라도, 네바다, 캘리포니아에서도 환자가 발생했다. CDC에 따르면, 이 질환은 역학 및 의학계에서는 알려지지 않았지만, 나바호족이 수십 년 전에 이 질환을 알고 있었다는 증거가 있으며, 나바호족의 의료적 믿음도 질병 예방을 위한 공중 보건당국의 권고와 일치했다.[15]

6월 초, 나바호족의 족장인 피터슨 자Peterson Zah는 나바호족 전통 치료사 회의를 소집하여 상황을 검토했다. 나바호족이자 스탠포드에서 교육을 받은 의사인 벤 무네타는 이 회의에서 신비한 질병의 원인을 밝히는 데 도움이 되는 부족의 역사를 배웠다. 회의에 참석한 또 다른 의사는 뉴멕시코주 보건부 부청장인 론 부어히스Ron Voorhees였다.

워싱턴 포스트에 실린 무네타의 설명에 따르면, 전통 치료사들은 사람들이 전통적인 관행에서 벗어나고 있기 때문에 세상에 큰 부조화가 일어나고 있고, 그리고 부조화가 발생하면 죽음이 뒤따른다고 한다. 무네타의 요청에 원로들은 비슷한 질병이 발생했던 1918년과 1933년을 떠올렸습니다. 1918년과 1933년에 봄철 폭우로 인해 잣나무에서 잣이 풍작을 이뤘고, "쥐들이 들끓였으며, 많은 젊은 나바호족이 죽었다."[16]

나바호족 전설에서 생명의 씨앗을 뿌리는 존재로 신성시되는 사슴쥐는 또한 질병을 옮기는 존재로 두려움의 대상이기도 했다. CDC에 따르면 1993년 사슴쥐 개체 수는 수년간의 가뭄에 이어 폭설과 봄비가 내리면서 평상시의 10배에 달했다.

CDC 역학 연구팀은 나바호 부족 지역에서 설치류 조직 샘플을 수집하여 환자와 일치하는 바이러스를 찾기 위한 항체 검색을 시작했고, 이 항체는 출혈열을 유발하는 한타바이러스 계열에만 반응했다. 따라서 역학 조사관들은 쥐의 대변에 있는 바이러스 유사 입자를 통해 흡입된 설치류 매개 한타바이러스가 이 의문의 질병을 일으켰을 것으로 추정했다.

CDC 현장 조사관들이 나바호족과 인근 가정에서 쥐와 쥐의 대변을 채취하기 시작하는 동안 C. J. 피터스와 그의 팀은 피해자의 조직에서 한타바이러스 유전자를 추출하는 작업을 시작했다. 이 단계에서 새로 개발된 DNA 가닥의 특정 영역을 증폭하는 기술인 중합효소 연쇄 반응으로 139개의 염기쌍을 가진 새로운 한타바이러스를 식별할 수 있었다.

뉴멕시코, 유타, 애리조나, 콜로라도 등 경계가 교차하는 4개 주의 쥐 표본이 6월 12일 애틀랜타에 있는 CDC에 도착했다. 4일 후 연구진은 139개 염기쌍을 가진 유전자 서열을 확인하여 메릴 바헤의 폐에서 바이러스 감염을 일으킨 것이 동일한 한타바이러스라는 것을 확인했다.[17] 이렇게 기술 발전이 새로운 질병의 발견을 이끄는 의학 발전의 패턴과 같이 DNA 시퀀싱과 기술의 획기적인 도약이 마이크로바이옴 혁명을 이끌고 있다.

바이러스 아키텍트

앞의 4개 주 교차점에서 발생한 바이러스 이야기의 가장 흥미로운 미스터리 중 하나는 이 질병이 겉보기에 건강한 젊은이들에게는 치명적이지만 어린이와 노인은 비켜간다는 점이다. 이는 바이러스가 무차별적인 살인자라는 오랫동안 널리 알려진 개념과 상반되는 것으로, 아마도 장내 미생물군집의 구성에서 해답 일부를 찾을 수 있을 것이다.

C. K. 존슨Johnson, 조나 마제트Jonna Mazet 및 동료들에 따르면 대부분의 인간 감염병은 동물에서 유래하며, 최근에야 신종 장내 병원체의 대부분이 야생동물에서 유래한다는 사실이 밝혀졌다.[18] 에볼라 및 지카와 마찬가지로 한타바이러스는 동물에서 인간으로 먼저 전염된 다음 인간에서 인간으로 전염되는 인수공통감염병의 "확산을 일으키는" 바이러스이다.

위의 나바호 한타바이러스의 경우, 건강한 젊은이들이 쥐 분변과의 공기 접촉을 통해 전파된 한타바이러스가 체내에 들어왔을 때 매우 강력한 면역반응을 일으켰다. 그 결과 COVID-19의 많은 사례에서 나타난 "사이토카인 폭풍"이라고 불리는 유사한 반응이 일어나서 상피 및 내피 투과성 증가, 혈관염, 혈전증으로 이어져 그 반응이 높게 유지되면 다기관 부전 및 사망으로 이어질 수 있다.[19]

메타게놈학 및 미생물 생태학 응용 분야의 선구자인 포레스트 로워Forest Rohwer는 "이상한weird" 바이러스에 대한 이러한 과면역반응은 매우 흔하다고 말한다. "확산spillover 바이러스는 인간에게 적응되지 않기 때문에 대부분 약화하지 않고 이상하게 변이된다. 이에 비해 우리가 항상 접촉하는 대부분의 바이러스는 전부 다는 아니지만 우리에게 그다지 큰 문제를 일으키지 않는다."[20]

그러나 신종 코로나바이러스 SARS-CoV-2와 같이 인수공통전염 과정에 의해 생긴 신종 바이러스는 이전에 접촉한 적이 없는 인간을 새로운 숙주로 찾는다. 이로 인해 인간은 감염으로 인한 심각한 질병에 더 취약해질 수 있다.

2019년 말 코로나19의 출현으로 새로운 바이러스에 대한 인간의 질병 감수성의 또 다른 측면, 즉 상주 미생물군집이 경우 폐 미생물군집이 이 질병의 여러 단계에 걸친 면역반응에서 수행하는 역할이 밝혀졌다. 펜실베이니아 대학교의 로널드 콜먼Ronald Collman은 인간 호흡기의 마이크로바이옴을 연구하는 연구자이다. 콜먼에 따르면 일부 과학자들은 폐에 있는 세균의 양이 "실제로 자연적인 면역반응의 정도를 결정할 수 있다"라는 사실을 밝혀냈다. 그는 마이크로바이옴에 의한 폐의 면역계의 조절이 사람들이 코로나19에 대응하는 방식에 영향을 미칠 수 있다고 추측했다.[21]

로워는 거시적 환경과 미시적 환경 모두에서 바이러스, 주로 박테리오파지의 역할을 연구했다. 그의 연구는 중앙 태평양 산호초에 대한 수십 년간의 게놈 매핑을 통해 바이러스군집의 다양성에 대한 현재의 믿음에 도전하고, 낭포성 섬유증에서 바이러스의 역할을 연구하였다. 샌디에이고 주립대학교(SDSU)에 있는 로워의 연구실은 바이러스군집이 개체마다 고유하며, 개체 간보다 개별 바이러스군집 내에서 더 많은 다양성이 있다는 사실을 발견하는 데 중요한 역할을 해왔다. 또한 그의 연구팀은 성공적인 파지 치료에 사용될 수 있는 파지를 발견했는데, 이 주제는 추후 논의될 것이다.

그는 인간을 고립된 개체가 아니라 "걸어 다니는 생태계"로 보고, 바이러스는 생태계의 에너지 흐름에 균형을 맞추는 포식자이자 창조자로 간주한다. 로워는 바이러스가 지구상의 지배적인 미생물로서 세포보다 더 성공적이며, 인간 마이크로바이옴에서 건강을 유지하는 데 위험을 무릅쓰고 수행하는 역할을 무시한다고 지적했다.[22] 앞서 언급했듯이 최근 추산한 전 세계 바이러스의 총수는 10^{31}개로, 매일 300억 개의 박테리오파지 또는 파지가 인간 숙주를 돌아다니며 먹이인 세균을 찾고 병원균으로부터 우리를 보호하는 것으로 나타났다.[23]

바이러스가 "살아있는" 유기체인지에 대한 현재의 논쟁은 유전 정보를 이동시키고, 유전 물질을 조작하여 정보를 이동하고 새로운 청사진을 만드는 능력에 비해 로워에게는 흥미롭지 않다. 파지는 세균 숙주에 침투하여 세포 내에 구축된 장치를 탈취하여 자기를 복제한다. 로워는 바이러스가 때로는 우발적으로, 때로는 직접적으로 숙주 세균의 유전적 청사진을 조작하여 다양성을 창출하는 데 탁월하다고 말한다. 바이러스는 다른 모든 생명체를 합친 것보다 더 많은 유전 물질을 전파하지만, 로워는 바이러스가 전통적인 계통발생수Phylogenetic tree에서 세균, 고균, 진핵생물이라는 세 가지 대표적인 영역에 자리하지 못하고 있음을 한탄했다.[24]

앞서 설명한 것처럼 파지는 세포가 죽기 전에 많은 바이러스 입자를 방출하는 용해 작용이나 바이러스 유전 물질을 숙주의 염색체에 통합하는 용원 작용을 통해 숙주세균을 이용한다. 로워에 따르면 지난 2~3년 동안 바이러스군집에 대한 연구가 점진적으로 진행되면서 장내 미생물군집의 모든 세균이 적어도 하나 또는 그 이상의 프로파지가 있는 용원균이라는 사실이 밝혀졌다. 로워와 신시아 실베이라$^{Cynthia\ Silveira}$는 "미생물의 풍부도와 성장률이 높은 경우 용원성이 우세하다"라는 새로운 세균-파지 상호작용 모델인 "피기백-더-승자(PtW)$^{Piggyback-the-Winner}$" 모델을 제안했다.[25]

로워는 프로파지가 세균 간의 전쟁에 관여하고 개체가 환경에 적응하는 데 중요한 유전자를 공급한다고 말한다. 한 가지 극적인 예로 만성 질환을 앓고 있는 사람이 항생제에 지속해서 노출되면 바이러스가 항생제 내성 유전자를 세균으로 이동시켜 결과적으로 개인이 미생물 군집을 잃지 않게 된다. 이뿐만 아니라 로워는 바이러스가 탄수화물 대사에 관여하는 성분을 가져오는 것이 더 미묘한 역할이라고 지적했다. 그리고 전 SDSU 박사후과정 학생인 제레미 바$^{Jeremy\ Barr}$가 이끄는 연구팀은 점액에 장벽을 형성하여 숙주 조직을 보호하는 바이러스로부터 "기본적으로 새로운 마이크로바이옴 유래 면역체계"의 존재를 발견했다.[26]

점액에 박테리오파지의 부착

2013년 바^{Barr}와 로워, 그리고 다른 SDSU 연구진은 박테리오파지가 해양 생물부터 사람까지 다양한 생명체에서 발견되는 점액층에 부착한다는 사실을 발견했다. 박테리오파지는 점액을 생성하는 조직층 위에 도달하면 점액 내의 당분과 결합을 형성한다. 연구진은 점액 세포에 대장균을 주입하자 박테리오파지가 숙주를 위한 항균 장벽을 형성하여 점액 속 대장균을 공격하고 죽이는 것을 관찰했다.[27]

연구진이 박테리오파지와 대장균을 비점액 생성 세포에 주입했을 때는 비점액 샘플에서 세포괴사률이 3배 더 높았다. 연구진은 이 새로운 모델을 "박테리오파지 점액 부착(BAM)bacteriophage adherence to mucus"이라고 부르며 "파지가 다양한 후생동물 숙주의 점막 표면에서 비숙주 유래 항미생물 방어력을 제공하는 모델"이라고 설명했다.[28]

바는 이 발견이 의사들이 질병을 치료하는 방식을 바꿀 수 있다고 말했다. "이 연구는 모든 점막 표면에 적용될 수 있습니다. 우리는 BAM이 장과 폐에서 볼 수 있는 점막 감염의 예방과 치료에 영향을 미치고, 파지 치료도 응용될 수 있으며, 심지어 인간 면역계와 직접 상호 작용하는 것도 상상할 수 있습니다."[29] 바와 동료들은 이러한 파지-후생생물 공생을 통해 "세계에서 가장 풍부한 생물체인 바이러스가 후생생물 면역체계에서 중요한 역할을 담당하고 있다"라는 것을 알게 되었다고 한다.[30]

로워와 실베이라는 BAM 모델에 더 나아가 PtW와 BAM 모델이 서로 밀접하게 연관되어 있으며 마이크로바이옴 개발에서 중요한 역할을 할 수 있다고 제안하였다. "BAM에서 마이크로바이옴에 의해 생성된 파지는 뮤신에 부착되어 침입하는 세균으로부터 기저 상피세포를 보호합니다. 점액의 공간적 구조화는 PtW와 일치하는 파지 복제 전략의 농도구배를 만듭니다." 로워와 실베이라는 용원성 파지는 점막 최상층에 더 많이 분포하고 용균성 파지는 세균이 적은 중간층을 선호한다고 추측한다. 이 가설에 따르면 "용원성 파지는 틈새 침입에 대해서 공생균에 경쟁 우위를 부여하고, 용균성 감염은 더 깊은 점액층에서 잠재적 병원균을 제거한다."라고 할 수 있다.[31]

파지의 이동 방법

로워와 바는 BAM의 발견이 많은 의문을 제기하며 새로운 면역체계의 개념과 점막 마이크로바이옴, 특히 장내 마이크로바이옴에서 BAM 모델이 하는 역할에 대해 훨씬 더 많은 연구가 필요하다는 데 동의한다. "이것은 매우 광범위한 그림이며, 우리는 그것이 어떻게 작동하는지 실제로 알지 못한다. 개인별로 구체적인 메커니즘을 파악하는 데는 시간이 좀 걸릴 것이다."라고 로워는 말했다.[32]

장내 미생물군은 인간에서 가장 큰 파지 저장소이며, 파지가 한 지역에서 다른 지역으로 이동할 때 서로 다른 메커니즘을 사용한다는 증거가 있다. 예를 들어, 장 투과성 증가 또는 "장누수" 경로는 점막과 혈관층에서 파지가 상피와 내피층을 우회할 수 있도록 하는 일종의 지름길이다(6장의 장 투과성에 대한 논의 참조). 다른 제안된 기전으로는 파지에 감염된 세균이 상피세포로 들어가는 트로이 목마모델; 바이러스 캡시드에 유인 리간드를 조작하는 파지 디스플레이 기전; 세포가 원형질막 내에서 물질을 삼키는 과정인 세포 내 섭취 기전을 통한 파지 입자의 자유로운 흡입기전 등이 있다.

바에 이어 로워와 그의 공동 연구진은 박테리오파지가 상피세포층을 통과하는 데 사용하는 또 다른 메커니즘을 발견했다. 그들은 인간 세포

층으로 분리된 상피 및 기저 배양실 실험에서 상피세포가 파지를 흡수해 세포를 가로질러 운반하고 반대쪽 세포 표면에서 활성 파지를 방출하는 것을 관찰했다. 이를 통과세포외배출transcytosis이라 한다.[33]

이런 기전을 통해 파지는 혈액, 림프계, 각종 장기 및 뇌를 포함한 소위 "무균" 영역에 접근할 수 있다. 연구진은 파지가 말단에서 기저로 이동하는 것을 선호하며, 화학적 억제제에 의한 실험에 의해 "파지가 세포 외로 배출되기 전에 골지체Golgi appatatus를 통과한다"는 것을 제시하였다. 이런 연구결과를 바탕으로 바와 동료들은 매일 약 310억 개의 파지가 통과세포외배출기전을 통해 장에서 체내로 이동할 것으로 추정한다.[34]

로워는 혈액 내에서 파지가 발견됨으로써 혈액 내 파지 치료와 패혈증 치료를 위한 도구를 제공할 수 있다고 언급했다. 하지만 아직은 "초기 단계"라고 그는 조심스럽게 이야기한다. "이것은 우리가 이런 방식이라고 예상하고 수많은 실험을 해보고 나서 '아, 우리가 완전히 틀렸구나, 실제로는 다른 방식으로 작동하고 있구나'라고 말할 수 있는 것 중 하나이다. 모든 멋진 발견이 이루어지고 있는 개척지이지만, 아직 이 모든 것이 어떻게 연관되는지는 알 수 없다."[35]

파지 치료

폭넓은 시각을 가진 해양 생태학자인 로워는 인간 마이크로바이옴을 풍부한 영양분이 가득한 호수와 유사한 풍부한 퇴적물로 보고 있다. 아기가 태어나면 태변을 누고 난 후 바로 바이러스가 유입되며, 모유에는 크림 분획에 점액으로 덮인 조그만 구슬 덩어리가 있어서 바이러스가 점액에 달라붙는 데 도움이 된다고 로워는 말한다. 또한 로워에 따르면, 이유 후 복잡한 미생물 시스템이 발달하면서 파지가 미생물과 상호작용하고 바이러스가 포함된 개인별 고유한 "침전물 형태의 커뮤니티"를 형성하면서 상황이 더 흥미로워진다고 한다.[36]

수평적 또는 측면적 유전자 전달을 통해 바이러스는 "세포가 평소에는 경험할 수 없었던 온갖 종류의 염기 서열들을 접할 기회를 제공한다"라고 로워는 말한다.[37] 또한 파지는 사이토카인 감소 및 다른 과정을 통해 염증을 감소시키는 역할을 한다. 로워에 따르면 염증 감소는 파지가 세포에 직접 작용할 수도 있지만 세균을 죽임으로써 일으킬 수도 있으며, 이 두 가지가 다 일어날 가능성도 있다고 한다. 그리고 약물 내성 감염을 위한 파지 치료에서 용균성 파지를 직접 활용하는 것은 개인맞춤형 치료의 가능성뿐만 아니라 많은 응용성을 안고 있는 떠오르는 분야이다.

2017년에는 학계, 산업계, 미 해군 및 기타 정부 기관의 연구진이 협력하여 68세의 당뇨병 환자를 치료하는 방법을 개발했다. 이 환자는 다제내성(MDR) 아시네토박터 바우만니균*Acinetobacter baumannii*의 감염으로 인해 괴사성 췌장염을 앓고 있었다. 이 균에 대한 효과적인 항생제가 없는 상황에서 미 해군과 텍사스 A&M의 라이 영 연구진은 환자로부터 분리한 A. 바우만니균*A. baumannii*에 효과적인 용해 활성을 가진 파지를 발견했다.

로워 박사팀은 이 파지에서 LPS와 같은 내독소를 제거하여 환자에게 안전하게 주입할 수 있도록 한 다음, 박테리오파지를 정맥 및 경피적으로 농양 구멍에 주입하자 환자의 나빠져 가던 병세가 역전되었다. 환자 토마스 패터슨는 A. 바우만니균의 감염이 완치되어 건강을 회복했을 뿐만 아니라,[38] 샌디에이고 캘리포니아 대학의 전염병학자인 아내스테파니 스트라스디와 이 경험에 관한 책을 공동 집필했다.[39]

최근 코로나19 대유행으로 항생제 내성이 증가하고 MDR 감염이 급증하면서 파지 요법은 가능한 치료적 방안으로 점점 더 면밀하게 검토되고 있다. 로워는 파지 요법의 문제점은 어떤 때는 효과가 있고, 그다음에는 효과가 없다는 것이라고 말했다. "우리는 그러한 일관성이 없는 많은 이유를 알고 있으므로, 좀 더 나은 기술적 해결책이 있을 것이다. 하지만 그것은 큰 도전이며 많은 연구비가 필요할 것이다. 따라서 파지 치료법을 실제로 개발하려면 수십억 달러가 필요하겠지만, 그에 따른 잠재적인 보상은 엄청날 것이다."라고 말했다.[40]

시겔라 균주에 대한 파지 표적화 성공

대장균E. coli, 시겔라Shigella, 살모넬라Salmonella 등 장내 병원균의 특정 균주를 표적으로 삼아 개발도상국의 아동 질병률과 사망률을 크게 낮출 수 있다. WHO는 최근 개발도상국의 5세 미만 어린이에게 영향을 미치는 이러한 병원균을 새로운 치료법이 시급히 필요한 항생제 내성 우선 병원균 목록에 포함했다.

크리스티나 파허티Christina Faherty가 이끄는 MIBRC 연구진은 최근

MIT의 팀 루 연구실과 협력하여 정밀한 분석을 통해 특정 시겔라 균주를 표적으로 하는 박테리오파지를 분리했다. 연구진은 새로운 인간 장 오르가노이드^{organoid}를 단층 감염 모델로 사용하여 "S. 플렉스네리 *flexneri*에 특이적인 박테리오파지가 다양한 성장 및 감염 조건에서 세균을 효과적으로 죽일 수 있으며, 다른 공생 세균에는 해를 끼치지 않을 잠재력이 있다"[41]라는 사실을 확인했다.

장 오르가노이드, 즉 "미니 장"은 정기적인 대장 내시경이나 기타 검사에서 채취한 인체 조직에서 추출한 장샘의 줄기세포로부터 배양된다. 장 오르가노이드를 시겔라균으로 "감염"시킨 후, 시겔라 표적 박테리오파지는 "항생제 내성 카유전자 카세트를 보유한 균주"를 포함한 여러 종류의 S. 플렉스네리 균주를 죽게 하였다. 연구자들은 또한 장 오르가노이드 모델뿐만 아니라 항생제의 양을 증가시키는 용량 반응 실험 분석과 HT-29 세포를 사용한 감염 분석 등 전통적인 분석에서도 박테리오파지의 시겔라 사멸 능력을 입증했다.[42]

파허티 연구팀의 초기 연구는 소아 설사를 유발하는 장내 병원균과의 싸움에서 항생제를 대체할 수 있는 잠재적 대안을 제시한다. 소아 설사병은 환경성 장질환과 위장관의 심각한 손상, 성장 장애, 발달 및 인지 지연, 장내 미생물군집 손상으로 이어질 수 있다(자세한 내용은 11장 참조). 그리고 파허티 연구팀은 새로운 인간 장 오르가노이드 단층 모델을 사용하여 장내 병원균에 대한 박테리오파지 치료 효과를 평가할 수 있는 효율적이고 안전한 모델을 개발했다.

파지와 자가면역

바이러스는 자가면역 질환과 관련이 있다. 한 가지 예로 엡스타인-바 바이러스Epstein-Barr virus는 다발성 경화증이나 전신성 홍반성 루푸스의 위험을 증가시키는 것으로 알려져 있다.[43] 자가면역 위험이 있는 어린이를 대상으로 한 전향적 연구에 따르면 파지 의존적 측면 유전자 전달이 발견되었으며, 이는 파지가 숙주 면역체계를 변화시키고 내성에서 면역반응으로의 전환을 지시할 가능성을 시사한다.

로워는 점막이 손상되지 않은 경우 점막은 파지에 내성을 가진다고 말한다. 파지가 LPS 또는 "위험신호"가 없는 상태에서 들어오는 경우 면역계를 활성화시킬 수 없다. 그러나 궤양, 장 투과성 증가 또는 다른 유형의 파손과 같은 일종의 외부 공격이 있으면 신체는 LPS의 양이 증가하기 때문에 파지에 대해 공격적인 반응을 일으킬 것이다.

과학자들은 T1D에 걸릴 위험이 있는 어린이 11명의 분변 샘플을 사용하여 출생부터 자가면역이 발달할 때까지의 장내 바이러스군집을 조사했다. 그 결과 T1D 발병 위험이 있는 어린이의 장내 바이러스군집이 대조군에 비해 덜 다양하다는 사실을 발견했으며, 세균 마이크로바이옴의 특정 구성 요소와 관련된 질병 관련 DNA 조각의 변화를 확인했다. 대상자 중 5명이 T1D에 걸렸으며, 연구진은 이들의 특정 바이러스 구성 요소가 "인간 자가면역 질환의 발병과 직접적이면서 반비례적으로 연관되어 있다"라고 결론지었다.[44] 이 연구에서 확인된 진핵생물 바이러스와 박테리오파지 DNA 조각은 T1D 당뇨병 예방을 위한 바이러스의 표적이 될 수 있다.

로워 연구실과 다른 공동 연구자들이 사용한 또 다른 혁신적인 접근법은 인간만큼이나 오래된 관행인 음식 섭취에 의존하는 것이었다. 117가지의 일반적인 식품, 화학 첨가물, 식물 추출물을 사용하여 랜스 볼링^{Lance Boling}, 로워 및 다른 공동연구자들은 특정 식품이 장내 유해 세균의 양을 억제하는 박테리오파지와 바이러스의 생성을 증가시킨다는 사실을 발견했다. "이는 일반적인 식이 화합물로 인간의 장내 미생물을 조작할 수 있다는 것을 보여준다."라고 로워는 말한다. 그리고 "다른 세균에는 영향을 주지 않으면서 특정 세균을 죽일 수 있는 능력을 갖춘 이런 화합물들이 매우 흥미롭다."라고 언급했다.[45]

작지만 강력한 진균군집(Mycobiome)

인간 마이크로바이옴을 구성하는 수많은 실타래를 풀어나가면서 세균에 대한 관심이 압도적으로 높아졌고, 바이러스군은 그다음 순위로 밀려났다. 그러나 바이러스 외에도 장 미생물을 포함하여 인간 미생물 군집의 구성에는 고균, 진균, 기생충 등 다른 요소들도 있다. 우리는 이제 겨우 건강과 질병에서 이러한 다른 유기체들이 어떤 역할을 하는지 파악하기 시작했다.

이러한 다른 미생물을 분석하기 위한 데이터베이스와 계산 도구는 아직 강력하지 않다. 미국 국립의학도서관의 국립생명공학정보센터에 따르면 2018년 9월 현재 3,520개의 진균 게놈 어셈블리가 수집된 반면, 162,834개의 세균 게놈이 수집된 것으로 나타났다.[46] 인간 마이크로바이옴의 진균 군집인 "마이코바이옴"에 대한 연구에서는 세균 연구와 마찬가지로 피부, 폐, 구강, 장 등 개인과 신체 부위별로 현저한 다양성이 발견되었다.

안드레아 내쉬Andrea Nash와 동료들은 인간 마이크로바이옴 프로젝트 코호트의 피험자 317명의 샘플을 시퀀싱하여 장내 미생물군집의 정량적 스냅샷을 확장했다. 그 결과 인간 장내 진균군집은 다양성이 낮고 "사카로마이세스Saccharomyces, 말라세지아 Malassezia, 칸디다Candida를 포함한 효모가 지배적"이라고 설명했다.[47] 현재 진균군집을 특성화하는 것은 기술적 문제에 직면해 있으며, 진균이 균사 또는 효모 형태의 두 가지 상태로 존재하는 능력 때문에 일부 유전적으로 동일한 진균을 다른 미생물로 잘못 분류하여 데이터베이스가 손상되기도 한다.[48]

마흐무드 가눔Mahmoud Ghannoum이 이끄는 연구진은 크론병 환자에서 건강한 가족 구성원의 장내 마이크로바이옴에 비해 대장균 및 세라티아 마르세센스Serratia marcescens 균과 함께 훨씬 더 높은 수준의 칸디다를 발견했다. 이 세 가지 미생물이 함께 장내염증을 악화시킬 수 있는 생물막을 만들어 크론병의 증상을 유발할 수 있다. 연구진은 또한 크론병 환자 20명의 장내 미생물 프로필이 크론병이 없는 사람과 현저하게 다른 유사성을 발견했다.[49]

가눔은 이런 연구결과가 항진균제와 프로바이오틱스를 사용하여 곰팡이뿐만 아니라 세균과 기타 성분을 포함한 건강한 장내 미생물 균형을 유지함으로써 IBD에 대한 새로운 치료법을 제시할 수 있기를 희망하고 있다. 그 예로서 사카로미세스 불라디Saccharomyces boulardii는 감염 후 설사와 항생제 사용 후 설사병 치료에 효과적으로 사용되고 있다.[50] 효모의 다른 응용 분야로는 노화 방지 연구에서 유전 및 화학 스크리닝 플랫폼으로 사카로미세스 세레비지애$^{Saccharomyces\ cerevisiae}$를 사용하는 것 등이 포함된다. 이러한 효모 기반 연구는 적포도주 및 지중해 식단에서 발견되는 폴리페놀 화합물인 레스베라트롤과 다른 잠재적인 노화 방지 성분을 발견하는 데도 기여했다.

마지막으로, 기생충

원생동물과 기생충의 역할은 향후 질병 치료법 개발에 대해 엄청난 잠재력을 가진 연구 분야이다. 일부 과학자들은 기생충인 블라스토시스티스^{Blastocystis}가 장내 미생물군집의 불균형과 관련이 있는지에 대해 연구 중이며, 또 다른 연구자들은 인간 숙주 면역체계와 기생충 및 원생동물 간의 상호작용을 발견했다.

알레르기 및 염증성 질환의 위험을 줄이기 위한 치료법으로 면역체계와 공진화해온 장내 기생충을 장내 미생물군집에 재도입하는 방안이 제안되었고, 인간 기생 선충^{Nematodes}은 T1D, 다발성 경화증, 궤양성 대장염, 인슐린염을 포함한 자가면역 질환의 치료를 위해 연구하고 있다.[51]

그리고 시스템 생물학에 기반한 장내 '기생충'의 프로파일이 감염병 통제에 기여할 수 있다는 발레리아 마르자노$^{Valeria\ Marzano}$와 그 동료들의 제안에 많은 연구자가 동의한다. 최근 연구에 따르면 젖산간균과 ^{Lactobacillaceae}와 클로스트리디움과^{Clostridiaceae} 계열의 미생물이 증가하면 조절 T세포^{Treg}의 활동이 증가하는 것으로 나타났다.[52]

고대의 재앙

2017년 WHO에 따르면, 감염된 암컷 아노펠레스 모기에게 물려 전염되는 기생충 감염병인 말라리아에 걸릴 위험에 처한 사람은 전 세계 인구의 절반에 육박했다. 같은 해에 2억 1,900만 명의 환자가 발생하고 43만 5,000명이 사망했으며, 환자 수와 사망자 수 모두 90% 이상이 아프리카 지역에서 발생했다. 말라리아로 인한 심각한 질병과 사망 위험이 높은 사람들은 주로 사하라 사막 이남 아프리카의 5세 미만 어린이, 임산부, HIV/AIDS 감염자, 면역력이 없는 이주민이다.[53]

많은 병원성 바이러스와 마찬가지로 말라리아 기생충 퇴치의 역학 및 역사는 복잡한 문화적, 경제적, 사회적, 정치적 요인과 밀접하게 얽혀 있다. 미국 질병통제예방센터처음에는 전염병센터로 불렸음는 1946년 전쟁 지역의 말라리아 통제 프로그램에서 시작되었다. 미국 남동부에서 말라리아를 퇴치하는 것이 이 새로운 기관의 주요 목표였으며, 말라리아에 대한 역사적 설명에 따르면 1951년까지 말라리아는 "미국에서 퇴치"된 것으로 간주하였다.[54] 그러나 WHO에 따르면 세계 열대 및 아열대 지역에서는 2분마다 5세 미만 어린이 1명이 말라리아로 사망하고 있다.[55]

말라리아를 일으키는 기생충은 5가지가 있지만, 열대열원충$^{Plasmodium\ falciparum}$과 삼일열원충$^{P.\ vivax}$이 가장 큰 원인이다. WHO에 따르면, 아프리카 지역에서는 99.7%, 동남아시아에서는 63%, 지중해 동부에서는 69%, 서태평양에서는 72%가 열대열원충에 의해 발생했다. 이에 비해 아메리카 대륙에서 발생한 말라리아의 74%는 삼일열원충$^{P.\ vivax}$이

원인이다.[56]

　예방 및 통제 조치의 강화로 2010년 이후 전 세계 말라리아 사망률이 29% 감소하는 등 전 세계적으로 좋은 소식도 있었다. 5세 미만 아동의 사망률은 2010년과 2016년 사이에 약 35% 감소했다. 살충제로 처리된 모기장 사용과 실내 잔류 살포 등 매개체 통제가 전염을 예방하고 줄이는 주요 방법이다. 항말라리아제는 수십 년 동안 널리 사용되었지만, 약물 내성은 "말라리아 퇴치의 큰 장애물 중 하나"였다. 이전 세대의 약물에 대한 내성은 1950년대와 1960년대에 발생하여 아동 생존율의 증가를 역전시켰다.[57]

　이후 중국 과학자들은 중국 전통 약초에서 추출한 새로운 항말라리아 화합물을 찾기 시작했다. 그들은 2천 년 이상 사용되어 온 전통 치료법을 되돌아보며 청호qinghao(아르테미시아 안누아Artemisia annua)의 항말라리아 성분을 분리했다.[58] 현재 WHO에서 권장하는 치료법은 청호에서 분리된 아르테미시닌 기반 병용 요법이다. 그러나 말라리아 기생충이 2세대 약물 요법에도 내성을 보여 전 세계 말라리아 퇴치를 위해 또 다른 대안을 모색하는 것이 시급한 과제이다.

아노펠레스의 장내 미생물군집

　현재 장내 미생물군집에 대한 관심이 높아지면서 일부 과학자들이 장내 미생물군집에서 약물 내성 말라리아 치료의 가능성을 모색하고 있는 것은 그리 놀라운 일이 아니다. 예상치 못한 것은 그들이 인간의 장뿐만 아니라 모기의 중간창자의 미생물군집도 조사하고 있다는 것이다. 말라리아 기생충은 모기 매개체 내에서 복잡한 발달 과정을 거치며, 모기의 장내 미생물군집은 말라리아기생충이 중간창자의 상피를 침범하는 동안 기저층에 낭포체를 발달시켜 기생충 제거에 기여하는 것으로 생각된다.[59]

사람의 장에서와 마찬가지로 곤충의 장에서 발견되는 미생물군집은 병원균의 발생에 상당한 영향을 미칠 수 있다. 야생 모기와 실험실 모기의 내장에 있는 특정 그람음성 세균은 플라스모디움*Plasmodium* 기생충의 발생을 억제하는 작용이 있는 것으로 밝혀졌다. 그리고 존스 홉킨스 대학교 블룸버그 공중보건대학의 포괄적인 기능적 게놈 접근법을 통해 연구자들은 아노펠레스 감비아*Anopheles gambiae* 모기의 장내 미생물이 "일부 면역 유전자의 항플라스모디움*anti-Plasmodium* 작용을 조절"할 수 있다는 사실을 밝혀냈다.[60]

그들은 모기에 항생제를 처리하여 "무균" 모기 그룹을 만들었는데, 이 모기 그룹은 항생제를 처리하지 않은 모기에 비해 열대열원충 감염에 훨씬 더 취약한 것으로 나타났다. 놀랍게도 그 연구진은 동일한 야생 서식지의 모기에서 자연적으로 발생하는 미생물의 변이가 매우 크다는 사실을 발견했으며, 이는 모기의 열대열원충의 '감염성'을 조절하는 데 중요한 역할을 하였다. 또한 그들은 RNAi 유전자 차단법을 사용하여 자연적인 미생물과 인위적으로 유도된 미생물이 선천성 면역계와 관련된 것으로 보이는 기전을 통해 말라리아 기생충의 발달에 부정적인 영향을 미쳤으나, 열대열원충은 세균이 직접적으로 죽이지 않는다고 보고했다."[61]

위메이 동Yuemei Dong, 파비오 만프레디니Fabio Manfredini, 조지 디모 풀로스George Dimopoulos는 유전자 특이적 항플라즈모디움 작용에 대한 연구에서 "플라즈모디움 기생충에 대한 미생물군과 모기의 면역 방어 사이의 복잡한 상호작용도 향후 고려해야 한다."라고 제안하였다.[62] 플라즈모디움이 인간 숙주에 성공적으로 감염되기 전에 일어나는 복잡한 발달 과정은 미생물과 게놈면역학 분야에서 아노펠레스Anopheles 장내 미생물군집이 수행하는 복잡한 역할과 유사할 것으로 추정된다.

같은 목적지를 향해 서로 다른 경로로 여행하기

인간의 장을 포함하여 인간 영역에 서식하는 미생물의 총체를 바라보면 생태계 개념으로 돌아가 인간의 건강과 질병의 원인에 대한 훨씬 더 복잡하고 다차원적인 설명을 고려할 수 있다. 최종 목적지는 동일한 임상 증상일 수 있지만, 그곳에 도달하는 여정은 서로 다른 경로를 따라 이루어질 수 있다.

세균, 바이러스용균성 및 용원성, 진균, 효모, 기생충 사이의 복잡한 상호작용을 연구하는 것은 인간의 건강에 관련된 환경·게놈·식이·경제·사회·문화적 측면과 지구상의 다른 종들의 상호 연결되어 유지되는 건강 등 무수한 상호작용을 더 깊이 이해하기 위한 필수적인 단계이다. 이 책 3부에서는 개인 맞춤형 및 예방 의학에 대한 논의에서 이러한 심층적 이해가 갖는 함의를 살펴본다. 다음 장에서는 장내 미생물의 역할과 면역체계에 미치는 후성유전학적 영향에 대해 더 자세히 살펴보자.

Chapter 6

마이크로바이옴 가설:
마이크로바이옴의 후성유전학적 역할

직접 체험하기

이 책의 저자들은 어린 시절을 농장에서 보냈다. 알레시오 파사노는 이탈리아 아말피 해안가에 있는 가족 농장에서, 그리고 수지 플래허티는 메릴랜드주 캐롤 카운티의 낮은 구릉지에 있는 낙농장에서. 이렇게 농장 아이였던 우리는 농장 동물과 애완동물의 털과 배설물에서 나온 미생물뿐만 아니라 습지, 개울, 티레니아 해 등 지역 수원에서 나온 미생물, 그리고 토양과 공기에서 유래한 미생물 등 다양한 미생물의 세계에 노출되었다.

우리는 가족 텃밭과 농장 정원에서 어르신들이 지켜보는 가운데 작물을 수확한 후 제철 채소를 먹었다. 그리고 우리는 매일 몇 시간씩 밖에서 시간을 보냈고 매일 밤 대가족 저녁 식사를 위해 모였다. 대체로 건강했던 우리는 항생제 사용을 제한했고 가족과 친구들로 구성된 친밀한 사교 관계를 즐겼다. 이렇게 우리도 모르는 사이에, 시골에서 자란 어린 시절에 다양한 마이크로바이옴이 형성되고 있었다.

도시와 농촌 환경의 어린이와 성인을 비교한 여러 연구에 따르면 마이크로바이옴 구성에 뚜렷한 차이가 있으며, 도시 환경의 마이크로바이옴이 덜 다양하다는 사실이 밝혀졌다. 조셉 리들러Josef Riedler와 동료들의 횡단면 조사에 따르면 어릴 때 농장 동물과 농장 우유에 장기간 노출되지 않으면 알레르기, 천식 등 만성염증성 질환이 촉진될 수 있는 것으로 밝혀졌다.[1]

미셸 스타인Michelle Stein과 동료들은 동물과의 접촉이 거의 없는 고도로 산업화된 농장에 사는 후터파교도Hutterite 농장 어린이에 비해 가족 단위 낙농장에 사는 아미쉬 어린이들의 천식 및 알레르기 감작 유병률이 4~6배 낮은 것으로 나타났다.[2] 또한 표준화된 정신-사회적 스트레스 요인을 사용한 틸 뵈벨Till Böbel과 그 동료들은 반려동물 없이 도시 환경에 사는 건강한 젊은 참가자가 농장 동물이 있는 시골 환경에 사는 건강한 젊은 참가자보다 염증 반응이 더 크다는 사실을 발견했다.[3]

블레이저의 미생물 실종 가설(아래 참조)을 재검토하면서, 수잔 린치Susan Lynch와 호머 부쉬Homer Boushey는 도시 환경에서 면역 조절 장애로 인한 염증 증가가 수천 년 동안 공존해온 조상 미생물에 대한 어릴 때의 노출 감소와 관련이 있다고 주장한다.[4] 뵈벨과 그 동료들은 포유류 진화 과정에서 공생 및 환경 미생물과의 접촉을 통해 발달한 미생물 다양성이 "고소득 지역, 특히 도시 지역에서 점진적으로 감소하고 있다"라고 설명한다.[5] 어떻게 발생하든, 우리의 전체적인 미생물의 다양성이 감소하면 만성염증 질환, 특히 자가면역에 미치는 영향은 큰 문제가 될 수 있다.

위생가설에 대한 대안

  2장에서 설명한 것처럼, 지난 30~40년 동안 선진국에서 만성염증성 질환, 특히 자가면역 및 알레르기 질환이 유행하는 원인 중 하나로 미생물에 대한 노출 감소로 이어지는 위생 개선이 거론됐다. 이러한 현상은 감염병과 세균 발병 기전에 대한 지식의 발전, 그리고 무엇보다도 항생제의 발전으로 인해 인간 감염병이 급격히 감소한 시기와 맞물려 있다.

  데이비드 스트라찬David Strachan의 이론을 다시 살펴보면 그는 유아기의 낮은 미생물 감염 발생률이 20세기 후반에 만성염증성 질환의 급격한 증가를 나타내게 된 이유일 수 있다는 가설을 세웠다. 스트라찬은 또한 가족 규모의 감소와 농촌에서 도시로의 이주, 가정 위생 개선 등 사회생활 방식의 변화를 "위생가설"을 뒷받침하는 추가 요인으로 꼽았다.[6]

  같은 역학 현상에 대한 다른 해석은 2003년에 보완적인 가설을 그레이엄 룩Graham Rook 등에 의해 제시되었다. 룩은 병원균에 대한 노출 감소보다는 인간과 미생물과의 공진화에서 필수적인 역할을 담당해온 '오랜 친구' 미생물에 대한 노출 부족이 만성염증성 질환 유병률 증가의 진짜 원인이라고 주장한다.[7]

  이 주장은 서구 세계의 급격한 생활방식 변화로 인해 오랜 친구 미생물이 멸종했다는 개념을 지지하는 일부 과학자들이 있어서 이 책 전체에서 자주 반복되어 언급된다. 과학자들은 사라진 미생물이 서구화된 현대인에게는 더 이상 존재하지 않더라도 수렵채집 집단에서는 여전히 분리할 수 있다고 주장한다.

이러한 고대 미생물의 멸종과 함께 현대 인구의 밀도가 증가함에 따라 오래된 친구 가설에 따르면, 공진화 계획에 따라 숙주와 상호 작용하지 않는 새로운 병원균이 여러 종 생겼다. 오히려 아동기 감염의 원인이 되는 이러한 병원균은 숙주를 죽이거나 면역반응을 일으킨다. 반대로 고대 미생물은 포유류의 면역체계와 함께 진화하여 미생물과 숙주 모두에게 상호 이익이 되는 공생적 상호작용을 발전시켰다. 여기에는 치명적인 감염으로부터 숙주를 보호하기 위해 면역체계를 미생물이 훈련하는 대가로 미생물에게 숙소와 영양분을 제공하는 것이 포함된다.

세균 외에도 고대 바이러스와 기생충은 질병으로 이어지지 않고 만성 감염이나 보균 상태를 만들어 비호전성 과정을 거쳐 내성 또는 면역 조절의 관계를 이룰 수 있다. 인간이 원시적이고 진흙탕이 많은 환경에서 소규모의 고립된 집단으로 살면서 미생물이 토양에서 포유류 숙주인 인간으로 개방적으로 교류하던 생활방식에서 깨끗한 물, 적절한 하수 처리, 인구 밀도 증가로 더 인공적이고 위생적인 생활방식으로 진화하면서 미생물 생태계는 인간 숙주와의 원래 공생적 관계에서 급격히 바뀌게 되었다.

위생가설이든 오랜 친구인 미생물이 작용했다는 가설이든 상호 배타적이지는 않다, 위생의 향상과 위생 시설이 개선되면서 1900년 이후 기대 수명이 거의 두 배의 가시적인 증가로 이어진 것은 분명하다.[8] 인간이 예상하지 못했던 것은 우리가 더 건강하게 살지는 못하지만, 더 오래 산다는 것이었다. 즉 서구에서는 전염병으로 빨리 죽는 대신 삶의 질에 부정적인 영향을 미치는 만성염증성 질환으로 천천히 죽는 경우가 많아지게 되었다.

병원균에 대한 적응

여러 연구에 따르면 개발도상국에서는 다양한 만성염증성 질병이 서구보다 훨씬 덜 발생하지만, 그럼에도 불구하고 특정 질병의 발생률이 높게 증가하고 있는 것으로 보인다.[9] 그리고 개발도상국에서 선진국으로 이주하는 이민자들도 서구인과 동일한 질병에 노출되며, 이주 후 시간이 지날수록 그 위험은 증가한다.[10] 이 역학 현상을 어떻게 있는 그대로 해석할 수 있을까?

인류의 조상이 500만~700만 년 전에 처음 등장했을 때의 시간으로 거슬러 올라가면, 일반적으로 대가족 단위로 조직된 초기 원시인 집단 사이에는 상호작용이 거의 없었을 가능성이 크다. 초기 인류의 고립은 병원균이 대규모 집단을 감염시킬 기회가 적다는 것을 의미했다. 또한 유목 생활과 계절의 변화는 토양과 물을 포함한 주변 환경과의 다양한 상호작용을 제공했고, 따라서 다양한 조건에서 번성하는 수많은 유기체에 노출될 수 있었다.

이러한 수렵채집 생활방식의 결과로 공생 미생물이 풍부해지고 병원균에 대한 노출이 드물어 한 집단에서 다른 집단으로 질병 매개체가 전파되는 것이 제한적이었다. 약 1만 년 전 농업이 등장하면서 농작물과 동물의 가축화는 이러한 미생물 교환을 환경에서 포유류 숙주로, 또는 그 반대로 급격하게 변화시켰다. 영양의 변화, 동물과의 긴밀한 상호작용, 인구 밀도의 증가는 인간 숙주와 미생물의 상호작용에 관한 생물학적 진화 경로에 혁명을 일으켰다. 이제 병원균이 확산될 기회가 훨씬 더 많아졌다.

5장에서 설명한 한타바이러스나 코로나19 팬데믹의 원인이 된 SARS-CoV-2 바이러스와 같이 동물에 의한 감염을 의미하는 인수공통 감염병이 나타나기 시작했다. 이 새로운 생태계의 현실에 직면하는 데 필요한 유전적 적응도 나타나기 시작했다. 병원균에 더 자주 노출되는 인간 숙주의 유익한 유전적 적응성을 보여주는 대표적인 예는 적혈구의 모양과 생물학적 특성을 변화시키는 질환인 지중해빈혈증thalassemia을 일으키는 유전자의 선택이다. 지중해빈혈증이 있으면 적혈구가 말라리아를 옮기는 파리에 쉽게 감염되지 않아 말라리아에 걸릴 위험이 줄어든다.

인간의 면역체계도 이 새로운 현실에 적응해야 했다. 최근의 비교 게놈 연구에 따르면 면역반응을 조절하는 유전자는 일반적으로 인간종과 함께 진화한 미생물에 의해 선택됨으로써 더 많은 영향을 받는 것으로 나타났다. 아마도 이런 현상의 가장 좋은 예는 5장에서 소개한 기생충일 것이다. 대표적으로 세균과 바이러스 병원균에 비해 기생충은 인터루킨과 인터루킨(IL) 수용체를 암호화하는 특정 인간 유전자에 강한 압력을 가할 수 있다. 기생충이 우리 면역계에 집중하는 이유는 오랫동안 우리의 적응 면역계가 기생충에 주로 노출되었던 사실로 설명할 수 있을 것이다.

바이러스, 기생충, Th1 및 Th2 반응

T 림프구는 세포 매개 면역 및 알레르기 반응을 지시하는 면역계의 화학적 메신저인 사이토카인을 생성하는 작은 백혈구이다. 1986년 팀

모스만Tim Mosman과 동료들이 사이토카인을 분비하는 림프구의 하위 그룹인 T헬퍼Th 세포를 Th1과 Th2의 두 가지 하위 그룹으로 세분화한 것이 시초이다. 일반적으로 적응 면역계의 이러한 구성 요소는 서로 다른 면역반응을 일으킨다. Th1 세포는 세균 및 바이러스와 같은 세포 내 위협에 반응하고 자가면역반응을 연장하며, Th2 세포는 기생충 및 세포 외 위험에 반응하고 알레르기 질환과 관련이 있다.[11]

Th1 면역반응을 유도하는 세균이나 바이러스 병원체에 노출되는 것과는 대조적으로 Th2 면역반응을 유도하는 요인은 항생제 사용, 서구식 식단과 생활방식, 도시 환경, 집먼지와 진드기 및 바퀴벌레에 대한 반응 등 현대 생활방식과 더 연관되는 것으로 나타났다. 반대로 Th1 표현형은 시골 생활, 동물과의 접촉, 대규모 가족, 조기 탁아소 출석, 형제자매의 존재와 관련이 있는 것으로 보인다.

또한 흥미로운 점은 Th1과 Th2 반응이 서로 부정적인 영향을 미칠 수 있으며, 한쪽이 활성화되면 다른 쪽은 억제된다는 사실이다. 이러한 관찰을 바탕으로 원래의 위생가설은 면역계의 Th1 자극이 불충분하면 Th2 면역이 과잉 반응하여 알레르기 질환이 발생한다고 예상했다. 이 예상은 천식과 건초열의 유행에 대한 위생가설의 초기 관점은 설명할 수 있지만, Th1 면역반응으로 촉진되는 자가면역 및 신경 염증성 질환과 같은 다른 만성염증성 질환의 훨씬 더 복잡한 유행 과정은 설명할 수 없음이 분명했다.

이러한 명백한 이분법에 대한 설명으로는 조절 T세포 또는 "Tregs"라고 불리는 특정 T세포의 하위 그룹이 Th1-Th2의 "음과 양"의 균형을 엄밀하게 조절한다는 것이다. 조절 T세포의 성숙과 기능은 마이크로바이옴의 조성과 기능에 크게 의존하는 것으로 보인다. 이러한 관찰은 현대의 청결과 위생 관행이 만성염증성 질환 발병률 증가에 영향을 미칠 수 있다는 사실과 함께 만성염증성 질환의 유행을 설명하는 가설로서 위생가설과 오랜 친구 가설에 합류하였다.

청결이 미생물에 대한 노출을 줄였다고 해도 특정 환경에서 미생물의 전체 부하를 줄이는 데는 거의 영향을 미치지 않는 것으로 보인다. 우리가 아무리 환경 위생에 집착하더라도 미생물은 공기, 먼지 또는 일반적으로 미생물 확산에 관여하는 기타 환경 노출을 통해 특정 공간에 빠르게 다시 번식한다. 따라서 위생을 줄인다고 해서 만성염증성 질환의 위험이 줄어드는 것이 아니라 오히려 감염성 질환의 위험이 많이 증가한다.

만성염증을 유발하는 요인은 무엇인가?

인간게놈 프로젝트가 아직 계획 단계에 있던 약 30년 전까지만 해도 만성염증성 질환이 발생하려면 유전적 소인과 환경적 유발 요인에 노출되는 것이 필요충분조건이라는 것이 일반적인 가설이었다. 감염성 질환, 알레르기 질환, 신경염증성/신경 퇴행성 질환, 암, 자가면역질환 등 어떤 질병을 고려하든 이 두 가지 요소는 항상 작용하는 것으로 생각하였다.

유전자와 환경적 유발 요인은 질병 그룹마다 다를 수 있지만, 환경적 유발 요인에 대한 면역체계의 잘못된 대응은 변하지 않는 것으로 보인다. 이는 인류에게 영향을 미치는 모든 만성염증성 질환의 공통 분모인 만성염증의 발생으로 이어진다.

"유전자＋환경＝만성염증성 질환"이라는 초기 가설과 동시에 이러한 질환의 주요 유행이 서구에서 전염병의 감소 속도와 일치한다는 역학적 관찰이 이루어졌다. 이로 인해 인류가 너무 깨끗해져서 선진국 사람들은 감염병에 빠르게 사망하는 대신 만성염증성 질환으로 천천히 사망할 것이라는 가설이 생겨났다.

유전과 환경이라는 두 가지 요소만 작용한다면(그리고 그것이 전제였다면) 만성염증성 질환의 유행에 대한 해석은 두 가지 가능한 결론으로만 이어질 수 있다. 유리잔이 반쯤 비어 있다고 보는 비관적인 견해로는 이러한 전염병은 인간의 개입으로 인한 환경의 급격한 변화의 결과로 해석되어야 한다. 이러한 급격한 변화는 한 두 세대보다 훨씬 오랜 시간이 걸리는 유전적 돌연변이를 통해 인간이 적응하기에는 너무 빨리 40~50년 만에 현실화하였다. 이것은 분명히 맞는 견해이다.

이와 반대로 좀 더 낙관적으로 접근하여 유리잔이 반쯤 찼다고 본다면, 만성염증성 질환의 유행은 우리에게 매우 다른 교훈을 준다. 하나의 유전자 발현이 하나의 단백질 암호화와 같고, 이는 하나의 질병의 발병과 같다는 고전적인 이론에 근거한 질병의 병리 과정 모델은 인간게놈 프로젝트의 시작을 정당화하는 전제였다. 즉 인간게놈의 수수께끼를 풀면 인류의 모든 질병을 해결할 수 있을 것으로 생각했다. 그러므로 특정 질병의 유전자를 가지고 있다면 행동이나 생활방식에 관계없이 그 질병에 걸릴 운명이 있다는 것이다.

인간게놈 프로젝트가 완료되면서 우리가 알게 된 것은 우리가 이전에 생각했던 것보다 유전학적으로 훨씬 더 초보적인 단계에 있다는 것이다. 하나의 유전자, 하나의 단백질, 하나의 질병이라는 전제는 건강과 질병 사이의 복잡한 균형을 설명할 수 없다. 즉 2만 3,000개의 유전자만으로는 질병의 발생 여부, 시기, 원인 등 인간 병리 생리학의 모든 변이를 설명하기에는 불충분하다.

오히려 불리한 유전자 카드에도 불구하고 건강을 유지하고 "게임에서 승리"할 수 있는 방식으로 유전자 카드를 사용하게 만드는 것은 우리 개개인과 우리가 살고 있는 환경 간의 상호작용이다. 이 상호작용 게임을 제대로 풀어나가지 못해 자가면역 및 기타 만성염증 질환을 포함한 질병이 발생할 수도 있다. 그렇지 않다면 이러한 전염병의 확산을 어떻게 설명할 수 있을까?

유전자가 돌연변이를 일으키지 않는다면 우리는 여기서 뭔가 엉뚱한 잘못을 하는 것이다. 유리잔이 반쯤 찼다고 가정해 보자. 즉 우리가 건강 상태를 어느 정도 통제할 수 있는 경우이다. 이 경우 파킨슨병이나 유방암 유전자를 가지고 있다면 그 질병의 발병 여부는 유전적 운명이 아니라 생활방식에 따라 달라진다.

시간이 지나면서 이 책의 공동 저자인 알레시오 파사노는 만성염증을 유발하는 다섯 가지 요소 또는 '기둥'이 있다는 사실을 깨닫게 되었다. 지금까지 밝혀진 두 가지 요인유전적 소인과 환경적 요인에 대한 노출 외에 세 가지 요소, 즉 장벽 기능의 상실, 과민성 면역체계, 불균형한 마이크로바이옴이 모두 작용해야 만성염증이 발생할 수 있다. 이런 관점에서 만성염증의 게임에서 유전자와 환경적 유발 요인은 여전히 필요하지만 충분하지는 않다.

만성염증에서 상호작용

　만성염증 문제가 발생하는 데 필요한 다섯 가지 기둥 중 세 번째는 장의 장벽 기능 상실이다. 길이가 약 8~9미터에 달하는 인간의 장(소장과 대장 모두)은 우리 몸과 외부 세계 사이의 가장 큰 생리적 접점을 제공한다. 장에는 상피세포라고 불리는 단일 층의 세포가 촘촘하게 밀집되어 외부 표면을 덮고 있으며 인체의 체강을 감싸고 있다.
　피부는 우리와 외부 환경 사이의 가장 눈에 띄는 접점이지만 외부 환경과의 교류는 거의 없다. 이와 대조적으로 장은 훨씬 더 넓고 외부 환경과의 교류가 허용되는 접점이다. 성인 장의 장 표면을 바닥에 펴면 복식 테니스 코트를 덮을 수 있다! 밖에서는 보이지 않지만 미생물, 영양소, 오염 물질 등 주변 환경에서 들어오는 다양한 요소와 역동적인 상호작용을 통해 중추적인 기능을 발휘한다.
　장 상피는 단일 층의 상피세포를 통해 외부 환경에 대한 장벽을 유지한다. 건강한 장에서는 장 장벽에 의해 인간의 건강을 떠받치는 유전체와 환경의 두 기둥이 물리적으로 분리되어 있다. 이 장벽은 영양분을 흡수하고 독소, 항원 및 기타 침입자를 방어하는 기능을 가진다.
　장 장벽의 "치밀이음부$^{tight-juctions}$(아래 참조)는 맨위의 인접한 상피세포를 연결하여 그 사이를 밀봉하는 복잡한 단백질 네트워크의 일부이다. 정상적인 상황에서 음식물은 소장을 통해 이동하여 소화되며, 영양분은 혈류로, 노폐물은 대장으로 이동한다. 이러한 단단한 치밀이음부가 느슨해져 투과성을 나타내고 위아래의 분리가 손상되면 외부 세계의 무분별한 물질이 우리 몸 안으로 이동되면 만성염증성 질환에 걸리기 쉬운 유전적 소인이 있는 사람에게 염증을 유발할 수 있다. 이러한 장벽의 밀착성 상실을 "장누수증후군"이라고 한다.

염증이 항상 해로운 것은 아니다. 사실상 염증은 신체가 감염이나 부상에 노출되었을 때 보호 및 치유 과정의 필수적인 부분이다. 적절한 염증 반응에서 백혈구에서 생성되는 인자는 적을 물리쳐서 염증이 사라질 때까지 세균과 바이러스로부터 우리 세포를 보호하기도 한다.

염증과 마찬가지로 장 투과성의 조절도 불필요하게 비난받았지만, 필수적인 생리적 기능이다. 아직 명확하지 않은 이유로 장 투과성은 장누수증후군이라는 용어와 연관된 이후 인체에 대한 전반적인 부정적인 영향과 관련되어 있다. "장누수증후군"은 만성 피로 증후군에서 암에 이르기까지 모든 종류의 인간 질병 상태의 원인으로 지목되어 왔다. 이는 매우 편협한 관점이며, 장투과성의 조절은 훨씬 더 복잡하며 이 장의 뒷부분에서 더 자세히 살펴볼 것이다.

과민성 면역체계는 만성염증 발생에 대한 네 번째 기둥이다. 이 경우 면역계는 병원균에 노출되었을 때와 같이 적절하게 발동될 때뿐만 아니라 지속해서 염증을 일으킨다. 일단 이런 일이 발생하면 초기 유발 요인이 제거되더라도 면역계는 더 이상 염증을 끌 수 없다.

다섯 번째 기둥은 아마도 가장 중요한 요소인 인간 마이크로바이옴일 것이다. 약 30만 년 전 호모 사피엔스가 진화 과정에 등장한 이래, 우리는 우리 몸에 서식하는 미생물 집단과 공진화해 왔다. 따라서 이러한 공진화가 평화롭고 공생적인 관계를 구축하기 위해 지속적인 조정이 필요하며, 이는 마이크로바이옴의 후성유전학적 변화를 매개로 한 커뮤니케이션을 통해서만 달성될 수 있다는 것은 놀라운 일이 아니다.

우리의 운명이 유전자 카드를 어떻게 사용하는지에 따라 영향을 받는다는 비유로 돌아가서, 마이크로바이옴은 인간 유전자의 발현 또는 억제 여부와 시기를 결정하여 게임 전략을 지시하므로 인간의 유전적 소인이 병적인 결과로 전환할지와 그 시기를 결정한다. 이렇게 장벽 기능 상실을 통한 장 투과성, 과민성 면역체계, 마이크로바이옴의 조성과 기능이라는 세 가지 추가 기둥은 끊임없이 상호 작용하고 서로 영향을 미친다는 점을 명심해야 한다. 즉 한 영역의 상태 변화장내 미생물 불균형는 다른 영역장 투과성 증가에 영향을 미칠 수 있다.

태아기, 주산기, 출생 후 환경 요인은 인간 마이크로바이옴의 구성과 기능에 큰 영향을 미친다. 이러한 변화는 인간 유전자에 대한 마이크로바이옴의 후성유전학적 조절을 통해 우리가 주변 환경에 빠르게 적응하는 데 도움이 될 가능성이 높다. 그러나 지난 20~30년 동안 생활방식과 환경이 너무나 급격하게 변화하면서 이러한 가소성은 훌륭한 자산에서 큰 골칫거리로 바뀌었다. 이 책을 집필하기 위해 인터뷰한 전문가들이 연구한 이 마이크로바이옴 분야는 이 책의 중심 주제인 '마이크로바이옴 가설'을 낳았다.

선천적 면역과 후천적 면역

약 10년 전에 제기된 마이크로바이옴 가설은 이제 큰 지지를 받고 있다. 인간게놈 프로젝트의 결과와 최근 인간유전학에 초점을 맞춘 수많은 논문은 세포 간 장벽 기능을 조절하는 유전자가 다양한 질병의 필수적인 유전적 구성 요소임을 보여준다. 이렇게 축적된 증거는 특히 위장관에서 점막 장벽 기능의 상실이 항원 이동에 상당한 영향을 미쳐 궁극적으로 유전적으로 취약한 개인에게 만성염증을 일으킬 수 있음을 시사한다.

지금까지 우리는 만성염증의 발생에 있어 면역계의 적응성 구성 요소에 주로 초점을 맞춰 왔다. 적응성 면역반응은 이물질 또는 이물질로 간주되는 물질이 우리 몸에 들어올 때 만들어진다. 적응 면역체계는 느리지만 항원 특이적이고 강력한 반응을 일으켜 이 침입자에 대응하며, 이 반응은 첫 번째 침입자에 의해 생성된 면역 기억 덕분에 다음에 특정 침입자가 체내에 들어올 때 발동된다.

과학자들은 생물학적 진화의 타임라인을 따라 비교적 최근에 발달했다고 생각하는 적응성 면역이 척추동물에서만 발견되며 부모로부터 자손에게 전달되지 않았다. 파상풍 예방주사나 기타 백신을 맞으면 선천성 면역과 함께 적응성 면역이 활성화되어 다음에 감염성 병원체를 만났을 때 즉각적인 면역반응을 일으켜 대항하게 된다.[12]

우리는 최근에야 선천성 면역반응이 치료 및 예방과 관련하여 적응성 면역반응과 그 정교한 방어 메커니즘 못지않게, 어쩌면 그보다 더 중요하다는 사실을 인식하게 되었다. 이미 우리 몸에 존재하는 선천성 면역반응은 부상이나 침입의 첫 징후가 나타나면 활성화된다. 이 방어 기제는 화학적 및 물리적 장벽, 혈장 단백질, 식균 백혈구, 수지상 및 자연 살해 세포를 포함하는 다양한 무기를 갖춘 "최초 대응자"이다. 면도하다가 상처가 나면 선천 면역계가 백혈구를 보내 세균 감염과 싸우도록 하여 전형적인 선천성 면역반응의 특징인 발적과 부종을 유발한다.

장내 미생물군집에 대한 연구가 발전함에 따라 면역반응의 초기 단계에서 미생물과 면역반응 간의 상호작용을 조사하는 것이 만성염증성 질환에 대한 효과적인 치료 및 예방법을 개발하는 데 필수적이라는 것이 분명해졌다. 마이크로바이옴과 면역반응 관계성 연구 분야의 초기 단계, 즉 마이크로바이옴이 얼마나 중요한지, 어떤 미생물군집이 인간 마이크로바이옴을 구성하는지를 규명하는 연구는 이제 인간게놈과의 상호작용을 통해 이러한 유기체가 어떤 기능을 수행하는지에 대한 보다 정교한 연구로 전환되고 있다. 이제 우리는 숙주의 유전자에 대한 후성유전학적 압력이 어떻게 질병에 대한 유전적 소인을 임상적 결과로 전환시킬 수 있는지를 연구하고 있다.

치료 표적 개발

이 장에서 나열한 만성염증의 원인이 되는 다섯 가지 기둥은 염증을 완화하기 위한 다섯 가지 가능한 표적을 제시한다. 첫 번째 연구 목표는 인간게놈의 편집이다. 그러나 최근 중국에서 발생한 사건에서 보았듯이, 인간 배아에 대한 유전자 편집이 시행된 후 이 접근법에는 엄청난 윤리적, 문화적, 정치적, 사회적 우려가 존재한다. 이러한 문제가 만족스럽게 해결되더라도 만성염증성 질환의 다인자성 특성으로 인해 유전자 편집은 실현 불가능할 수 있다. 수천 개는 아니더라도 수백 개의 유전자가 관여하며, 같은 질병의 영향을 받고, 동일한 기능을 발휘하더라도 개인마다 다를 수 있기 때문이다.

두 번째 연구 목표인 환경적 영향 역시 추적 가능한 대상이 아니다. 우리는 지구 온난화에 대처하는 방법에 대해 사회적으로 합의조차 하지 못하고 있는데, 염증을 유발하는 모든 잠재적 요인을 완화하기 위해 환경을 바꾸려면 무엇이 필요할지 상상해 보자. 농사짓는 방식, 동물을 키우는 방식, 음식을 준비하고 가공하는 방식, 여행하는 방식, 공기, 토양, 물을 대하는 방식, 에너지를 생산하는 방식은 몇 가지 고려 사항일 뿐이다. 이를 위해서는 전적으로 잘 조율된 국제적인 노력이 필요하지만 현재로서는 불가능하다.

따라서 면역반응의 조절, 마이크로바이옴 구성 및 기능의 변화, 장장벽 기능의 손실 완화라는 세 가지 목표가 남게 된다. 장벽 기능 저하부터 시작하여 이 세 가지 가능한 연구 목표를 다음과 같이 개별적으로 살펴보자. 장 투과성 결함을 제거하기 위해서는 관련된 여러 경로가 어떻게 상호 작용하는지 조사한 연구 결과가 급속하게 축적되고 있다. 그럼에도 불구하고 현재로서는 조눌린 경로를 포함한 몇 가지 경로를 제외하고는 치료 옵션이 많지 않다.

점막 장벽의 구조적 구성 요소

앞서 언급했듯이 인체는 여러 영역에서 환경과 상호작용을 한다. 특히 장 점막은 인체와 외부 환경 사이의 가장 큰 접점으로, 건강과 질병에 많은 영향을 미친다. 장 점막은 반투과성 울타리 역할을 하여 영양분 운반과 면역 탐지를 허용하는 동시에 잠재적으로 해로운 미생물과 환경

항원이 내강에서 전신 순환계로 들어오는 것을 강력하게 억제한다.

이 물리적 장벽은 여러 구성 요소로 이루어져 있는데 가장 중요한 두 가지는 세포 간 밀접 접합부가 있는 상피 단층과 주로 단백질로 구성된 점액층이다. 이 점액층에는 뮤신(MUC) 단백질이 포함되며, 그 중 가장 중요하고 풍부한 것은 술잔세포goblet cell에서 생성되는 MUC2이다. 상피 단층과 점액층으로 이루어진 장벽의 주요 기능은 내강 장내 미생물을 층상피에 존재하는 숙주 면역 세포로부터 분리하는 것이다.

이렇게 분리됨으로써 세균 제거를 촉진하고 면역 세포가 염증을 유발할 수 있는 미생물에 부적절하게 노출되는 것을 방지한다. 위장관의 다른 어떤 기관보다 마이크로바이옴이 훨씬 풍부한 결장에는 더 많은 술잔세포가 있어 두꺼운 점액층을 형성하며, 이 점액층은 안쪽의 단단한 점액층과 바깥쪽의 느슨한 점액층으로 구성되어 있다.

바깥쪽 점액층에는 많은 수의 장내 미생물이 서식하는 반면, 안쪽 점액층에는 장 내강에 존재하는 디펜신과 분비성 IgA의 작용으로 세균이 서식하지 못한다. 장내 미생물은 MUC2 같은 다당류를 에너지원으로 사용하므로 많은 장내 세균의 주요 에너지원인 식이섬유가 부족하게 되면 뮤신 분해 종이 증가하여 내부 점액의 분해를 증가시켜 미생물과 숙주 면역 세포와의 분리가 위태롭게 될 가능성이 있다.

점액층이 손상되면 미생물이 장세포 표면에 도달하기 전에 상피세포의 표면을 덮고 있는 글리코칼릭스glycocalyx가 그 다음 방어선을 구축하고 있다. 이 단계에서 최종 방어선은 상피세포 사이의 접합부가 대표적이다. 장 상피세포는 접합 단백질에 의해 이웃 세포와 연결되어 세균과 큰 분자의 세포 간 이동을 통제한다.

장 내강을 향한 세포의 윗부분에서 시작하여 내막을 향해 내려가는 이 접합 시스템에는 세 가지 분자 복합체, 즉 밀접 접합체, 접착 접합체, 데스모솜이 있다. 이 중 밀접 접합체는 가장 정점에 있는 접합 복합체로, 세포의 정극과 기저면을 분리하는 양극화된 시스템을 형성한다.

이 책의 공저자인 알레시오 파사노는 의대 재학 시절 장 상피세포 사이의 공간이 폐쇄되어 있어 어떤 물질도 세포 사이를 이동할 수 없다는 도그마를 배웠다. 그는 그것이 뚫을 수 없는 벽돌 벽과 같다고 생각했다. 1960년대에 연구자들이 처음으로 "밀접 접합tight junction"이라는 용어를 사용했을 때, 그들은 인접한 두 세포의 막이 융합된 결과 인접한 세포 사이의 공간이 완전히 밀봉되었다고 확신했다.

1981년, cAMPcyclic adenosine monophosphates가 담낭 상피의 타이트한 접합부의 투과성을 변화시킨다는 사실이 밝혀지면서 이 패러다임은 바뀌게 되었다.[13] 그러나 이 발견 이후에도 세포 투과성이 조절되는 메커니즘에 대해서는 많은 논쟁이 있었고, 타이트한 접합부의 구조는 여전히 알려지지 않은 상태였다.

마침내 1993년 일본의 미키오 후루세Mikio Furuse와 동료들이 최초의 밀접 접합 단백질인 오클루딘occludin을 발견했다.[14] 이 발견은 말 그대로 과학과 의학의 새로운 패러다임의 문을 열었다. 그 이후로 약 150개의 단백질이 밀접 접합부를 형성하는 것으로 밝혀졌다. 이러한 단백질들은 광범위하게 중복된 기능을 나타내며, 이는 이러한 구조가 인체의 필수적인 생리적 기능을 관장한다는 것을 의미한다.

조눌린 계열의 밀접 접합 조절제

2000년, 메릴랜드 대학교 의과대학의 파사노^{Fasano}와 그의 연구팀은 현재까지 밝혀진 유일한 장 투과성의 생리학적 조절 물질인 조눌린을 발견했다. 자가면역 질환$^{셀리악병\,및\,T1D}$에 걸린 환자의 혈청을 단백질체 분석을 통해 파사노 연구팀은 조눌린 계열의 첫 번째 구성원인 프리햅토글로빈$^{pre-haptoglobin}$(HP)2를 확인했으며, 이 단백질은 인간 HP의 두 가지 유전적 변이^{HP1}과 함께 중 하나인 HP2의 비활성 전구체로 판명이 되었다.[15]

계통 발생학적으로 볼 때, 성숙한 인간 HP는 α^{알파}와 β^{베타}의 두 가지 하위 단위로 구성된 매우 오래된 혈장 당단백질이다. β사슬^{36kDa}은 일정하지만, α사슬은 두 가지 이소형, 즉 α1~^{9kDa}과 α2~^{18kDa}로 존재한다. α사슬 중 하나 또는 두 개가 모두 존재하면 세 가지 인간 HP 표현형이 생성된다: HP1-1 동형 접합체, HP2-1 이형 접합체, HP2-2 동형 접합체이다.

이러한 다중 도메인 구조에도 불구하고 현재까지 HP의 유일한 기능은 헤모글로빈(Hb)과 결합하여 안정적인 HP-Hb 복합체를 형성함으로써 Hb로 인한 산화성 조직 손상을 방지하는 것이다. 반면, 전구체 형태에 대한 기능은 아직 밝혀진 바가 없다. 포유류 HP mRNA는 번역되면서 이합체화되고 소포체 내에 있는 동안 분해되어 절단되는 폴리펩타이드이다.

이와 대조적으로 조눌린은 인간 혈청에서 절단되지 않은 형태로 검출되므로 HP의 다중 기능적 특성에 또 다른 흥미로운 특성이 추가된다. HP는 조눌린의 농도가 가장 높은 세포 내 구역인 소포체에서 단백질 분해 과정을 거친다는 점에서 특이한 분비 단백질이다.

조눌린의 발견 이후, 장 장벽 기능의 상실과 일치하는 조눌린의 증가 현상은 여러 만성염증성 질환과 관련이 있는 것으로 밝혀졌다. 여기에는 자가면역 질환, 신경 퇴행성 질환, 감염, 대사 장애, 심지어 암도 포함된다(표 6.1 참조).

조눌린과 그 서브유닛의 구조적 특성 분석

계통학적 분석에 따르면 HP는 보체 관련 단백질(MASP)만노스 결합 렉틴 관련 세린 프로테아제로부터 진화했으며, 보체 제어 단백질(CCP)보체를 활성화하는 도메인을 포함하는 사슬을 가진 반면, α사슬은 키모트립신 유사 세린 프로테아제(SP)와 관련되어 있다. 하지만 HP의 SP 도메인에는 프로테아제 기능에 필요한 필수 촉매 아미노산 잔기가 부족하며, 구조-기능 분석 결과 이 도메인이 수용체 인식 및 결합에 관여하는 것으로 밝혀졌다.

세린 프로테아제는 아니지만, 조눌린은 키모트립신과 약 19%의 아미노산 서열 상동성이 있으며, 두 유전자는 모두 염색체 16번에 자리하고 있다. 세린 프로테아제의 전형적인 활성 부위 잔기인 히스티딘-57과 세린-195는 조눌린에서 각각 라이신과 알라닌으로 대체되어 있다. 이러한 돌연변이로 인해 조눌린과 세린 프로테아제는 공통 조상으로부터 진화했지만, 진화 과정에서 조눌린은 프로테아제 활성을 잃었을 가

표 6-1. 장 투과성의 바이오마커인 조눌린과 연관된 만성염증성 질환

질병	모델
노화	인간
강직성 척추염	인간
주의력 결핍 과잉 행동 장애	인간
자폐 스펙트럼 장애	인간
셀리악병	인간
만성 피로 증후군/근육통성 뇌척수염	인간
대장염, 염증성 장질환	인간
대장염	생쥐
환경성 장기능장애	인간
임신성 당뇨병	인간
신경교종	인간
HIV 바이러스	인간
고지혈증	인간
인슐린 저항성	인간
과민성 대장 증후군	인간
주요 우울 장애	인간
다발성 경화증	인간 및 생쥐
괴사성 장염	인간
비알코올성 지방간 질환	인간
비셀리악 글루텐 과민증	인간
비만	인간
정신분열증	인간
패혈증	인간
제1형 당뇨병	인간 및 쥐
제2형 당뇨병	인간

A. 파사노, "모든 질병은 (새는) 장에서 시작된다."에서 각색: 일부 만성염증성 질환의 발병 기전에서 조눌린 매개 장 투과성의 역할", F1000Research 9 (2020년 1월 31일): 69, https:// doi.org/10.12688/ f1000research.20510.1.

능성이 높다. 따라서 조눌린과 세린 프로테아제는 서로 다른 생물학적 기능을 가진 상동 단백질의 놀라운 예라고 할 수 있다.

MASP 계열의 다른 구성원으로는 표피 성장 인자(EGF), 간세포 성장 인자(HGF)와 세포 성장, 증식, 분화, 이동 및 세포 간 접합의 파괴에 관여하는 기타 인자들과 같은 일련의 플라스미노겐 관련 성장 인자가 포함된다. 조눌린이 MASP 계열에 속한다는 결론을 뒷받침하는 또 다른 요소는 플라스미노겐 관련 성장 인자와 관련된 이 계열의 다른 구성원들과 동일한 수용체EGF 수용체, EGFR(아래 참조)를 공유한다는 점이다.

조눌린 계열의 진화 및 구조 생물학:
두 번째 구성원인 프로퍼딘

인간에게서만 발견되는 α2사슬 유전자조눌린는 대략 200만 년 전에 시작되었다. 이는 인도에서 발견된 인류의 조상에서 염색체 이상으로 인간과 침팬지 혈통이 분리되기 약 50만 년 전이다.[16] 파사노의 연구실에서 다른 포유류에서도 조눌린이 발견되었으므로, 진화 과정에서 돌연변이가 자주 일어나서 생성된 조눌린 다양성이 구조적, 기능적으로 관련된 조눌린 계열을 형성했을 가능성이 높다. 최근 조눌린 계열의 새로운 구성원으로 또 다른 MASP 단백질인 프로퍼딘properdin이 밝혀졌다.[17] 이 프로퍼틴은 급성 미생물 노출에 반응하여 호중구나 T세포 및 대식세포에서 방출되어 화학적 아나필라 독소 보체(C) 3a 및 C5a를 생성하고 이후 내피 투과성을 증가시키는 면역 복합체를 형성한다.

흥미롭게도 HP2 전구체인 조눌린도 폐를 포함한 여러 기관에서 혈관 투과성을 증가시키고 가장 심각한 COVID-19 감염 사례에서 관찰된 ALI(acute lung injury, 급성폐손상)를 유발하는 C3a 및 C5a도 생성한다. 실제로 조눌린과 프로퍼딘의 또 다른 두드러진 유사점은 둘 다 바이러스성 호흡기 감염과 관련이 있다는 점이다. 중증 COVID-19 감염 사례는 간질성 폐렴이 발생하여 주로 감염된 환자의 사망을 초래하는 ALI를 유발하는 것이 특징이다. ALI는 혈장 성분이 폐로 누출되어 폐가 확장되고 혈액과의 가스 교환을 최적으로 수행하는 능력을 손상시켜 호흡 부전을 초래하는 것이 특징이다.

파사노와 그의 동료들은 이전에 쥐 모델에서 조눌린이 ALI 발병에 관여하며, 그 억제제인 AT1001이 점막의 체액 투과성과 호중구의 폐로의 혈관 외 유출을 감소시켜 ALI와 그에 따른 사망률을 개선한다고 보고한 바 있다.[18] 또한 파사노와 동료들은 바이러스 수명 주기의 기본 효소인 SARS-CoV-2 주요 프로테아제(M^{Pro})의 결정학적 해상도를 조사하여 AT1001이 효소 촉매 영역에 매우 잘 결합하기 때문에 강력한 MPT 억제제가 될 수 있음을 입증하는 예비 데이터를 얻기도 했다.

그리고 시험관에서 진행되는 In vitro 예비 연구에서도 AT1001의 항바이러스 활성이 확인되었다. 이러한 연구결과를 종합하면, AT1001은 ALI/ARDS(Acute Respiratory Distress Syndrome, 급성호흡곤란증후군)에서 점막 투과성을 개선하는 효과가 입증이 되고, M^{Pro}를 차단하여 직접적인 항 SARS-CoV-2 효과를 발휘할 수 있음을 시사한다.

장에서 조눌린을 방출하는 자극제

조눌린 방출을 유발할 수 있는 몇 가지 잠재적인 장 내강 자극 중에서, 카렌 램머스Karen Lammers와 파사노 및 동료들은 불균형한 마이크로바이옴장내 미생물 불균형 및/또는 소장 세균 과증식과 글루텐 노출이 더 강력한 유발요인임을 확인했다.[19] 장 감염은 장 장벽의 세포 투과성을 높여 알레르기, 자가면역 및 염증 질환을 포함한 여러 병리적 질환의 발병과 연관되어 있다.

파사노 박사팀은 소장이 장내 세균에 노출되었을 때 조눌린을 분비한다는 증거를 발견했다. 이러한 분비작용은 소장이 제거된 동물이나 테스트한 미생물의 독성과는 무관했다. 이 현상은 세균에 노출된 소장 점막의 내강 측면에서만 발생했고, 장 세포막 투과성의 증가로 이어졌으며, 이는 밀접 접합 복합체에서 스캐폴드 단백질인 ZO-1이 떨어져 나가는 것과 일치했다. 이 조눌린에 의한 세포외 방출 경로의 개방은 미생물을 "씻어내는flushes out" 방어 메커니즘으로, 소장의 세균 군집화에 대한 숙주의 선천성 면역반응의 일종이라 할 수 있다.

파사노 연구팀은 세균 노출 외에도 글리아딘이 조눌린을 방출하여 장 장벽 기능에도 영향을 미친다는 사실을 밝혀냈다. 글루텐의 주요 성분인 글리아딘은 포유류의 장내 효소로 완전히 소화되지 않는 프롤린과 글루타민이 비정상적으로 풍부한 복합 단백질이다. 이 부분 소화에 의한 최종 생성물은 잠재적으로 해로운 미생물에 노출되었을 때 유발되는 것과 매우 유사한 숙주 반응장 투과성 증가 및 선천성 및 적응성 면역반응을 유발할 수 있는 펩타이드의 혼합물이다. 또한 글리아딘은 질병 상태와 관계없이 즉각적이고 일시적으로 조눌린 의존성을 높이고 장내 세포 투과성을 향상시킨다.

이러한 관찰을 통해 글리아딘의 표적 장 수용체로서 케모카인 수용체 CXCR3가 확인되었다. 파사노 연구팀의 데이터에 따르면 장 상피에서 CXCR3는 내강에서 발현되고 셀리악병 환자에서 과발현되며, 글리아딘과 같은 곳에 위치하는 것으로 나타났다. 이러한 상호작용은 조눌린 방출에 관여하는 어댑터 단백질 MyD88이 수용체에 결합하는 것과 일치한다.

램머스Lammers와 파사노, 그리고 동료들은 또한 글리아딘과 CXCR3의 결합이 조눌린의 방출과 그에 따른 장 세포막 투과성의 증가에 중요하다는 사실을 입증했는데, 이는 CXCR3 결핍 쥐가 글리아딘에 반응하여 조눌린을 방출하지 못하고 밀접 접합부를 분해하지 못했기 때문이다. 또한 그들은 α-글리아딘 합성 펩타이드 라이브러리를 사용하여 CXCR3에 결합하여 조눌린을 방출하는 두 개의 α-글리아딘 조각20개의 아미노산으로 이루어진을 확인했다.[20]

위와 동일한 메커니즘을 사용하지만 훨씬 더 복잡한 방식으로 불균형 마이크로바이옴은 동일하게 장세포막 투과성을 증가시킨다. 따라서 마이크로바이옴이 균형을 이루면 항원 이동이 엄격하게 통제되는 시스템을 갖추게 된다.

조눌린 형질전환 쥐:
장 투과성, 면역체계, 마이크로바이옴 간의 긴밀한 상호작용

이 장의 앞부분과 이 책 다른 곳에서 언급했듯이 상피장벽, 면역체계 및 미생물군집의 상호작용은 장의 항상성을 유지하며, 이러한 상호작용이 손상되면 염증을 유발할 수 있다. HP2를 발현하도록 유전공학적으로 조작된 조눌린 형질전환 생쥐(Ztm)는 조눌린으로 인해 장 투과성이 증가된 모델이다. 이 Ztm 모델은 항원 이동에 대한 일차적인 통제력 상실이 장내 미생물 구성과 면역체계 발달에 어떤 영향을 미치는지 규명하는 데 매우 유용한 특별한 도구이다. 즉 이 Ztm 모델은 조눌린을 발현함으로써 생체 내에서 장 투과성을 지속적으로 증가시키는 것으로 나타났다.[21]

그러나 흥미롭게도 Ztm의 장 투과성 결함은 생쥐의 표현형에 영향을 미치지 않고, 성장과 번식에 어려움이 없으며 자연적으로 질병이 발생하지 않았다. 그럼에도 불구하고 조눌린에 의존하는 장 투과성의 지속적인 증가는 장내 미생물 구성과 면역체계 모두에 큰 영향을 미치는 것으로 보인다.

아커만시아 대 리케넬라균

파사노의 연구실에서 수행한 대변 미생물 분석 결과, Ztm 장내 미생물군집에 불균형이 존재하는 것으로 나타났다. Ztm 장내에서 현저하게 감소한 아커만시아속*Akkermansia*(특히 A. 뮤시니필라*muciniphila*)과 훨씬 더 풍부한 리케넬라속^{Rikenella}]의 존재는 놀라웠다.[22] 건강한 성인의 경우, A. 뮤시니필라는 장내 미생물의 1~3%를 차지한다. 점액층의 주성분인 뮤신을 먹음으로써 A. 뮤시니필라는 장세포 단층을 온전하게 유지하고 장 상피 장벽을 전반적으로 강화한다.

A. 뮤시니필라균의 부족은 는 많은 인간 질병과 관련이 있으며, 유전적 및 식이요법으로 유도된 비만 및 당뇨병 쥐의 장내 미생물군집의 특징으로서 보고되었다. 당뇨병을 줄이기 위한 약물 및 수술적 접근법은 모두 A. 뮤시니필라의 명백한 증가와 관련 있으며, 이는 낮은 수준의 염증과 관련된 질병에 대한 치료 효과를 의미한다.

A. 뮤시니필라는 건강한 장의 지표이다. 이는 인간과 쥐 모델 모두에서 비만과 당뇨병에서 리케넬라균이 높은 수치를 보인다는 연구결과와 대조적이며, 이 현상은 리케넬라균이 낮은 비감염성 만성염증 상태와 관련이 있다는 것을 의미한다. 전반적으로 Ztm의 장내에서 A. 뮤시니필라의 수치가 낮은점과 리케넬라가 풍부한 것은 Ztm의 장내 미생물이 더 부적응적이고 병원성 프로파일로 치우쳐 있음을 의미한다.

공생 세균이 면역체계의 발달과 구강 내성 확립에 관여한다는 것은 잘 알려져 있다. 세균이 없는 동물은 면역체계가 발달하지 않은 상태인데 정상 미생물군집에 관여하는 공생 세균의 군집화로 인해 면역체계의 이상이 역전되는 현상을 보인다. 또한 IBD$^{크론병 및 궤양성 대장염}$, 셀리악병과 같은 만성 및 급성 장 질환의 환자 및 실험 모델에서 장 투과성 증가와 장내 미생물의 불균형이 모두 관찰되었다. 이러한 사실에 의해 장 투과성과 미생물 또는 식이 항원의 증가된 이동이 면역반응의 조절 장애와 내성 파괴에 관여한다는 사실을 뒷받침한다.

점막의 염증성 IL-17$^+$ 헬퍼 Th17 세포와 항염증성 FOXp3$^+$ 조절 T세포 사이의 균형은 만성염증성 질환의 발병에 중요한 역할을 담당한다. IL-17을 생성하는 CD4$^+$RORyt$^+$Th17 세포는 병원균을 제거하고 조직 염증을 유도하여 숙주 방어에 관여하는 반면, 장내 CD4$^+$CD25$^+$FOXp3$^+$조절 T세포는 Th17 세포에 의한 염증을 억제하여 점막 면역반응의 조절 장애를 방지하고 구강 내성을 확립한다. 그리고 공생 미생물의 특정 세균이 소장의 점막고유층에서 Th17 세포를 유도하고 그 세균을 제거하는 항생제가 이러한 면역반응을 막는다는 사실이 밝혀졌다.

Ztm 쥐의 부정적 결과 반전

Ztm 모델에서는 항원 이동이 변경되었음에도 적응 면역반응에 관여하는 주요 면역 세포 하위 집단의 구성은 영향을 받지 않는 것으로 나타났다. 반대로, 이 생쥐들은 장의 선천성 면역 및 유사 선천성 면역세포와 하행 결장에 위치한 이차 림프 부위에서 염증성인 IL-17 생성 선천성 면역세포가 증가하여 이 생쥐의 면역반응성 역치가 변경될 수 있음을 시사한다. 따라서 이 Ztm 생쥐들은 비자가항원에 대한 내성을 잃고 염증이 발생할 가능성이 높아진다.

이 가설에 따라 Ztm은 생쥐의 대장염을 유발하는 덱스트란 황산나트륨(DSS)$^{dextran\ sulfate\ sodium}$과 같은 환경 자극에 더 취약하다. DSS에 노출되었을 때 이 생쥐들은 이환율과 사망률이 증가야생형 쥐의 0%에 비해 최대 70%했으며, 이는 조눌린 유전자 발현 증가에 따른 장 장벽 기능의 심각한 손상과 관련이 있는 것으로 보여진다.[23]

이러한 유해한 임상결과는 현재 셀리악병에 대한 글루텐프리 식단의 보조 치료제로 임상 시험 중인 조눌린에 대한 합성 펩타이드 억제제인 AT1001 또는 라라조타이드 아세테이트Larazotide acetate를 경구 투여함으로써 완전히 회복되었다. 이 결과는 장 투과성을 조절하고 내성 상실과 염증 발병을 유발하는 조눌린의 역할을 뒷받침한다.

이러한 데이터를 종합하면, 장내 항원 이동과 함께 조눌린에 의존하는 장 투과성 증가에 의해 면역체계의 발달과 미생물 구성이 Ztm에서 염증성 상태로 조율된다는 것을 의미한다. 이는 IL-17 생산 세포의 증가와 장 보호 미생물종예: 아커만시아의 부족과 염증성 균주예: 리케넬라의 과다 증식으로 나타날 것이다.[24]

이러한 낮은 수준의 염증성 왜곡 상태는 외인성 자극즉, DSS이 있을 때 내성을 잃고 염증이 발생하기 쉬운 매우 취약한 상태로 만들어 질병으로 이어지게 된다. 그러므로 유전적으로 취약한 개인의 상피 장벽 기능 장애와 면역체계 활성화를 유발하는 외인성 요인이 장내 미생물 종의 성장을 선택적으로 촉진할 수 있는 만성염증성 질환에서도 이와 유사한 과정이 일어날 수 있다. 이렇게 되면 장 조직의 변화를 점차 악화시켜 점막 내성을 깨고 만성염증과 질병을 유발할 수 있다.

면역반응 둔화

만성염증성 질환의 네 번째 연구 목표인 과잉 면역반응을 완화하려는 시도들이 지난 수십 년 동안 실제로 시행됐지만 그 결과는 상당히 암울했다. 코르티손, 면역 억제제, 생물학적 제제 등은 모두 면역체계에 제동을 걸기 위해 사용되는 약물이다. 이러한 약물은 모든 사람에게 효과가 있는 것은 아니며, 효과가 있는 일부 그룹에서도 장기적으로 같은 효과가 있는 것은 아니다. 환자들은 부작용으로 인해 막대한 대가를 치르며, 그중 일부는 치료받기 전 상태보다 더 나빠질 수 있다.

이것은 놀라운 일이 아니다. 파킨슨병이나 다발성 경화증 환자의 염증에 제동을 걸려고 하는 것은 세균성 폐렴 환자에게 아세트아미노펜을 투여하는 것과 같다. 물론 열은 사라지지만 몇 시간 후에 다시 재발할 뿐이다. 아세트아미노펜으로 증상발열은 치료하지만, 원인감염은 근절하지 못한다. 이 감염을 치료하기 위해 표적 항생제를 사용하여 문제를 해결한다.

일부 사람들은 치료 초기에 면역 억제제에 반응하지만, 시간이 지남에 따라 약효가 떨어진다. 이는 면역반응을 표적으로 삼는 것이 병적인 결과로 이어지는 일련의 과정에서 아주 하위 단계에 있음을 보여준다. 예를 들어 인플릭시맙^{infliximab}과 같은 TNF-α 수용체 억제제와 같은 생물학적 제제를 사용하여 염증의 경로에 장애물을 투여하면 우리 몸은 이 장애물을 우회할 방법을 찾아낼 것이다. 우리의 정교한 면역체계는 적에게 노출되었을 때 어떤 대가를 치르더라도 적을 제거할 방도를 찾도록 훈련되어 있다.

마이크로바이옴 조작

이제, 만성염증성 질환의 다섯 번째이자 마지막 기둥인 불균형한 마이크로바이옴이 남는다. 마이크로바이옴을 조작하는 것마이크로바이옴의 구성과 가장 중요한 기능은 만성염증성 질환의 전염병을 완화하기 위한 더 유망하면서도 더 도전적인 목표일 수 있다. 우리는 무의식적으로 만성염증을 유발하는 면역반응을 조절하는 유전자를 후성 유전적으로 변화시키는 불균형한 마이크로바이옴을 보유함으로써 만성염증성 질환의 발병률을 증가시켰다.

그러므로 마이크로바이옴을 표적으로 삼아 이러한 유전자의 발현을 변화시키지 않도록 하여 만성염증을 완화할 수 있다. 즉 우리는 마이크로바이옴을 바꾸고, 유전자는 건들지 않고 그대로 둘 수 있다. 이를 위한 방법과 이 목표에 도달할 수 있는 도구를 알아보는 것이 이 책의 주요 목표이다. 여기에 관련된 프리바이오틱스, 프로바이오틱스, 신바이오틱스, 분변 미생물 전달(FMT) 및 기타 요법을 포함한 마이크로바이옴을 조작하는 전략은 3부에서 다룬다.

염증 완화하기

지금까지 논의된 내용을 논리적으로 해석하면 만성염증성 질환은 일방통행이며 내성이 깨지면 다시 회복될 수 없다는 오래된 가정은 잘못된 가정일 수 있다. 진화의 관점에서 만성염증 생성 기능을 가진 유전자를 획득하는 것이 어떤 이점이 있을까?

지중해빈혈thalassemia(155쪽 참조)과 같은 유전자 돌연변이는 말라리아 원충에 의한 열대열에 감염되기 쉬운 취약성을 감소시켜 감염된 개인에게 이점을 제공한다는 사실이 잘 알려져 있다. 그러나 당뇨병이나 다발성 경화증과 같은 자가면역 질환의 발병과 같은 만성염증은 숙주에게 아무런 이점을 제공하지 않는다. 따라서 자가면역 질환과 같은 만성염증성 질환에 대한 감수성이 단순히 유전적 돌연변이의 결과라면, 이는 큰 단점이 되기 때문에 이러한 개체는 진화의 자연 선택을 통해 살아남지 못할 것이다. 반대로 앞서 설명한 '다섯 가지 기둥 명제'는 이러한 만성염증이 면역체계가 싸우도록 유도하는 자극에 지속해서 노출되어 얻어진 결과일 것으로 예상된다. 그러므로 자극을 제거하면 만성염증도 없앨 수 있다.

셀리악병은 만성염증 질환의 대표적인 예이다. 셀리악병은 글루텐이라는 유발 인자가 유일하게 알려진 자가면역 질환이다. 그러므로 대부분 경우 글루텐을 식단에서 제거하면 자가면역반응이 중단되고 자가항체가 사라지며 증상이 해결되고 자가면역성 장 손상이 치유된다. 그래서 일부 완고한 면역학자들은 셀리악병이 치료된다면 정의상 자가면역 질환에 포함될 수 없다고 주장한다.

최근까지 자가면역은 한 번 내성이 깨지면 다시 내성을 회복할 수 없는 일방통행으로 정의되어 왔다. 자가면역은 돌이킬 수 없다는 전통적이고 편협한 주장에 근거하여, 우리는 오래된 유전자-환경 상호작용 패러다임을 사용하여 자가면역 문제를 해결하려고 노력해 왔다. 그러나 이러한 접근 방식은 수십 년에 걸친 집중적인 연구에도 불구하고 효과적인 치료법으로 이어지지 못했다.

  앞서 언급한 모든 요인을 고려하고 훨씬 더 복잡한 생태계의 한 부분으로서 인간 종이 가진 생물학 및 면역학에 대한 현재 지식에 근거하여 마이크로바이옴 가설을 현재 유행하는 만성염증성 질환에 대한 보다 논리적인 설명으로 내세울 수 있을 것이다. 이런 관점에서 2부에서는 다양한 인간 질병 및 건강 상태와 관련된 마이크로바이옴 가설에 대해 더 자세히 살펴 볼 것이다.

Part 2
질병에서 마이크로바이옴의 역할

Chapter 7
마이크로바이옴과 염증성 장질환

염증성 장질환

인간 마이크로바이옴에 관한 대부분의 연구가 장내 마이크로바이옴에 초점을 맞추고 있어서 장내 미생물과 염증성 장질환의 관계에 관한 관심이 높아지는 것은 자연스러운 일이다. 이 장에서는 마이크로바이옴과 질병 발병 사이의 연관성에 대한 확고한 증거가 밝혀진 염증성 장질환기능성 및 기질성 질환 모두에 대해 살펴보겠다.

장 기능 장애

• **과민성 대장 증후군: 이전과 지금**

기능성 위장 장애는 전 세계 인구에서 높은 비율로 나타나는 매우 빈번한 다인자성 질환이다. 특히 과민성 대장 증후군(IBS)^{Irritable Bowel Syndrome}은 전 인구의 10% 이상에 나타나는 가장 흔한 위장관 질환이다. IBS는 불규칙한 배변 습관과 그에 따른 반복적인 복통을 특징으로 하는 여러 형태의 질환으로 정의된다.

구체적이고 민감한 특정 바이오마커가 부족하기 때문에 과민성 대장 증후군 진단은 여전히 로마 기준(로마 IV 기준이 가장 최근의 기준; 위장기능성장애 질환의 통용되는 임상분류 기준 - 역주)으로 요약된 임상 기준을 기반으로 한다. 이 기준은 배변 습관에 따라 IBS를 세 가지 주요 그룹으로 분류한다: IBS 설사(IBS-D), IBS 변비(IBS-C), 설사와 변비가 번갈아 나타나는 IBS 혼합형(IBS-M).[1] 과민성 대장 증후군 환자는 삶의 질과 업무 생산성에 미치는 부정적인 영향과 함께, 미국에서 매년 300억 달러 이상의 직간접 비용이 발생하는 것으로 알려졌다.[2] 또한, IBS 환자는 월평균 2일을 결근하고, 개인당 연간 평균 7,000~10,000달러의 의료 비용이 드는 것으로 보고되었다.[3]

전통적으로 IBS는 장-뇌 축 기능 장애의 원형prototype으로 간주되었다. 즉 사회심리적 스트레스 요인으로 인해 위장관 내 신경 내분비 신호와 그에 작용하는 신경 사이의 잘못된 소통이 내장의 과민화와 운동성 변화를 초래하는 것으로 여겨졌다. 그러나 이제 이 모델은 너무 환원적이라는 인식이 확산하고 있으며, 음식, 감염, 항생제, 사회심리적 현상과 같은 다양한 환경 자극에 대한 노출을 포함한 추가적인 요인들이 관여한다는 새로운 증거가 제시되고 있다.

이러한 요인은 유전적 소인 및 후천적 변화와 결합하여 상피 장 장벽의 기능에 변화를 일으킬 수 있다. 이는 투과성 증가, 비-자가항원 및 내독소endotoxin의 과도한 통과, 장과 뇌의 면역 및 신경 내분비 반응의 활성화를 유발할 수 있다. 이러한 일련의 사건이 결합하여 낮은 수준의 비감염성 염증과 장내 미생물 구성 및 기능의 변화를 유발하여 궁극적으로 장에서 부적절한 분비가 일어나고 감각-운동의 이상을 초래하여 전형적인 IBS 증상을 낳는다.

IBS의 여러 다른 증상에서도, 이 책 전반에 걸쳐 반복되는 주제인, 즉 장 투과성, 점막 면역반응, 마이크로바이옴 구성 및 기능들이 밀접하게 상호 연관되어 상호 영향을 미친다는 사실을 파악할 수 있다. 아직까지 과민성 대장 증후군에 대한 현재 치료법의 효능이 제한적이고 과민성 대장 증후군에서 장내 미생물의 병인학적 역할에 대한 증거가 축적됨에 따라, 장내 미생물의 인위적 조작과 이에 관련된 새로운 치료 표적을 찾기 위한 관심이 높아지고 있다.

• 장내 미생물군집과 IBS의 연결 고리

세균, 바이러스 또는 기생충 감염에 의한 것인지 여부에 관계없이 과민성 대장 증후군이 발병하기 전에 위장 감염이 선행되는 경우가 많다는 임상 증거는 그 발병 메커니즘에 장내 미생물이 관여할 가능성을 시사한다. 또한 장 내강에 미생물이 존재하는 것이 위장관의 적절한 운동 기능에 중요한 역할을 한다는 추가 증거도 있다.

미생물에 정기적으로 노출되는 환경에서 자란 동물과 비교했을 때, 무균동물은 위장관 내 미성숙 상태의 부적절한 운동 패턴을 보인다. 즉 장 신경계의 성숙과 기능을 조절하는 유전자 발현의 변화로 인해 음식물이 위에서 배출됨이 지연되고 장 통과 시간이 길어지며 이동성 운동 복합체의 기능이 감소하는 것이 특징이다. 다른 만성염증성 질환에서 제시된 바와 같이, 장내 미생물군집과 IBS를 연결하는 가설은 장내 미생물 불균형이 장 투과성을 증가시키고 내독소를 포함한 거대 분자의 통과를 유도하여 장연결림프조직(GALT)$^{\text{gut-associated lymphoid tissue}}$의 활성화로 낮은 수준의 염증을 유발한다고 가정할 수 있다.

장내 미생물군집의 특정 구성 요소의 변화와 과민성 대장 증후군을 연관 짓는 연구들, 그 중에서도 서로 정반대의 결과를 보여주는 연구들이 빠르게 증가하고 있다. 일반적인 경향은 비피도박테리움 및 젖산간균속과 같은 유익한 미생물의 감소와 함께 장내세균과 *Enterobacteriaceae*를 포함한 "염증성" 세균 문, 속 및 종이 풍부해진다고 알려져 있다. 그러나 다른 보고에 따르면, IBS에서 되려 젖산간균 속이 증가한 것으로 나타났다. 이는 마이크로바이옴을 상위 계층분류단위^門 또는 속에서 연구하면 같은 속 내에서도 서로 다른 종 또는 균주가 상반된 기능을 발휘할 수 있기 때문에 상충되는 결과가 나올 수 있다는 개념을 다시 한번 상기시킨다.[4]

또한 이러한 결과는 마이크로바이옴과 질병을 연결할 때 마이크로바이옴의 구성보다 그 기능이 중요하다는 점이 다시 강조된다. 이러한 관점에 따라 메탄 생성 마이크로바이옴과 IBS 사이의 연관성을 개략적으로 설명하는 연구 결과는 흥미롭다. 그 연구는 생물학적 시스템의 전형적인 음양 법칙에 따라, 메탄 생산이 IBS-D에서는 감소하고 IBS-C에서 증가하는 것으로 보고하였다.

- **메탄과 장 운동성**

메탄은 고균에 속하는 메탄 생성 미생물에 의해 생성되는 대사산물이며, 메탄고균^{Methanobacteriales}은 수소를 메탄으로 전환하는 능력이 가장 뛰어난 미생물이다. IBS와의 연관성이 흥미로운 이유는 메탄이 장운동에 직접적인 영향을 미치고 장 통과 시간을 늦출 수 있다는 사실과 그 메커니즘이 밝혀졌기 때문이다. 또한 메탄고균와 관련된 메탄-생성 클로스트리디움속^{Clostridium} 및 프레보텔라 종의 증가뿐만 아니라 IBS 증상의 악화와 메탄 배출의 증가가 연결되는 현상에서 나타나는 불균형한 마이크로바이옴의 관찰도 이러한 연관성을 암시한다.

  장내 미생물 이상 증후군은 마이크로바이옴의 구성 및 기능의 변화하고만 관련이 있는 것은 아니며, 위장관의 미생물 분포가 달라져서 이차적으로 발생할 수도 있다. 정상 생리적 상황에서 장내 미생물의 대부분 70% 이상은 대장에 국한되어 있지만, 근위소장에서는 미생물의 밀도가 다소 제한적이어서 근위소장(위에서는 $\sim 10^1-10^3 CFU/ml$)에서 원위결장(결장에서는 $\sim 10^{11}-10^{13} CFU/ml$)까지 증가하는 기울기를 보인다. 이러한 기울기는 다양한 해부학적 및 기능적 요인에 의해 유지되며, 이런 요인들은 근위부 소장에서 미생물의 군집화를 방지한다.

  이런 요인에는 경구 섭취된 대부분의 미생물을 제거하는 위산, 항균 효과를 발휘하는 위액 및 담즙액, 소장에서 미생물의 군집을 방지하는 연동운동이 포함된다. 또 다른 요인으로는 미생물이 점막 상피 세포 표면으로부터 거리를 유지하고 직접적인 접촉을 방지하는 글리코칼릭스와 뮤신, 점막 체액 및 세포 방어 메커니즘, 디펜신과 같은 특정 항균 펩티드, 미생물이 훨씬 더 풍부한 원위결장 내 내용물이 소장으로 역류하는 것을 방지하는 회장-결장 밸브와 같은 해부학적 "체크 포인트"가 포함된다.

  또한 식단, 장 운동성에 영향을 미치는 처방약 또는 비처방약^{오피오이}$^{드 포함}$, 산 억제제$^{H2\ 차단제\ 및\ 양성자\ 펌프\ 억제제}$, 다량의 알코올 섭취, 연동운동에 영향을 미치는 스트레스 등의 외부 요인도 소장 미생물의 풍부

성에 영향을 미칠 수 있다. 그러므로 내재적 보호 인자가 손상되거나 근위소장의 미생물군집화를 촉진하는 외적 요인에 노출되면 소장 세균 과증식증(SIBO)small intestinal bacterial overgrowth이 발생할 수 있다.

• 소장 세균 과증식증(SIBO)

SIBO는 소장에서 양적(>10^3–10^5 CFU/ml) 및 질적(공생종과 병원성종의 공존) 미생물 변화를 특징으로 한다. SIBO 진단은 쉬운 일이 아니다. 왜냐하면 십이지장 흡인물을 직접 배양하는 것은 침습적이고 기술적으로 까다롭다. 또한 포도당 또는 락툴로스 당 프로브를 사용하여 혐기성 발효를 통한 수소 생산이나 호흡 수소 검사를 통한 메탄 생성 세균 또는 메탄을 측정하는 것은 표준화되지 않았고 정확도가 높지 않다. 이러한 이유로 전체 인구의 SIBO 유병률에 대한 수치는 0~20%에 이르는 등 여전히 정확히 파악하기 어렵다. 마찬가지로 IBS 환자, 특히 IBS-D 환자에서 보고된 SIBO 유병률은 일반적으로 훨씬 더 높아서 5~80%에 달하는데, 이는 현재 진단 도구의 한계를 반영하는 것이다.

IBS에서 세균 불균형의 한 형태로서 SIBO가 유발된다는 가설은 특정 프로바이오틱스 또는 리팍시민과 같이 흡수가 잘되지 않는 항생제 또는 이 두 가지 모두의 처치로 이 증상이 치료되는 경우로 뒷받침된다. 이 치료법은 소장의 미생물 다양성과 풍부함을 회복하고 발효 미생물을 감소시켜 세균 발효로 인해 발생하는 가스 감소와 직접적으로 연관된 증상복부 팽만감, 경련, 불규칙한 배변 습관을 감소시킨다. 그럼에도 불구하고 장 연동운동을 변화시킴으로써 IBS가 이차적인 SIBO를 유발할 수 있다는 점이 지적되어야 하며, 이는 SIBO가 IBS의 원인인지 결과인지에 대한 의문을 제기한다. 혹은, 이 두 질환이 악순환의 고리 속에서 서로 긴밀하게 연결되어 있어 어느 것이 먼저인지 구분하기 어려운 악순환이 지속되는 것일 수도 있다.

장 유기 장애(Gut Organic Disorders)

• 유아 특정 질환

괴사성 장염(NEC)Necrotizing Enterocolitis: 출생 시 장내 미생물 발달의 중요성과 여러 산전, 주산기 및 출생 후 요인이 발달에 미치는 영향에 대해 이미 설명한 바 있으므로(3장 참조), 적절한 미생물 생착이 특히 미숙아에게 영향이 미친다는 것은 놀랍지 않다. 구조적, 기능적, 면역학적으로 미성숙한 장 점막에 이러한 초기 미생물군락이 처음 생착한 결과가 "뭔가 잘못될 수 있다"는 가능성은 생리적으로 만삭인 경우에 비해 훨씬 더 높다. 미성숙한 장과 장내 미생물의 초기 만남으로 인해 발생할 수 있는 여러 합병증 중에서 괴사성 장염(NEC)은 심각한 이환율과 사망률을 특징으로 하는 생명을 위협하는 질병이다.

신생아 집중 치료가 크게 개선되었음에도 지난 20년 동안 NEC의 발생률과 이환율 및 사망률은 변하지 않았다. NEC 발병에 있어 장내 미생물의 확실한 역할을 고려할 때, 초저체중 출생아에서 NEC 발병과 관련된 '미생물군 시그니처'를 확인하기 위해 많은 연구가 진행되었다. 바바라 워너Barbara Warner와 동료들은 전향적 출생 코호트에서 잘 통제된 단면 연구를 수행하여 결국 NEC로 발전한 초극소 저체중아들의

"시그니처" 마이크로바이옴을 찾아냈다.[5]

이 신생아들의 마이크로바이옴 분석 결과, 감마프로테오세균 Gammaproteo_bacteria(호기성 세균부터 혐기성 세균까지 다양한 그람음성균의 일종)과의 연관성을 보였고, 클로스트리디아Clostridia 및 네거티비쿠테스 Negativicutes 계열의 엄밀한 혐기성 세균과는 연관성이 적은 것으로 나타났다. NEC가 발생하는 유아의 위장관 내에 이러한 "적대적인" 정착민이 존재하는 이유에 대한 설명은 아직 명확하게 밝혀지지 않았다. 아마도 비정상적인 경구 섭취지연된 장경유 수유, 튜브 수유, 분유 보충제와 신생아 중환자실에서 흔히 사용되는 광범위한 항생제의 보편적인 사용 등 여러 요인이 이러한 균의 존재와 생착에 기여하는 것으로 추정된다.

초극소 미숙아에게 모유를 주로 먹이는 것은 모유를 통해 전달되는 산모의 미생물군집, HMO인간모유올리고당, 면역 매개체의 역할 또는 이러한 모든 요인의 복잡한 상호작용으로 인해 NEC의 위험을 감소시키려는 시도이다. 신생아 중환자실의 비정상적으로 깨끗한 환경, 제왕절개 분만, 제한된 모유 수유, 부모와의 지속적인 신체 접촉의 부족 등이 불균형하고 염증성 마이크로바이옴의 구축에 영향을 미칠 수 있다.

그럼에도 불구하고 비정상적 장내 미생물군집의 존재는 NEC 발병에 필요하지만 충분하지 않을 수 있다. 비효율적인 연동운동과 세포 간 상피 밀접 접합 단백질의 발현 감소 등 미숙아의 전형적인 미숙한 방어 메커니즘은 일반적으로 장 내강에 국한된 세균과 그 내독소가 장 장벽을 통과하여 전신 기관과 조직에 도달할 가능성을 높인다. 이렇게 통제되지 않은 미생물(및 그 부산물)의 통과는 장 장벽을 더욱 손상시키는 과도한 염증 반응의 활성화를 유발한다. 이 가설은 동물 모델, 태아 장 이종 이식, 태아 장 장기 배양, 태아 일차 장 세포주를 사용한 여러 연구에 근거한 것으로, 모두 장내 서식 세균에 대한 비정상적인 반응이 NEC 감수성에 기여하는 것으로 보인다.

특히, 미성숙한 인간 장세포가 장내 서식 세균에 대해 강화된 염증 반응으로 반응한다는 증거가 점점 더 많아지고 있다. 점막 표면의 미생물을 인식하는 것을 목표로 하는 톨유사수용체(TLR)는 염증을 촉진하는 핵심 분자로 알려져 있다. 특히, 태아 장세포 표면에서 TLR4와 NF-kB 핵인자카파비 및 전사활성화 단백질인자 매개 염증에 연결되는 다른 신호 인자가 상향 조절되는 반면, 이러한 신호 경로를 억제하는 유전자는 하향 조절되는 것으로 밝혀졌다. 이러한 증거를 종합하면 TLR 활성화로 매개되는 공생 세균에 대한 과도한 선천 면역반응이 미성숙한 장 상피 세포에 정착되어 NEC의 발병에 기여할 수 있음을 시사한다.

이 가설은 인간 태아 장 오르가노이드에 대한 유전자 발현 연구에서 발달 연령에 따라 초기임신 15주 미만와 후기임신 16~22주 태아 오르가노이드의 두 그룹으로 나뉘며 후자가 성인 장 오르가노이드와 더 가깝게 유사하다는 결과에서도 뒷받침되었다.[6] 인간 외 모델과 세포주에서 발표된 연구에 따르면 성숙, 장 장벽 기능 및 선천성 면역에 관여하는 유전자가 이러한 차이를 일으키는 원인으로 밝혀졌다. 오르가노이드 유래 단층 배양세포를 LPS 또는 공생 대장균에 노출시킨 결과, 후기 태아 오르가노이드는 주요 염증성 사이토카인의 유전자 발현이 활성화된 반면, 초기 태아 오르가노이드는 NF-kB 관련 메커니즘의 발현 감소로 인해 그렇지 않은 것으로 나타났다. 이러한 데이터를 종합하면 태아 발달 중에는 선천성 면역반응을 일으키는 데 필요한 장 점막 메커니즘이 작동하지 않는 초기 단계가 있음을 시사한다.

이것이 특정 재태 연령 이하의 태아가 자궁 밖의 생명체와 공존하지 못하는 이유 중 하나일 가능성이 높다. 이후 단계에서는 선천성 면역체계가 작동하고 과잉 활동하여 만삭 및 성인 장 점막에 비해 더 강력한 면역반응을 일으킨다. 이러한 반응은 비정상적인 마이크로바이옴 구성과 연합하여 NEC의 발병 메커니즘을 가중시킬 수 있다.

환경성 장기능장애 Environmental Enteric Dysfunction: 전 세계 빈곤 지역에 거주하는 4~24개월 어린이의 높은 비율이 종종 영양실조로 인한 성장 부진을 겪는다. 이런 영양부족을 해소하고자 하는 캠페인이 활발하지만, 성장 부진 개선이 그다지 효과적이지 못한 점을 감안하면 영양부족이 이러한 아동의 성장 부진의 유일한 원인인지에 의심을 갖게 한다. 성장 부진의 원인에 대한 보다 심층적인 분석과 더 민감해진 감지 방법에 의해 적절한 위생 시설이나 깨끗한 물이 부족한 빈곤 지역에 사는 어린이들에게 반복적인 장 감염설사의 동반과 무관하게이 훨씬 더 흔하다는 점이 알려졌다.

이와 같은 위중한 병원성 질환은 개발도상국에서 심각한 사회적, 정치적, 경제적 결과와 함께 성장 장애 또는 인지 장애와 연관될 수 있다. 또한 이들 지역에서 빈번히 일어나는 영양부족은 장 감염에 의한 성장과 발달에 미치는 영향을 더욱 악화시키므로 영양실조와 장 감염의 잠재적인 "악순환"을 초래할 수도 있다.

영양부족과 함께 크립토스포리디움*Cryptosporidium* 또는 장출혈성 대장균과 같은 장내 병원균 또는 의간균 및 프로테오세균 문에 속하는 특정 미생물에 노출되면 성장 장애와 장 손상이 더욱 악화할 수 있다는 사실이 동물 모델에서 확인되었다. 이들 특정 혼합 미생물을 투여하지 않은 동일한 동물 모델에서는 성장 장애와 마이크로바이옴 변화는 초래했지만, 장 손상은 나타나지 않았다. 이러한 환경성 장기능장애에 대해서는 11장에서 더 자세히 설명하고자 한다.

식품 알레르기: 알레르기 질환은 Th2 면역반응이 특징인 만성염증성 질환이다. 유전적으로 특정 요인에 대해 민감한 일부 사람들에게는 대부분 사람에게 무해한 환경적 유발 요인에 노출될 때 알레르기 반응이 활성화된다. 알레르기는 피부 발진이나 알레르기성 대장염과 같은 가벼운 반응부터 아나필락시스와 같은 생명을 위협하는 질환까지 다양하다.

다른 만성염증성 질환과 마찬가지로 알레르기 질환도 서구에서 그 빈도가 빠르게 증가하고 있다. 이러한 질병은 점점 더 빈번해지고 있으며 임상 경과도 급격하게 변화하고 있다. 특히 음식 알레르기의 경우 과거처럼 생후 1~2년 이내에 자연적으로 해결되는 경우는 드물고, 최근에 더 오래 지속되고 심각해졌다.

최근 호주 통계에 따르면 호주인 3명 중 1명은 일생 중 언젠가 알레르기가 발생하고, 20명 중 1명은 음식 알레르기가 발생하며, 100명 중 1명은 생명을 위협하는 알레르기 반응을 일으키는 것으로 나타났다. 호주 병원의 입원 기록에 따르면 1994년부터 2004년까지 10년 동안 아나필락시스 사례는 두 배로 증가했으며, 5세 미만 어린이의 경우 나이가 많은 어린이와 성인보다 5배나 높은 비율을 보였다. 이는 알레르기의 발병이 성인에 비해 어린이에게서 더 빠른 속도로 증가하고 있음을 시사한다.[7] 이러한 유행의 원인은 아직 명확하지 않지만, 최근 연구에 따르면 다양한 알레르기 질환이 발생하는 영유아의 장내 미생물 구성이 건강한 또래와는 다르다는 사실이 밝혀졌다.

모든 알레르기 중에서도 식품 알레르기는 특히 장내 미생물이 발병 메커니즘에서 어떤 역할을 하는지에 대해 많은 연구가 추진되었다. 식품 알레르기는 미국 어린이의 약 5%가 앓고 있으며, 그 수가 증가하고 있어 경제적, 심리적, 의료적으로 큰 사회적 부담이 되고 있다. 따라서 식품에 대한 면역내성과 알레르기 반응 사이의 균형 조절에 관여하는 메커니즘에 관련된 연구가 활발히 진행되고 있다.

경구 면역내성은 식품 단백질, 장에 서식하는 마이크로바이옴, 다양한 면역 및 비면역 세포가 있는 장 점막 간의 복잡한 상호작용의 결과이다. 이러한 상호작용이 파괴되어 병적인 음식 알레르기를 일으키는 메커니즘은 아직 제대로 규명되지 않았다. 다양한 음식에 대한 부작용이 있는 어린이는 기본적으로 장 투과성이 증가하였으며, 이는 알레르기 반응으로 인해 악화하였다. 음식에 대한 면역내성은 주로 수지상 세포, 장 상피 세포 및 장내 미생물군집 간의 고도로 통합된 상호작용에 의해 획득된다. 일부의 수지상 세포는 항염증성 사이토카인을 발현하는 조절 T세포를 증가시킬 수 있다. 이 조절 T세포는 경구 면역내성 획득에 중요한 역할을 하며, 이 세포의 기능 장애가 있는 어린이는 음식 알레르기의 위험이 증가한다.

항원 노출의 시기와 종류의 중요성은 식품 알레르기 항원에 노출되는 적절한 시기에 관한 기존의 통념과 달리, 출생 후 조기 땅콩 섭취가 고위험군에서 식품 알레르기 발생률을 감소시킨다는 획기적인 임상시험 결과가 얻어졌다.[8] 그러나 우리는 알레르기 면역반응을 억제하고 면역내성쪽으로 유도하는 메커니즘에 대해 아직 충분히 알고 있지 않다. 또한 출생 후 언제 항원을 접하는 것이 좋은지, 또한 이를 일반적으로 적용해도 될 지에 대해서도 아직 잘 모른다.

최근 연구에 따르면, 미생물군집의 다양성이 높은 농장에서 자란 어린이는 천식 및 아토피 질환의 위험이 감소하며, 생애 초기에 항생제에 노출되면 알레르기 발병 위험이 증가한다고 한다. 이러한 역학적 관찰은 마이크로바이옴의 구성과 기능이 경구 내성을 유도하는 데 있어 중요 역할을 한다는 가설을 뒷받침하고 있으며 이는 최근에 인정받고 있다.

특정 공생 미생물 종이 식품 단백질에 대한 경구 내성을 촉진할 수 있으며, 식품 알레르기에서는 종종 공생 미생물의 불균형이 발견된다는 연구 결과들이 일부 있다. 예를 들어, 항생제 치료를 받은 쥐를 대상으로 한 데이터에 따르면 클로스트리디움속^{Clostridium} 종은 장 투과성과 선천성 림프 세포 기능을 조절하는 메커니즘을 통해 경구 내성을 촉진하는 것으로 나타났다.[9] 라크노스피라세아^{Lachnospiraceae}와 루미노코카세^{Ruminococcaceae} 같은 특정 공생 세균 과는 SCFAs $^{(Short-chain\ fatty\ acids,\ 단쇄지방산)}$를 생성하는 것으로 알려져 있으며, 그중 부틸산^{Butyrate}이 가장 많이 연구되고 있다. 부틸산은 식품 알레르기와 관련하여 다양한 면역 세포 매개 효과를 가지고 있으며, 쥐의 결장에서 Treg 세포 수를 증가시키는 것으로 나타났다.

이 책의 다른 부분에서 언급했듯이 마이크로바이옴 관련 결과를 쥐에서 인간으로 바로 연결하는 것은 일부 부적절할 수 있으므로 쥐의 마이크로바이옴 데이터를 인간 생물학에 바로 적용하는 것은 아직까지

의심스러운 명제로 남아 있다. 식품 알레르기가 있는 어린이를 대상으로 한 연구에서 마이크로바이옴의 전반적인 다양성에는 큰 변화가 발견되지 않았지만, 몇몇 세균 계통의 풍부도 변화는 식품 알레르기와 연관성이 있는 것으로 추측된다.10

특히, 건강한 대조군에 비해 식품 알레르기가 있는 유아의 가족에서 클로스트리디움과^{Clostridiaceae} 세균이 더 많이 발견되었다. 이 결과는 클로스트리디움속의 음식 알레르기에 대한 보호 효과를 보여주는 쥐의 데이터와 그 반대의 현상으로서 인간과 쥐의 면역 내성이 결손되는 메커니즘이 다를 수 있다는 사실로 설명할 수 있다. 그러나 보다 논리적인 설명은 두 마이크로바이옴 분석이 분류학적 계층 수준에서 크게 다르다는 사실에 있다. 인간 연구는 분류상 상위수준인 "과"의 데이터를 보여준 반면, 쥐 연구는 아래 수준인 "종" 수준의 데이터를 포함했기 때문이다.

클로스트리디과와 같은 과 미생물이 식품 알레르기가 있는 어린이에게 더 많이 존재할 수 있으나, 경구 내성에 관여하는, 같은 과 내의 어떤 속 또는 종 미생물은 이 어린이들에게 결핍되어 있을 수도 있다. 이런 현상은 독립된 여러 연구를 적절히 비교하기 위해서는 마이크로바이옴 문헌을 비판적으로 읽어야 한다는 점을 다시 한 번 강조하게 된다. 예를 들면 클로스트리디움속에 관한 동일한 연구에서 IgE 매개 식품 알레르기가 있는 유아는 클로스트리듐 센수 스트릭토^(클로스트리듐속의 일부 종 – 역주) 수치는 증가했지만 클로스트리디움XVIII속의 수치는 감소했다고 보고했다.

이러한 데이터를 해석할 때는 특정 미생물군 구성 요소의 병원성 역할 가능성, 그에 따른 잠재적인 치료 활용 가능성 측면에서 주의를 기울여야 한다. 많은 연구에서 식품 과민증이나 알레르기가 있는 어린이의 마이크로바이옴에 변화가 있음을 보여주었지만, 통일된 패턴을 밝히기는 어려웠다. 이는 작은 샘플 크기, 단면 분석, 다른 접근 방식, 그리고 생애 초기에 발견되는 혼란스러운 유아 마이크로바이옴 변화의 한계 때문일 수 있다.

따라서 마이크로바이옴 구성과 식품 알레르기 사이의 연관성을 입증하기 위해서는 이들 작용에 대한 메커니즘 연구가 더욱 필요하다. 이러한 연구의 한 예로 건강한 유아와 우유 알레르기가 있는 유아의 대변을 각각 투여한 무균 쥐에 대한 테일러 필리Taylor Feehley의 연구가 있다. 이 연구에 따르면 건강한 유아의 세균이 생착-군집화된 무균 쥐는 우유 알레르기항원에 대한 아나필락시스 반응으로부터 보호되는 반면, 우유 알레르기가 있는 유아의 세균이 군집화된 쥐는 그렇지 않은 것으로 나타났다.[11]

즉 건강한 영아와 우유 알레르기가 있는 영아 사이의 세균 구성에 차이가 있으며, 이러한 차이는 생착된 쥐에서도 지속되었다. 흥미롭게도 건강한 쥐와 우유 알레르기가 있는 쥐는 회장 상피에서 독특한 전사체 시그니처를 보였다. 건강한 쥐와 우유 알레르기가 있는 쥐의 회장에서 발현이 증가된 유전자의 상관관계를 분석한 결과, 음식에 대한 알레르기 반응으로부터 보호하는 클로스트리디움강Clostridia 세균종으로 아나에로스티프스 카카에Anaerostipes caccae가 발견되었다.

이와 같은 연구는 마이크로바이옴을 가능한 치료 표적으로 활용하는 방법에 관한 몇 가지 교훈을 알려주며, 여기에는 중개 연구의 필요성이 포함된다. 또한 마이크로바이옴 연구를 발병과정의 메커니즘과 연결하려면 마이크로바이옴 분석을 종이나 이상적으로는 균주 수준까지 심화해야 한다. 그리고 앞서 설명한 것처럼 특정 미생물을 알레르기 반응을 포함한 만성염증 과정의 유발 또는 보호 기능과 연관시키기 위해 쥐 인간화 모델과 같은 동물 모델이 마이크로바이옴 연구에 여전히 유용하다는 사실을 염두에 두어야 한다.

- **모든 연령대의 질환**

셀리악병: 셀리악병은 자가면역 질환 중에서도 독특한 질환이다. 환경적 유발인자글루텐에 대한 면역내성이 깨지고 이후 자가면역 장병증이 발생하는 질병으로 특이 자가항체가 강력한 바이오마커로 확인되어, HLA DQ2 또는 DQ8 또는 둘 다와 밀접한 연관성이 있는 것으로 밝혀졌다. 따라서 글루텐을 섭취하기 시작한 시점을 기준으로 환경 유발인자에 대한 노출을 면밀히 추적할 수 있으며, 자가항체 조직 트랜스글루타미나제transglutaminase에 대한 전향적 검사를 자주 실시하면 글루텐에 대한 내성 상실이 발생하는 시점을 정확하게 파악할 수 있다.

우리는 인류에게 영향을 미치는 모든 만성염증성 질환 중에서 마이크로바이옴이 병원성 역할을 할 수 있는 질병 목록의 최상위에 셀리악병을 고려하지 않았다. 최근까지만 해도 유전적 소인과 글루텐 함유 곡물 섭취가 셀리악병 발병에 필요하고 충분한 것으로 간주하였다. 그러나 이러한 패러다임과 상충하는 역학적 관찰 결과(이미 다른 장에서 설명한 바 있음)로 인해 셀리악병에서도 마이크로바이옴 구성과 기능의 변화가 중요한 역할을 할 수 있다는 가설이 제기되었다.

시험관에서 진행한In vitro 연구에 따르면 미생물은 글리아딘의 소화, 글리아딘에 반응하는 사이토카인의 생성, 글리아딘에 의해 유도되는 장 상피 투과성 증가에 영향을 미칠 수 있다고 보고되었다. 그리고 대부분의 임상 연구는 연령, 질병 상태, 관련 징후 및 증상에 따라 셀리악병 환자의 분변 및 소장 미생물군집의 구성, 구조, 다양성의 차이를 조사한다. 대변의 SCFAs 패턴으로 측정한 관련 대사 활동은 활동성 셀리악병 환자에게서 변화가 되어 있으며, 전술한 장내미생물 불균형이상과도 관련이 있다. 그러나 표본 수집, 분석 기술, 연구 대상 집단의 연령, 질병 상태의 차이로 인해 이들 연구결과를 단순히 비교하기는 어려운 상황이다.

유전적 구성에 영향을 미치는 위장관 미생물군집의 근본적인 차이도 유아의 향후 셀리악병 발병 위험에 영향을 미칠 수 있다. DQ2 하플로타입을 가진 유아의 미생물군집은 대조군 유아에 비해 페르미쿠테스균과 프로테오세균이 더 풍부한 것으로 밝혀졌다. 셀리악병을 앓고 있는 직계 가족부모/형제/자녀가 있고, 호환성 유전자형을 가진 유아는 출생 후 첫 2년 동안 의간균Bacteriodetes이 감소하고 후벽균Firmicutes이 증가되어 있으며, 미생물군집의 성숙이 전반적으로 지연되는 것으로 나타났다.[12]

글루텐 섭취는 셀리악병 발병에 필수적이다. 생후 6개월이 아닌 생후 12개월에 글루텐을 유아의 식단에 도입하면 일시적으로 셀리악병 발병이 지연되지만 발병을 예방하지는 못한다. 16주에서 24주 사이에 유아를 소량의 글루텐에 노출하는 것은 셀리악병 유병률에 영향을 미치지 않는 것으로 나타났다. 글루텐 도입 시기를 평가하는 임상 연구에서 아직 의미 있는 병리학적 또는 예방적 시점을 밝혀내지는 못했지만, 글루텐 도입이 유아의 숙주 마이크로바이옴을 변화시켜서 셀리악병 위험에 노출시킨다는 사실이 알려져 있다. 글루텐을 섭취하면 퍼미쿠테스균과 프로테오세균이 증가하는 주목할 만한 변화를 가져왔다. 자가면역이 생긴 유아는 셀리악병 항체가 처음 나타나기 전에 대변에서 높은 젖산 분포를 보였으며, 이는 젖산간균 종이 상대적으로 풍부하다는 것을 의미한다.[13]

출생 초기, 장내 미생물군집의 궤적을 조사함으로써 유전적 소인에 의해 이 질병에 걸리거나 걸리지 않는 이유에 대한 단서를 얻을 수 있다. 욜란다 산츠$^{Yolanda\ Sanz}$ 연구팀이 실시한 중첩 사례 대조 연구에 따르면 건강한 상태를 유지한 유아의 미생물군집은 시간이 지남에 따라 세균 다양성이 증가하며, 후벽균과 세균이 증가하는 특징이 있는 것으로 나타났다. 이러한 변화는 셀리악병이 발병한 유아에서는 발견되지 않았다. 또한 비피도박테리움 롱검$^{Bifidobacterium\ longum}$의 상대적인 증가는 정상 아동 그룹과 관련이 있는 반면, 비피도박테리움 브레브 $^{Bifidobacterium\ breve}$와 장구균^{Enterococcus} 종의 증가는 셀리악병 발병과 관련이 있는 것으로 나타났다. 이러한 연구결과는 셀리악병에 걸릴 위험이 있는 유아의 장내 미생물의 초기 궤적 변화가 셀리악병 발병으로 이어질 수 있음을 시사한다.[14]

이러한 연구결과를 종합하면 미생물군집 구성과 기능의 특정 변화를 자가면역 발병의 예측 인자로 사용할 가능성이 있음을 나타낸다. 이와 관련하여 마이크로바이옴 연구 분야를 막연한 연관성에서 원인으로 전환하는 데 있어 출생 코호트 연구의 가치에 대한 깊은 논의가 14장에서 계속 될 것이다.

염증성 장질환(IBD)Inflammatory Bowel Disease: 염증성 장질환의 발병에 미생물이 관여한다는 가설은 수년 전부터 제기되어 왔다. 그러나 IBD를 특징짓는 만성염증 과정을 유발하는 병원균을 찾기 위해 큰 노력을 기울였음에도 불구하고 IBD를 유발하는 미생물을 특정해 내지는 못하고 있다. 이와 병행하여 추진된 IBD와 관련된 유전적 특성을 찾기 위한 초기 연구에서 NOD 유전자를 비롯한 주요 패턴 인식 수용체(PRRs)Pattern recognition receptors에서 특정 돌연변이가 연관되어 있으리라는 희망적인 결과를 얻었다.

그러나 이러한 유전적 돌연변이가 IBD 환자의 일부에만 관련되어 있고, 유전적 구성만으로는 이러한 질환 발병 위험의 일부만 설명할 수 있다는 사실이 밝혀지면서 초기의 기대는 상당 부분 감소하였다. 이러한 발견은 유전적 소인 외에도 IBD의 특징적인 면역 조절 장애가 추가적인 요인으로 간주되어야 함을 뜻한다.

지난 몇 년 동안 IBD의 발병 메커니즘이 공생 미생물에 대한 부적절한 면역반응의 결과일 수 있다는 논문들이 많이 발표되었다. 이러한 비정상적인 면역반응은 유전적 돌연변이와 장내 세균 불균형dysbiosis에 기인하는 2차적 결과로 보인다. 그러나 장내 미생물군집 분석에 사용된 다양한 기술, 질병 활성도, 염증 부위, 미생물군집 샘플링 부위대변대 점막를 비롯한 방법론적 접근 방식의 차이로 인해 연구 결과 간의 직접적인 비교는 쉽지 않다.

그럼에도 불구하고 이러한 장내 세균 불균형은 생물 다양성의 감소와 여러 미생물군의 변화된 분포를 특징으로 나타내고 있다. 일부 연구에서는 크론병 환자에서 의간균 및 후벽균이 증가한다고 보고했지만, 후벽균의 리보타입(종특징적 rRNA 유형-역주) 수는 건강한 대조군에 비해 감소한 것으로 나타났다. 또한 질병 진행 정도를 고려했을 때 크론병 환자에서 정반대의 결과가 보고되었는데, 관해기에 분석된 환자에 비해 질병의 급성 진행기에서는 의간균의 다양성이 감소한 것으로 나타났다. 그리고 대장 크론병 환자에서는 후벽균의 다양성이 증가하고, 회장 크론병 환자에서는 그 다양성이 감소하는 것으로 보고되는 등 질병 발생 부위도 미생물 구성에 영향을 미칠 수 있다.[15]

그 외에도 샘플링 부위도 마이크로바이옴 분석에 큰 영향을 미칠 수 있다. 크론병 환자의 점막 생검을 대변 샘플과 비교한 결과, 장내세균과 Enterobacteriaceae(주로 대장균)의 증가와 분변세균과 Faecalbacterium의 다양성 감소가 발견되었다.[16] 이러한 장내 미생물 불균형은 종종 산화 스트레스의 관여, 탄수화물 대사 감소, 영양소 수송 및 흡수 증가와 균형을 맞추는 아미노산 생합성을 포함한 미생물 대사 감소 및 세균 단백질 신호의 특정 기능 장애와 관련이 있다.

이러한 변화는 미생물군집 구성의 변화와 IBD 발병 사이의 연관성을 시사하지만, 아직까지 주변부에 대한 설명적 성격이 강하다. 또한 주로 분변 마이크로바이옴 샘플에 초점을 맞추고 있기 때문에 한계가 있다. 왜냐하면 IBD의 경우 점막 마이크로바이옴이 특정 미생물과 질병 발병을 연결하는 데 훨씬 더 관련성이 높을 수 있기 때문이다. 이러한 부위 샘플링 요소는 많은 마이크로바이옴 연구와 관련이 있으며, 향후 효과적인 치료 개입으로 이어질 수 있는 미생물 생태계의 정확하고 완전한 분석 과정에도 지대한 영향을 미칠 수 있다.

생리적 상황에서 대장 미세 환경은 산소가 상대적으로 부족하며, 산소는 대부분 상피에서 생성되므로 점막에 근접한 곳에 사는 경우에만 호기성 세균의 성장이 유리하다. 그러나 염증이 발생하는 동안에는 혈류 증가로 인해 이차적으로 산소가 증가하고, 이러한 변화는 호기성 미생물의 증식과 혐기성 종의 고갈을 특징으로 하는 미생물군집 구성의 변화를 유발한다. 그러나 이러한 변화는 일종의 "악순환"으로 염증 과정을 지속시킨다 하더라도 IBD의 원인이 아니라 결과라는 점을 지적할 필요가 있다.

  IBD를 앓는 소아환자의 장내 미생물 불균형에 대한 데이터는 더 제한적이다. IBD에 걸린 소아의 조직에서 종 수준에서 미생물군집을 분석한 결과, 이전에 보고되지 않은 접착성-침습성 대장균의 두 가지 균주가 확인되었으며, 이는 암배아, 항원관련세포 접착분자-6, 종양괴사인자(TNF)-알파 및 인터루킨-8 유전자/단백질 발현의 활성화 조절과 메커니즘적으로 연관되어 있었다. 또한 궤양성 대장염을 앓는 코르티코스테로이드 비반응성corticosteroid-nonresponsive 소아에서 후벽균Firmicutes, 베루코마이크로바이아Verrucomicrobiae, 렌티스파에Lentisphaerae 등 분변 미생물의 다양성 감소가 더 두드러지게 나타났다.[17]

  최근 메타게놈 분석과 숙주 전사체 기반 접근법을 적용하면서 마이크로바이옴의 기능 변화가 숙주의 임상결과에 어떤 영향을 미치는지, 메커니즘적으로 보다 잘 이해할 수 있게 되었다. 더크 게버스Dirk Gevers와 동료들은 이 접근법을 사용하여 최근에 IBD 진단을 받았지만 치료를 받지 않은 어린이 코호트를 분석했다. 그들은 IBD에 걸리지 않은 어린이에 비해 IBD에 걸린 어린이에게 차별적으로 존재하는 다양한 점막 세균을 확인하여 이 미생물 그룹이 크론병의 임상결과를 예측

할 수 있음을 입증했다.[18]

 이 어린이들 중 일부를 대상으로 연구한 결과, 항균 이중 산화효소 (DUOX2) 발현과 크론병에서 증가된 프로테오세균군의 확산 사이에 밀접한 상관관계가 있고, 지질단백질 유전자 APOA1의 발현도 이들 환자에서 후벽균의 감소와 포지티브한 상관관계가 있음을 숙주 RNA-seq 분석으로 입증할 수 있었다.[19] 그리고 산화 스트레스와 Th1 표현형에 유리한 DUOX2 증가와 APOA1 발현 감소의 조합은 중증 점막 손상 환자에서 더 빈번하게 일어나는 것으로 나타났다.

 물론 이러한 연관성을 병원성 역할까지 확인하려면 대규모 코호트 연구를 통해 검증되어야 한다. 이러한 종류의 연구는 숙주 유전체학 및 메타게놈 데이터 세트를 통합하기 위한 향후 연구에 탄탄한 토대를 제공할 것이다. 이러한 연구 결과를 통해 숙주 면역반응과 질병 발병과 관련된 마이크로바이옴 간의 상호작용에 대한 좀 더 완전한 규명에 다가가게 될 것이다.

Chapter 8
마이크로바이옴과 비만

전 세계적인 유행병의 증가 추세

WHO는 과체중과 비만을 "건강에 위험을 초래하는 비정상적이거나 과도한 지방 축적"으로 정의한다.[1] 수십 년 동안 임상의들은 비만이 진정한 질병인지 아니면 단순히 질병의 위험 요인인지, 또는 제한된 운동과 과도한 칼로리 섭취를 포함한 생활 방식 선택의 결과인지에 대해 논쟁을 벌였다. 미국에서는 2014년 미국의학협회가 비만체질량지수(BMI) 30 이상을 만성질환으로 정의하는 논란의 여지가 있는 결정을 내렸고,[2] 임상의들은 다양한 형태의 과체중 및 비만 상태를 진단하기 위해 여러 코드를 사용하고 있다.

하지만 여전히 비만을 도덕적 또는 개인적 결함, 수치심의 원인으로 인식하는 경우가 많으며, 과체중 및 비만 아동이 마른 아동보다 훨씬 더 자주 괴롭힘을 당하는 것에서 알 수 있듯이 비만을 수치심의 원인으로 인식하는 경우가 많다. 누가, 그리고 무엇이 이 지속적 병적상태를 유도하는지는 학계와 일반 사회에서 상당한 논쟁을 불러일으키고 있으며, 최근 유전적 위험도 평가와 더불어 마이크로바이옴 과학의 발전이 이러한 논쟁의 일부를 형성하고 있다.

비만의 한 가지 해석할 수 없는 부분은 지난 수십 년 동안 비만은 놀라울 정도로 빨리 증가했다는 것이다. WHO에 따르면 1975년 이후 전 세계적으로 비만은 3배 가까이 증가했으며, 전 세계 인구의 대부분은 저체중이나 영양실조보다 비만과 과체중에 따른 사망자가 더 많은 국가에 살고 있다. 2016년에는 19억 명 이상의 성인이 과체중이었고, 6억 5천만 명이 비만이었다. WHO에 따르면 비만 유행에서 특히 우려스러운 측면은 2016년 5세 미만 어린이 4,100만 명이 과체중 또는 비만으로 분류되는 소아 비만이다.[3]

비만에 대한 고전적인 관점에서는 섭취하는 음식의 양이 비만을 유발하는 요인이라는 것이다. 즉, 신진대사 능력보다 더 많이 먹으면 비만이 된다는 것이다. 그러나 이제 우리는 비만이 그렇게 간단하지 않다는 것을 알고 있다. 비만의 다른 생물학적 및 환경적 측면, 즉 유전적 구성 또한 중요하다. 원하는 것은 무엇이든 먹을 수 있고 날씬한 몸매를 유지하는 운이 좋은 사람들을 알고 있지만, 우리 중 일부는 단순히 음식을 보기만 해도 살이 찌는 것처럼 보인다!

최근까지 우리는 이러한 차이를 유전적으로 결정된 대사 프로파일과 관련이 있는 것으로 해석했고, 이는 칼로리를 연소시켜 몸매를 유지하거나 축적하여 비만 쪽으로 이어지는 능력을 결정한다. 최근 비만이 발생할 위험에 장내 미생물군집이 신진대사에 영향을 미칠 수 있는 요인으로 추가되었다. 또한 많은 생활 습관 요인이 장내 미생물군집의 구성과 기능에 궁극적으로 영향을 미칠 수 있으며, 이는 우리가 섭취하는 음식의 양과 질에 의해 크게 영향을 받는다.

장내 미생물군집이 비만에 미치는 영향에 대한 해답을 얻기 위해

MGH보스턴의 Massachusetts General Hospital의 동료 중 한 명인 리 카플란Lee Kaplan 박사에게 문의했다. 리 카플란은 간 임상 전문의로서 과체중 및 비만 환자를 치료하고 MGH의 비만, 대사 및 영양 연구소에서 이러한 질환의 원인에 관한 연구를 수행하고 있다. 그는 옛 강연에서 발표자가 한 말을 자주 인용하는데, 이 주제에 대한 그의 견해를 명료하게 정의하는 말이다. "비만에 관한 연구는 우주 로켓 과학보다 훨씬 더 복잡하다." 이런 견해를 가진 카플란은 만성염증성 질환과 비만 관련 주제에서 인간 마이크로바이옴의 역할에 대한 중요성을 강조했다.[4]

복잡하고 도전적인 질병

마이크로바이옴의 역할로 넘어가기 전에 카플란은 비만의 고전적 모델을 뒷받침해 온 몇 가지 가정에 이의를 제기했다. 그는 세계 역사상 처음으로 음식이 과잉 공급된 지금, 우리는 그 어느 때보다 많은 칼로리를 섭취하여 비만을 초래한다는 가정에 이의를 제기한다. 즉 현재의 비만 유행이 인류 역사 대부분에 걸친 만성적인 식량 부족에서 최근 산업화된 국가의 식량 과잉으로 전환된 결과일 뿐이라는 생각에 의문을 제기한다.[5] 그렇다면 카플란의 주장처럼 인류가 제한된 식량 자원의 고통을 겪게 되지 않고, 음식의 양과 선택의 폭이 모두 과잉인 지금, 비만 유행의 원인은 무엇인가?

카플란은 "단지 칼로리일 뿐"이라는 개념은 이상적인 체중을 유지하기 위해 최적의 신진대사 평형을 목표로 하는 정교하고 정확한 조절 시스템의 개념과 잘 맞지 않는다고 말한다. 예를 들어, 어린이가 아플 때 체중이 몇 파운드 줄었다가 병이 낫고 나면 금방 회복되는 경우가 있다. 카플란에게 이러한 현상은 단순히 칼로리만이 아니라 우리 몸의 체중을 유지하는 보호 메커니즘이 있음을 시사한다.[6]

게놈전장연관성연구(GWAS)Genome-wide association studies를 통해 비만 및 체질량지수와 관련된 250개 이상의 유전자가 확인되었다.[7] 카플란은 이들 유전자들이 반복되어 있다는 점을 지적하며, 이는 인간이 진화적으로 체중 항상성을 위한 확실한 방안을 보유하고 있음을 암시한다고 설명했다.[8] 유전자가 비만에 영향을 미칠 수 있다는 사실은 같은 가족 내에서 비만이 자주 발견된다는 근거에 의해 뒷받침된다. 가족 구성원들이 비만을 유발할 수 있는 건강하지 않은 유사한 생활 습관을 지니고 있다고 주장할 수 있지만, 대규모 코호트 연구를 통해 비만을 조사한 동물 연구와 GWAS 분석에 의해 유전적 소인도 비만의 원인으로 지목하고 있다.

카플란과 MGH, 브로드 연구소, 하버드 의대, 영국 브리스톨 대학 및 기타 여러 기관의 연구자들은 2015년 한 연구 그룹을 결성하여 신생아부터 중년에 이르는 약 30만 명을 대상으로 대규모 연구를 실시했다.[9] 그들은 계산 알고리즘과 대규모 데이터 세트를 사용하여 출생부터 성인까지의 체중과 비만 궤적의 다원성 예측을 위해 200만 개 이상의 공통 유전자 변이를 사용하여 새로운 다원성 예측 인자를 도출하고 검증 및 테스트했다.[10]

이 복잡한 연구의 결론은 저자들이 비만 위험을 예측할 수 있는 여러 유전자의 존재를 기반으로 일종의 "유전적 청사진"을 개발했다는 것이다. 이 연구의 결론은 비만이 인간의 의지력 부족으로 인해 덜 먹으려는 의지가 부족하기 때문이라는 생각과 모순된다. 그럼에도 불구하고 다른 장에서 언급한 비감염성 만성염증성 질환의 유행을 고려하면, 유전자 돌연변이가 질병 상황으로 이어지기까지 훨씬 더 오랜 시간이 걸리기 때문에 지난 30년 동안 급증한 비만율에 대해 우리 몸속의 유전자만을 탓하기는 어렵다.

그러므로 많은 연구자들은 유전자 외에도 전 세계적인 비만 유행을 주도하는 현대 환경에 무언가가 있다는 카플란의 가정에 동의한다. 그는 비만을 여러 복합적인 요인에 의해 영향을 받는 현대화와 관련된 문제(아래 참조)라고 말하며, 그 목록에 불균형한 장내 미생물군집을 추가할 수 있다. 지난 20년 동안 선구적인 마이크로바이옴 연구자들은 체중과 칼로리 항상성에서 마이크로바이옴의 역할을 비만과 영양실조의 양극단까지 폭넓게 연구해 왔으며, 비만의 복잡한 본질에 대한 통찰력을 얻기 위한 논의에 집중하고 있다.

진화 생물학과 비만

많은 인간은 일생에 걸쳐 여러 가지 이유로 음식을 먹지 못한다. 병에 걸리거나 몸이 불편해지거나 자연재해 또는 전쟁이나 기타 분쟁으로 인한 난민으로 기근을 겪게 되는 등 여러 가지 이유가 있다. 이런 일이 발생하면 우리 몸은 지방 저장고를 모두 소모하게 된다. 진화론적으로 볼 때, 인간은 병에 걸리거나 식량 부족에 직면하면 저장된 지방을 대사하여 에너지를 얻는다. 이러한 식량 비상사태를 극복하기 위해서는 적절한 양의 지방이 필요하며, 이것은 우리 몸속에 프로그램된 일종의 비상시 대처방안이다.

먼저 감염이나 기타 질병과 같이 적절한 음식 섭취를 방해하는 조건에서 회복할 수 있는 상황을 살펴보자. 카플란은 사람이나 동물의 체내 지방량은 장기간의 뼈골절에서 회복하는 시간 동안 생존하기에 충분하다고 말한다.[11] 사람이든 쥐든 사자든 부상을 당하면 더 이상 포식자가 될 수 없다. 먹잇감이 되지 않기 위해 숨어 지내야 하고, 먹이를 많이 먹을 수도 없다. 이러한 비상 상황에서 살아남으려면 미리 일정량의 지방을 저장해야 한다. 즉 인간과 다른 동물은 장기간 먹이를 구할 수 없는 상황을 포함한 여러 비상 상황에서 생존할 수 있도록 신체 내부가 독창적으로 설계되어 있다.

따라서 지방이 너무 적으면 진화적으로 불리한 환경에 처하게 된다. 비상 상황에서 살아남으려면 어느 정도의 지방이 필요하기 때문이다. 그러나 지방의 상실을 방지하는 유전자의 활성화로 인해 지방이 너무 많아지면 이런 상황도 진화적으로 불리한 환경에 처하게 된다. 얼룩말, 다람쥐, 기린과 마찬가지로 인간도 종의 생존을 위해 적절한 지방량을 유지하는 정교한 조절 메커니즘을 진화시켜 왔다.

그러나 지난 200년 동안, 특히 산업혁명의 도래와 함께 우리는 그 섬세한 균형을 크게 바꾸어 놓았다. 카플란은 그 기간 동안 우리의 유전자가 충분한 지방 저장과 과도한 지방 사이의 균형을 새로운 식량 가용성 방정식을 사용하여 재조정할 수 있을 만큼 충분히 진화하지 못했다고 주장한다. "우리가 비만으로부터 보호받는 방안은 신체가 너무 많은 지방을 저장하는 범위에서 벗어나게 하는 것이다. 부상이나 장기간의 질병에 대비하여 신체를 보호할 수 있을 만큼의 지방을 보유해야 하지만, 지방 저장이 부담될 정도로 너무 많이 보유해서는 안 된다."[12]

카플란은 지방 조절의 병태생리 현상을 설명하기 위해 임신을 예로 든다. 임신 중에는 신체가 정상적으로 조정된 지방 저장 프로그램을 활용해 더 많은 지방을 저장한다. 임신과 수유가 끝나면 신체는 축적된 지방을 다시 감소시켜 과도한 지방을 제거한다. 카플란은 급성 질환 후 신체가 손실된 지방을 축적하는 것과는 정반대의 현상이라고 지적했다.[13] 또 사춘기 역시 체지방의 자연적인 감소를 보여주는 또 다른 예이다.

비만을 비정상적인 지방 축적으로 정의할 수 있다면, 효과적인 치료는 수유가 끝나거나 사춘기가 시작될 때 일어나는 일, 즉 과도한 지방 축적을 제거하는 것을 모방해야 한다. 카플란은 비만과 임신은 "특정 목적의 회로 모델" 형태로는 거의 동일하지만, 병리 생리학 측면에서는 특히 스트레스와 생체리듬의 파괴를 포함한 특정 환경 요인 또는 미생물군집의 구성과 기능에 영향을 미치는 기타 요인들을 고려하면 근본적인 차이가 있다고 말했다.[14]

근위 소장에서 장내 미생물의 기능이 변화하면 장 투과성이 증가할 수 있다는 강력한 증거가 있다.[15] 이는 내독소 및 기타 거대 분자의 통과를 허용하여 비감염성의 약한 만성염증을 유발할 수 있다. 이러한 염증은 선천성 면역반응의 활성화로 인해 이차적으로 발생하며, 문맥 순환을 통해 간으로 퍼져 궁극적으로 해당 장기에 염증을 일으키고 지방간 및 T2D의 전형적인 대사 장애를 일으킬 수 있다.[16]

그럼에도 이러한 대사 변화는 중복성과 보상 메커니즘을 특징으로 하는 훨씬 더 복잡한 대사 회로의 틀 안에 있다. 이는 비만과 장내 미생물군집의 구성 및 기능 사이의 관계를 연구하는 것을 더욱 어렵게 만들 뿐만 아니라 개입할 수 있는 표적을 판별하는 것을 복잡하게 만든다. 마이크로바이옴 연구 분야의 선구적인 개척자 중 한 연구실의 지속적이고 협동적인 연구 포트폴리오는 비만과 장내 미생물군집의 기능에 대한 통찰력을 다음과 같이 제공하고 있다.

비만이 장내 미생물 연구의 문을 열다

제프 고든Jeff Gordon은 인간 장내 미생물군집 연구 분야의 '아버지'로 여겨지는 인물이다. 그는 2000년대 초 워싱턴 대학교에서 개발한 무균 쥐 모델을 사용하여 비만의 발병 메커니즘에서 장내 미생물군집의 역할에 관한 연구를 개척했다. 고든의 연구팀은 비만을 유발하는 유전자 돌연변이가 있는 쥐는 같은 식단을 투여해도 장내세균의 구성이 마른 쥐와 다르다는 사실을 밝혀냈다. 고든과 함께 연구한 루스 레이Ruth Ley와 그녀의 그룹은 비만 쥐가 마른 쥐보다 후벽균Firmicutes이 많고 의간균 Bacteroidetes이 적다는 사실을 보고했다.[17]

고든의 또 다른 연구원인 피터 턴보Peter Turnbaugh는 유전적으로 비만인 쥐의 장내 미생물을 세균이 없는 정상 쥐에 이식한 결과, 이 정상 쥐는 세균 이식을 받지 않은 쥐에 비해 더 뚱뚱해졌다. 2006년 12월에 〈네이처〉에 발표된 논문에서 고든의 연구팀은 장내 미생물 구성이 비만의 결과가 아니라 원인이라는 사실을 처음으로 보여주었다.[18] 고든,

레이, 턴보, 사무엘 클라인Samuel Klein은 인간을 대상으로 한 연구에서도 비만인 사람이 저지방 식단을 섭취할 때 장내 미생물이 변화한다는 것을 보여주었다. 이러한 결과가 2006년 〈네이처〉에 발표되었을 때 고든과 그의 팀은 미생물군집이 질병을 일으킬 수 있다는 아이디어를 동시에 제안했다.[19]

그후 고든의 연구팀은 추가 연구에서 인간 쌍둥이 쌍에게 얻은 대변과 인간화한 쥐를 사용하여 비만 표현형을 확립하는 데 있어 장내 미생물군집의 역할을 확인했다. 일란성 쌍둥이 중 한 명은 마르고 다른 한 명은 비만인 여아의 대변 샘플에서 추출한 장내 미생물을 무균 쥐에 이식했다. 그 결과 "비만인 일란성 쌍둥이의 미생물은 체지방 증가와 대사 이상과 같은 비만인의 특징을 쥐에게 전달한 반면, 마른 쌍둥이의 미생물을 이식받은 쥐는 더 날씬하고 대사적으로 건강했다."[20]

연구진은 또한 쥐들이 동일한 케이지에서 대변의 세균 균주쥐는 일반적으로 배설물을 먹는다를 공유했을 때, 비만 장내 미생물군을 받은 쥐의 장내 미생물군에서 비만 표현형과 관련된 미생물이 확립되는 것을 발견했다. 연구진은 쥐들이 같은 양의 음식을 섭취했기 때문에 비만과 관련된 특징은 섭취한 칼로리가 아니라 마이크로바이옴의 차이와 관련이 있다는 결론을 내렸다.[21] 이 자연적인 마이크로바이옴 이식 실험은 마른 기증자의 마이크로바이옴이 비만 기증자의 마이크로바이옴에 없는 기능을 수행하여 비만을 예방하는 것으로 추정되었다.

고든 연구실의 연구결과를 통해 '칼로리 섭취'와 '에너지 소비'라는 패러다임에 큰 변화가 생겼다. 그에 따라 카플란은 "덜 먹고Eat Less, 더 운동하기Exercise More"라는 ELEM 방식이 과체중이나 비만인 많은 사람에게는 효과적이지 않다고 말했다.[22] 앞으로 장내 미생물의 기능과 구성에 대해 더 많이 알게 되면 장내 미생물의 영향을 받는 에너지 균형의 정교한 특성이 더 명확해지고, 비만을 치료하고 예방하는 성공적인 치료 방법의 가능성이 높아질 것이다.

내부에서 바라본 비만

카플란은 환경의 변화로 인해 신체 내부의 신호가 변화하고, 그 결과 체지방을 조절하는 조절 체계에 변화가 생길 것으로 보았다.[23] 그에 따라 적절한 에너지원과 균형을 유지하기 위한 이 회로의 작동 방식과 이 회로의 '마스터 보드'가 어디에 있는지가 집중적으로 연구되었다.

비만과 관련된 약 200개의 유전자 중 80%는 주로 뇌에서 발현된다. 이는 뇌가 체질량 지수를 조절한다는 최종 목표를 가지고 신진대사 경로와 외부 환경 간의 상호작용을 조정하는 회로의 마스터 조절자 역할을 할 수 있음을 강력하게 시사한다. 이러한 사실이 앞서 설명한 마이크로바이옴 의존성 비만이 뇌의 BMI 마스터 조절 변화와 관련이 있다면 장과 뇌장-뇌 축 사이의 가능한 상호작용에 또 다른 복잡성을 추가하게 될 것이다. 우리는 이미 다른 말초 신호가 뇌 회로를 통해 신체 대사에 어떻게 영향을 미칠 수 있는지 보여주는 예를 알고 있다.

체질량을 조절하는 뇌의 수백 개 유전자의 완전한 위치 파악과 모든 기능은 아직 밝히지 못했지만, 뇌와 소통하는 여러 사이토카인을 정교하게 상승시키며 이 기능을 조절하는 중요한 인터페이스 중 하나가 바로 골격근인 것은 알고 있다. 이러한 사이토카인또는 마이오카인myokine 중 하나는 올림포스산의 무지개 여신이자 신들의 메신저인 그리스 여신 아이리스의 이름을 딴 이리신irisin이다. 뇌 유래 신경 영양 인자의 발현을 증가시키는 것으로 밝혀진 이리신은 근육 재생과 성장을 조절하는 다양한 유전자의 발현을 촉진하여 운동 후 유익한 효과를 매개하는 것으로 밝혀졌다.[24]

이리신은 근육 세포에서 자연적으로 발현되며 운동을 하면 증가해 에너지 소비량을 늘리고 혈당 수치를 조절한다. 이 마이오카인은 또한 일반적으로 사람의 허리둘레에 칼로리를 저장하는 '나쁜' 백색 지방을 칼로리를 소모하는 '좋은' 갈색 지방으로 전환하는 이점이 있다. 갈색 지방은 아기와 어린아이에게 발견되지만 성인에게는 대부분 사라지며, 운동하는 것보다 더 많은 칼로리를 소모하기 때문에 건강에 특히 유익하다.

이 신호 경로는 활동적인 생활 방식에서 앉아서 생활하는 방식으로의 전환과 같은 환경 변화를 뇌가 어떻게 인지하여, 칼로리를 저장하는 백색 지방의 증가와 동반하여 이리신 생산 감소를 통해 비만으로 이어지는 대사 재배열로 전환하는지를 보여주는 예가 될 수 있다. 결론은 비만은 단순히 운동량 감소나 칼로리 섭취량 증가 또는 이 두 가지가 복합적으로 작용하여 지방이 축적되는 문제가 아니라는 것이다. 카플란이 말했듯이, 비만은 전반적인 칼로리 균형과 체질량 항상성에 영향을 미치는 뇌와 말초의 소통을 포함하는 훨씬 더 복잡한 과정이다.[25]

이 새로운 개념은 비만에 관한 간단하고 직접적인 해결책을 찾고자 하는 우리의 욕구와 상충된다. 예를 들어, 우리는 BMI를 조절하는 한 가지 방법이 우리가 먹는 음식을 통해서라는 것을 알고 있다. 우리 몸에는 칼로리를 배출하는 다양한 방법이 있다. 칼로리의 구성이 바뀌면 장 점막에는 항상성을 유지하기 위해 새로운 칼로리 구성에 적응할 수 있는 센서가 있다. 예를 들어, 장 점막의 이러한 센서는 포화 지방을 흡수하지 않거나 특정 당분이나 SCFAs, 전분 또는 기타 칼로리의 공급원이 되는 물질의 대사를 잘 일으키지 않을 수 있다.

그럼에도 불구하고 신진대사 기능을 좌우하는 또 다른 주요 변수는 장내 미생물의 구성과 기능이며, 가장 중요한 것은 식단의 영향을 많이 받는 장내 미생물군집의 기능으로서 장내 미생물은 우리가 먹는 음식을 먹게 된다. 그리고 마이크로바이옴 구성이 동일하게 유지되더라도 식단이 바뀌면 마이크로바이옴 유전자 발현 프로파일메타 전사체이 변화하여 마이크로바이옴 기능이 달라질 수도 있다.

이런 변화가 후성유전적으로 신진대사에 어떤 영향을 미칠 수 있는지는 아직 알려지지 않은 역동적인 연구 분야이다. 우리는 대사 항상성이 숙주 생체에 따라 다양한 방식으로 변화할 수 있다는 것을 알고 있다. 즉 환경의 변화, 식단 구성의 변화, 마이크로바이옴의 구조와 기능의 변화 등이 대사항상성에 영향을 미치며, 이 모든 것이 BMI 조절 방법에 대한 해석을 이전에 상상했던 것보다 훨씬 더 복잡하게 만들고 있다.

작용 메커니즘 쪽으로 논의 주제의 이동

그렇다면 비만과 관련된 마이크로바이옴 연구를 보다 메커니즘적인 수준으로 끌어올리기 위해 무엇이 필요할까? 비만에 대한 대사 특성을 유지하는 쥐 모델을 사용한 고든의 연구를 다시 살펴보자. 이 연구에 따르면 마이크로바이옴 기능은 섭취된 음식에서 흡수 칼로리를 줄이거나 비만을 촉진하는 숙주의 대사 경로에 크게 영향을 미치고 있다.

그러나 카플란이 지적했듯이, 쥐 마이크로바이옴에 대한 대부분의 연구는 현상의 서술적 연구이며, 연구자들은 무균 쥐에서 수행할 수 있는 기능적 연구를 인간을 대상으로는 수행할 수 없다는 문제가 있다. 즉 인간 연구에서는 모든 미생물군집의 이동이 무균 상태가 될 수 없는 환경에서 이루어지기 때문에 무균 쥐와 같은 무균 연구는 불가능하다.

쥐 연구의 결과는 확실한 과학적 근거를 제공하지만, 그 결과가 반드시 인간으로 이어져 임상 적용으로까지 이어지는 것은 아니다. 예를 들어 BMI의 항상성과 관련하여 인간과 쥐의 비교 생물학을 살펴보자. 생리학적으로 쥐와 인간은 매우 유사하며, 지방 저장을 포함하여 체중을 조절하는 쥐의 회로 배선도는 실제로 인간과 매우 유사하다.

하지만 자세히 살펴보면 회로 배선도가 사용되는 방식에는 상당한 차이가 있음을 알 수 있다. 인간은 혈당 수치를 특정 한도 내에서 유지하기 위해 매우 엄격하게 제어되는 회로를 가지고 있어서 근육 세포로 당을 운반해 혈당 수치를 조절하는 반면, 쥐는 포도당 생합성과 해당 작용을 위해 간을 사용한다. 인간과 쥐 모두 두 가지 회로를 다 가지고 있지만, 두 경로 중 어느 경로를 우선적으로 사용하는지는 서로 다르다.

이렇게 자세히 설명하는 이유는 다음과 같다. 카플란은 쥐가 회로 배선도를 이해하기 위한 일반적인 기능을 연구하기에 좋은 모델이라고 말했다. 그러나 해당 배선에 영향을 미치는 임상적 개입 방안을 개발하고 구조적 변화를 살펴보고자 한다면 쥐와 사람 사이에는 유사성이 거의 없다. 그러므로 "프로바이오틱스, 프리바이오틱스 등을 사용하는 마이크로바이옴의 주요 발견 작업은 인간을 대상으로 해야 한다."라고 그는 말한다.[26]

비만에 관한 사회경제적 고려 사항

동물 모델과 인간의 또 다른 주요 차이점은 쥐를 대상으로 한 연구는 비만의 사회경제적 요인에 대한 이해를 제공하지 못한다는 것이다. 효과적인 예방 또는 치료 접근법을 통해 비만의 문제를 진지하게 해결하려면 이러한 요인을 반드시 고려해야 한다. 카플란은 미국의 사회경제적 수준이 낮은 그룹이 사회경제적 수준이 높은 그룹보다 비만율이 높지만, 비만은 전 세계적으로 상반된 시나리오로 우리를 다시 한번 혼란스럽게 하고 있음을 상기시킨다.[27]

역사적으로나 지리적으로 사회경제적 지위와 비만의 관계는 많은 사회와 문화에서 과체중이 부의 상징으로 여겨지는 등 변동이 심하다. 특정 중동 및 아프리카 사회에서는 특히 여성의 비만 또는 과체중이 부와 더 높은 사회경제적 지위와 관련이 있다. 나이지리아 남부에서는 '신부 살찌우기Mbodi'라는 통과의례가 여전히 행해지고 있는데, 예비 신부를 6주 동안 '살찌우는 방'에 가둬 탄수화물과 지방을 많이 섭취하고 최대한 움직이지 않게 하여 체중을 늘리는 방식이다.

세계에서 가장 가난하고 최빈국 중 하나인 아프리카 북서부 모리타니에서는 르블루leblouh라는 이름으로 어린 소녀들을 개비지gavage; 위에 삽입된 고무관으로의 강제적 영양 공급 - 역주 혹은 강제급식의 관행이 있다. 2012년 툴레인 대학교의 연구자들은 모리타니아 여성의 20%가 이러한 경험을 했다고 보고했으며, 거의 4분의 1의 여성이 어린 시절 구타와 손가락 부러짐이 동반된 강제 먹임을 당했다고 보고했다.[28]

나세르딘 울드자이두네Nacerdine Ouldzeidoune와 동료들이 쓴 기사에서 이 관행에 대한 응답자들의 태도는 양분되어 있는데, 여성의 40%와 남성의 30%는 개비지가 소녀의 아름다움을 증가시키고, 25%는 지역사회에서 가족의 사회적 지위를 높인다고 답했다. 반대로 여성의 40%와 남성의 55%는 개비지가 이점이 없다고 답했으며, 개비지를 반대하는 가장 일반적인 이유는 건강이 개선되기 때문이라고 답했다. 저자들은 "이러한 문화적 규범에 도전하고 모리타니 아동의 권리와 복지를 보호하기 위해" 적절한 개입 및 집행이 필요하다고 촉구하였다.[29]

비만을 지리적 스펙트럼으로 본다면 전 세계 비만 인구의 공통점은 무엇일까? 일부는 도시에, 일부는 시골에 살고 있으며 이러한 분포는 시간과 지역에 따라 달라질 수 있다. 하지만 전 세계 여러 지역의 비만 인구가 공통적으로 가지고 있는 한 가지는 사회의 현대화라고 카플란은 말한다. "서구화가 아니라 현대화입니다."

그는 현대인의 생활 방식과 관련된 7가지 요인으로 수면 부족, 생체리듬의 파괴, 만성 스트레스, 식품 구성의 변화, 노동력 절감 도구, 약물항생제 포함, 내분비 교란 물질을 꼽았다.[30] 인간이 한 생물 종으로서의 진화 경로에서 임의로 벗어나면 건강과 장수에 심각한 영향을 미칠 수 있는 대가 - 이 경우 비만 - 를 치르게 된다.

토머스 에디슨과 마이크로바이옴

이 7가지 요인 하나하나가 장내 미생물군집의 구성과 기능을 변화시킬 수 있다는 것은 우연이 아닌 것 같다. 특히 항생제 남용과 같은 일부 요인은 진화 생물학, 라이프스타일, 마이크로바이옴 구성 및 기능, 후성유전학, 임상결과 사이의 강력한 상호 연결이라는 개념을 확실하게 보여준다.

카플란이 체중 증가와 관련하여 조사한 생활 습관 요인 중 하나는 수면 부족이다. 카플란에 따르면 전구가 발명된 이후 인류는 하룻밤에 2시간의 수면 시간이 감소했다. "이는 인류 전체로 보면 20%에 달하는 엄청난 수면 감소이다." 그는 농담처럼 "비만에 대해 누군가를 비난하고 싶다면 토머스 에디슨을 비난하세요."라고 덧붙인다.

현대 사회에는 비만을 일으킬 '완벽한 폭풍'이라고 카플란이 언급한 생활습관 인자들에게 사람들은 다양한 양상으로 반응한다. 비만의 상태를 악화시킬 수 있는 환경 중 하나는 의대 인턴십이다. "레지던트 수련 동안 모든 사람이 체중이 증가하거나 감소하는 것으로 보이며, 7가지 생활 습관 요인 중 5가지가 발생한다."[31]

카플란은 미국 인구의 경우 음식 공급의 변화보다 스트레스가 더 큰 요인일 수 있다고 지적했다. 물론 다른 사회에서는 다를 수 있지만, 이는 모두 유전적 요인과 관련이 된다. 비만은 환경적 요인에 대한 유전적 반응과, 뇌에 전달되는 신호의 파괴로 발생할 수 있다고 생각된다. 이러한 환경적 요인은 어떻게 뇌에 전달될까?

장내 미생물군은 이러한 환경 신호를 전달하여 비만과 대사 질환에 관한 뇌의 조절 기능을 변화시킬 수 있는 완벽한 위치에 자리하고 있다. 따라서 마이크로바이옴은 더 이상 단순한 원인이 아니라 매개자 또는 전달자이다. 장내 미생물을 살펴보면, 장내 미생물은 생리학적으로 환경과 숙주 사이에 독특하게 위치하여 환경 신호를 뇌에 전달할 수 있는 능력을 갖추고 있다. 이것이 장-뇌 축의 상호작용에서 중요한 역할을 담당하여, 이 주제는 10장에서 더 자세히 다루도록 한다. UCLA의 뇌-장 축 연구자인 에머런 메이어 Emeran Mayer와 동료들은 이 분야에서 급속도로 증가하는 연구를 정리하여 다음과 같이 말한다.

> 지난 10년 동안 뇌-장 축에 대한 이해의 패러다임이 바뀌었다. 장 미생물군집과 뇌 사이의 양방향 상호작용을 자세히 설명하는 증거가 기하급수적으로 증가하면서 중추신경계, 위장, 면역계를 이 새로 발견된 기관인 미생물군집과 통합하는 포괄적인 모델이 제시되고 있다. 전임상 및 임상 연구의 데이터는 기능성 위장 장애뿐만 아니라 파킨슨병, 자폐 스펙트럼, 불안, 우울증 등 다양한 정신 및 신경 장애에서 새로운 치료 표적이 발굴되는 놀라운 잠재력을 보여주었다.[32]

메이어와 마찬가지로 제프 고든도 인간 마이크로바이옴의 중요성을 새로운 인체 기관의 발견으로 간주하고 있다.[33] 그리고 이 새롭게 대두된 연구 분야를 다음과 같이 전망했다. "지난주에 간을 발견했는데 갑자기 간과 그 기능에 대한 모든 것을 따라잡고 배워야 한다고 상상해 보세요. 마이크로바이옴도 마찬가지입니다. 마이크로바이옴에 대한 우리의 이해는 현재 매우 초보적인 단계에 불과합니다."[34]

카플란은 마이크로바이옴을 비만의 원인으로 취급하는 대신 신호 전달자, 증폭기 또는 '커뮤니케이터'로 간주할 수 있다고 말한다. "앞으로의 모든 연구는 이러한 신호의 조절 역할의 폭과 본질이 무엇인지 설명하는 것이다. 모든 환경 요인이 마이크로바이옴에 영향을 미칠 수 있으며, 마이크로바이옴은 변환기 역할을 완벽하게 수행할 수 있다."[35]

비만의 경우, 앞서 설명한 쥐와 사람의 데이터는 이 가설을 뒷받침하는 것으로 보인다. 이러한 가설은 비만 유행을 늦출 수 있는 잠재적 기회를 제공하면서, 동시에 마이크로바이옴의 구성과 기능을 조작하여 비만 치료의 '성배聖杯'를 찾는 숙제도 제공한다. 우리는 수면 시간을 2시간 더 늘리고 만성 스트레스를 없애는 것과 같은 현대 생활방식의 특정 변화가 항상 실현가능한 것은 아니라는 것을 알고 있고, 프로바이오틱스나 프리바이오틱스를 추가하여 이러한 요인을 완화하면 정말 문제가 해결될 수 있을까? 라는 의문도 생긴다.

카플란은 이렇게 단순화시킨 모델에 문제를 제기한다. "무엇보다도, 아무도 그것이 효과가 있다는 것을 보여주지 못했다." 카플란은 마른 쥐의 마이크로바이옴 이식을 통해 비만 쥐의 체중을 감량시키는 데 성공했지만 "아직 인간 연구에서 이를 재현할 수 없었고, MGH에서 이런 연구가 진행 중이다."라고 말한다.[36]

다양한 유형의 비만 치료

카플란에 의하면 비만의 유형은 100가지가 넘으며, 모두 다른 조절 시스템을 가지고 있다.[37] 암의 병리과정에서 세포 성장과 분화에 수많은 유전자와 종양 억제제가 작용하여 수십 가지 경로를 만드는 것과 같은 수준의 복잡성을 비만도 가지고 있다. 암인 경우 최종 결과로써 악성암이 되는 메커니즘이 개인마다 달라서 암은 다양한 치료법이 필요하다.

비만 치료에도 이와 유사한 개인 맞춤형 접근 방식이 필요하다. 카플란이 환자를 치료할 때 한 가지 요인만 표적으로 삼아 결과를 얻는 경우는 거의 없었다. "환자에 따라 한 가지 메커니즘만 작용할 수 있다. 예를 들어 어떤 사람들은 운동이나 스트레스 감소만으로 효과가 있지만, 일반적으로 두 가지 이상의 메커니즘이 작용하기 때문에 한 가지인 경우는 드물다." 따라서 카플란은 대다수의 비만 환자에게는 다양한 치료법을 조합하는 것이 필요하다고 말한다.[38]

이제는 비만을 과도한 섭취와 운동 부족과 관련된 단순한 대사 상태라고 생각하는 것에서 다인자성 질환암이나 자가면역과 같은으로 생각하는 패러다임의 전환이 필요하다. 패러다임이 바뀔 때까지는 마이크로바이옴 조작이든 이미 사용 중인 다른 전략이든 이 질환을 효과적으로 치료할 수 있는 전략을 제대로 개발할 수 없다고 카플란은 말하면서 "전면적인 변화가 필요하며, 하루빨리 이런 변화를 이루어야 한다."[39]고 지적했다.

비만의 초기에 개입한다는 것은 마이크로바이옴이 될 수도 있는 매개체를 찾아야 한다는 것을 의미하지만, 그렇게 하기 위해서는 더 많은 데이터도 필요하다. 카플란은 "비만을 치료하기 위한 프로바이오틱스 치료법이 나오려면 아직 몇 년이 더 필요하다."라고 말한다. "또한 이러한 프로바이오틱스 또는 프로바이오틱스 조합은 더 많은 수면, 식단 변화, 더 많은 운동 등이 필요한 사람에게는 다르게 작용할 것이다."[40]

마이크로바이옴이 우리에게 반복해서 가르쳐주는 교훈, 즉 치료에는 "만능"이라는 것이 없다는 사실은 비만 치료에도 그대로 반영된다. 이 질병의 이질성 때문에 모든 유형의 비만을 치료할 수 있는 프로바이오틱스나 프리바이오틱스 또는 약물은 없으며, 모든 유형의 암을 치료할 수 있는 한 가지 약물이 없는 것처럼 비만의 모든 유형을 치료할 수 있는 특정 약물은 존재하지 않는다.

비만에 대한 큰 생각

이 책 전반에 걸쳐 반복되는 주제는 유전학과 생리적 메커니즘에 있어서 인간은 동등하게 만들어지지 않았다는 것이다. 비만을 비롯한 마이크로바이옴과 관련된 만성염증성 질환을 가진 환자의 이질성을 체계화하기 위해 바이오마커를 식별하고 검증하는 것은 현상설명적인 연구에서 새로운 치료적 개입이 가능한 메커니즘적 연구로 나아가기 위해 필요한 첫 단계라고 카플란은 말한다. 그리고 유전자 발현, 단백질체학, 대사체학, 전사체학 등 멀티오믹스 기반의 전략과 더불어 생리학적 전략을 개발하는 것은 환자를 분류하는 방법을 수립하는 데 필수적이다.

"그런 정보가 없으면 실마리를 찾을 수 없다."라고 카플란은 말하면서 자신에게 막대한 자원이 있다면 향후 수십 년 동안 이 분야에 자금을 투입할 것이라고 했다. "이것이 우리가 75년 동안 암 분야에서 해온 일이며, 다양한 종류의 암을 구분지을 수 있는 다양한 바이오마커가 발굴되었기 때문이다."[41]

그가 제안한 두 번째 단계는 신체에서 작동하는 포괄적인 프로그램을 파악하고 이를 조절하기 위한 모델을 확립하는 것이다. 카플란에 따르면, 신체가 "가장 신경 쓰는 것"은 지방의 양이라는 모델이라고 한다. 지방이 너무 많으면 신체 기능 장애가 발생한다. 조절 시스템과 생리적 시스템이 실패하여 지방의 종류가 잘못되거나 축적 위치가 잘못되거나 또는 너무 적으면 신체는 이러한 실수를 바로잡는 프로그램을 작동해야 한다. 예를 들어, 신체가 지방이 너무 적다고 감지하면 지방을 늘리는 프로그램이 있어야 하고, 지방이 너무 많다고 감지하면 지방을 줄이는 프로그램이 필요하다.[42]

그렇다면 그 프로그램은 어떻게 구동되고 조정될까? 거기에는 식욕, 포만감, 열 발생, 신체 활동과 같은 요소를 고려하여 조율되어야할 뿐 아니라. 이 모든 요소들이 조화롭게 조율되어야 한다. 예를 들면 사람이 병에 걸렸다가 회복한 후 추가 지방을 저장하는 데 필요한 조정 프로그램은 무엇일까? 과도한 칼로리를 제거하기 위해 조정된 프로그램과 지방 축적의 형태로 저장하기 위한 또 다른 조정된 프로그램은 어떻게 구축되어 있는가?

카플란이 지적했듯이 체액 조절은 신장, 간, 땀샘, 뇌 등 몸 전체에서 조율된다. 탈수증이 있는 사람은 이 프로그램을 통해 물을 더 많이 마시고 소변을 적게 보게 된다. 수분 과다 섭취인 사람에게는 땀을 더 많이 흘리고 소변을 더 많이 보게 하는 프로그램이 있다. 같은 맥락에서 가정해 보면, 지방 총량의 증감을 조절하는 프로그램은 무엇일까? 앞으로 이러한 잘 조화된 유전자, 단백질 및 신호의 분자 생리학을 이해하게 된다면 모든 개인의 모든 상태를 검정할 수 있는 도구를 갖게 될 것이다.

미래의 비만 치료

지금부터 10년 후에는 비만 치료제로서 20개의 약물을 시험할 수 있을 것이라고 카플란은 예측한다. "6개월 또는 1년 동안 임상시험을 진행하면서 위약 효과를 파악할 수 있다. 수면 개선이나 다른 식단 등 무엇이 약물의 효과를 더 효과적으로 만드는지 확인할 수 있을 것이다. 그러나 저지방, 완전 채식, 팔레오 식단 등 다양한 식단과 여러 환경적 요인에 대해 서로 다른 약물을 2년씩이나 테스트할 수는 없다."라고 카플란은 말한다.[43] 비만을 주도하는 바이오마커가 있다면 이를 사용하여 어떤 특정 경로가 활성화되어 있는지 알려주어 단기간에 치료의 표적이 될 수 있다.

"그것이 가능하다면 심지어 24시간 안에 모든 치료법을 검토하고 적합한 사람에게 적합한 치료법을 찾을 수 있을 것이다. 그리고 우리는 이러한 약물과 함께 비만을 완화하는 것이 무엇인지, 즉 더 나은 수면, 특정 식단, 저지방 식단, 식물성 식단 등에서 무엇이 비만을 완화하는지를 알아낼 수 있을 것이다. 이것이 바로 개인 맞춤 의학이 제시하는 해결책이다."라고 카플란은 말한다. "이것은 매우 상호 보완적인 접근 방식입니다. 비만 생물학과 비만의 이질성을 잘 이해하면 올바른 치료에 도달할 수 있습니다."[44]

만성염증성 질환에서 마이크로바이옴의 역할을 밝혀내는 것은 개인 맞춤형, 궁극적으로는 예방 의학의 주요 목표이다. 이에 관련된 장내 마이크로바이옴 구성과 자가면역에서 발견되는 기능적 경로의 전모를 파악하는 것은 다음 9장에서 살펴볼 퍼즐의 중요한 조각이다.

Chapter 9
마이크로바이옴과 자가면역

전 세계적으로 증가하는 전염병, 자가면역

　비감염성 만성염증 질환의 발병 기전에서 마이크로바이옴의 잠재적 역할을 논의할 때, 자가면역 질환은 이 패러다임과 연관된 가장 흥미로운 동시에 논란의 여지가 있는 질환이다. 자가면역 질환은 80여 가지가 넘는 만성질환으로, 숙주 면역체계가 자신의 장기, 조직 및 세포를 공격하여 극도로 심신이 쇠약해지는 질환이다. 이 자가면역 질환은 대체로 흔한 질병은 아니지만, 그래도 미국에서 총 2,000만 명 이상이 앓고 있으며, 다른 많은 비감염성 만성염증 질환과 마찬가지로 선진국에서 유병률이 증가하고 있다.
　아직 그 발병 기전에 대한 이해가 불완전하기 때문에 현재로서는 자가면역 질환의 효과적인 치료법은 없다. 환자들은 평생 질환과 싸워야 하고, 염증 과정을 억제하기 위해 주로 면역체계에 제동을 거는 것을 목표로 하는 완화 치료를 받는다. 따라서 환자는 장기들의 기능 상실과 관련된 쇠약 증상 외에도 면역 억제 치료와 관련된 부작용을 경험하게 된다. 이러한 부작용은 삶의 질 저하, 직장 내 생산성 저하, 높은 의료비 지출로 이어질 수 있다. 대부분의 자가면역 질환은 여성에게 더 많이 발생하며, 특히 젊은 여성과 중년 여성의 주요 사망 원인 중 하나이다.

자가면역의 정의는 숙주의 체내에 정상적으로 존재하는 항원에 대해 T 및 B 림프구가 모두 관여하는 적응성 면역반응이 일어나는 과정이다. 고전적인 관점에서 이 과정은 자가항원과 유사하지만, 동일하지는 않은 외부 비자가 항원(일반적으로 미생물에서 유래)에 의해 촉발되거나 항원모방, 격리된 항원의 노출로 인한 숙주 세포의 손상(방관자 효과)에 의해 촉발된다. 두 경우 모두, 기능 장애가 있는 면역체계는 더 이상 초기 유발요인에 대한 노출에 의존하지 않는 영구적이고 비가역적인 면역 공격을 일으킨다.

6장에서 언급했듯이 이러한 고전적인 견해는 해로운 유전 형질을 제거할 것이라는 진화 생물학의 관점과 상충하여 유전학이 최근의 자가면역 질환의 '유행'을 설명할 수 없게 된다. 자가면역과 관련된 유전자, 특히 인간 백혈구 항원(HLA)$^{human\ leukocyte\ antigen}$ 시스템과 연관된 유전자는 전 인구에 널리 존재하지만, 이 가운데 일부(약 10%)만이 자가면역 질환에 걸린다. 이는 환경이 이러한 질환의 발병에 중요한 역할을 한다는 것을 암시하지만, 현재로서는 이에 대해 거의 알려지지 않은 상황이다.

하지만 면역체계가 이에 관여한다는 것은 논란의 여지가 없다. 이 책의 여러 부분에서 면역체계의 성숙과 기능을 형성하는 데 있어 마이크로바이옴의 역할에 대한 점점 더 많은 증거를 제시했다. 따라서 숙주의 유전적 소인이 발병에 미치는 장내 미생물군집과 면역체계의 기능을 제어하는 유전자에 대한 후성 유전적 영향에 초점을 맞추어 미생물군집의 잠재적 역할에 주목하는 것이 논리적이다.

내성과 면역반응 사이의 적절한 균형을 찾기 위한 연구 노력에서 마이크로바이옴이 상피 생물학에도 영향을 미친다는 사실을 다시 한번 인식하는 것이 중요하다. 여기에는 인식과 감지, 상피 관통, GALT의 면역반응 사이의 지속적인 균형 속에서 장벽 기능과 장벽 내 환경을 감지하는 감지 능력이 포함된다. 장내 미생물군집, 상피 장벽, 면역체계 사이의 역동적인 삼각관계를 교란함으로써 숙주의 면역 항상성에 불균형을 초래하여 전신 면역 과활성화와 질병 발병으로 이어질 수 있다.

다른 만성염증성 질환과 마찬가지로 자가면역에서도 마이크로바이옴이 다양한 생화학적 활성 화합물을 생성할 수 있기 때문에 미생물군집 내의 균형과 생태에 영향을 미치는 모든 환경적 유발 요인에 의해 이러한 교란이 시작될 수 있다. 이러한 화합물에는 신경전달물질, 폴리아민, SCFA 및 트립토판 유래 대사산물이 포함되며, 특히 생후 첫 1,000일 동안 면역체계의 성숙과정과 활동에 영향을 미칠 수 있어(다른 장에서 자세히 설명) 유전적으로 취약한 사람의 자가면역 위험을 증가시킬 수 있다. 또한, 생애 후반에 마이크로바이옴의 구성과 기능의 변화가 다양한 국소 또는 전신 자가면역 질환의 발병에 관련된 특정 경로의 대사 네트워크의 변화를 일으킬 수 있다는 증거가 점점 더 많아지고 있다.

마이크로바이옴과 특정 자가면역 질환 사이의 연관성은 이미 논의된 바 있다(IBD와 셀리악병에 관한 7장 참조). 그래서 이 장에서는 현재 이용 가능한 대부분 정보가 상황적 또는 간접적 증거에 기반하고 있다는 점을 염두에 두고, 마이크로바이옴과 다른 자가면역 질환과의 연관성에 관한 최신 연구결과를 정리하고자 한다.

제1형 당뇨병

제1형 당뇨병(T1D)$^{\text{Type 1 Diabetes}}$는 췌장의 인슐린 생산 β세포가 파괴되어 발생하는 자가면역 질환이다. 성인도 T1D에 걸릴 수 있다는 사실이 널리 알려졌지만, 청소년에서 발병률이 가장 높다. 역학 연구에 따르면 T1D의 전 세계 유병률은 1% 미만으로 추정된다. 그러나 최근의 연구에 따르면 매년 3%씩 발병률이 증가하고 있는 것으로 나타났다. 젊은 당뇨병의 환경적 결정 요인(TEDDY)$^{\text{The Environmental Determinants of Diabetes in the Young}}$, 젊은 당뇨병 자가면역 연구(DAISY), T1D 유예 가능성을 살핀 연구(TrialNet)와 같은 일부 대규모 연구는 T1D의 잠재적 환경 유발 요인과 바이오마커를 파악하도록 설계되어 이 질환의 발병을 지연시키거나 예방이 이루어질 가능성이 있다.

당뇨병의 첫 증상은 인슐린 부족으로 인해 세포 기능에 필수적인 포도당 흡수가 제대로 이루어지지 않을 때 발생한다. 대표적인 증상으로는 다뇨, 다식증, 체중 감소, 피로, 고혈당 등이 있으며, 치료하지 않고 방치하면 혼수상태에 빠지고 결국 사망에 이를 수 있다. 당뇨병 진단에는 공복 혈당이 126mg/dL 이상이거나, 혈당이 200mg/dL 이상이거나, 경구 내당능 검사에서 이상 소견이 있는 경우 등이 포함된다. 2009년부터 미국 당뇨병학회에서는 당화혈색소 수치 측정을 포함하도록 당뇨병 진단 기준을 수정했다. 이는 헤모글로빈에 부착된 혈당의 양을 반영하며, 두 번 이상 6.5% 이상이면 양성으로 간주한다.

1형 당뇨병(T1D)을 2형 당뇨병(T2D)과 구별하는 중요한 혈청학적 요소는 췌장 β세포 항원에 대한 자가항체의 존재이다. 섬세포 항체

(ICA)$^{\text{Islet cell antibody}}$는 T1D의 발병과 관련이 있는 것으로 밝혀진 최초의 자가항체이다. T1D 환자의 90% 이상은 ICA 외에도 인슐린 자가항체, 글루탐산 탈카르복실효소 항체 또는 단백질 티로신 포스파타제 유사 단백질을 가지고 있다. 이러한 자가항체는 증상이 나타나기 수개월에서 수년 전부터 존재하며 유전적으로 취약한 사람의 경우 생후 6개월부터 혈청에서 검출될 수 있기 때문에 질환 발병 위험이 높은 대상자를 식별하는 데도 사용된다.

T1D의 정확한 발병 기전은 완전히 밝혀지지 않았지만, 유전적 요인과 환경적 요인이 모두 중요한 역할을 한다는 것은 잘 알려져 있다. T1D와 가장 연관성이 높은 유전자 좌위는 셀리악병과 마찬가지로 관련 유전자 전체의 약 50%를 차지하는 HLA 좌위다. HLA DQ2 및 DQ8 유전자 좌위는 당뇨병에 대한 감수성을 결정하는 가장 강력한 요인이며, HLA DR4 및 DR3는 T1D와 연관성이 있는 것으로 나타났다. 이형접합 DR3/DR4 유전자형은 T1D 발병 위험이 가장 높고, 그 다음으로 DR3/DR3 및 DR4/DR4 동형접합이 그 뒤를 잇는다.

T1D와 관련된 다른 유전자들로는 IL-2 수용체 α, 세포 독성 T 림프구 항원, 단백질 티로신 포스파타제 비수용체 22, 세포 간 접착 분자 1, 인슐린 유전자가 있다. 유전적 요소 외에도 환경적 요인이 제1형 당뇨병 발병에 중요한 역할을 하는 것으로 추정되고 있는데, T1D 발병률이 유전자만으로 설명할 수 없을 정도로 빠르게 증가하고 있는 사실은 환경 변화로 인한 것일 가능성을 높인다.

여러 환경적 요인이 잠재적인 원인으로 지목되고 있지만, 현재까지

T1D의 명확한 원인 물질로 확인된 것은 없다. 가장 자주 후보로 거론되는 것은 엔테로바이러스enterovirus, 로타바이러스rotavirus, 풍진rubella과 같은 바이러스이다. 그리고 지난 수십 년 동안 마이크로바이옴 구성의 변화가 장 투과성을 변화시켜 면역체계 조절을 변화시킴으로써 T1D 발병에 관여한다는 가설도 제기되었다.

β세포에 대한 자가면역 공격은 당뇨병이 발병하기 수년5년 이상 전에 발생한다. 당뇨병 진단 후에도 β세포의 기능은 여전히 현저하게 유지되고 있다. 그러나 이 기능은 점진적으로 감소하여 많은 환자가 몇 개월 내에 인슐린으로 완전히 대체해야 한다. 잔여 β세포 기능의 저하를 방지하기 위해 진단 후신규 발병 T1D 면역학적 개입이 시도되고 있으나, 항원 특이적 치료법인슐린 및 글루탐산 탈카르복실효소(glutamicacid decarboxylase)은 현재까지 성공하지 못했다.

병원성 T세포를 고갈시키거나 비활성화하는 사이클로스포린cyclosporine, 아자티오프린azathioprine, 프레드니손prednisone, 항티모구글로불린antithymocyte globulin과 같은 광범위한 면역 억제제를 포함한 비항원 특이적 치료법도 T1D에서 시도되었다. 그 목표는 임상적 관해 기간을 연장하는 것이었지만 효과는 미미했으며, 이러한 약물은 장단기 독성을 다 가지고 있다. 따라서 연구자들은 잔존 β세포 기능을 보존할 뿐만 아니라 T1D 진행을 멈추거나 정상화할 수 있는 치료 방법을 계속 찾고 있다.

당뇨병에 취약한 사육 쥐에서 투과성의 증가

최근 T1D의 복잡한 면역학적 병인에 대한 이해가 향상되면서 적어도 자가면역 질환의 초기 단계에서는 지속적인 비자가 항원 노출이 염증 과정을 촉진한다는 것으로 패러다임의 전환이 이루어지고 있다. 이 발견은 T1D의 발병 기전에서 장 투과성 증가와 항원 이동의 중요성을 시사한다. 이에 관련하여 본 저자와 다른 연구 그룹들도 조눌린의 상향 조절이 T1D 발병에 관여한다는 사실을 밝혀냈다.

자연적으로 T1D가 발병하는 설치류 모델인 바이오브리딩 당뇨병 취약(BBDP)BioBreeding diabetes-prone 쥐를 대상으로 한 연구 결과, 당뇨병이 발병하기 최소 한 달 전에 소장(결장은 아님)의 투과성이 증가한 것으로 나타났다.[1] 또한 투과성 증가 당시에는 췌장섬세포의 파괴에 대한 조직학적 증거가 없었지만, 이후에는 췌장섬세포의 파괴가 분명히 존재했다. 또한 제1형 당뇨병 환자의 당뇨병 발병은 투과성 증가, 면역 활성화, 장 상피의 비정상적인 구조와 같은 장기능 장애가 선행되는 경우가 많다.

동물 모델과 유사하게, 우리는 당뇨병이 발병하기 전에 지속적인 췌장섬 자가면역이 있는 고위험군에서 장 투과성이 증가한다는 것을 발견하였다.[2] 또한 BBDP 쥐에서 당뇨병의 임상 징후가 나타나기 2~3주 전에 발생하는 변화된 장 투과성은 조눌린 의존적이라는 것을 입증했다.[3] 이러한 연구를 통해 조직학적 또는 명백한 임상 증상이 발생하기 전에 T1D 발병의 초기 단계에서 투과성 증가가 일어난다는 증거를 확보했다.

또한 비가역적인 내성 파괴가 아닌 지속적인 항원 수송이 T1D를 특징짓는 면역 과정을 촉진하고, 이때 조눌린 경로를 억제하면 염증 과정이 개선된다는 데이터를 생성했다.[4] 장내 미생물 불균형은 조눌린 경로를 증가시키는 가장 강력한 요인이며, 〈그림 9-1〉(236쪽)은 T1D의 초기에 장내미생물의 불균형과 장 투과성 및 면역 활성화를 연결하는 전반적인 가설을 보여주는 것이며, 〈그림 9-2〉(237쪽)는 글루텐이 T1D에서 조눌린 경로의 활성화를 유발하는 과정을 보여준다.

장내 미생물의 불균형이 장 투과성 증가를 통한 T1D 발병 원인이라는 가설이 동물 모델과 인간을 대상으로 한 여러 연구를 통해 입증되었다. T1D가 임상적으로 발병하기 전에 마이크로바이옴에 변화가 있다는 증거가 있지만, 이러한 변화가 어떻게 T1D를 유발하는지에 대한 메커니즘은 아직 완전히 밝혀지지 않았다. 그러나 투과성 증가와 관련된 장내 미생물군집의 변화가 T1D 발병으로 이어지는 것으로 보고되었으며, 이는 비비만성 당뇨병(NOD)nonobese diabetic 쥐 모델과 BBDP 쥐 모두에 해당한다.[5]

이 패러다임에 대한 가장 설득력 있는 증거는 마리카 팔콘Marika Falcone의 그룹에서 NOD 쥐 모델의 T1D에서 자가면역의 시작이 점액층 구조의 변화 및 장 장벽 보전성의 상실과 관련이 있음을 입증한 것이다. 장 장벽과 마이크로바이옴 기능의 높은 상호 연관성과 상호 영향을 다시 한번 확인한 저자들은 β세포 자가항원에 특이적인 형질전환 T세포 수용체를 보유한 BDC2.5XNOD 쥐에서 장 장벽 보전성이 파괴되면 장 점막 내 섬 반응성 T세포가 활성화되고 T1D가 발병한다는 사실을 보여주었다.[6]

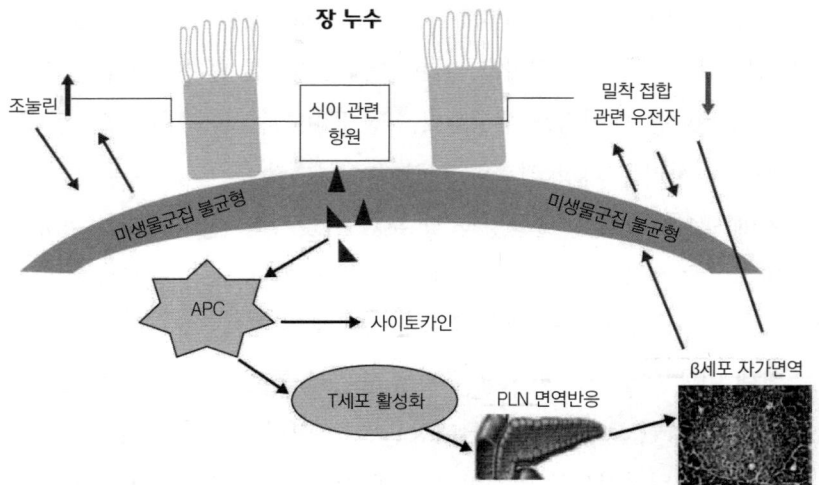

그림 9-1
장내 미생물 불균형은 통제된 항원 이동에서 조눌린 의존적인 항원 이동 증가로 전환하며, 이는 밀착 접합 관련 유전자 발현의 변화로 인해 이차적으로 발생한다. 이러한 변화는 T세포 활성화, 염증성 사이토카인 생성, β세포 자가면역의 발병으로 이어진다. 따라서 조눌린 경로를 차단하면 항원 이동을 차단하여 염증을 개선하고 이후 잔류 β세포를 보존할 수 있다.

항생제 치료를 통해 내인성 공생 미생물을 고갈시킨 쥐의 장에서 섬 반응성 세포의 활성화와 그에 따른 자가면역성의 발달이 호전되었다. 팔콘 박사팀은 장 장벽의 연속성이 상실되면 마이크로바이옴 유래 분자가 장 점막을 통과하여 장 점막 내 섬 특이적 T세포를 활성화하고 이후 자가면역성 당뇨병이 발병할 수 있다는 사실을 명확하게 메커니즘적 설명으로 보여주었다.[7]

NOD 및 BBDP 쥐 모델 모두에서 식단의 변화는 T1D의 발병에 영향을 미치는 마이크로바이옴 구성의 변화를 촉진하는 것으로 나타났

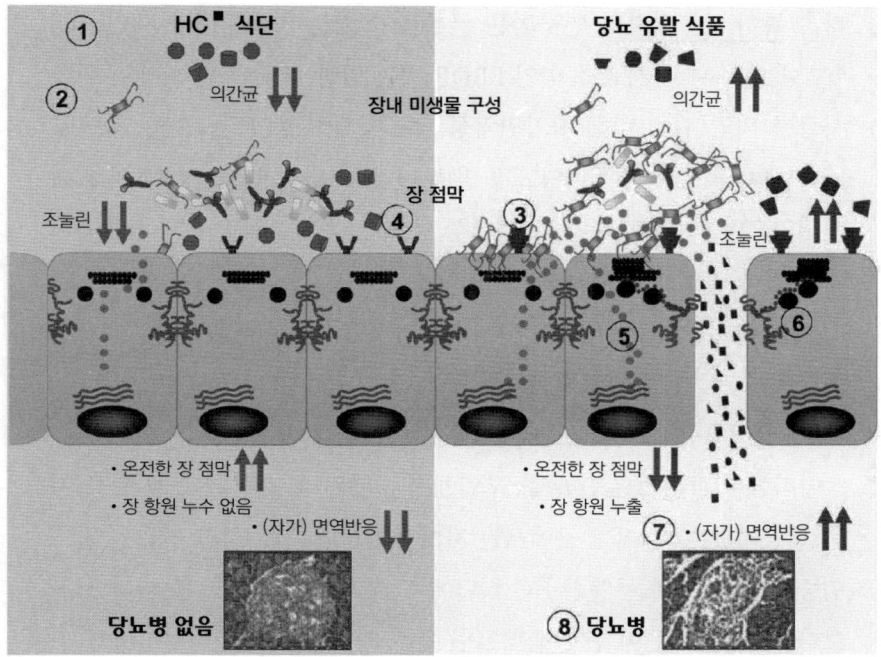

그림 9-2

식단은 장내 미생물군집의 구성에 영향을 미친다. 가수분해 카제인(글루텐 무함유) 식단은 미생물군집 내 의간균 종의 수를 감소시키는 반면, 당뇨병 유발(글루텐 함유) 식단은 의간균 종을 증가시킨다❶. 의간균이 비피도박테리움이나 젖산간균과 같은 다른 종보다 증가되는 불균형한 미생물군집으로 장내 서식지가 형성되면 조눌린 경로가 활성화된다❷. 이와 동시에 곡물 단백질 글루텐의 성분인 글리아딘은 케모카인 수용체 CXCR3(장 상피 세포에서 발현)에 결합하여 MyD88에 의존하는 조눌린 경로의 활성화를 유도한다❸. 가수분해 카세인 식단은 CXCR3-조눌린 경로의 활성화를 방지한다❹. 조눌린 경로의 활성화는 조눌린 방출 증가로 이어진다❺. 방출된 조눌린은 장 상피 표면의 조눌린 수용체와 결합하여 오클루딘과 ZO-1의 인산화, 오클루딘-ZO-1 및 ZO-1-마이오신 IB 단백질-단백질 상호작용의 변화, 액틴 중합을 포함한 단단한 접합 동역학에 변화를 일으켜 단단한 접합의 분해를 일으킨다❻. 단단한 접합부의 분해는 장벽 기능의 손상으로 이어져 내강 항원이 고유막(lamina propria)으로 통과하여 점막 항원 제시 세포에 의해 흡수 및 처리되어 T 세포로 전달된다❼. 이러한 일련의 면역반응은 결국 자가면역 질환으로 이어진다❽.

■ HC: gluten-free, hydrolyzed casein

다.[8] 특히, 본 저자의 연구팀은 글루텐이 없는 가수분해 카제인(HC) hydrolyzed casein 사료를 먹인 BBDP 쥐는 일반 글루텐 및 카제인 함유 사료를 먹인 쥐에 비해 자가면역성 당뇨병 발병률이 감소하는 것으로 나타났다. BBDP 쥐에서 당뇨병 발병 전 장 투과성은 조눌린에 의해 매개되었으며 이 투과성은 자가면역성 당뇨병 발병 시점과 음의 상관관계가 있었다. BBDP 쥐에서 HC 식단으로 유도된 장 장벽 기능 개선은 혈청 조눌린 수치 및 소장의 장벽 기능 감소와 관련이 있다. HC 식단은 회장에서, 장벽 기능에 관여하는 주요 밀접 접합 단백질인 마이오신 9 베타, 클라우딘^{Cldn}1, Cldn2의 mRNA 발현을 변화시켰다.[9]

이러한 결과는 동일한 동물 모델에서 수행된 또 다른 연구를 통해 더욱 확증되었는데, 이 연구에서는 자가면역 T1D 감수성과 연관된 말초 염증 상태가 위와 동일한 HC 식단에 의해 제어되는 것으로 나타났다. 보다 구체적으로, 이 연구에 따르면 표준 시리얼 식단을 먹인 BBDP 쥐는 미생물 항원 노출과 일치하는 염증성 섬 전사체 및 세포 케모카인 발현을 특징으로 하는 염증성 전사체 발현 프로파일을 나타냈다. 이러한 염증 프로파일은 이 동물들에게 HC 식단을 제공함으로써 개선되었고, HC 식단에 글루텐을 도입함으로써 재점화되었다. 이 동물들의 마이크로바이옴 분석 결과, 이전에 보고된 변화의 모습이 재현되었는데, 이는 후벽균/의간균 비율이 일반 사료를 먹인 BBDP 쥐에서는 감소하고 HC 사료를 먹인 쥐에서는 증가하는 패턴이다.[10]

인간 대상 임상시험에서 세균 다양성의 감소

인간에서도 비슷한 증거가 보고되었는데, T1D가 발병하기 전에 후벽균/의간균 비율이 감소하고 마이크로바이옴 기능이 변화하며, 이는 라이프스타일과 관련이 있는 것으로 나타났다. 마르쿠스 드 고파우 Marcus de Goffau와 동료들의 연구에 따르면, T1D 전 단계의 고위험군 소아섬 자가항체는 양성이지만 내당능이 있는 경우는 저위험군 자가항체 음성 소아에 비해 세균 다양성이 다르게 나타났다.[11] 미국과 유럽에서 수행된 연구에서는 T1D 발병 전 주로 세균 다양성 감소를 특징으로 하는 마이크로바이옴의 교란을 보고한 바 있다.[12]

지난 10년 동안 T1D 유병률이 급격히 증가하고 있는 중국에서도 비슷한 결과가 보고되었다.[13] 이는 주로 서구화된 생활 방식을 채택하는 급진적인 환경 변화가 이러한 변화의 원인이라는 가설을 반복적으로 뒷받침한다. 이러한 연구의 대부분은 문 수준에서 장내 미생물군을 분석하는 데 한계가 있으며, 주로 의간균 종의 증가에 의해 주도되고 때로는 클로스트리디움과 *Clostridiaceae*의 증가와 관련된 의간균/후벽균의 변화를 보고하고 있다.

의간균문에 속하는 미생물이 T1D 발병을 촉진하는 메커니즘은 장 점막 장벽 기능을 변화시키고 면역 세포가 자가면역에 "제동을 거는" 트래거 Tregs로 분화되는 데 영향을 미치는 등 여러 연구 가설의 대상이 되어 왔다. 훨씬 더 메커니즘을 규명한 연구로는 마이크로바이옴 구성과 기능을 T1D 발병과 관련된 경로와 연결하기 위해 메타게놈 또는 더 나아가 메타프로테오믹스 분석에 초점을 맞춘 연구들이 있다. 이러한 연구 중 하나는 새로 발병한 T1D 환자에 대해 수행되었으며, 숙주 유래 및 미생물 유래 단백질에 대한 결과를 자가항체 양성 피험자전임상 T1D, 저위험 자가항체 음성 위험 피험자 및 건강한 대조군과 비교했다.[14]

그 결과 외분비 췌장의 출현, 염증 발생 및 장 점막 장벽 기능과 관련된 숙주 단백질의 생성에 상당한 변화가 있는 것으로 나타났다. 흥미롭게도 숙주-마이크로바이옴 통합 분석을 수행한 결과, 새로 발병한 T1D 환자의 점막 장벽 및 외분비 췌장 기능 유지에 관여하는 숙주 단백질과 관련된 특정 마이크로바이옴 분류군이 고갈된 것을 발견했다. 이러한 결과를 종합하면 장 장벽 기능, 염증 및 췌장 외분비 활동과 관련된 특정 기능 장애는 유전적으로 취약한 숙주와 불균형한 마이크로바이옴 간의 상호작용의 결과이며, 이러한 기능 장애는 T1D로 진행될 개인의 전임상 단계에서 감지할 수 있다.

다발성 경화증

다발성 경화증(MS)multiple sclerosis은 중추신경계(CNS)의 자가면역성 신경염증성 탈수초병demyelinating disease이다. 전 세계 250만 명 이상의 젊은 성인에게 영향을 미치는 이 질환은 CNS를 표적으로 하는 면역 세포의 부적절한 활성화로 인해 발생한다. 임상적으로 이 질환은 급성 염증성 발작과 함께 일명 재발 완화형 다발성 경화증(RRMS)으로 불리는 증상이 완화되는 관해 기간이 뒤따라 나타나는 경우가 가장 흔하다. 시간이 지남에 따라 신경 퇴행이 점진적으로 축적되면서 환자는 이차 진행성 형태의 질병이 발생하여 관해 단계가 덜 빈번해지다가 사라지게 된다. 또한 다발성 경화증은 완화 기간 없이 신경염증 과정이 꾸준히 진행되면서 이차적으로 장애가 꾸준히 증가하는 소위 원발성 진행성 형태(PPMS)로도 드물게 나타난다.

이러한 다양한 임상 증상과 새로운 신경 영상 및 신경 면역학, 신경 병리학 기술과 함께 다발성 경화증이 하나의 임상적 상태가 아니라 다양한 신경 퇴행성 질환의 스펙트럼에 속하는 것으로 알려졌다. 모든 자가면역 질환 중에서 유전적 요소가 가장 미미해 보이는 질환이 다발성 경화증이라는 사실과 이러한 임상적 이질성을 고려할 때 환경적 요인이 발병의 원동력으로 떠오르고 있다. 다발성 경화증의 근본적인 발병 기전에 대한 확실한 이해가 없는 상황이므로 연구자들은 나이, 성별, 가족력, 감염, 인종, 기후, 환경, 흡연 등 여러 환경적 요인이 복합적으로 관여하는 것으로 추정한다. 그러므로 이 신경 퇴행성 질환을 일으키는 정확한 메커니즘은 아직 제대로 밝혀지지 않았다.

다발성 경화증 발병과 관련된 주요 단계에 대한 가장 좋은 단서는 가장 널리 사용되고 가장 좋은 모델인 실험적 자가면역성 뇌척수염(EAE) 동물 모델에서 찾을 수 있다. EAE는 MS에서 작용하는 주요 면역반응, 즉 중추신경계의 신경세포를 덮고 있는 미엘린 보호층에 대한 CD4+ T세포 매개 자가면역 공격이 잘 확립된 MS 쥐 모델이다.

자주 언급되는 것으로, 장내 미생물군집은 숙주 점막의 면역 성숙과 기능을 형성하는 데 중추적인 역할을 한다. 실제로 세균이 없는 환경에서 자란 쥐는 CD4+ T 헬퍼 세포 분화 및 균형을 포함하여 GALT의 성숙을 촉진하는 데 필요한 미생물 자극이 부족하여 면역력이 저하된 표현형을 보인다. 결과적으로 세균이 없는 환경에서 자랐거나 항생제 치료를 받은 쥐는 덜 공격적인 MS 증상을 나타낸다.[15]

특정 마이크로바이옴 성분이 EAE를 유발하는 메커니즘적 예측은 이러한 동물을 특정 세균 종이나 그 생체 산물 또는 둘 다에 노출시켰을 때의 결과로 뒷받침된다. 예를 들어, 장에서 IL-17 사이토카인 생성을 유발하는 것으로 알려진 분절 사상균을 이식한 무균 쥐는 중추신경계에서 IL-17A를 생성하는 CD4+ T세포^{Th17}가 유도되어 EAE가 발병하는 것으로 나타났다.[16]

반대로, 장내 상재균인 의간균 프라길리스$^{Bacteroides\ fragilis}$의 캡슐 다당류인 정제된 다당류 A(PSA)$^{purified\ Polysaccharide\ A}$에 경구 노출된 쥐는 탈미엘린수초화 과정이 방지되어 예방 또는 치료 목적으로 사용 가능한 것으로 나타났다.[17] PSA의 보호 효과는 자궁 경부 림프절에 축적된 CD103 발현 수지상 세포의 증강에 의한 이차적 효과였다. 아직 자극받지 않은 수지상 세포를 PSA에 노출시키면 미자극 CD4+ T세포가 IL-10을 생성하는 FOXP3(+) Treg 세포로 전환시키게 된다.

마지막으로, 신경 보호 효과를 발휘하는 장내 미생물군집의 역할에 대한 추가적인 메커니즘 증거는 CD44 녹아웃(KO) 쥐 모델에 의해 제시되었다. 이 모델은 전염성, 병원성 Th17 세포가 항염증, 내성 유도 트래거^{Treg} 세포로의 전환을 보여줌으로써 EAE로부터 쥐를 보호한다.[18] 이러한 전환은 장내 미생물에 의존하는데, 이는 CD44KO 쥐의 분변을 야생형 쥐로 옮길 때 나타나므로 EAE에 대한 보호 역할이 장내 미생물군집에 따라 달라짐이 입증되었다.

인간을 대상으로 한 MS 연구

쥐 모델에서 얻은 다발성 경화증의 발병 메커니즘에서 장내 미생물의 역할은 주로 장내 미생물 불균형과 관련된 미생물 구성에 초점이 맞추어지고 이와 유사하게 인간 대상에서도 탐구되었다. MS에 걸린 일본 환자를 대상으로 수행된 연구에서 대조군과 비교하여 상대적 분포도에 현저한 변화를 보인 21개의 종이 확인되었으며, 그 중 19종은 MS 샘플에서 현저한 고갈을 보였고, 14종은 클로스트리디아 Clostridia 클러스터 Cluster XIVa 및 IV에 속했다.[19] 클로스트리디아 클러스터 XIVa 및 IV는 매우 다양한 세균 종으로 형성되며, 그 중 다수는 부틸산을 포함한 SCFAs 생산자이다. 부틸산은 대장 Tregs의 유도와 관련된 항염증 효과를 발휘하므로 클로스트리듐 부틸산 생산 균종이 고갈되면 다발성 경화증 발병의 원인이 될 수 있다.

16S rRNA 시퀀싱을 사용한 또 다른 다발성 경화증 연구에서 메타노브레비박테르 Methanobrevibacter와 아커만시아 Akkermansia의 증가와 부티릭시모나스 Butyricimonas의 감소를 특징으로 하는 미생물군집의 변화를 보여주었다.[20] 이러한 변화는 순환 T세포 및 단핵구의 DC 성숙, 인터페론 신호 및 NF-kB 신호 경로에 관여하는 유전자 발현의 변화와 상관관계가 있다. 두 번째 코호트의 다발성 경화증 환자는 대조군에 비해 호흡 메탄 수치가 높았는데, 이는 첫 번째 코호트에서 확인된 다발성 경화증 환자의 장내 메타노브레비박테르 균의 증가와 일치한다.

다발성 경화증 환자에서 아커만시아 뮤시니필라 Akkermansia muciniphila의 증가는 이 미생물이 인간 말초 혈액 단핵 세포와 단일 클론화된 쥐에서 염증 반응을 유도한다는 다른 연구에서도 확인되었다.[21] 흥미롭게도 다발성 경화증 환자의 미생물을 무균 쥐에 이식하면 건강한 대조군의 미생물을 이식한 쥐에 비해 실험적 자가면역 뇌척수염의 증상이 더 심해지고 IL-10+ Treg의 비율이 감소하는 것으로 나타났다. 이러한 종류의 연구는 장내 미생물의 불균형이 다발성 경화증의 단순한 결과가 아니라 그 발병에 중요한 역할을 한다는 것을 입증하는 중요한 결과이다.

동물 모델과 인간 환자 모두에서 관찰된 연구결과의 핵심 주제를 요약하면, 장내 미생물이 다발성 경화증의 병태 생리학에 미치는 영향은 미생물군집의 구성, 대사, 장 투과성, 항상성 및 면역체계 조절의 양적 및 기능적 변화를 모두 포함한다는 것이다.

류마티스 관절염

류마티스 관절염(RA)은 관절이 염증 과정의 주요 표적이 되는 자가면역 질환으로 구강 점막, 폐, 위장관을 포함한 여러 부위를 전신적으로 침범할 수 있다. 다른 자가면역 질환과 마찬가지로 RA 발병 메커니즘은 다인자성이며, 최근 무균 쥐에서 관절염 유발 실험의 관절 손상 약화에서 입증된 바와 같이 장내 미생물군집의 역할에 대한 증거를 포함한다.[22] 장내 미생물의 잠재적 역할은 많은 RA 환자가 임상적 또는 무증상 위장 장애를 겪는다는 임상 관찰 결과에서도 뒷받침되는 것으로 보인다.

다른 만성염증성 질환과 마찬가지로 RA의 전임상 단계에서 장내 미생물군집, 숙주 인자, 환경 자극 간의 상호작용이 장 투과성 증가, 항원 이동 강화, 점막 면역 내성의 궁극적 파괴로 이어질 수 있다는 가설이 제기되었다. 이러한 장 투과성 증가로 인해 비자가 항원에 대한 내성과 면역 사이의 균형이 깨질 수 있으며, 이는 많은 경우 항원의 흡수를 촉진하고 RA를 비롯한 일부 면역 매개 질환의 진행과 악화에 관여할 수 있다.

류마티스 관절염에 영향을 미치는 장의 메커니즘

다른 장에서도 강조한 바와 같이 장 투과성 조절에 영향을 미치며 장벽 조밀도와 장벽 기능 완결성에 영향을 미칠 수 있는 두 가지 주요 요인은 식단과 장내 미생물군집이다. RA와 관련하여 장내 미생물 불균형은 숙주 면역체계와 그 기능에 영향을 미칠 수 있는 다양한 메커니즘과 연관되어 있으며, 여기에는 다음과 같은 것들이 있다.

1. 수지상 세포를 포함하는 항원 제시 세포(APCs)의 활성화는 사이토카인 점막 미세 환경과 항원 제시 모두에 영향을 미칠 수 있으며, 이는 T세포의 분화와 기능에 영향을 주어 숙주 면역반응에 영향을 미친다.
2. 펩티딜-아르기닌 탈아미나아제(PADs)의 효소 작용을 통해 펩타이드의 시트룰린화를 촉진하는 능력: 장 상피는 숙주 장과 미생물

PAD 활동으로 인해 인체에서 시트룰린의 주요 생산지이다. 아래에서 설명하겠지만, 포르피로모나스 진지발리스*Porphyromonas gingivalis*에 의해 발현되는 세균 PAD 효소에 의한 펩타이드 시트룰린화는 구강 점막의 염증성 질환인 치주염과 RA에 대한 감수성 증가 사이의 밀접한 연관성에 크게 기여할 것이라는 가정이 있다.

3. 항원 모방: 외부 항원과 자가항원 사이에 존재하는 유사성으로 인해 병원체 유래 자가 반응 T 및 B세포의 활성화를 유발하여 자가면역을 유발할 수 있다.
4. 조눌린 매개 투과성의 증가와 이질화 및 그에 따른 관절 염증에 미치는 영향.[23]
5. T세포 분화에 영향을 미치고 Th17 세포와 Treg 세포 사이의 항상성을 파괴하여 숙주 면역체계를 조절한다. RA 쥐 모델에서 장내 미생물군집의 특정 변화가 Th17 세포의 병리 생리학적 작용에 유리하게 작용하여 Treg 세포의 억제 작용을 방해하고 결과적으로 Th17 매개 점막 염증을 촉진할 수 있는 것으로 나타났다.

RA 환자의 구강 내 미생물군집의 불균형

장내 미생물군집의 구성 요소 중 분절 사상균이 장내 Th17 림프구를 유도하여 자가면역성 관절염을 일으킬 수 있다는 사실이 알려졌다. 이와 유사하게 RA 환자에서도 장내 미생물군집의 교란이 보고된 바 있다. 최근 RA 환자에서 치주염 발생률이 증가하고 치주염 치료가 자가

면역성 관절염을 감소시키는 것으로 관찰됨에 따라 RA 발병에서 구강 미생물군집의 역할에 대한 관심이 높아지고 있다.[24]

이런 자가면역성 질환은 항원성을 향상시키기 위해 단백질을 변형시키는 효소를 생성하는 포르피로모나스 진지발리스를 비롯한 치주 병원균으로 특징지어지는 구강 미생물군집의 불균형에 후속적으로 기인하는 것으로 보인다. 이 과정은 RA 발병 전에 발견될 수 있으며 RA 질병의 원인 인자로 확인되었다.[25] 또한 RA 환자는 더 높은 세균 부하, 더 다양한 미생물군집, 치주 질환과 관련된 세균 종의 증가, IL-17, IL-2, TNF 및 IFN-γ를 포함한 염증 매개체의 생산 증가세를 보였다.[26]

구강 내 미생물 불균형 외에도 여러 연구에서 장내 미생물 다양성 감소질병 기간 및 자가항체 수준과 관련와 특히 발병 초기의 RA 환자에서 병원성의 프레보텔라 코프리$^{Prevotella\ copri}$를 포함한 희귀 계통 장내 미생물의 증식을 특징으로 하는 장내 미생물군집의 교란이 보고된 바 있다. 이 미생물의 잠재적인 병원성은 에피토프^{항원결정인자}와 숙주 자가항원인 N-아세틸글루코사민-6-설파타제(GNS)$^{N-acetylglucosamine-6-sulfatase}$와 필라민(FLNA)$^{filamin\ A}$ 사이의 분자 모방으로 인한 부차적인 것으로 보인다. RA 환자의 B 림프구와 T 림프구에 의해 인식되는 이 두 가지 자가항원은 염증이 있는 활막 조직에서 많이 발현되는 것으로 밝혀졌다. 또한 이들의 T세포 에피토프는 프레보텔라^{Prevotella}, 파라박테로이데스 종$^{Parabacteroides\ species}$, 부티릭시모나스 종$^{Butyricimonas\ species}$ 및 기타 장내 미생물과 상동성을 나타낸다.[27]

보다 구체적으로, 면역반응은 미생물군집의 특정 속/종의 존재에 의해 촉발될 수 있다. 예를 들어, B. 프라길리스^{fragilis}는 군집화 초기 단계에서 PSA를 생성하여 Th1 매개 면역반응을 유발할 수 있다. 그리고 콜린셀라 인테스티날리스$^{Collinsella\ intestinalis}$는 장 투과성을 높이고, TJ 단백질의 발현을 낮추며, 상피의 IL-17A 생산에 영향을 미침으로써 RA 발병에 기여할 수 있다.

RA를 포함한 류마티스 질환의 맥락에서 항염증 효과가 입증된 클로스트리디아^{Clostridia}, 피칼리박테리움^{Faecalibacterium} 및 일부 라크노스피라세아^{Lachnospiraceae} 종과 같은 부틸산 생성 미생물도 장 상피 장벽의 완결성을 유지하는 데 중요한 역할을 할 수 있다. 마지막으로, 자가면역의 시작이 위장관의 생태계와 관련이 있다는 가정은 RA 환자의 미생물군 구성이 대조군과 다르다는 사실뿐만 아니라 질병을 조절하는 항류마티스 약물을 투여한 후 미생물군이 일부 정상적으로 회복될 수 있다는 관찰에 의해서도 뒷받침된다.

특정 식단이 장 점막 기능, 특히 장 투과성 및 관련 항원 이동에 영향을 미치는 미생물군집의 변형을 유도하여 RA의 병리과정에 미치는 효과에 대해 특별히 주목해야 한다. 식이생활 방식과 RA에 대한 감수성 사이의 상관관계에 대한 직접적인 증거는 없지만, 식이섬유가 풍부한 과일, 채소, 정제되지 않은 곡물, 견과류, 생선, 올리브 오일을 많이 섭취하는 지중해식 식단이 서양식 식단에 비해 염증 활동과 신체 기능 및 활력 등을 유익한 상태로 유도하여 RA 질환에 긍정적인 영향을 미친다는 흥미로운 보고가 있다.[28]

식이요법은 마이크로바이옴 구성과 기능에도 큰 영향을 미친다. 예를 들어, 식이섬유가 풍부한 전형적인 지중해식 식단이 프레보텔라 속의 증가를 촉진하는 반면, 동물성 지방과 단백질이 풍부한 식단^{전형적인}

서양식 식단을 많이 섭취하면 의간균 속의 증가로 이어질 수 있다는 사실이 잘 알려져 있다. 또한 식단도 SCFA 생성에 큰 영향을 미칠 수 있다. 지중해식 식단의 주요 구성 요소인 과일, 채소, 콩류 등 식이섬유가 풍부한 식품은 이러한 식품을 분해할 수 있는 후벽균과 의간균의 증식을 촉진하여 분변의 SCFA 함량을 높인다.

SCFAs, 특히 부틸산의 증가는 장 장벽 기능을 개선하는 등 여러 가지 유익한 결과를 가져온다. 세균 내독소와 항원 이동이 감소하면 이펙터effector T세포의 활성화를 방지하여 바람직하지 않은 국소 및 전신 염증 반응을 억제할 수 있다. 그러므로 지중해식 식단에 따르는 RA 환자는 장내 미생물 생태계의 변화와 SCFAs에 의한 면역 조절에 의해 RA가 임상적으로 개선되는 메커니즘을 가진다고 할 수 있다.

강직성 척추염

강직성 척추염(AS)Ankylosing spondylitis은 염증성 류마티스 질환의 원형으로 남성이 우세하고 청소년기 후반에 척추 침범을 통해 발병하며, 특징적인 관절 외 증상 및 염증 후 새로운 뼈 형성을 특징으로 한다. 관절 외 증상과 관련하여 흥미로운 점은 AS 환자의 최대 10%가 IBD를 앓고 있으며, 70%가 무증상 장 염증의 징후를 보인다는 점이다. 게놈 전체 연관성 연구에 따르면 유전자 경로의 10% 이상이 IBD와 AS 간에 공유되는 것으로 나타났다.[29]

내재적 장벽 기능 장애는 세균 내독소의 전신적 이동과 함께 비특이적인 선천성 면역 활성화를 일으킨다고 오래전부터 알려졌다. AS에서 유전자 발현이 변화되면 장 상피 세포 사이의 밀접 접합부 중 일부가 투과성을 증가시킬 수 있다(아래 참조). 여러 연구에 의하면 인간 백혈구 항원, 즉 장내 미생물 불균형을 유발할 수 있는 유전적 소인인 HLA-B27에 의해 이차적으로 장내 미생물 구성에 특정 변화가 발생하고, 장 누수와 그에 따른 미생물 항원 및 면역 보조제의 전신 유입이 장염의 유발 요인으로 보고되었다. 이러한 면역 보조제는 장내 기질 및 면역 상주 세포 집단을 활성화하여 IL-23/IL-17 축을 활성화하고 염증성 사이토카인을 분비하여 치주염, 골염 및 국소 관절 염증을 유발할 수 있다.

따라서 AS의 발병 메커니즘에는 HLA-B27 유전자와 같은 유전적 소인과 스트레스와 장내 미생물과 같은 환경적 요인 간의 복잡한 상호작용이 관여할 가능성이 높다. 장내 미생물 불균형은 무증상 장 염증과 함께 AS 환자의 회장 말단에서 발견되었다. 그러나 다른 여러 연구와 마찬가지로 이러한 장내 미생물 불균형이 염증의 원인인지 결과인지, 그리고 장내 미생물 불균형이 AS에서 면역반응을 조절하는지는 아직 불분명하다.

이 문제를 해결하기 위해 50명의 AS 환자와 20명의 건강한 대조군을 대상으로 역학 연구를 수행한 결과, 건강한 대조군에서는 25%에 불과하지만, AS 환자의 70%에서 로드형 세균$^{Rod-shaped\ bacteria}$이 부착되어 침입한 것이 발견되었다.[30] AS 환자의 경우 이 세균은 주로 회장의 상피 내에서 발견되었고, AS가 아닌 정상 대조군의 회장에서는 세균이 관찰되지 않았다. 흥미롭게도 AS 환자에서 세균 지수는 염증 세포의 침윤 비율과 유의미한 상관관계가 있었다. 회장ileal(소장의 마지막 부위-역주) 샘플 배양에서 세균을 확인한 결과, 미생물은 대부분 그람음성 세균인 대장균과 프레보텔라 종에 속하는 것으로 나타났으며, 건강한 대조군에서는 대장균만이 유일하게 그람음성 종으로 발견되었다.

또한 이러한 AS 장 점막 마이크로바이옴의 변화는 상피 및 내피 장벽 기능의 손상과 관련이 있다는 점도 흥미롭다. 특히, 건강한 대조군과 비교하여 AS 환자의 장에서는 장 밀접 접합부의 구성단백질인 Cldn1, Cldn4, 오클루딘occludin 및 조눌라 오클루덴스zonula occludens 1의 유전자 발현이 하향 조절되어 있다. 그리고 내피 장벽의 손상도 발견되었으며, 염증이 있는 AS 환자의 회장에서는 대조군에 비해 VE-카데린과 JAM-A 유전자 발현도 하향 조절되는 특징이 보고되었다.[31]

이러한 변화는 AS 환자의 회장 샘플에서 조눌린 mRNA의 유의한 상향 조절과 함께 나타났으며, 이는 밀접 접합 단백질인 Cldn1, Cldn4, 오클루딘 및 조눌라 오클루덴스 1의 발현 수준과 반비례하는 상관관계가 있었다. 면역조직화학에서도 조눌린 과발현이 확인되었으며, 상피 세포와 침윤 단핵 세포에서 모두 발현이 확인되었다.[32] 흥미롭게도 조눌린 세포의 수는 IL-8+ 세포의 수와 상관관계가 있었다.

이뿐만 아니라 5명의 AS 환자의 회장 생검에서 분리한 세균과 Caco-2 장 상피세포를 함께 배양하면 조눌린의 발현이 의미있게 증가된다는 사실이 밝혀졌다. 이러한 데이터를 종합해 보면 점막 불균형은 조눌린 발현을 증가시켜 상피 및 내피 장벽 기능 장애를 유발하고 장 내강에서 전신 순환계로 내독소가 전달되는 것으로 요약된다. 이는 대조군에 비해 AS 환자에서 LPS와 LPS 결합 단백질 및 장 지방산 결합 단백질

(IFABP)intestinal fatty-acid binding protein의 수치가 증가하고 이후 만성염증이 시작되는 것으로 입증되었다.[33]

상피와 내피 구획의 조눌린 의존적 파괴라는 유사한 메커니즘이 폐 미생물군집 불균형과 관련된 바이러스 감염으로 인한 ALI 과정에서도 관여하여 폐를 포함한 다른 질병 부위에서도 발견되었다.[34] 이 메커니즘은 특히 최근의 COVID-19 감염과도 관련이 있다.

가장 심각한 경우는 상피 및 내피 장벽 파괴로 인한 이차적인 기도 내 체액 및 호중구 유출이 일어나고 후속적으로 다른 장기의 내피 장벽이 파괴되면서 혈관염, "사이토카인 폭풍", 혈전증, 그리고 심혈관과 신장 및 대뇌를 포함한 여러 장기의 손상이 이어지는 것이다. 흥미롭게도 이러한 효과는 ALI 동물 모델에서 조눌린 억제제인 AT1001에 의해 개선되어,[35] 이 억제제는 현재 SARS-CoV-2 감염 환자를 대상으로 한 임상시험을 추진하고 있다.

아토피 피부염

아토피 피부염(AD)atopic dermatitis은 임상적으로 가려움증과 건조증을 특징으로 하는 흔한 만성염증성 피부 질환이다. 다른 자가면역 질환과 마찬가지로 유전적 소인과 소규모 가족 단위, 도시 환경, 서구식 식습관 등 환경적 요인이 발병에 영향을 미치는 것으로 알려져 있다. 최근 증거에 따르면 서구 국가에서 이 질환의 유병률이 증가하여 어린이의 15~30%, 성인의 2~10%에서 발병하고 있는 것으로 나타났다.[36]

아토피는 보통 유아기에 시작되며 천식, 알레르기 비염, 알레르기 결막염으로 진행될 수 있는 아토피 병리과정의 첫 번째 증상이다. 아토피는 Th2 면역에 대한 왜곡된 반응과 선천성 면역체계의 결함을 포함하는 복잡한 병리 생리학적 특성이 있다. 아토피 질환의 위험 유전자로 필라그린이 등장하면서 AD 발병에서 피부장벽의 역할이 강조되고 있다.[37] 필라그린은 피부장벽의 중요한 구성 요소이며, 기능 상실 돌연변이는 천식뿐만 아니라 AD와도 관련이 있다. 그러나 AD는 피부장벽 결함 및 면역학적 변화의 징후를 보이지만, AD의 근본적인 메커니즘은 잘 알려지지 않았으며, 이러한 이유로 치료가 매우 어려운 상황이다.

최근 연구에 따르면 AD 환자는 건강한 대조군에 비해 피부와 장내 미생물의 구성이 교란되고 미생물 다양성이 감소하여 아토피의 발병과 진행에 관여하는 것으로 나타났다. 그러나 다른 여러 자가면역 질환과 마찬가지로, 아토피 피부염의 미생물 변화가 장벽 결함의 결과인지 장벽 기능 장애 및 염증의 원인인지는 명확하지 않다. 그럼에도 불구하고 공생 미생물과 면역체계 구성 요소 간의 지속적인 상호작용과 그 변화가 초기 생애 동안 선천성 면역과 적응성 면역의 성숙에 영향을 미친다는 공통된 주제는 AD에도 적용된다.

장과 마찬가지로 피부에도 땀샘과 모낭과 같은 부속기관뿐만 아니라 조직 표면에도 수많은 미생물군집이 서식하는 생리적 환경이 존재한다. 피부 표면에는 평방 센티미터당 100만 개의 세균이 존재하며, 총 10^{10}개 이상의 세균이 서식하고 있다. 온도, 나이, 피지 양, 땀 등을 포함하는 부위별 미세 환경에 따라 피부의 세균 개체군에는 지리적, 지형적 차이가 나타난다. 즉 피지 분비 부위에는 친유성인 큐티박테리움^{Cutibacterium} 종으로 가득 차 있는 반면, 습기가 많은 부위에는 습기 의존적인 코리네박테리움^{Corynebacterium} 및 포도상구균^{Staphylococcus} 종들이 다량으로 존재한다. 이에 비해 말라세지아^{Malassezia} 곰팡이는 몸통과 팔에 많이 있다.

숙주 방어에서 피부 마이크로바이옴의 역할

인체에서 가장 다양한 피부 미생물은 그 군집이 적절히 다양성을 유지하고 생리적으로 잘 구축되어 있을 때 숙주 방어에 중요한 역할을 한다. 공생 피부 미생물군은 병원균으로부터 인체를 보호하고, 효과적인 보호 기능과 손상을 일으키는 염증 반응을 조절하는 면역체계의 섬세한 균형을 유지하는 데 도움을 준다. 표피포도상구균$^{S.\ epidermidis}$과 같은 공생 세균총은 병원균과 싸우는 항균 물질을 생성하는 반면, 큐티박테리움 아크네스$^{Cuticabacterium\ acnes}$는 피부 지질을 사용하여 다른 신체 부위와 마찬가지로 미생물 위협에 대항할 수 있는 SCFAs를 생성한다. 또한 큐티박테리움^{Cutibacterium}과 코리네박테리움은 포르피린을 형성하여 황색포도상구균$^{Staphylococcus\ aureus}$의 증식을 감소시킨다.

건강한 피부 미생물군집의 다양성은 성인보다 아동 집단에서 눈에 띄게 높으며, 베타 다양성에서 알 수 있듯이 두 연령대 간에 큰 차이를 보인다.[38] 연쇄상구균^{Streptococcus}, 로시아^{Rothia}, 게멜라^{Gemella}, 그라눌리카텔라^{Granulicatella}, 헤모필루스^{Haemophilus} 등이 아이들에게는 다량 존재하는 반면, 큐티박테리움, 젖산간균^{Lactobacillus}, 아나에로코커스

Anaerococcus, 파인골디아*Finegoldia*, 코리네박테리움*Corynebacterium*은 성인에게 더 흔한다. 또한 AD 아동에게는 존재하지 않는 20개의 세균 속을 가지고 있는 성인과 AD 아동 사이에는 피부 미생물군집에서도 상당한 차이가 있는 것으로 확인되었다. 이는 성인에 비해 소아에서 AD 유병률이 훨씬 높은 이유로 설명할 수 있다. 연령에 따른 미생물 변화는 황색포도상구균의 성장을 억제함으로써 연령과 관련된 AD의 감소에 잠재적으로 기여할 수 있을 것으로 예상된다.

성인의 피부 공생균인 큐티박테리움과 코리네박테리움은 포르피린 대사에 관여하는 유전자를 보유하고 있어 이론적으로 황색포도상구균 감염을 줄일 수 있다. 또한, 시험관 및 쥐를 대상으로 한 연구에서 밝혀진 바와 같이 성인 피부 세균총은 항균 작용을 가진 대사산물을 분비하여 황색포도상구균의 성장을 차단한다. 흥미롭게도, 황색포도상구균은 건강한 사람의 20%에서만 발견되는 반면, 30~100%의 AD 환자는 피부에서 이 균을 갖고 있는 것으로 보고되었다.[39]

그리고 AD 환자의 경우, 유전적이거나 Th2 우세 조건에 의해 일어나는 피부장벽 조절제인 필라그린*filaggrin*(앞서 설명한)의 결핍이 각막 세포의 손상을 유발하는 것으로 나타났다. 이런 AD 환자에서 황색포도상구균이 응집 인자 B에 의해 각막 세포에 강하게 결합하는 것으로 밝혀졌다. 또한 AD에서 필라그린 결핍은 황색포도상구균 성장에 유리한 조건인 높은 pH와도 관련이 있다.

그리고 AD 환자는 세린 프로테아제serine proteases(특히 칼리크레인 kallikreins)의 활성이 증가되어 있다. 이렇게 활성이 증가된 칼리크레인은 카테리시딘과 필라그린 분해를 변화시키고, 밀접 접합 조절 인자인 조눌린에 의해 활성화되는 프로테아제 활성화 수용체2(PAR2)$^{Protease-activated\ receptor\ 2}$의 활성을 증가시키는 것으로 알려져 있다.[40] PAR2 활성화는 피부장벽을 손상시키고 황색포도상구균의 군집을 증가시킨다.

흥미롭게도 AD 환자는 피부 미생물 불균형 외에도 장내 미생물 구성에도 변화가 나타난다. 특히, AD 환자의 비피더스균 수는 건강한 사람에 비해 현저히 낮았다. 또한 비피더스균 수와 비율은 질환 상태에 따라 차이가 있었는데, 중증 아토피 환자에서는 비피더스균 수가 더 낮았고, 경증 아토피 환자에서는 그렇지 않은 것으로 나타났다.

반대로 포도상구균^{Staphylococcus}은 건강한 사람보다 AD 환자에게서 더 많이 발견되었다. 피칼리박테리움 프로스니치$^{Faecalibacterium\ prausnitzii}$ 아종의 증가는 AD와 밀접한 관련이 있는 것으로 나타났다. 음식 알레르기가 있는 AD 아동의 분변 미생물군집은 음식 알레르기가 없는 아동에 비해 비피도박테리움 슈도카테눌라툼$^{Bifidobacterium\ pseudocatenulatum}$과 대장균이 상대적으로 많고 비피도박테리움 애드올렌티스$^{Bifidobacterium\ adolescentis}$, 비피도박테리움 브레브$^{Bifi-dobacterium\ breve}$, F. 프라우스니치$^{F.\ prausnitzii}$, A. 뮤시니필라$^{A.\ muciniphila}$가 감소된 특징을 보인다.

마지막으로, 장내 미생물이 피부 세균총도 개선할 수 있다는 증거가 있다. 앞서 언급했듯이 프로피온산, 아세테이트, 부틸산와 같은 SCFA는 장에서 식이섬유 발효의 최종 산물이며 피부 면역 방어 메커니즘과 밀접한 관련이 있는 피부의 미생물 구성을 결정하는 데 중요한 역할을 담당한다. 큐티박테리움은 장내에서 SCFA 중 아세테이트와 프로피온산을 생성한다. 이 프로피온산과 그 에스테르화 유도체는 메티실린 내성 황색포도상구균의 성장을 억제한다.

한편, 표피포도상구균과 여드름균과 같은 피부 상재균은 다른 상재균보다 더 큰 SCFA 변화를 견뎌낸다. 이러한 연구결과를 종합하면 장과 피부 사이에 상호작용이 있음을 알 수 있다. 이는 비병원성 바이오매스를 함유한 보습제나 프로바이오틱스 영양제를 사용하여 피부와 장내 미생물을 모두 개선할 수 있는 근거가 될 수 있다. 이 치료법은 AD 발병 초기에 예방하거나 고위험군에 대한 치료 옵션으로 적용될 수 있다.

자가면역 질환에서 얻은 결론과 교훈

지난 수십 년 동안 서구에서는 자가면역 질환의 발병률이 상당히 증가했으며, 정확한 메커니즘은 아직 밝혀지지 않았지만, 마이크로바이옴의 불균형과 다양한 자가면역 질환의 발병과의 상관관계에 대한 증거가 점점 더 많이 보고되고 있다. 그러나 아직까지는 수행된 연구의 특성과 설계로 인해 마이크로바이옴 구성의 변화가 자가면역의 발병과 인과관계가 있는지, 아니면 이러한 변화가 비정상적인 면역반응의 결과인지에 대한 증거는 제한적으로만 얻어졌다.

인간 미생물군집은 그 매개체와 영양분 방출을 통해 인간 면역반응을 형성할 수 있다는 강력한 증거가 이미 확인되었고, 특정 인간 세균 종의 불균형이 여러 가지 자가면역 질환과 연관되어 있는 것으로 밝혀졌다. 따라서 이러한 증거를 바탕으로 마이크로바이옴을 조작하는 것은 다양한 자가면역 질환에서 면역반응을 정상적으로 개선하여 점차 완전한 회복을 가능케하는 잠재적인 치료 전략이 될 수 있을 것이다. 이는 최근까지 상상할 수 없었던 매우 흥미롭지만 아직 과학계에서 완전히 받아들여지지는 않은 개념이다.

Chapter 10
마이크로바이옴과 신경 및 행동 장애

장-뇌 축 따라가기

4장에서 언급했듯이 인간게놈 프로젝트의 예상치 못한 결과는 '하나의 유전자, 하나의 단백질, 하나의 질병'이라는 패러다임이 뒤집힌 것이다. 이는 많은 질환에 관한 새로운 연구 분야를 개척했다. 이와 유사한 방식으로 인체에 존재하는 수조 개의 미생물이 건강 상태나 질병에 미치는 영향을 연구하면서 가장 흥미로운 관심 분야 중 하나는 신경 및 행동 장애에서 미생물이 수행하는 역할이다. 만성 뇌 질환의 발병에서 미생물의 역할은 제한적일 것이라는 전통적인 관점은 인간 미생물군집에 대한 폭넓은 이해와 특히 장내 미생물이 매개하는 장과 뇌 간의 상호 소통에 대한 이해가 늘어남에 의해 극적으로 변화했다.

뇌와 위장관은 구조와 기능이 매우 다르게 보이지만, 발생상에서 보면 뇌와 위장관은 서로 연관되어 있다. 초기 배아 발달의 세 가지 주요 배아층 중 하나인 외배엽은 뇌와 위장관의 일부 구성 요소를 형성하게 된다. 이러한 공통적인 기원과 함께 신경망, 내분비 신호, 호르몬 상호작용을 비롯한 많은 상호 연결은 두 기관 사이의 긴밀한 기능적 네트워크를 증명하는 증거이다.

따라서 이러한 긴밀한 상호작용이 장-뇌 축 패러다임에서 개념화되었다는 것은 놀라운 일이 아니다. 또한 장내 미생물이 발달 중인 뇌뿐만 아니라 성숙한 뇌와 그 기능 일부에도 영향을 미칠 수 있다는 사실도 의외의 일이 아니다. 질병의 발생에 대한 마이크로바이옴의 역할에 대한 많은 진전이 있는 연구 분야 중에서도, 장-뇌 축을 조절하는 복잡하고 다양한 다인자성 질환에 미치는 마이크로바이옴의 역할에 대한 것은 연구자들에게 이러한 질환을 치료하고 예방할 도전적인 기회를 제공한다.

뇌가 운동성이나 장 분비시각 및 청각 자극으로 위 분비를 자극하는 유명한 파블로프 조건 반응이 대표적인 예이다, 호르몬 및 신경 전달 물질의 방출을 포함한 장기능에 영향을 미친다는 사실은 오래전부터 알려져 왔다. 하지만 장이 뇌 기능에 영향을 미칠 수 있다는 개념은 훨씬 최근에야 밝혀졌다.

이 '신경과학의 패러다임 전환'에 대한 토론을 선도하는 마이크로바이옴 연구자 그룹은 장-뇌 축에 관한 확장된 연구를 둘러싼 도발적이고 새로운 주제를 다루었다. 2014년에 에머런 메이어Emeran Mayer, 롭 나이트Rob Knight, 사르키스 마즈마니안Sarkis Mazmanian, 존 크라이언John Cryan, 커스틴 틸리쉬Kirsten Tillisch는 장과 뇌 사이의 상호작용에 관한 연구가 수십 년 동안 진행됐지만 장과 관련된 면역계, 장 신경계, 장 기반 내분비계 사이의 연관성에 관한 연구결과는 "정신과 및 신경학 연구 커뮤니티에서 대부분 무시되어 왔다."라고 주장했다."[1]

이 마이크로바이옴 연구의 선구자 그룹은 세균과 신경학적 상태 사이의 연관성을 밝히기 위해 인간 마이크로바이옴에 관한 대규모 연구를 수행하는 것은 혁명적 과제임을 강조한다. "이러한 패러다임 전환의 정도를 이해하려면 독자들은 수백 년 동안 서양 과학과 의학을 지배해온 르네 데카르트의 정신/뇌종교, 정신의학와 육체의학의 분리가 얼마나 강력한 영향력을 그 동안 발휘했는지 상기할 필요가 있다."[2]라고 언급했다.

2014년으로부터 5년이 지난 지금, 패러다임이 확실히 바뀌었다고 말할 수 있다. 이 논문이 신경과학 저널에 게재된 이후 짧은 기간 동안 장내 미생물과 신경학적/행동적 조건에 관한 연구 발표가 기하급수적으로 증가했다. 초기 설치류 실험에서 확립된 개념에 이어 인간 임상시험에서도 장-뇌 축, 장내 미생물군집, 신경 발달 및 신경 퇴행성 질환의 발달에 대한 복잡한 상호작용이 급속하게 밝혀지고 있다.

자폐 스펙트럼 장애(ASD), 불안, 간질, 우울증, 파킨슨병은 인간의 장내 미생물 구성 변화와 연관된 뇌 질환 중 일부이다.[3] 우리는 아직 이러한 상호작용의 메커니즘에 대한 지식은 많이 부족하지만, '정신 생물학적' 또는 '우울하게 만드는' 미생물과 같은 개념이나 인간이 단순히 100조 미생물의 운반 수단을 넘어선다는 흥미로운 개념을 포함하는 이 역동적인 신경학적 우주에 대한 추측을 지속적으로 해 오고 있다.[4]

인간의 뇌 형성

3장에서 설명한 바와 같이, 태아기, 출생 전과 직후, 그리고 출생 후의 영향들을 통한 인체 미생물군집의 초기 형성은 전 생애에 걸쳐 건강과 질병 사이의 균형을 유지하는 데 큰 역할을 한다. 건강하고 기능적인 뇌의 발달과 장-뇌 축을 통한 원활한 소통은 인간의 초기 성장에 필수적인 부분이다.[5] 최근의 데이터에 따르면 불안, 우울증, ASD의 발달 병리에서 이 축을 통한 소통의 장애 가능성이 제기됨에 따라 초기 인간 뇌 발달에서 장 마이크로바이옴의 기능에 대한 더 광범위하고 심층적인 연구가 필요한 시점이다.[6]

신경 발달은 다양한 환경 신호에 크게 의존하는 매우 복잡한 과정이며, 그 신호중 대부분은 장에서부터 온다. 대표적인 예로 중추신경계 성숙에 있어 장을 통한 엽산 흡수의 역할을 들 수 있다. 외배엽은 평평한 시트에서 시작하여 스스로 접혀서 관을 형성하고, 그 위쪽은 뇌로, 아래쪽은 척수로 발달한다. 이 튜브의 융합은 이 과정을 주도하는 엽산의 가용성에 따라 달라진다.

셀리악병으로 인한 만성염증과 같은 장기능장애로 인해 이차적으로 엽산이 결핍되면 혈청 엽산 수치가 최적 이하로 떨어진다. 이는 신경관의 불완전한 융합으로 이어지며, 신경 발달 단계와 중력에 따라 태아의 생존에 적합하지 않은 기형부터 신경관 불완전 융합의 대표적인 예인 척추이분증까지 다양한 증상이 나타날 수 있다.

관 융합 외에도 신경세포 발달의 또 다른 핵심 단계는 혈액뇌장벽(BBB)blood-brain barrier의 성숙, 신경세포 사이의 시냅스 형성, 미세아교세포의 성숙, 궁극적으로 정상적인 뇌 발달에 필요한 모든 적절한 회로망의 성숙이다. 이 매우 복잡하고 아직 잘 규명되지 않은 과정은 부분적으로 장내 미생물군집에서 발생하는 신호를 비롯한 환경적 자극에 의해 이루어진다.

장내 미생물과 그 대사산물이 태아기부터 노년기까지 BBB의 형성, 수초화, 신경 발생, 미세아교세포 성숙에 관여한다는 증거가 점점 더 많아지고 있다. 미생물군집은 미세아교세포와 성상교세포를 조절하여 신경염증에 영향을 미칠 수 있다. 동물 모델에 따르면 "뇌의 면역체계"로 정의되는 미세아교세포는 세균이 없는 조건에서는 미성숙 상태로 유지되지만, SCFAs를 투여하면 회복될 수 있다고 한다.[7]

BBB는 자궁 내 초기 기간에 발달하며 미세아교세포, 성상세포의 말단, 모세혈관 주피세포 및 모세혈관 내피세포의 네 가지 주요 요소로 구성된다. 네 가지 다른 세포 구성 요소 외에도 BBB 선택성은 용질의 통과를 제한하는 CNS 혈관의 내피세포 사이의 세포 간 밀접 접합에 따라 달라진다. 혈액과 뇌 사이의 경계에서 내피세포는 이러한 밀접 접합을 통해 서로 긴밀히 연결된다. 장의 밀접 접합부와 마찬가지로 BBB 밀접 접합부도 한때 정적인 것으로 간주되었으나, 이제 BBB 밀접 접합부도 조눌린을 비롯한 여러 자극에 의해 투과성이 조절될 수 있는 매우 역동적인 구조인 것으로 알려졌다.[8]

BBB는 전신 순환계와 뇌 사이의 분자와 영양소 교환을 조절하는 게이트키퍼이다. 장내 미생물은 임신 기간 동안 BBB의 투과성에 영향을 미치는 것으로 보이며, 이 조절 기능은 평생 동안 활성 상태로 유지되며 아마도 조눌린 경로에 의해 매개되는 것으로 보인다. 세균이 없는 쥐는 정상적인 장내 세균총을 가진 쥐에 비해 BBB 투과성이 증가하여 신경염증의 위험이 증가한다.[9]

또한, 마이크로바이옴의 신호는 세균 세포벽 성분이 전두피질에서 뉴런의 증식을 유도하는 등, 초기 배아발생의 신경 발생 속도에 영향을 미치는 것으로 나타났다. 또한 마이크로바이옴은 건강한 뇌 발달의 중요한 과정인 올바른 피질 골수화에도 필요하다.[10]

장내 미생물이 신경 발달에 미치는 영향을 매개하는 실제 메커니즘은 아직 명확하지 않지만, 일부 미생물 유래 대사산물이 역할을 할 수 있다는 증거가 있다. 예를 들어 포유류 중추신경계에서 가장 중요한 억제성 신경전달물질인 감마-아미노부틸산(GABA)γ-Aminobutyric acid은 젖산간균과 비피도박테리움 종에 의해 생성된다. GABA는 후시냅스 통신을 촉진하고 신경 전구 세포의 증식과 발달을 촉진하여 뇌 발달에 중요한 역할을 할 수 있다.

장내 미생물은 신경 발달에 관여하는 것 외에도 포유류 숙주가 세로토닌과 같은 특정 신경 신호 분자의 정교화를 촉진함으로써 성숙한 뇌의 주요 신경 기능에도 영향을 미치는 것으로 보인다. 세로토닌은 위장관 및 중추신경계의 장 신경계에 의해 정교화되며 장운동, 기분, 기억, 학습, 식욕 및 수면을 조절한다.

장내 미생물은 숙주 장내 크로마핀 세포를 자극하여 세로토닌을 생성하거나 노르에피네프린과 도파민을 직접 상승시킴으로써 신경 전달 물질의 생산을 조절하는데, 이는 대장균, 바실러스 및 사카로미세스 종에서 입증되었다.[11] 아세트산, 프로피온산, 부틸산, 젖산을 포함한 SCFA는 대장에서 프로바이오틱스에 의해 생성된다. SCFAs 중 낙산균 *Butyricicoccus*와 클로스트리디움*Clostridium*이 주로 생산하는 부틸산는 수상돌기의 발아를 유도하고 시냅스의 수를 늘리며 학습 행동과 장기 기억에 대한 접근성을 회복하는 것으로 나타났다.[12]

미생물군집과 복잡한 신호 경로

복잡성을 한층 더 높이는 방향으로 장내 미생물이 신경계, 내분비계, 면역계와 관련된 여러 양방향 신호 경로를 통해 중추신경계와 연결되어 있다는 증거가 점점 더 많아지고 있다. 로라 콕스Laura Cox와 하워드 와이너Howard Weiner는 앞서 설명한 대로 장내 미생물이 위장관의 세포가 뇌와 행동에 영향을 미치는 신경전달물질이나 소화 호르몬을 분비하도록 유도하는 것 외에도, CNS로 이동하는 면역 세포를 조절하고 미주 신경을 자극하여 행동에 영향을 줄 수 있다고 설명한다. 콕스와 와이너에 따르면 "중추신경계는 주로 장 운동성에 영향을 미치는 아드레날린성 신경 신호와 미생물 구성과 기능에 관여하는 면역 매개체에 대한 신경전달물질을 통해 장내 미생물을 제어할 수 있다."[13]고 하였다.

길 샤론Gil Sharon, 사르키스 마즈마니안Sarkis Mazmanian과 동료들은 주로 쥐 모델에서 수행한 연구를 통해 건강하고 기능적인 뇌의 발달이 "장의 분자 신호와 같은 환경 신호를 통합하는 출생 전후의 주요 사건"에 의존한다고 설명한다. 연구진은 "지난 몇 년간의 연구를 통해 장내 미생물군집이 혈액뇌장벽 형성, 골수화, 신경 발생, 미세아교세포 성숙과 같은 기본적인 신경 재생 과정에 중요한 역할을 하며 동물 행동의 여러 측면도 조절한다는 사실이 밝혀졌다."라고 덧붙였다. 〈셀Cell〉에 실린 리뷰에서 저자들은 "장내 미생물군집이 신경 발달과 신경 퇴행에 기여할 수 있는 경로"를 제안하였다.[14]

이들은 태아 발달 과정에서 세포가 특정 지역으로 장거리(때로는 세포 직경의 수백 배)를 이동하면서 행동을 확산하는 특정 회로가 구축되는 과정을 포함하여 초기 뇌 발달의 몇 가지 단계를 설명하였다. 이러한 복잡한 생리적 지형학을 장기간에 걸친 발달 시간대에서 분자 수준으로 탐색하면 장내 미생물군집이든 뇌든 인간의 성장은 무수하게 많은 환경적 요인에 영향을 받게 되는데, 그 가운데 가장 중요한 것은 식습관이다.

장내 유익균이 식이섬유로부터 합성하는 SCFA와 달리, 우리 몸은 인간 두뇌의 적절한 발달과 최적의 기능에 필수적인 필수 지방산(EFA) Essential Fatty Acid을 생성할 수 없다. 임상 연구에 따르면 불균형한 지방산 섭취는 뇌 기능 장애 및 특정 질병과 관련이 있는 것으로 나타났고,[15] 그중 식이 도코사헥사엔산docosahexaenoic acid은 망막과 시각 피질의 기능적 성숙에 중요한 역할을 하는 EFA이다.

치아유 창Chia-Yu Chang과 동료들은 뇌 신경전달물질의 합성과 기능 및 면역계 분자에서 EFA의 중요한 역할을 제시하였다: "신경세포에는 신경세포 자극이나 손상 시 특정 지질 메신저의 합성을 위한 저장소인 인지질 풀이 있다. 이러한 메신저는 차례로 신경 손상 또는 신경 보호를 촉진할 수 있는 신호의 캐스케이드에 참여한다."[16] 미생물에 이어 특정 신호 경로의 메커니즘적인 연구는 이러한 병리에 대한 새로운 이해와 새로운 치료법 또는 예방적 개입 가능성으로 이어질 수 있다.

장내 미생물군집의 구성과 면역체계의 발달 및 기능 사이의 연관성에 관련하여 동물 모델과 인간을 대상으로 한 연구에서 점점 더 많은 증거가 나오고 있다. 특히 무균 쥐 모델을 사용한 연구결과, 특정 미생물이나 그 생체 산물 또는 두 가지 모두 T1D, 천식, IBD를 비롯한 다양한 만성염증성 질환을 유발하거나 방지함으로써 면역 기능의 변화와

관련이 있는 것으로 밝혀졌다.[17]

수십 년간 신경염증과 관련된 쥐 연구를 해온 캘리포니아 공과대학(Caltech)의 의학 미생물학자인 사르키스 마즈마니안Sarkis Mazmanian은 신경 및 행동 장애에서 장내 미생물군집 구성 요소의 메커니즘적 역할을 탐구한 초기 선구자이다. 그는 자폐증과 파킨슨병의 특정 질환에서 장-뇌-마이크로바이옴 축으로 변화하는 패러다임 속에서 쥐와 인간 연구의 역할에 대한 통찰과 생각을 다음과 같이 이야기하였다.

자폐성 장애(ASD)와 장내 미생물군집

미국 질병통제예방센터에 따르면 자폐성 장애는 미국에서 가장 빠르게 증가하는 발달 장애이다. 유병률은 1970년대 중반 5,000명 중 1명에서 현재 CDC의 추정치인 59명 중 1명까지 계속 증가하고 있다. 남자아이의 경우 25명 중 1명의 비율로 불균형적으로 증가하고 있다.

유병률은 민족과 인종에도 영향을 받는데, 히스패닉계가 아닌 백인 아동이 흑인과 히스패닉계 아동보다 ASD로 확진되는 경우가 더 많다. 자폐 스펙트럼 전반의 아동이 더 어린 나이에 진단받고 있으며, 이에 따라 ASD로 치료를 받는 유아 아동 그룹이 상당히 증가하고 있다.[18]

ASD에 걸린 어린이와 성인은 일반인보다 더 많은 수의 위장 장애를 앓고 있으며 장내 미생물군집의 구성이 변화하고 장 투과성이 증가하는 것으로 나타났다.[19] 메이어Mayer와 동료들은 미생물이 중추신경계의 발달과 기능에 제한적인 역할을 한다는 전통적이고 점점 더 구식이

된 관점을 ASD가 따르지 않는 것이라고 주장한다. 이들은 이 '뇌 질환'이 "장내 미생물군집의 변화와 관련이 있는 것으로 오랫동안 의심했으며, 최근 설치류 모델과 인간 대상에서 모두 재검토되고 있는 개념"이라고 설명한다.[20] 마이크로바이옴 연구를 통해 이러한 질환을 유발하는 메커니즘적 요인을 밝혀내면 새로운 치료법과 예방법을 개발할 수 있을 것이다.

마즈마니안과 동료들은 이러한 "마이크로바이옴과 동물 간의 상호의존적이고 복잡한 상호작용을 매개하는 메커니즘과 인간의 건강에 미치는 영향"에 대한 연구를 진행하고 있다.[21] 롭 나이트Rob Knight가 다른 과학자 22명과 공동으로 아래와 같이 〈셀〉에 발표한 가장 최근 연구결과에는 ASD 환자의 장내 미생물을 이식한 무균 쥐에서 특징적인 자폐 행동이 유도되는 것으로 나타났다. 이 표현형은 마이크로바이옴에 의해 유도되고 행동을 제어하는 주요 유전자와 관련된 후성유전학적 변화에 이차적으로 기인하는 것으로 보인다.

ASD 미생물이 서식하는 쥐의 뇌는 ASD 관련 유전자의 대체 스플라이싱 splicing을 보인다. 인간 미생물군을 보유한 쥐의 미생물군 및 대사체 프로필은 특정 세균 분류군과 그 대사체가 ASD 행동을 조절하는 것으로 예측된다. ASD 쥐 모델을 후보 미생물 대사산물로 처리하면 행동 이상이 개선되고 뇌의 신경세포 흥분성이 조절된다. 우리는 장내 미생물이 신경 활성 대사산물의 생성을 통해 쥐의 행동을 조절하여 장과 뇌의 연결이 ASD의 병리 생리학에 기여한다는 것을 제안한다.[22]

이 〈셀〉 논문은 장내 미생물이 신경 및 행동 장애에 어떤 영향을 미칠 수 있는지 보여주기 위해 쥐 모델을 사용한 지난 수십 년간의 연구의 결정체이다(그림 10-1, 270쪽).

놀랍게도 마즈마니안의 이런 연구는 실험실에서 나온 데이터가 아니라 직감에서 출발했다. "저희와 다른 연구자들은 장내 미생물군집과 IBD 사이의 관계를 연구하고 있었습니다. 제프 고든을 비롯한 많은 사람들이 대사 시스템과의 상호작용을 연구하고 있었고요. 칼텍에서는 신경과학 연구를 많이 하고 있었기 때문에, 저는 신경계를 연구해 보면 어떨까 생각했죠. 신경계가 마이크로바이옴에 의한 교육과 조절에서 '면역'이 되는 이유는 무엇일까요?"[23]라고 말했다.

마즈마니안처럼 상상력이 풍부하고 호기심이 많은 과학자가 종종 그러하듯, 그는 오래된 연구 문헌을 조사하면서 미래 연구에 대한 흥미로운 단서를 발견했다. 그는 전자현미경 사진을 조사한 연구에서 쥐와 인간이 강력한 장 신경 네트워크를 공유하며, 신경계와 면역 및 상피 세포를 포함한 장 점막의 다른 주요 구성 요소 사이에 무수히 많은 연결이 있다는 증거를 발견했다. 1967년 한 신경세포가 백혈구와 시냅스를 형성하는 이미지가 마즈마니안에게 '아하'의 순간을 불러일으켰다. 그는 동물이 미생물의 세계에서 어떻게 진화했는지에 대해 생각했다. 미생물은 진핵생물보다 20억 년 전에 존재했으며 육상, 수생, 생물 생태계에 모두 서식하고 있다. 이는 "왜 그들(미생물)이 신경계를 형성하는 데 역할을 하지 않을까?"라는 의문으로 이어졌다.[24]

마즈마니안은 장내 미생물군이 뇌의 주요 기능에 영향을 미칠 수 있는지에 대한 연구를 시작했을 당시에는 장과 뇌의 연결을 행동과 연결

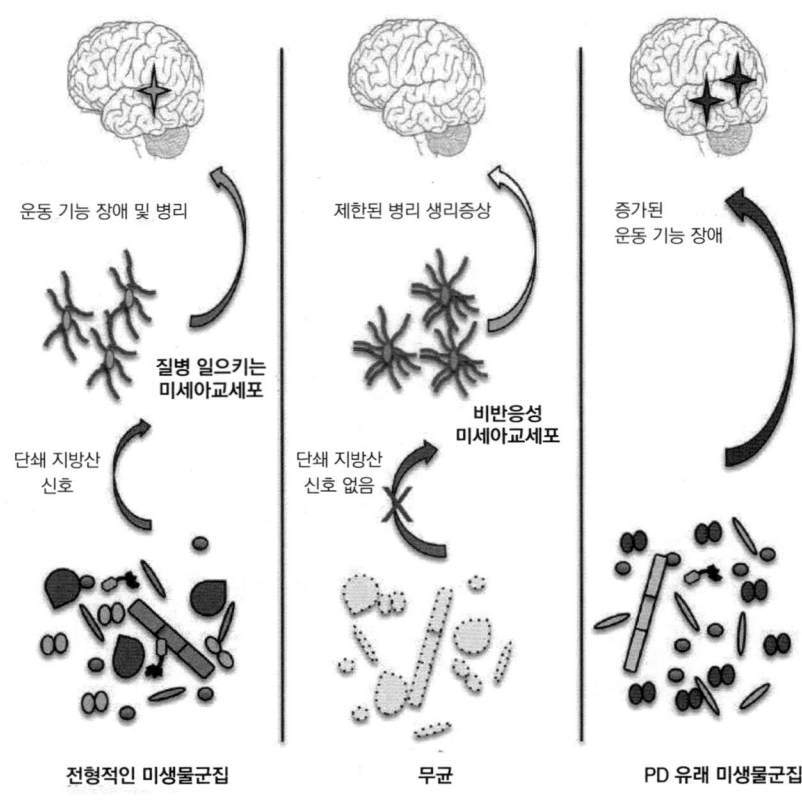

그림 10.1
장내 미생물이 신경 기능에 미치는 영향. 장내 미생물의 신호는 파킨슨병 모델에서 특징적인 위장 및 α-시누클린 의존성 운동 결손뿐만 아니라 신경 염증 반응에 필요하다. "장내 미생물군집이 파킨슨병 모델에서 운동 결손과 신경염증을 조절한다", Cell 167, 6호(2016년 12월 1일), T. R. Sampson, J. W. Debelius, T. Thron, S. Janssen, G. G. Shastri, Z. E. Ilhan, C. Challis 등(에서 인용함): 1469-1480, https:// doi.org/10.1016/j.cell.2016.11.018.

하는 생물학적 메커니즘에 대한 엄격하고 재현된 증거가 거의 없었지만, 그와 다른 연구자들은 그후 "미생물군과 신경계 사이의 유사하면서도 다른 연관성"을 발견했다고 언급했다. 공동 저자인 알레시오 파사노가 콜레라균을 연구하다가 자가면역 연구에 뛰어든 것처럼, 마즈마니안도 처음에는 미생물이 장 감염에 어떤 영향을 미치는지에 대한 연구로 시작했다. "원래의 의도는 장내 세균이 장내 감염 경과에 어떤 영향을 미치는지에 대한 생물학적 근거를 조사하는 것이었습니다. 그러나 그 주제에 관한 논문은 단 한 편도 발표하지 않았어요."라고 그는 말했다.[25]

대신 그는 무균 쥐의 면역 프로파일을 연구하던 중 비장에서 CD4 양성 면역 세포가 비례적으로 감소하는 것을 발견하고 장내 감염 측면에서 미생물과 면역의 상호작용에 대해 생각하게 되었다. "저는 미생물이 어떻게 면역체계를 교육하고 면역 발달에 관여하는지에 대해 생각하기 시작했습니다. 면역 발달의 이러한 표현형을 나타내는 미생물과 분자 물질을 조사하기 시작했고, 거기서부터 이야기는 계속 진행되었죠."[26]

의간균 프라길리스에서 배우기

하버드에서 수년간 연구하던 시절, 마즈마니안은 데니스 캐스퍼Dennis Kasper의 연구실에서 특정 미생물종을 연구했는데, 이 연구는 장이 뇌와 어떻게 소통하는지를 밝히는 데 중요한 역할을 하게 된다. 캐스퍼와 마즈마니안은 B. 프라길리스*fragilis*와 그 당 성분인 PSA다당류A를 통해 면역계에 미치는 영향에 관해 연구했다. 이는 B. 프라길리스가 숙주의 행동 기능에 어떻게 영향을 미치는지에 대한 마즈마니안의 향후 연구의 토대가 되었다.

그의 연구팀은 주요 발달 시기에 바이러스 모방체인 폴리이노신-폴리시티딜산(polyI:C)polyinosinc-polycitidylicacid에 노출된 어미의 새끼 쥐에게 B. 프라길리스를 경구 투여하면 ASD 표현형이 나타난다는 사실을 발견했다. 이 연구에서 한 걸음 더 나아가 마즈마니안은 이 ASD 모델을 사용하여 염증을 개선하는 B. 프라길리스의 역할을 조사했다.

특히, 그는 주요 신경 발달 시기에 polyI:C에 노출된 임신한 쥐에서 태어난 새끼는 장 투과성 증가, 미생물군집 구성 및 기능 변화, 대사체 프로파일의 변화, 의사소통의 결함, 전형적 ASD 행동, 불안 징후 및 감각 운동 변화를 특징으로 하는 ASD 유사 행동을 보인다는 사실에 주목했다. 흥미롭게도 이 쥐에게 B. 프라길리스를 경구 투여했을 때 장 장애와 행동 장애가 모두 교정되었다. 또한 B. 프라길리스는 ASD 유형의 쥐에서 증가된 여러 대사산물의 수치를 감소시킬 수 있었다.

"우리가 B. 프라길리스에서 얻은 교훈은 심해 열수구든 사바나 생태계든 지구상 모든 환경의 진화를 주도하는 것은 미생물이라는 사실과 유사하다."라고 마즈마니안은 말한다. "마치 영화 '오즈의 마법사'에서 커튼 뒤에서 모든 손잡이를 돌리는 작은 남자가 나오는 것처럼, 미생물이 모든 것을 통제하고 있다. 미생물은 우리를 만드는 데 도움을 주었고 우리가 어떻게 일하는지 잘 알고 있다. 우리가 배우고 싶은 것은 미생물이 이미 알고 있는 것이며, 그렇게 함으로써 인간 생물학에 대한 통찰력을 얻고 마이크로바이옴이 관여하는 다양한 질병에 걸린 사람들을 도울 수 있을 것으로 생각한다."[27]

미생물의 동기는 무엇인가?

소아 위장병 전문의인 공저자 알레시오 파사노는 연구와 임상적 관점에서 미생물에 대한 깊은 경외심을 키워왔다. 마즈마니안은 이러한 깊은 경외심을 공유하면서도 미생물은 번식을 위한 최적의 환경을 만들려고 노력하는 이기적인 존재라는 점을 상기시킨다. "미생물은 인체의 장수와 건강을 보장하기 위해 진화했을 수 있다."라고 그는 말한다. "미생물은 번식을 확보하기 위한 행위를 취함으로써 자신에게 이득이 되는 여러 상호작용을 가지고 진화한다."[28] 이러한 상호작용 중 일부는 이미 확인되었지만, 마즈마니안이 지적했듯이 장내 미생물과 인간의 신경계 사이에는 우리가 아직 발견하지 못한 수많은 상호작용이 존재한다.

"한 미생물이 대사산물을 생산하고 다른 미생물이 그 대사산물을 영양분으로 사용할 수 있다는 사실이 알려지고, 미생물들이 자신들만의 작은 생태계를 구축하여 장에 대사 웹 또는 대사 네트워크가 있는 시나리오를 상상해 보세요."라고 마즈마니안은 말한다. "그렇게 하여 장내에서 온갖 화학 물질이 떠돌아다니게 되었으니, 우리도 이러한 과정에 편승하거나 에너지원이든 생물학적, 면역학적, 신경학적 기능이든 우리 자신의 이익을 위해 이러한 분자를 활용하도록 적응한 것일 수도 있다."[29]

이 주장에 따르면 미생물은 종의 번식이라는 궁극적인 목표를 달성하기 위해 숙주와 적대적인 관계가 아닌 공생 관계를 구축하는 것을 목표로 삼고 있다. 마즈마니안은 병원성 미생물의 진화에 대해 흥미로운 관점을 제시한다. 그는 병원성 미생물의 발생을 막다른 골목의 사건이라고 부른다. "누군가는 다치게 될 것이고, 이는 누구에게도 장기적으로 좋은 전략이 아니다. 우리가 병원균이라고 부르는 유기체는 인간과의 공진화 초기 단계에 있으며, 아직 공생 관계를 파악하지 못해 우리와 공존하는 방법을 찾지 못했을 뿐이라고 생각한다." 마즈마니안은 "가장 오래 진화한 병원균은 해를 끼치지 않는 방법을 알아냈고, 궁극적으로 인간의 건강에 도움이 되는 방법을 알아냈다."라고 덧붙인다.[30]

병원성을 나타내는 것이 미생물의 진화 계획에 반드시 포함되는 것은 아니라는 개념을 뒷받침하는 여러 사례가 있기 때문에 그의 비전을 전적으로 공감한다. 볼티모어의 백신 개발 센터에서 근무하는 동안 파사노는 장내 병원균을 연구하면서 이 개념을 직접 경험할 기회를 얻었다. 대장균의 고전적인 예를 들어보겠다. 대부분의 대장균 균주는 인간 숙주와 공생 관계에 있으며, 장내 미생물군집에서 풍부한 종 중 하나이다. 그러나 장독성 대장균, 장 응집성 대장균, 장 출혈성 대장균, 장 침습성 대장균, 장 병원성 대장균을 포함한 몇몇 대장균 종은 심각한 위장 또는 전신 질환을 유발하거나 두 가지 모두를 유발할 수 있는 병원균이다.

이러한 병원성 대장균과 공생 대장균의 차이점은 무엇일까? 모든 병원성 대장균은 "병원성 섬"으로 정의되는 플라스미드 또는 병원성 유전자를 운반하는 파지가 감염된 세균염색체를 통해 진화의 역사 후반에 병원성 유전자를 획득했다. 이 현상을 좀 더 극단적으로 적용하면, 특히 어린이에게 심각한 이환율과 사망률을 유발하는 치명적인 병원균인 시겔라는 대장균과 게놈의 95% 이상을 공유해 특정 병원성 형질을 획득하여 완전히 다른 미생물이 된 대장균인 것이다.

이러한 병원성 특성을 획득한 세균은 영양분 조달 측면에서 다른 마이크로바이옴 종과 경쟁하거나 숙주 내에서 특권적인 영양 틈새를 획득하거나 일시적으로 숙주의 면역 방어에서 벗어날 수 있는 우위를 점하게 되었다. 이는 단기적으로는 좋은 전략으로 보일 수 있지만, 마즈마니안이 지적한 것처럼 장기적으로는 숙주에게 해를 끼칠 수 있다. 세균이 독성을 유지하는 것은 결국 종의 보존과 번식이라는 미생물의 궁극적 목표에 나쁜 영향을 미치게 되므로, 숙주와 공생 관계를 구축하는 것이 장기적인 생존을 위한 훨씬 더 효율적인 전략이 될 것이다.

알츠하이머병

알츠하이머병은 인류에게 영향을 미치는 가장 흔한 신경 퇴행성 질환이다. 이 책에서 다루는 다른 만성염증성 질환과 마찬가지로 알츠하이머병 환자 수는 계속 증가하고 있으며, 불과 25년 만에 약 2,200만 명에서 4,600만 명으로 두 배가 증가했다.[31] 이 질환은 뇌의 대뇌 피질이 위축되고 뉴런과 시냅스가 손실되는 것이 특징이다. 임상적으로는 단기 기억 상실, 기분 변화, 언어 기억력 감퇴, 동기 부여, 계획 및 지적 조정 능력 상실 등의 증상이 나타난다.

다른 만성염증성 질환과 마찬가지로 알츠하이머병에도 유전적 요소가 있으며, 전장유전체 연관성 연구에서 20개의 유전적 위험 유전자좌가 확인되었다. 이 발견에서 흥미로운 점은 이 20개의 유전자좌 중 어느 하나도 단백질 아미노산의 암호부위에 위치하지 않아 직접적으로 단백질을 합성하지 않을 것으로 보이므로 환경 요인에 의한 강력한 후성 유전적 변형을 시사하며 장내 미생물군집이 가능한 유발 요인으로 지목된다는 점이다.

알츠하이머병에 걸린 피험자의 장내 미생물 불균형을 보여주는 소수의 연구가 발표되었다. 문 수준에서 수행된 이러한 연구 중 일부는 건강한 대조군과 비교하여 후벽균^{Firmicutes}과 방선균^{Actinobacteria}의 수치가 감소하고 의간균^{Bacteroidetes}이 증가하는 것으로 나타났다. 이러한 결과는 알츠하이머병 동물 모델에서도 재현되어 마이크로바이옴 구성에 유사한 변화가 나타났다. 이러한 미생물군집의 불균형은 염증성 사이토카인의 방출을 통해 신경염증을 유발하여 면역 세포의 BBB 활성화, 반응성 신경교증$^{신경교세포의\ 염증}$, 궁극적으로 신경 퇴화를 유발한다. 의간균은 그람음성균에 속하기 때문에 염증성 사이토카인의 방출을 통해 염증을 유발하는 LPS와 같은 내독소를 정교하게 만들어낸다.

또한, 뇌 발달 중에 LPS를 주입하면 쥐 모델에서 미세아교세포의 활동이 증가하고 염증성 사이토카인의 수치가 증가한다. 동물 연구에 따르면 아커만시아^{Akkermansia}는 신경 퇴화 및 노인성 치매 플라크의 바이오마커인 대뇌 아밀로이드 β(Aβ) 42 펩타이드 수치에 영향을 미칠 수 있는 것으로 나타났다.[32] 앞서 언급했듯이 아커만시아는 위장 생물학에 여러 가지 유익한 효과가 있어서 장 장벽의 완결성, 장 리모델링, 장 흡수 능력의 조절을 증가시킨다. 따라서 장내 미생물에서 풍부한 아커만시아균과 뇌의 병원성 Aβ 42의 양 사이에 반비례 상관관계가 있다는 사실은 매우 흥미롭다.

종합해 보면, 아커만시아의 감소$^{장\ 장벽\ 기능\ 상실\ 유발}$와 의간균의 증가가 수반되면 장 내강에서 전신 순환 및 궁극적으로 뇌로 LPS의 이동이 강화되어 유전적 소인이 있는 사람의 알츠하이머병 병리가 더 악화될 수 있다는 가설이 성립된다. 노화, 전신 감염, 염증, 비만, 뇌 외상 등 알츠하이머병의 여러 위험 요인이 선천성 면역체계의 활성화와 관련되어 있는 것과 같이 LPS에 노출되면 선천성 면역체계의 활성화로 인해 치매가 더 악화되는 것으로 보인다.

파킨슨병

마즈마니안은 ASD와 파킨슨병으로 알려진 신경 퇴행성 아밀로이드 질환에 관한 연구에서 인간화된 쥐 모델을 사용한다. 어린이에서 ASD 진단을 받는 비율이 빠르게 증가하는 것과 노년층에서 나타나는 신경 퇴행성 질환의 증가 추세가 궤를 같이한다. 미국에서는 알츠하이머병이 약 500만 명, 파킨슨병이 약 50만 명의 환자가 있으며, 매년 5만 건의 새로운 사례가 진단되고 있다.[33]

이 질환에서는 특정 신경 단백질이 비정상적으로 응집되어 많은 세포 기능에 간섭을 일으킨다. 영향을 받은 신경세포는 결국 죽게 되어 운동성 감소, 안정 시 떨림, 경직 등의 전형적인 운동 장애 증상을 유발한다. 비운동 증상은 후각, 위장, 심혈관계 및 비뇨생식기 계통에 영향을 미친다. 일부 증상은 치료할 수 있지만, 질병의 진행을 늦추는 방법은 없다.

미국에서 빠르게 증가하는 노인 인구는 2050년까지 두 배로 늘어날 것으로 예상되며, 이에 따라 이러한 질환에 직면한 가족의 경제적, 사회적 부담이 증가할 것으로 예상된다. 정확한 원인은 밝혀지지 않았지만, 중뇌에서 발견되는 신경세포 클러스터가 죽으면 도파민이 감소하여 파킨슨병과 관련된 떨림이나 흔들림, 균형감각, 언어, 협응력 장애가 발생한다는 것이 일반적인 학설이다. 파킨슨병은 자폐증과 마찬가지로 다인자성 질환으로, 연구자들은 식습관, 운동, 살충제 등 유전적, 환경적 위험 요인을 조사하고 있다.

장내 미생물군집과 장-뇌 축을 파킨슨병 병리의 그림에 넣으면 이 치명적인 질환의 발병에 대한 더 넓은 그림이 나타난다. 연구자들은 장-뇌 미생물 축과 관련된 점들을 연결하여 이러한 상호작용이 면역학적, 신경 내분비적, 그리고 신경 메커니즘을 통해 장내 미생물에 의해 크게 조절된다는 것을 보여주고 있다.[34] 변비, 연하곤란, 과다 타액 분비 등의 위장 증상은 파킨슨병의 발병보다 수년 또는 10년 정도 앞서 나타날 수 있으며, 이는 히포크라테스의 말을 빌리면 파킨슨병이 장에서 시작된다는 가설을 뒷받침한다.

다시 한번 장 투과성, 염증 및 사이토카인 유발 독성이 이러한 복잡한 상태, 특히 파킨슨병과 관련된 신경세포 손상에서 주도적인 역할을 하는 것이 발견되었다. 파킨슨병 환자의 뇌실질에서 염증성 사이토카인과 T세포 침윤이 나타났으며, 장 신경계, 미주 신경과 그 가지, 신경교세포에서 염증성 변화의 증거가 보고되었다.

파킨슨병 환자의 부검을 통해 얻은 뇌 생검에서 알파-시누클레인 alpha-synuclein 단백질의 침착물이 존재한다는 연구결과를 통해 파킨슨병에서 염증의 역할이 강조되었다. 즉 파킨슨병 환자의 알파-시누클레인이 잘못 접히는 것은 이 질환에서 염증의 역할을 더욱 입증하는 것으로 나타났다. 알파-시누클레인의 잘못된 접힘은 장에서 시작되어 "미주 신경을 통해 '프리온 유사체'를 하부 뇌간과 궁극적으로 중뇌로 확산시킬 수 있다."고 제안되었다. 이 개념은 브라크^{Braak} 가설로 알려지게 되었다.[35]

파킨슨병은 자폐증과 마찬가지로 장-뇌-마이크로바이옴 축의 역할이 강력한 연구 과제임을 제시한다. 마즈마니안의 연구팀은 장내 세균이 운동 결함과 파킨슨병의 발병을 조절한다는 가설을 실험했다. 2016년 〈셀〉에 논문이 게재된 후 마즈마니안은 "장내 미생물과 파킨슨병 사이의 생물학적 연관성을 처음으로 발견했다. 보다 일반적으로, 이 연구는 신경 퇴행성 질환이 이전에 생각했던 것처럼 뇌뿐만 아니라 장에서 시작될 수 있음을 보여준다."[36]

2016년 핀란드의 티모 미오헤넨$^{Timo\ Myöhänen}$이 이끄는 연구팀은 쥐의 파킨슨병과 관련된 운동 증상을 교정하는 연구를 진행했다. 이전 연구에서 알파-시누클레인 응집체 형성이 뇌에서 증가되는 데 PREP 효소의 기능이 밝혀진 후, 연구진은 PREP를 차단하여 PREP와 알파-시누클레인 사이 연결의 중요성을 밝히고자 했다. 파킨슨병 쥐 모델에서 다량의 알파-시누클레인이 생성되어 단백질이 잘못 접히고 파킨슨병과 관련된 운동 증상이 나타났는데, 미오헤넨의 연구팀은 PREP 차단제가 운동 영역의 추가 손상을 억제했으며 "치료 후 2주 만에 뇌에 축적된 알파-시누클레인을 거의 모두 제거했다."라고 보고했다.[37]

마이크로바이옴의 잠재력 실현하기

앞서 강조했듯이 마이크로바이옴의 특정 구성 요소가 특정 임상 질환과 관련이 있다는 유망한 연구가 존재한다. 그러나 미생물과 질병 중 어느 것이 먼저인지, 미생물 차이가 질병을 일으키는지 아니면 임상 상태의 결과인지, 아니면 서로 관련이 없는지 아직 확실하지 않다. 우리는 세균 집단을 계속 분류하기보다는 "이 기초 연구 접근법을 확장하여 특정 미생물 집단이 수행하는 기능적, 생태학적 역할을 테스트하고 개별 세균 또는 세균 컨소시엄이 동물 숙주에 미치는 생리적 영향을 해독해야 한다"[38]는 마즈마니언과 그의 동료들의 의견에 동의한다.

이러한 연구는 비용과 시간이 많이 소요되는 연구이지만, 신경 퇴행성 및 신경 정신 질환과 기타 여러 질병의 치료와 예방에 있어 인간 마이크로바이옴의 잠재력과 가능성을 완전히 밝혀내는 데 필수적이다. 마즈마니안이 "기본 규칙"이라고 부르는 것이 쥐 모델, 인간화 쥐 모델, 인간 임상시험을 이용한 장-뇌-마이크로바이옴 연구를 통해 밝혀지고 있다. 한 가지 규칙은 특정 신경 경로는 특정 미생물 집단에 반응하여 진화했지만, 다른 경로는 마이크로바이옴에 영향을 받지 않고 게놈 또는 환경 요인에만 영향을 받으며 신경계는 미생물 대사산물을 통해 직접 또는 면역, 대사, 내분비 시스템 중 하나 이상을 통해 정보를 얻는다는 것이다.

이러한 복잡한 질문에 대한 답을 얻으려면 기초 과학과 응용 의학의 여러 분야에 걸쳐 광범위한 협력이 필요하다. 쥐 모델이 가진 많은 가능성과 13장에서 설명할 한계를 고려할 때, 우리는 "마이크로바이옴 연구는 임상에서도 성공해야 하고, 사람에서도 성공해야 한다. 그렇지 않으면 마이크로바이옴 커뮤니티는 과거의 다른 과학 분야가 그랬던 것처럼 사회의 반발을 겪게 될 것이다. 임상에서 마이크로바이옴이 질병 상태를 조절하고, 영향을 미치며, 더 나아가 개선한다는 증거가 없다면 연구는 지적 호기심에 불과할 것이다."라는 마즈마니언의 말에 동의한다.[39]

그의 주장은 정곡을 찌른다. 지금까지 마이크로바이옴 연구의 전체 분야는 우리 몸에 서식하는 미생물군집이 숙주와 어떻게 상호작용하고 공생 관계를 맺는지에 대한 심도 있는 연구를 위한 토대를 마련하는 데 집중해 왔다. 이제 다음 단계로 넘어가야 할 때이다. 이 공생 관계에서 무엇이 잘못될 수 있는지 이해하고 염증을 개선하여 질병을 치료할 수 있는 가능한 치료 표적을 찾는 것이다. 장내 미생물군집을 활용하여 신경 염증성 질환을 치료하는 전략을 개발하는 것은 우리에게 필요한 다음 과제이며, 이는 엄청나고 경이로운 성과가 될 것이다.

Chapter 11
마이크로바이옴과 환경성 장병증

개발도상국의 장내 세균 불균형

이 책에서는 주로 서구 선진국 사람들에게 마이크로바이옴에 의한 다양한 질병에 대해 다뤘다. 또한 개발도상국의 전형적인 생활 방식에서 벗어나면 미생물군집에 이상이 생겨 비감염성 만성염증성 질환이 발병할 위험이 커진다는 점도 지적했다. 이러한 전제를 바탕으로 마이크로바이옴 관련 질병은 거의 독점적으로 서구에서 풍족한 삶을 사는 사람들에게 영향을 미친다고 추론할 수 있다.

이것은 일반적으로 사실이지만 개발도상국의 어린이에게 가장 치명적인 질환 중 하나인 환경성 장병증에 관심을 기울이지 않았던 것 때문일 수 있다. 이 질환은 대장의 불균형한 미생물 생태계보다는 위장관을 따라 미생물의 부적절한 분포와 더 관련이 있으며, 이러한 불균형한 분포가 핵심적인 병원성 역할을 하는 것으로 보인다.

환경성 장질환(EE)Environmental enteropathy / 환경성 장기능장애(EED) Environmental enteric dysfunction는 주로 근위부 장에 영향을 미치는 만성 질환이다. 이 질환은 장벽 기능의 상실, 소장의 세균 과증식, 소장 융모 위축으로 이어지는 낮은 수준의 장 염증이 특징이며, 일부 측면에서는 셀리악병 장병증과 유사하다. 또한 설사가 없는 상태에서 흡수 장애와 전신 염증이 나타나는 것이 특징이다. EE/EED의 원인들은 아직 논의 대상이지만, 저소득 국가의 어린이가 분변으로 오염된 음식과 물을 섭취하는 것이 영향을 미친다는 주장에 상당수가 동의하고 있다.

EE/EED의 병적인 결과는 장-뇌 축의 불균형으로 인한 신체 발육 부진과 낮은 신경 인지 발달 가능성이 높게 나타난다. 이러한 질환은 어린이의 이환율과 사망률을 증가시키는 명백한 증상을 유발하지 않기 때문에 표면적인 임상 평가에서 건강한 개인으로 간주될 수 있어서 우선적인 건강 문제로 인식되지 않았다. 이 질환이 전체 인구의 건강에 미치는 영향을 제대로 이해하려면 개발도상국의 어린이 3명 중 1명이 생후 첫 2년 동안 제대로 성장해야 하는 시기에 발육 부진을 겪는다는 점을 지적해야 한다. 이는 부분적으로는 물과 위생이 부적절한 환경에서 젖을 떼는 경우가 많기 때문에 환경 병원균에 대한 노출 증가와 관련이 있다.

EE/EED로 인한 아동 발달에서의 잠재적 문제들은 빈곤 지역에서 자라는 전 세계 아동의 3분의 1의 신체적, 신경인지적 발달에 치명적인 영향을 미칠 수 있다. 또한, 한 개인뿐만 아니라 독립과 번영을 향한 여정에서 국가 전체에 영향을 미칠 수 있는 장기적인 결과에 대한 인식이 훨씬 더 높아진 지금, EE/EED를 단순한 건강 문제뿐만 아니라 발병 메커니즘에 대한 새로운 정보를 활용하여 적절히 해결해야 하는 사회적, 정치적 문제로 간주하는 것이 필수적이다.

역사적 관점

EE/EED는 1960년대 초 열대 지역에서 설사 증상 및 흡수 장애의 원인을 조사하기 위한 일련의 연구에서 장 투과성 이상과 장 조직학적 이상 유병률이 높다는 사실이 우연하게 밝혀지면서 알려지게 되었다. 이때 대조군으로 사용된 동일한 인구집단 내의 무증상, 건강하고 영양 관리가 잘 된 성인과 어린이에게서도 융모 둔화 및 점막 염증이 발견되었다. 태국과 방글라데시에 주둔한 평화봉사단 자원봉사자들을 대상으로 한 연구에서도 이러한 특징은 후천적으로 발생했으며 원주민 집단에서 관찰된 것과 유사하다는 사실이 밝혀졌다.

또한 신생아 장의 사후 조직 검사에서도 이러한 이상이 출생 시에는 나타나지 않고 생후 6개월 이후에 발생하는 것으로 나타났다. 흥미롭게도 이러한 변화는 가역적이었으며, 인도나 파키스탄에 거주하다가 미국으로 돌아온 평화봉사단원들은 열대 지역을 떠난 후 보통 2년 이내에 조직학적 손상과 흡수 장애가 해결된 것으로 나타났다. 열대 지역에서 한정적으로 수행된 초기 연구를 바탕으로 이 질환은 '열대성 장질환tropical enteropathy'[1]으로 명명되었다.

앞서 언급했듯이 환경성 장내 병원체가 장기능장애를 유발하는 문제는 개발도상국에서 오래전부터 인식됐다. 공동 저자인 알레시오 파사노는 20여 년 전에 이 현상을 직접 경험했지만, 당시에는 이를 인지하지 못했다. 메릴랜드 대학교 백신 개발 센터(CVD)의 일원이었던 그는 약독화된 생백신 경구용 콜레라 백신 후보에 관한 명백한 이분법적 반응을 해결하려는 그룹과 협력하고 있었다. 이 백신은 북미의 자원봉사자들에게는 매우 효과적이었지만 개발도상국의 어린이들을 보호하는 데는 그다지 효과적이지 않았다. 소아마비나 소 로타바이러스 등 다른 경구용 백신에서도 비슷한 차이가 보고되었기 때문에 이 문제는 이 백신에만 국한된 것이 아니었다.

CVD의 책임자인 마이크 레빈Mike Levine은 파사노를 사무실로 불러 약독화 경구 콜레라 백신인 CVD 103-HgR에 대한 소아 위장병 전문의로서의 의견을 물었다. 이 백신은 메릴랜드주 볼티모어의 도시 인구를 대상으로 테스트했을 때 내약성과 예방 효과가 매우 우수했지만, 개발도상국의 빈곤 지역 어린이를 대상으로 테스트했을 때는 콜레라 예방 효과가 거의 없었다. 파사노는 몇 가지 가능한 설명을 고려할 수 있지만 가장 가능한 설명은 개발도상국 어린이는 오염된 음식과 물 섭취로 인해 소장의 생태계가 달라 비브리오 군집과 경쟁할 수 있는 많은 수의 세균이 이미 군집을 이루고 있다는 것이었다.

레빈은 잠시 말을 멈추고 장내 생태계의 이러한 변화가 이전에 설명된 적이 있는지, 설명된 적이 있다면 어떻게 진단할 수 있는지 물었다. 파사노는 소장에 세균이 과도하게 존재하는 것을 특징으로 하는 소장 세균 과증식증(SIBO)small intestinal bacterial overgrowth이라는 잘 정의된 임상 질환이 있으며, 수소 호흡 검사로 진단할 수 있다고 설명했다. 이 검사에서 피험자는 당 프로브포도당 또는 락툴로스를 경구로 섭취하고, 소장에서 세균에 의해 당이 발효되면서 생성되는 수소를 호흡으로 내뿜는 것이 SIBO의 징후이다.

레빈은 전형적인 실용주의자답게 파사노에게 수소 호흡 검사기를 구매해 칠레의 산티아고 CVD에서 백신을 접종할 예정인 학생들의 SIBO

여부를 검사할 수 있도록 준비해 달라고 요청했다. 파사노는 산티아고로 날아가 동료인 CVD 칠레의 로산나 라고스$^{Rosanna\ Lagos}$ 국장의 도움을 요청했다. 몇 주 만에 그들은 학기가 끝나기 전에 콜레라 백신을 접종할 예정인 200여 명의 어린이를 대상으로 수소 호흡 검사를 실시할 실험실을 마련했다.

그 결과 SIBO 진단을 받은 어린이 그룹은 바이러스성으로 혈청 전환이 감소하여 콜레라에 대한 보호 항체가 더 적은 것으로 나타났다.[2] 이는 소아마비, 로타바이러스, 파사노와 동료들이 개발한 CVD 103-HgR을 포함한 여러 생 경구 백신이 선진국보다 개발도상국에서 면역원성이 낮아 보호 효과가 떨어지는 이유를 설명할 가능성을 제시해 주었다.

열악한 위생과 발육 부진을 연결하는 직접적인 인과관계로 공식적으로 인정받는 EE/EED와 SIBO 사이의 연관성을 파악하는 데는 20년이 더 걸렸다. WHO에 따르면 2016년 전 세계적으로 약 1억 5,500만 명의 5세 미만 어린이가 발육 부진을 겪고 있다.[3] 많은 지역에서 발육 부진의 감소가 천천히 진행되고 있고 발육 부진의 상당 부분이 단순히 식단 부족이나 설사 때문만은 아니라는 사실이 밝혀지면서 불균형한 마이크로바이옴의 잠재적 역할에 대한 증거가 주목받고 있다.

최근 EE/EED는 장 장벽 기능의 파괴, 장 내강에서 장 점막층으로 미생물 또는 그 생체 산물(또는 둘 다)이 통과하고 점막 염증이 발생하는 개념과 연관되어 있는데, 이러한 일련의 과정은 이미 여러 차례 언급한 바 있다. 이는 궁극적으로 융모 구조의 손상과 소화 및 흡수 기능의 추가 손상, 장벽 파괴로 이어져 장기능장애의 악순환을 일으킨다. 잘 설계된 다수의 연구에 따르면 장 장벽 손상과 성장 장애로 이어질 수 있는 국소 및 전신 염증 반응은 열악한 가정 환경과도 관련이 있으며, 이는 피험자가 장 감염 및 EE/EED에 취약할 가능성이 높다고 한다.

그러나 이러한 메커니즘을 개선하고 임상결과를 개선하기 위해 EE/EED를 진단하거나 위험에 처한 어린이의 발생을 예측할 수 있는 특정 바이오마커는 아직 확인되거나 검증되지 않았다. 파사노 연구진은 EE/EED 연구의 선구자인 리차드 게란트Richard Guerant의 지도 아래 버지니아 대학교의 동료들과 협력하여, 브라질 북동부 세아라주 포르탈레자 및 인근의 여러 빈곤 지역의 영양 클리닉에서 영양실조로 등록된 아동을 대상으로 기능적, 구조적 '장질환enteropathy'과 영양실조 또는 그에 따른 성장 장애를 연관시킬 수 있는 잠재적 바이오마커를 조사했다.[4]

이러한 연구를 통해 장 장벽 장애와 장 및 전신 염증에 대한 주요 비침습적 바이오마커가 발육 부진 위험 아동의 조기 발견을 위한 잠재적 바이오마커로 확인되었다. 그후 후속 연구를 통해 빈곤한 환경의 어린이에게 장병증과 그로 인한 성장 및 발달 결과에 대한 조기 개입을 시행할 가능성이 열리게 되었다.

칼로리 섭취 그 이상

초기 백신 연구 시 여러 공공 및 민간 기관에서 기아를 막고 아동 영양실조 문제를 해결하기 위한 지속적이고 적극적인 캠페인을 동시에 시행하고 있었다. 흥미롭게도 이 캠페인은 영양실조로 인한 사망률을 낮추는 데는 가시적인 효과를 보였지만, 아동의 성장 부진을 개선하는 데는 거의 영향을 미치지 못했다.

칼로리 부족만이 성장을 저해하는 유일한 요인이 아니라 음식물의 소화와 흡수를 담당하는 장기능의 일부 손상도 영향을 미치는 것으로 나타났다. 이제 우리는 가난한 나라에 사는 어린이들이 먹을 음식이 충분하지 않아서 불리할 뿐만 아니라, 장 손상으로 인한 흡수 장애로 인해 영양분을 최적으로 활용하지 못하기 때문에 EE/EED의 특징인 장병증이 아이들의 성장 부진의 원인인 것을 알게 되었다.

따라서 열악한 사회경제적, 위생적 환경에서 생활하는 어린이들의 SIBO를 관찰한 결과와 식이 보완에도 불구하고 완전한 성장 회복이 이루어지지 않는 것을 종합하여 열대성 장질환과 그 임상결과에 대한 메커니즘적인 이해를 제공하게 되었다. 앞서 언급했듯이 열대성 장질환이라는 용어가 채택된 이유는 대부분 환자가 열대 지역에 거주하여 발병에 유리한 환경 조건을 가지고 있기 때문이다.

그러나 1999년에 14개국의 무증상 지원자들의 장 투과성을 비교한 역학 데이터에 따르면 열대 지방의 많은 지역에서 열대성 장병증이 나타났지만, 모든 지역에서 열대성 장질환이 나타난 것은 아니다. 싱가포르와 카타르와 같이 사회경제적 수준이 높은 국가에서는 열대성 장질환이 나타나지 않았는데, 이는 이러한 비정상적인 변화가 열대 기후가 아닌 사회경제적 지위에 따라 달라진다는 생각을 뒷받침하는 결과이다.[5] 따라서 "열대성 장질환"은 "환경성 장질환(EE)" 또는 "환경성 장기능장애(EED)"로 명칭이 변경되었다.

EE/EED의 발병 메커니즘

앞서 설명한 고려 사항을 바탕으로 EE/EED의 가설적 발병 메커니즘을 요약하면, 이유식 직후부터 열악한 위생 환경에서 생활하는 아이들은 장내 세균, 바이러스, 기생충이 포함된 대변에 오염된 음식과 물에 지속해서 노출된다. 이렇게 섭취된 미생물의 부하가 증가하면 소장의 생태계가 변화하여 상부 위장관 내 세균이 무임상적 양적 이상($>10^5$CFU/mL)으로 정의되는 SIBO를 유발하는 국소 군집화가 가능해진다. 또한 SIBO는 출생부터 2세까지의 성장률과 음의 상관관계가 있는 것으로 나타나 성장 장애의 높은 상대적 위험과도 관련이 있는 것으로 나타났다.[6]

흥미롭게도 이 연구에서는 일반적으로 EE/EED 환자에서 증가하는 장 투과성 및 전신 염증은 SIBO의 존재와 관련이 없었으며, 이는 SIBO가 이후 EE/EED의 발병으로 이어지는 초기 단계일 수 있음을 시사한다. 이 가설과 일치하는 결과는 이미 설명한 대로 버지니아 대학교의 게란트Guerrant 연구팀과 공동으로 진행한 연구에서 도출된 것이다.

우리는 브라질 북동부에서 다양한 정도의 영양실조발육 부진 또는 쇠약를 겪는 생후 6~26개월의 어린이 375명의 분변, 비뇨기, 전신 바이오마커와 기능적 및 구조적 장질환 및 성장 예측 인자를 평가하여 EE/EED 발병을 예측하는 비침습적 바이오마커를 확인하고자 했다. 발육 부진과 상관관계가 있는 바이오마커로는 초기 기능적 장 장벽 손상을 시사하는 혈장 IgA 항-LPS 및 항-FlC, 조눌린, 장 지방산 결합 단백질(I−FABP)intestinal fatty acid–binding protein과 방어력 손상을 시사하는 시트룰린citrulline, 트립토판tryptophan, 낮은 혈청 아밀로이드(SAA)serum amyloid A 등이 포함되었다.[7]

반면 장 장벽 장애 및 염증을 나타내는 분변 미엘로퍼옥시다아제myeloperoxidase 또는 알파 1 항트립신(A1AT) 수치가 높거나 락툴로스/만니톨 (L/M)lactulose/mannitol 비율, 혈장 LPS, I-FABP, SAA 수치가 높은 소아에서는 낮은 후속 성장이 예측되었다. 흥미롭게도 바이오마커는 ① 기능적 장 장벽 장애 및 전위IgA 항-LPS 및 항-FliC, 조눌린 및 I-FABP, ② 구조적 장 장벽 장애 및 염증A1AT, L/M, Reg1 및 MPO, ③ 전신 염증키누레닌, cSD14, SAA 및 LBP, ④ 성장 장애트립토판 및 시트룰린의 마커로 요약되었다.[8]

군집 계통수 분석 결과, 바이오마커 자체는 세 가지 주요 그룹으로 분류되는 경향이 있는 것으로 나타났다. 세 그룹은 장 전위, 장 점막 장벽 파괴 및 염증, 전신 염증 반응으로 분류되며, 이는 유아기의 반복적인 장 감염과 '환경성 장질환'으로 인한 장기적인 성장, 발달 및 대사 결과에 영향을 미칠 수 있는 장기적인 염증 반응을 반영한다. 초기 긴밀한 접합 효과조눌린를 나타내는 반응은 최근 LPS 전위의 지표와 그룹을 이루고, 장 세포 및 구조적 장벽 파괴를 나타내는 반응I-FABP, L/M, %L, A1AT 및 Reg1은 장 염증 마커인 MPO와 그룹을 이룬다.

마지막으로, 전신 급성기 또는 염증 반응의 마커SAA, 키누레닌, K/T, sCD14 및 LBP는 장 장벽 장애 및 염증에 대한 전신 반응을 나타내는 그룹으로 지속적인 성장과 발달 및 대사 결과에 문제를 일으킬 수 있는 것으로 나타났다. 또한 다변량 경로 분석에 따르면 장벽 기능, 장 염증 및 전신 마커는 서로 선형적으로 연관되어 있을 뿐만 아니라 이전의 발육 부진 또는 이후의 성장과도 연관된 것으로 나타났다.[9]

이러한 데이터를 종합하면, 초기에 장내 미생물로 오염된 물과 음식을 섭취하면 조눌린 경로가 활성화되어 SIBO가 발병하기까지 순차적으로 EE/EED의 "진행"이 일어날 수 있음을 시사한다. 조눌린에 의존하는 장 장벽의 기능 장애는 장 내강의 풍부한 미생물에서 유래한 LPS 및 기타 내독소가 장벽층으로 전달되어 낮은 등급의 국소 염증을 유발할 수 있게 한다. 장 염증은 장벽 기능의 기능적 장애에서 구조적 장애로 전환하여 악순환을 일으켜 EE/EED의 특징인 장병증과 전신 염증으로 이어진다. 이러한 병적 결과로, 영향을 받은 어린이는 성장 부진, 경구 백신의 낮은 효능, 신경 인지 발달 저하를 경험하게 된다.

EE/EED와 관련된 장내 세균 불균형

다른 곳에서도 언급했듯이 장 장벽 기능과 마이크로바이옴 구성 및 기능 사이에는 상호 영향을 주고받는다. 이러한 상호작용에 영향을 미치는 추가적인 핵심 요소인 영양과 염증도 관여하기 때문에 EE/EED도 이 규칙에서 예외가 아니다. 또한, 위장관을 따라 미생물이 부적절하게 분포하거나 분변 마이크로바이옴의 구성이 변화하는 경우(SIBO)에도 장내 미생물 불균형이 이차적으로 발생할 수 있다는 점을 다시 한 번 강조해야 한다.

- **소장 세균 과다 증식**

SIBO에 대한 이상적인 검사는 십이지장 내용을 분석하는 것이지만, 침습적인 특성과 기술적 복잡성으로 인해 이 검사는 비실용적이다. 앞서 설명한 수소 호흡 검사는 훨씬 덜 침습적이고 비용이 저렴하기에 EE/EED 연구에서 SIBO 진단에 선호되고 널리 사용되고 있다. 브라질에서는 브라질 상파울루 주의 시골이나 상파울루 시내의 빈민가에 거주하는 학령기 아동의 세균 과증식을 조사하기 위해 수소 호흡 검사를 사용한 세 가지 연구가 진행되었다.[10] 이 결과는 같은 지방 자치 단체의 사립학교 어린이들로 구성된 대조군에서 얻은 결과와 비교되었다.

락툴로오스lactulose를 기질로 사용한 호흡 검사에서 빈민가에 사는 어린이30.9~61%가 대조군2.1~2.4%에 비해 SIBO 유병률이 훨씬 높은 것으로 나타났다.[11] 슬럼가에 거주하는 아동에서 SIBO가 있는 경우와 없는 경우의 발육 부진에 대한 결과는 두 연구에서는 차이가 없는 것으로 나타난 반면, 세 번째 연구에서는 SIBO가 있는 어린이가 없는 어린이에 비해 발육 부진이 더 심한 것으로 나타났다. 그리고 세 연구 모두 빈민가에 거주하는 SIBO 아동 그룹은 더 부유한 지역에 거주하는 대조군과 비교했을 때 평균 연령별 키와 표준 편차가 통계적으로 유의하게 훨씬 낮게 나타났다.

- **분변 마이크로바이옴 구성의 변화**

다른 연구에 따르면 EE/EED가 만연한 빈곤한 도시 환경에 사는 방글라데시 어린이와 성인은 미국의 건강하고 부유한 어린이와 비교했을 때 마이크로바이옴 구성이 다르다고 한다. 특히 방글라데시 어린이는 미국 어린이에 비해 프레보텔라, 부티리비브리오 ^{Butyrivibrio}, 오실로스피라 ^{Oscillospira} 수치가 증가하고 의간균 수치는 감소한 것으로 나타났다. 또한 방글라데시 어린이들은 최대 6개월 동안 매월 조사했을 때 변

동성이 심한 불안정한 마이크로바이옴 구성을 보였다.[12]

그리고 방글라데시 어린이는 미국 어린이에 비교하면 의간균/후벽균의 비율이 감소했으며, 대변에 공생하는 장내 병원균이 검출되지 않았다. 이와 같이 EE/EED 어린이에게서 장내 미생물 구성 변화를 설명할 수 있는 모든 가능한 요소 중에서, 분변으로 오염된 음식과 물을 지속적으로 섭취하는 것과 영양실조가 장내 미생물 구성 변화를 일으키는데 가장 큰 영향을 미칠 수 있다.

방글라데시의 한 연구에서는 월별 평가에서 분변 미생물군과 심각한 급성 영양실조 사이의 흥미로운 연관성을 보여주었다. 이 연구에서 장내 미생물군집 성숙도는 '상대적 미생물군집 성숙도 지수'와 '연령별 미생물 군집 표준 편차'로 측정되었으며, 이는 비슷한 연령대의 건강한 아동과 비교하여 아동의 분변 미생물군집을 계산한 것이다. 그 결과 장내 미생물의 미성숙은 영양실조뿐만 아니라 성장 발육 부진과도 관련이 있는 것으로 나타났다.[13]

상파울루 대도시 지역의 한 연구에서는 빈민가에 거주하는 학령기 아동 100명의 장내 미생물과 사립학교에서 모집한 사회경제적 조건이 더 유리한 30명 아동의 장내 미생물을 비교했다. 그 결과 빈민가에 사는 어린이들은 세균, 의간균문, 대장균속*Escherichia* 및 젖산간균속의 미생물 수가 더 많았고 살모넬라균의 수는 더 적었다. 또한 C. 디피실균의 분포와 수가 감소한 것으로 관찰되었다.[14]

흥미롭게도 슬럼가에 사는 어린이에게서 더 많은 수의 고균인 메타노브레비박테르 스미티*Methanobrevibacter smithii*가 관찰되었으며, 날숨에서 메탄이 더 많이 검출되어 세균 대사의 패턴이 다르다는 것을 알 수 있었다. 그리고 빈곤한 도시 지역에 거주하고 SIBO 진단을 받은 어린이들의 분변 미생물군집은 의간균 속과 후벽균의 수가 적고 살모넬라 속 세균의 수가 더 많은 것으로 나타났다.

이러한 연구결과를 종합적으로 고려할 때, SIBO는 미생물의 비정상적인 국소 장내 분포에만 국한되는 것이 아니라 소장 내 미생물의 질적(구성) 변화도 EE/EED의 발병에 중요한 역할을 한다는 것을 시사한다. SIBO가 어떻게 EE/EED로 이어질 수 있는지에 대한 메커니즘적인 설명이 있지만, 이 장에서 설명한 연구결과를 토대로 이 질환이 미생물군 구성의 변화로 인해 발생할 수 있다고 말할 수 있다.

실제로 EE/EED가 만연한 인구집단에서는 동물성 지방과 단백질이 적고 전분, 식이섬유, 식물성 다당류가 많은 식단을 섭취하는 경향이 있다. 따라서 서구식 식단을 따르는 사람들과는 매우 다른 마이크로바이옴 구성을 가질 수 있고, 이러한 식단의 차이는 마이크로바이옴에 상당한 차이를 가져올 수 있다. 이미 언급한 서술적인 연구에서 장내 미생물 불균형SIBO 및/또는 대변 미생물 구성 및 기능의 변화과 EE/EED를 연결할 수 있는 좀 더 메커니즘적인 연구로 나아가기 위해서는 더 잘 설계된 전향적 연구가 필요하다.

이 목표를 달성하기 위해 잘 설계된 연구의 예로 파키스탄의 환경성 장질환과 영양실조 연구(SEEM)Study of Environmental Enteropathy and Malnutrition를 들 수 있다. 이 연구는 파키스탄 마티아리Matiari에서 출생부터 6개월까지의 영양실조 아동 350명과 영양 상태가 양호한 아동 50명으로 구성된 코호트를 구축하는 것을 목표로 하였다. SEEM의 다른 목표는 혈청, 대변, 소변 샘플을 수집하여 EE/EED의 바이오마커를 조사하고, 아동의 영양실조 정도에 따라 교육 및 영양 개입을 제공하며, 교육 및 영양 개입에 반응하지 않는 영양실조 아동의 집단을 상부 위장관 내시경으로 평가하여 영양실조의 치료 가능한 원인을 파악하는 것이다. 상부 위장관 내시경 생검 표본을 사용하여 조직 병리, 유전자 발현 및 면역 프로파일링을 자세히 평가하여 EE/EED의 병리적 생리를 더 잘 특성화하고, 현재 발굴된 후보 바이오마커를 검증할뿐 아니라 새로운 바이오마커 후보를 발견하고자 하였다.[15]

중요한 것은 이 연구가 조직학적으로 진단된 EE/EED와 근위 소장 및 분변 미생물군집의 구성 사이에 뚜렷한 상관 관계가 있는지를 조사할 수 있는 특별한 기회를 제공한다는 점이다. 따라서 SEEM은 두 가지 주요 하위 연구를 포함하도록 설계되었다. ① 출생 코호트 구성원의 성장에 대한 종단 분석, ② 장내 미생물군집 특징과 십이지장 점막 유전자 발현 프로파일 및 면역 표현형의 상관관계를 포함한 생검 분석과 다중 오믹스 표현형의 상관관계, 그리고 질병 병인에 대한 이해를 높이고 그 메커니즘 기반 바이오마커를 식별하는 것을 궁극적인 목표로 하였다.[16]

결론적으로, 최근의 연구는 EE/EED의 복잡한 발병 메커니즘을 밝히고 이 질환을 통제하기 위한 가능한 전략을 제시할 수 있는 중요한 단서를 제공했지만, 효과적인 진단 방법과 잠재적인 치료 표적은 여전히 찾기 어려운 상태이다. 그러나 SEEM 연구와 현재 진행 중인 유사한 연구의 결과는 성장 부진, 경구 백신의 낮은 효능, 신경 인지 발달 저하와 같은 장기적인 공중 보건 문제에 미치는 영향에 관련된 EE/EED에 대해 치료 가능성을 제공할 것이다.

Chapter 12
마이크로바이옴과 암

암 치료의 새로운 원칙

공동 저자인 알레시오 파사노가 만성염증성 질환의 발병 메커니즘에서 마이크로바이옴의 역할에 관한 연구에 집중하기 시작했을 때 모든 가능한 연관성 중에서 전혀 예상하지 못했던 것은 종양 질환과의 연관성이었다. 암은 미국에서 두 번째로 큰 사망 원인으로, 2017년에 약 170만 명이 새로 진단받았다.[1] 건강한 사람의 경우 정상 세포는 세포 번식을 엄격하게 통제한다. 암세포가 발생하면 이 메커니즘이 중단되고 세포는 에너지를 생성하기 위해 비정상적인 대사 경로를 활성화한다.[2]

거의 20년 전, 더글러스 하나한Douglas Hanahan과 로버트 와인버그 Robert Weinberg는 종양 질환의 다양성을 설명하는 원리로 6가지 "암의 특징"을 제안했다. 이 생물학적 특징은 지속적인 증식 신호, 성장 억제제 회피, 세포괴사 저항, 복제 불멸성, 혈관 신생 유도, 침윤 및 전이 활성화이다.[3] 이러한 틀 안에서 그들은 게놈 불안정성과 염증이 암세포가 "생존, 증식, 확산"할 수 있는 기능을 촉진한다고 추가로 주장했다. 그 후 2011년에는 에너지 대사의 재프로그래밍과 면역 파괴 회피 기

능을 추가했다.⁴

그 이후로 암 생물학 분야는 가장 눈부신 지식의 발전을 경험했으며, 그 결과 최근까지만 해도 상상할 수 없었던 혁신적이고 성공적인 치료법이 개발되었다. 수십 년 전만 해도 마지막이라고 판단되던 많은 암이 이제는 완전히 완치되는 치료가 가능해졌다. 치료가 불가능하다는 진단을 받은 암 환자들도 치료의 획기적인 발전으로 인해 기대 수명이 계속 늘어나고 있다.

많은 종양 질환의 진행을 늦추기 위해 표적으로 삼을 수 있는 세포 재생산 제어 상실 메커니즘의 특정 경로에 관한 중요한 발견이 이러한 발전의 대부분을 담당했다. 그러나 암 생물학에서 가장 주목할 만한 발견은 종양 질환의 발병에서 면역체계의 역할에 대한 인식이다. 이러한 발견의 영향력을 입증하듯 2018년 노벨 생리의학상은 신체의 면역체계를 활용하여 암세포를 공격할 수 있다는 사실을 발견한 혼조 타스쿠Tasuku Honjo와 제임스 앨리슨James Allison에게 수여되었다.⁵

면역체계 타깃팅

특히 앨리슨은 면역체계의 브레이크 역할을 하는 CTLA-4라는 단백질에 관한 연구로 노벨상을 받았다. 그의 연구팀은 이 브레이크를 해제하여 종양을 공격하도록 면역체계를 활성화하면 치료 잠재력을 가질 수 있다는 사실을 발견했다. 그리고 기존 치료의 패러다임을 바꾼 이 새로운 원리를 바탕으로 이 가설을 암 환자를 위한 치료법으로 발전시켰다.

앨리슨이 이 단백질을 표적으로 삼은 것은 자가면역질환 치료에 관심이 있는 동료들이 이용하려 했던 것처럼 면역체계에 제동을 걸기 위한 것이 아니었다. 오히려 그는 180도 다른 접근 방식을 생각해 냈는데, 바로 이 CTLA-4 단백질에 대한 항체를 사용하여 면역체계에 걸려 있는 제동을 풀어서 증식성이 높은 암세포를 공격할 수 있도록 하는 것이었다.

앨리슨과 그의 팀은 1996년에 이 접근법을 처음 시도하여 놀라운 결과를 얻었다.[6] 그들은 암을 유발한 쥐를 CTLA-4 단백질을 차단하는 항체로 치료하면 T세포의 브레이크가 풀리고 면역체계가 활성화되어 암세포를 공격함으로써 완전히 완치되는 것을 관찰했다. 이 기술에 거의 관심을 보이지 않았던 제약 업계의 지원을 받지 못한 앨리슨과 그의 연구팀은 인간 암에 적용할 수 있는 전략을 개발하기 위한 연구를 계속했다. 2011년에 사람을 대상으로 한 다섯 번째 임상시험이 진행되었고, 피부암인 흑색종 환자에게서 놀라운 결과를 보여주었다. 앨리슨의 연구팀은 이 환자 그룹에서 다른 어떤 치료법에서도 볼 수 없었던 방식으로 암이 사라지는 것을 관찰했다.[7]

앨리슨이 자신의 연구 분야를 개발하던 1992년, 혼조는 면역계의 브레이크 역할을 하는 단백질이지만 CTLA-4와는 다른 작용 메커니즘을 가진 PD1을 발견했다. 동물 실험에서 PD1 억제는 강력한 항암 효과도 나타났다. 앨리슨의 경우와 마찬가지로 이러한 전임상 연구는 2012년에 최초의 인체 임상시험에서 검증되어 다양한 암 환자 치료에서 PD1 억제제의 효능을 보여주었다.

이 임상시험에서 가장 주목할 만한 점은 치료할 수 없는 전이성 암에서도 장기간의 관해와 완치 가능성을 관찰했다는 점이다. 암에 대한 면역반응을 유도하기 위해 체크포인트 억제제를 활용하는 이 두 연구가 발표된 이후, 다른 많은 연구와 후속 치료법이 이어졌다. 이로 인해 이전에는 치료가 불가능하다고 여겨졌던 진행성 암에 걸린 수많은 환자의 운명이 근본적으로 바뀌었다.

패러다임 뒤집기

암 생물학에서 면역 세포의 중요성과 앞서 설명한 치료법을 고려할 때, 마이크로바이옴과 면역체계와의 상호 영향 관계가 암에도 작용할 수 있다는 것은 놀라운 일이 아니다. 일부 미생물이 암을 유발할 수 있다는 사실은 2000년대 초반부터 과학 문헌에 발표된 개념으로, 궤양을 유발하는 위암과 관련된 미생물인 헬리코박터 파일로리균이 최초로 그 증거를 제시했다.[8] 이 발견은 2005년에 배리 마샬Barry Marshall과 J. 로빈 워렌Robin Warren에게 수여된 노벨 생리의학상 수상과도 관련이 있다.

호주 퍼스에 있는 로열 퍼스 병원에서 의사이자 임상 미생물학자로 일하던 초기, 마샬은 병리학자 워렌과 함께 나선형 세균과 위염의 연관성을 공동으로 연구하기 시작했다. 2005년 노벨상 보도자료에 따르면, 이들은 "위의 염증위염과 위 또는 십이지장의 궤양소화성 궤양 질환이 헬리코박터 파일로리균에 의한 감염의 결과라는 놀랍고 예상치 못한 발견을 했다."라고 한다. 이 두 호주인은 노벨상 위원회에서 "끈기와 준비된 마음으로 일반적인 도그마에 도전했다."는 찬사를 받았다.[9]

1982년 워렌과 마샬이 H. 파일로리*pylori*를 발견했을 때만 해도 소화성 궤양은 스트레스와 기타 생활 습관 요인으로 인해 발생하는 것으로 여겨졌다. 20년간의 연구를 통해 나선형 세균이 십이지장 궤양과 위궤양 대부분을 유발한다는 사실이 밝혀졌다. H. 파일로리의 발견으로 만성 감염, 염증, 미생물 그리고 암 사이의 상호작용에 관한 연구가 가속화되었다.

특정 미생물이 암과 관련이 있다는 초기 증거 이후, 다양한 미생물과 관련된 많은 사례 보고가 이어졌다. 여기에는 독성 그람음성균인 B. 프라길리스 *B. fragilis*와 푸소박테리움*Fusobacterium*, 지속적인 증식 신호를 유발하는 큐티박테리움 아크네스*Cutibacterium acnes*, 게놈 불안정성과 돌연변이를 유발하는 일부 대장균 균주 등이 포함된다. 또한 장내 미생물을 조절하면 다양한 암 치료법에 대한 반응에 영향을 미칠 수 있다는 증거가 점점 더 많이 보고되고 있다. 이 개념은 이 책 전체에서 볼 수 있듯이 마이크로바이옴이 중추적인 역할을 하게 될 개인 맞춤형 의학이라는 새로운 개념과도 밀접한 관련이 있다.

쥐의 체크포인트 억제제

〈사이언스Science〉저널에 발표된 세 가지 중요한 연구는 마이크로바이옴 구성과 앞서 설명한 체크포인트 억제제의 효과를 연결하여 마이크로바이옴, 면역체계 및 암 사이의 연관성을 더욱 강조하고 있다. 이 세 가지 연구 중 첫 번째 연구에서는 광범위 항생제에 의해 유도된 미생물군집의 불균형에 의해 환자와 쥐 모두에서 PD1 억제제가 암을 효과적으로 치료하지 못하는 것으로 나타났다. 또한 세 연구 모두에서 서로 다른 환자 집단에서 분변 마이크로바이옴 분석을 수행한 결과 임상 반응과 긍정적인 상관관계가 있는 특정 세균 개체를 확인했다.

전술한 치료의 반응자와 비반응자의 대변 샘플을 무균 쥐에 이식했을 때 더욱 놀라운 결과가 나타났다. 쥐에 암을 이식하고 체크포인트 억제제를 투여하고 나서 대변 이식을 했을 때 반응성 및 비반응성 표현형이 재현되었다. 즉 비반응성 환자의 미생물이 생착된 쥐는 체크포인트 억제제에 반응하지 않았지만, 반응성 환자의 미생물이 생착된 쥐는 이에 반응했다.

이 세 가지 독자적으로 수행된 연구의 여러 유사점 중 하나는 세 연구 중 두 연구에서 반응성 환자에서 특정 균주, 즉 아커만시아 뮤시니필라*Akkermansia muciniphila*가 과다 서식하고 있다는 점이다. 또한 아커만시아 세균속이 속하는 베루코마이크로바이아과*Verrucomicrobiaceae*의 세균은 세 연구 모두에서 반응성 환자들 사이에서 더 많이 발견되었다. 이러한 연구결과는 고무적이지만, 그럼에도 불구하고 환자의 장내 미생물을 기반으로 효과적이고 개인화된 항암 치료법을 제공하는 데 필요한 심층적인 지식은 여전히 아직 부족한 상태이다.

유방암 임상의이자 연구자인 로렌스 지트보겔Laurence Zitvogel이 이끄는 프랑스 그룹의 비전이 실현된다면 이는 현재 진행 중인 연구의 성공적인 결과가 될 것이다. 파리 사클레 의과대학의 면역학 및 생물학 교수이자 프랑스 빌주이프에 위치한 구스타브 루시 연구소 면역종양학과의 책임자인 지트보겔은 패러다임을 바꿀 수 있는 세포괴사의 면역 유전적 능력을 활용하는 면역성 세포괴사의 개념을 개척했다.

암 면역학 및 면역 치료 분야의 리더인 그녀는 다양한 암에서 공생 미생물군집의 새로운 역할에 관한 연구에 집중해 왔다. 장내 미생물군이 암의 면역 설정점을 결정하는 중요한 요소로 작용한다는 가설을 뒷받침하는 최근 연구결과와 이것이 향후 치료에 어떤 의미를 가질 수 있는지에 대한 통찰력을 얻기 위해 지트보겔에게 의견을 구했다.[10] 지트보겔은 마이크로바이옴과 암 사이의 연관성에 대한 더 깊은 이해를 제공한 자신의 연구를 통해 다양한 그룹 간의 더 밀접한 협력을 추진하여 "코드화된codified" 치료법을 조속히 확립할 수 있기를 희망했다.[11]

종양 면역학의 선구자

"지난 몇 년 동안 장내 미생물군집, 장의 생리, 전신 대사, 면역체계, 종양 질환 사이에 다차원적인 기능적 연결망이 생겨났다."[12] 이와 같이 지트보겔과 그녀의 동료 귀도 크뤠머Guido Kroemer는 새로운 암 치료법을 개발하기 위한 공동의 연구에서 복잡하고 어려운 문제를 해결하는 데 필요한 전체적인 관점을 잘 설명하고 있다. 지트보겔 연구실의 가장 중요한 목표는 다양한 신체 부위의 특정 암이 장내 미생물군집과 어떻게 연관되어 있는지, 그리고 장내 미생물의 구성과 기능이 암의 병원성 촉발과 연관될 수 있는지 입증할 수 있는 새로운 도구를 개발하는 것이다.

현재 마이크로바이옴과 관련된 모든 또는 대부분 문제, 특히 암과 관련된 문제의 '핵심'은 장내 미생물 불균형과 암 또는 자가면역 또는 알레르기, 즉 사람의 건강에 영향을 미치는 만성염증 질환과의 관계이다. 지트보겔의 연구는 이러한 중요한 전제에서 출발하여 다음과 같은 구체적인 질문을 다루고 있다. 암이 장내 미생물군집의 구성을 변화시키는가, 그리고 결과적으로 암을 유발하는 메커니즘을 활성화하는 하나의 핵심 스트레스 요인이 있는가? 특정 유형의 암과 관련된 특정 유형의 미생물 불균형이 있는가? 마지막으로, 특정 치료법이 암 환자의 장내 미생물군집의 구성과 기능에 어떤 영향을 미치는가?[13]

지트보겔의 연구팀은 유럽 위원회가 호라이즌Horizon 2020 이니셔티브의 일환으로 자금을 지원하는 프로젝트를 통해 유럽과 북미의 19개 파트너 그룹과 협력하여 이러한 질문에 답할 수 있는 적절한 방법을 개발하고 있다(아래 참조). 그녀는 이 시점에서 종양 면역학 연구의 "모든 것이 가능하다. 식단과 마이크로바이옴 사이에 연관성을 알게 되면, 이를 조금씩 밝혀내면서 암 발생 과정에서 어떤 메커니즘이 활성화되는지 알 수 있다."[14] 라고 했다. 이 헌신적인 과학자는 장내 마이크로바이옴이 어떻게 암을 유발하는 '악보'의 '지휘자' 역할을 하는지에 대한 복잡한 질문에 대한 답을 찾기 위해 원대한 비전을 품고 있다.

이 복잡한 논의의 두 가지 측면, 즉 장내 미생물군집과 암 사이의 연관성과 장내 미생물군집이 표준 항암요법을 받은 환자의 항암 효과에 미치는 역할에 대해 집중적으로 살펴보고 있다. 핵심적인 질문은 왜 일부 환자의 항암제 반응이 장내 미생물군에 의존하는 것처럼 보이는지, 그리고 암 치료, 특히 면역요법에서 장내 미생물군은 어떤 역할을 하는가 하는 것이다.

큰 그림

암 면역 치료의 복잡성에 대해 자세히 알아보기 전에 오늘날 선진국의 암 발병률에 대한 전반적인 상황과 그 원인을 살펴보자. 놀랍게도, 통계에 따르면 유럽은 전 세계 인구의 9%를 차지하지만, 전 세계 암 발생의 25%를 차지하고 있다. 자크 페레이Jacques Ferlay와 동료들에 따르면, 2018년 유럽에서는 약 400만 건의 새로운 암비흑색종 피부암 제외이 발생했으며, 암으로 인한 사망자는 약 200만 명에 달했다.[15]

암은 전 세계적으로 두 번째로 큰 사망 원인이며, 가장 흔한 암은 여성 유방암, 대장암, 폐암, 전립선암이다. 미국에서는 피부암 발병 건수가 다른 모든 암 발병 건수를 합친 것보다 많다.[16] 브라질 연구진에 따르면 상피에서 기원한 원발성 피부 종양의 75%를 차지하는 기저 세포암이 지난 30년 동안 20%에서 80%로 급증했다.[17]

지트보겔에 따르면 선진국에서의 이러한 유병률 증가는 여러 가지 요인이 복합적으로 작용한 결과일 가능성이 높다. 그중 두 가지는 진단 능력의 향상으로 인한 암 진단의 증가와 부정적인 환경 요인의 증가로 서구에서 암 발병률이 가속화된 것이다. 환경적 요인에는 미세 환경 오염 또는 "엑스포좀exposome"이라고 불리는 용어가 포함되는데, 이는 크리스토퍼 와일드가 인간게놈과 병행하여 환경 위험 요인의 역할을 탐구한 획기적인 2005년 논문에서 만든 용어이다.[18] CDC는 엑스포좀을 "출생 이전부터 전 생애에 걸쳐 개인에게 환경 및 직업적 원인으로 접하게 되는 모든 노출의 양과 이러한 노출이 건강과 어떻게 관련되는지를 측정하는 것"으로 정의한다.[19]

CDC에 따르면 "환경, 식단, 생활 방식 등의 노출이 유전학, 생리학, 후성유전학 등 우리 고유의 특성과 어떻게 상호작용하여 건강에 영향을 미치는지 이해하는 것이 '엑스포좀'을 설명하는 것이다."[20] 여기에는 유해 및 독성 물질에 대한 노출, 영양 결핍과 서구식 나쁜 식습관에 노출 등도 포함된다. 지트보겔의 관점에 따르면, 엑스포좀을 구성하는 요인들이 우리가 목격하고 있는 암 유행, 특히 서구에서 발생하는 암 유행과 관련된 주요 원인 요소일 가능성이 높다. 예를 들어 담배 연기나 석면에 대한 노출과 폐암 발병률 및 정단 기저암종 apical basal carcinoma 발병률 증가와의 연관성 등이 있다.

엉켜버린 배선 속의 세포

암은 세포가 증식 억제 능력을 상실한 비정상적인 상황이다. 우리의 건강한 세포는 최종 성숙단계에 도달할 때까지 증식하도록 프로그램되어 있다. 상처나 셀리악병의 융모 무디어짐이 대표적인 예로서 조직에 손상을 입으면 세포는 증식 프로그램을 작동시켜 손상된 조직을 재생한다. 그러나 우리는 새로운 조직을 생성하기 위해 이 메커니즘을 켜는 신호에 대해 거의 알지 못한다.

암은 이 메커니즘이 필요하지 않을 때 부적절하게 켜지는 것이다. 적절하지 않은 시기에 증식하도록 프로그래밍된 세포를 "엉킨 배선 haywire" 세포라고 할 수 있다. 세포에 증식을 지시하는 이 배선은 무엇일까? 우리는 암과 관련된 특정 신호, 즉 세포 증식을 비정상적으로 만드는 특정 유전적, 후성유전적, 대사 경로가 있다는 것을 알고 있다.

우리가 이해하는 것은 이러한 세포의 재생산은 생리학의 균형 잡힌 작용이다. 이와는 대조적으로 항상 "켜져 있는^{on}" 특정 신호 전달 경로가 활성화될 수 있다대표적인 예로 매주 스스로 재생하는 장의 줄기세포가 있다. 또한 만능 줄기세포도 특정 미세 환경이나 면역 조절이 필요하지 않고 전체 수명 동안 유지되도록 프로그래밍되어 있어 항상 활성화된 상태이다.

셀리악병의 경우처럼 염증성 손상으로 인해 상피 세포가 더 빨리 파괴되면 줄기세포가 증식 속도를 가속화할 수 있는 능력도 있다. 이러한 손상이 제거되면셀리악병의 경우 식단에서 글루텐을 제거함으로써 줄기세포들은 매주 상피층을 재생하는 일상적인 업무로 되돌아간다. 줄기세포들의 증식 속도를 올리거나 감속하는 이러한 가소성 능력은 윈트^{Wnt} 및 헷지호그(Hh)^{Hedgehog} 신호 경로를 포함하여 세포의 주기에 관여하는 특정 경로와 관련이 있는 것으로 알려져 있다.

이러한 경로를 연구하면서 MIBRC의 연구진은 활동성 체강 질병 환자성숙한 상피 세포의 빠른 파괴를 보상하기 위해 줄기세포가 강제로 강화되는 경우에서 줄기세포의 수가 증가하고 윈트 반응 영역이 확장된다는 사실을 발견했다. 또한 장 줄기세포 틈새의 일부로 추측되는 중간엽 세포의 수와 분포에 변화가 있는 것을 관찰했다. 그리고 분자 수준에서 인디언헷지호그$^{Indian Hh}$ 및 헷지호그^{Hh} 경로의 다른 구성 요소의 하향 조절이 발견되었다. 이러한 변화를 종합하면, 셀리악병의 전형적인 염증성 손상에 대해 줄기세포에 의한 적절한 보상이 일어난다는 것이다.[21]

반면에 때때로 이러한 조직에서는 미세 환경의 변화로 인해 이러한 경로가 불필요하게 커지는 경우가 있고, 이는 결국 종양화로 이어질 수 있다. 암과 싸우는 것은 우리 면역체계의 일상적인 작업일 가능성이 높다. 미국 암 치료 센터의 앨런 탄$^{Alan\ Tan}$에 따르면, "소량의 암세포를 걸러내어 우리 체내에 눈에 보이는 암이 생기는 것을 방지"하는 메커니즘으로 면역체계는 암 또는 전암 세포와 지속적으로 싸우고 있을 가능성이 높다고 한다. 그는 시간이 지남에 따라 노화가 뚜렷해지면 이 균형이 깨져 전암과 암으로 이어질 수 있다고 지적했다.[22]

암 발생은 세포 내재적 경로의 조절 장애와 면역 감시로부터의 탈출이 동시에 발생하여 발생한다. 한쪽에서는 세포가 증식해서는 안 될 때 증식하고, 다른 한쪽에서는 내재적 신호와 외재적 신호가 상호 연결되어 면역체계가 이를 제거하지 못한다. 이것이 바로 암 발생이 시작되는 퍼펙트 스톰이다.

암 환자 계층화

암과 장내 미생물군집의 다양한 구성 요소를 조사할 때 고려해야 할 또 다른 요소로는 암의 단계와 치료 유형$^{화학요법\ 대\ 체크포인트\ 억제제}$에 따라 미생물군집이 다르다는 사실을 들 수 있다. 지트보겔은 폐암 환자에게 사용되는 체크포인트 억제제는 비소세포폐암 환자에게는 체크포인트 억제제 연관 폐렴 등 더 심각한 부작용을 일으킬 수 있다고 지적했다.[23] 반대로 유방암 치료와 관련된 화학 요법의 부작용은 독성이 있지만 그다지 심각하지는 않다.

지트보겔은 효과적인 치료를 위해서는 암의 유형, 암의 병기, 암의 발생 위치, 암과 관련된 특정 요인에 따라 이들을 하위 집단으로 분류해야 한다고 말했다. 예를 들면, 전립선암과 같이 고령자에게 주로 발생하는 암종이 있고, 유방암은 일반적으로 28세에서 45세 사이의 여성에게 발생하므로 이를 고려해야 한다. 특정 연령과 특정 신체 부위에서 특정 암을 유발하는 성호르몬이 인간 마이크로바이옴과 암 사이의 연관성에 어떤 영향을 미치는지를 생각해야 한다.

이 연구 분야에서는 앞으로 몇 년 동안 해결해야 할 것이 아주 많고, 그 주요 질문은 다음과 같다. 장내 미생물이 암을 '유발'하는가, 아니면 암이 장내 미생물군집의 불균형을 '유발'하는가? 이 닭이 먼저냐 달걀이 먼저냐의 질문은 비만, 암 또는 이 책의 2부에서 살펴본 다른 질환과 마찬가지로 이 논의의 핵심이다.

이 질문을 좀 더 자세히 살펴보면 특정 환자는 장내 미생물군집의 구성에 따라 치료에 다르게 반응하는 것으로 보인다. 회복력을 가진 마이크로바이옴이 암과 싸우고 치료를 극대화하는 데 효과적인 도구가 될 수 있다는 것은 당연한 가정이지만, 아직 증명되지 않은 상태이다. 이 질문에 대한 답을 찾으면 장내 미생물군집을 암을 치료하거나 예방하는 잠재적인 수단으로 사용할 수 있을 것이다.

지트보겔의 그룹은 호라이즌 2020과 함께 온코바이옴^{Oncobiome} 프로젝트의 주관 기관으로서 이 난제를 해결하고 있다. 이들은 유럽 연합의 Horizon 2020 프로그램의 일환으로 유럽 10개국에서 약 9,000명의 암 환자를 모집하여 4가지 유형의 암에 대한 마이크로바이옴 시그니처와 치료 반응을 연구하는 것을 목표로 하고 있다. 유럽 위원회 웹사이트에서 이 프로젝트의 목표를 다음과 같이 설명한다.

온코바이옴은 다음과 같은 목표를 추구할 것이다. ① 암 발생, 예후, 치료다화학요법, 면역 체크포인트 억제제, 수지상세포 백신 또는 부작용에 대한 반응 또는 진행과 관련된 핵심 또는 암 특이적인 장내 온코마이크로바이옴 시그니처(GOMS)$^{\text{Gut OncoMicrobiome Signatures}}$를 식별하고 검증한다, ② 숙주 대사, 면역 및 종양 발생 조절에서 이러한 암 관련 장내 공생 생태계의 기능적 관련성을 해독하고, ③ 이러한 GOMS를 다른 종양학 특징(임상, 유전체학, 면역학, 대사체학)과 통합하고, ④ 암 발생 및 진행을 예측하기 위해 이러한 통합 시그니처를 기반으로 최적의 검사법을 설계한다. 온코바이옴은 다학제 간 전문가들과 함께 유방암, 대장암, 흑색종, 폐암에 걸쳐 암 또는 치료별 장내 미생물 시그니처(GOMS)를 검증하고 혁신적인 플랫폼에서 이러한 GOMS의 작용 방식을 규명하여 특성화된 프리바이오틱스 및 프로바이오틱스를 사용한 암 예방 캠페인을 전개할 계획이다.[24]

면역 커뮤니케이션의 비밀 풀기

지트보겔은 환자의 마이크로바이옴에서 어떤 미생물종은 화학 요법의 효율성을 높이고 어떤 종은 효율성을 떨어뜨린다고 지적했다. 이러한 결과를 보면서 개인 맞춤형 치료에 관해 더 이야기할 수 있을까? 지트보겔은 세균, 바이러스, 기생충, 고균, 그리고 개인별 유전적 배경을 포함한 전체 생태계를 활용하여 누가 암 치료에 더 유리하게 반응할지 예측하기 위해 특정 종에 대한 맞춤형 치료를 "코드화^{codified}"라는 용어로 표현하는 것을 제안한다. 지트보겔은 궁극적으로 미생물 생태계의 이러한 프로파일링을 기반으로 사람을 분류할 수 있다고 생각한다.[25]

지트보겔의 연구실에서 추구하는 핵심적인 목표는 장 면역계와 전신 면역계를 연결하는 메커니즘, 즉 장 면역계와 전신 면역계가 최종적으로 어떻게 소통하는지를 밝히는 것이다. 그리고 그들은 면역 세포가 장에서 암 부위로 이동하는 방법과 이것이 암의 면역학에 어떤 영향을 미치는지 이해하고자 한다. 내분비 활동, 사이토카인, 뉴로카인, 신경 신호, 지방 조직의 관련성, 세균, 장 투과성 증가와 같은 여러 요인들이 면역 세포를 변화시키고 암 발생과 악성화에 관여하는 '언어language'는 무엇일까라는 질문을 가지고 있다.

마이크로바이옴 연구의 발전은 말 그대로 우리를 미개척 영역, 즉 지트보겔이 "암흑물질dark matter"이라고 부르는 영역으로 이끌었다. 새로운 세균 종을 식별하여 연구자들이 사용할 수 있는 저장소에 보관하는 것, 새로운 종이 국소뿐만 아니라 골수, 지방 조직, 흉선 또는 종양 병변과 같은 신체의 다른 부위에서 기능하는 정도를 매핑하는 것, 새로운 균주가 다른 미생물과의 관계를 최적화할 때 적절한 성장 조건을 결정하는 것, 이 세 가지가 우리가 미지의 영역으로 나아가는 데 있어서 가장 필요한 과제라고 그녀는 주장한다. 마지막으로, 마이크로바이옴과 장기 및 조직 간의 대화를 이해하기 위해 어떤 균주가 "착한" 균주이며 누구와 공존할 수 있는지"공존 네트워크"를 찾는 것이 또 다른 필수 과제라고 이야기한다.

화학 요법이든 면역 억제제든, 암 치료에 사용되는 약물이 장내 공생 세균에 어떤 영향을 미치는지 이해하는 것도 중요한 부분이다. 암 부위

의 생태계예: 결장과 회장은 면역체계가 다름도 중요하다. 소장과 결장에서 암의 진행은 서로 다른 궤적을 따른다. "우리는 회장과 결장의 차이를 이해해야 하므로, 제 연구실에서 이러한 면역체계의 차이를 연구하고 있다."라고 지트보겔은 말한다.[26]

장암의 궤적을 자세히 들여다보면, 동물 모델은 인체 시스템에 존재하는 암의 모든 특징을 온전히 반증할 수 없다. 따라서 장기 및 조직과 마이크로바이옴 간의 대화를 이해하는 데 필요한 새로운 모델을 먼저 개발한 다음 암에 대한 잠재적인 약물 또는 기타 치료법을 테스트해야 한다.

MGH의 MIBRC에서는 소장을 복제한 '미니 장' 또는 장 오르가노이드를 개발했다. 셀리악병과 괴사성 장염(9장 참조)은 이 새로운 모델을 사용하여 연구하고 있는 두 가지 질환이다. 지트보겔은 장 오르가노이드가 미생물이 장의 층막을 통해 암 부위까지 침투하는 방법을 연구하는 데 유망한 모델로 보고 있다.

6장에서 설명한 자가면역의 '다섯 가지 기둥'은 유전학, 환경 요인, 장 투과성 증가, 면역체계 조절 장애, 불균형한 마이크로바이옴으로서 이들은 암 발병에도 적용될 수 있다. 지트보겔은 멀티오믹스 모델링, 수학적 모델, 점막 면역 및 숙주 유전체학, 대사체 및 단백질체 프로파일링, 환경 요인에 대한 조사가 암 연구에서 인간 마이크로바이옴의 역할을 연구하는 방법이라는 데 동의한다.[27] 그동안 고립되어 연구하던 과학자들이 함께 모여 아이디어를 교환 및 수정하고 후속 연구결과를 공유해야 할 것이다. 의학과 생명과학 연구 모두에서 우리는 너무나 오랫동안거의 2세기 동안! 질병에 한정하여 집중해 왔지만 이제는 환자 개개인에게 초점을 돌려야 할 때이다.

암환자의 미생물 불균형

지트보겔이 지적했듯이, 암 환자도 장내 미생물군집에 불균형이 있다는 상당히 설득력 있는 연구 증거가 나타나기 시작했다. 장내 생태계 기능 장애로 인해 잘못 구축된 면역체계는 암이나 셀리악병, HIV, 비만 등과 싸우는 데 덜 효과적이다. 이 잘못 연결된 시스템은 통제되지 않은 항원 집단을 다시 불러와 외부 적이 넘쳐나며, 이는 다시 면역체계에 악영향을 미친다. 결론은 암과 장내 미생물의 불균형이라는 두 가지 현상이 서로 연결되어 있다는 것이다. 사람이 암과 싸울 수 없는 부적절한 면역반응을 일으키는 경우, 그 면역반응은 장의 기능에 따라 달라질 것이다.

그러나 개인 맞춤형 또는 "개인별로 코드화된" 치료의 개념으로 돌아가면, 지트보겔은 암 환자 중에는 불균형한 미생물군집에 문제가 없고 '장의 이상'은 없이 암만 앓는 사람들이 있다고 말했다.[28] 이러한 환자를 연구하는 것은 장벽 기능의 상실이 어떻게 면역체계의 암 퇴치 효과를 떨어뜨리는지 위한 연구와 마찬가지로 중요하다. 이 연관성을 조사하면 암 발병에서 장내 미생물 불균형과 장벽 기능 상실 사이의 연관성에 대한 통찰력을 얻을 수 있을 것이다.

암으로 인한 대사 장애가 장 장벽을 손상시킨다는 식으로 '나무 뒤에 숲forest behind the trees'이 존재할까? 이러한 생물학적 현상을 유발하는 개시촉발 인자를 파악하는 것은 개인 환자의 치료를 목표로 삼는 데 있어 매우 중요하다. 하지만 지트보겔의 말을 빌리자면, "마이크로바이옴을 연구 목표로 삼아 뛰어들 때, 뛰기 전에 먼저 걷는 법을 배워야 한다. 우리는 암 환자의 미생물 불균형에 대한 선도적인 연구자로서 현상의 기술과 결론을 내릴 때 매우 신중해야 하고, 이런 책임을 매우 진지하게 받아들여야 한다."[29]

환자 혁명

마이크로바이옴 연구와 암 예방 및 치료를 위한 잠재적 개입이 발전함에 따라 지트보겔이 강조한 퍼즐의 또 다른 필수 요소는 바로 치료에 참여하는 환자이다. 최신 과학 연구에 대한 거의 일반적인 접근성과 강력한 소셜 미디어 플랫폼이 결합되면서 주치의와 종양 전문의가 암 환자를 위한 대부분의 결정을 내리던 1980년대와는 다른 환경이 조성되었다.

이제 많은 환자들이 화학 요법, 수술, 방사선, 면역요법과 같은 표준 치료법을 넘어 적극적인 치료를 원한다. 이들은 식단을 수정하고, 프리바이오틱스나 프로바이오틱스 또는 허브 보충제를 복용하고, 침술에 참여하고, 운동과 요가 수업을 듣고, 기타 보조 요법을 추구함으로써 라이프스타일을 변화시킨다. 지트보겔은 이러한 환자 구성 요소를 새로운 치료법을 개발하고 "온코바이옴oncobiome"을 규명하는 데 필수적인 요소로 올바르게 인식하고 있다.

지트보겔은 "환자와 주치의의 참여로 미래의 암 치료 방식을 바꿀 수 있는 사회적 움직임이 일어날 것이라고 믿는다. 그리고 그들의 도움이 없다면 우리는 아무 것도 할 수 없을 것이다."라고 말한다.[30]

인간 마이크로바이옴과 숙주 사이의 상호작용의 복잡성과 이러한 상호작용의 매우 다른 임상적 결과에 대한 인식을 바탕으로, 우리는 이러한 과학적 혁명을 수동적으로 지원하기보다는 환자가 마이크로바이옴을 치료적 결실로 이끄는 데 훨씬 더 적극적인 역할을 해야 한다는 그녀의 제안에 전적으로 동의한다. 이러한 목표를 달성하기 위해서는 마이크로바이옴 과학이 주로 설명적인 역할에서 벗어나 마이크로바이옴 구성과 기능을 다양한 만성염증성 질환의 발병에 입증된 특정 경로와 연결하는 메커니즘적인 연구로 전환할 필요가 있다. 이 책의 3부에서는 인간 마이크로바이옴에 대해 생성된 방대한 양의 정보를 활용하여 마이크로바이옴의 병원성 역할이 가설로 제기된 다양한 질환에 대한 개인 맞춤형 개입과 초기 예방을 구현할 수 있는 방법을 고려하고자 한다.

Part 3

건강 유지를 위한 마이크로바이옴의 조작

Chapter 13
연관성에서 인과관계로:
질병 발생에서 마이크로바이옴 구성과 기능에 대한 새로운 접근 방식

"건강한" 마이크로바이옴을 찾아서

이 책의 1부와 2부를 인내심을 가지고 읽어보았다면, 지금까지 발표된 인간 마이크로바이옴에 관한 풍부한 연구결과를 통해 인류의 거의 모든 질병과 미생물 불균형dysbiosis을 연결할 수 있으며, 이를 통해 이전에는 시도되지 않았던 치료적 개입을 거의 무제한으로 응용할 수 있을 것이라고 생각할 수 있다. 기존의 약물 기반 치료법에 비해 인간 마이크로바이옴의 조작은 만성염증성 질환에 대한 보다 자연스럽고 따라서 더욱 수용할 수 있는 치료 접근법이 가능하여 무수히 많은 이점이 있다. 또한 질병의 결과가 아닌 원인을 해결할 수 있는 방안과 미생물 군집의 불균형으로 인한 여러 문제를 한 번의 개입으로 해결할 가능성을 제공할 수 있을 것이다.

그러나 건강과 질병에서 인간 마이크로바이옴의 역할에 초점을 맞춘 연구가 경이로운 속도로 증가하고 있지만, 이 주제에 관한 대부분 연구 논문의 서술적인 특성에 의해 이러한 발견의 임상 적용 가능성은 아직 면밀한 검토가 필요하다. 현재의 연구는 다양한 분류학적 수준과 서로 다른 시점에 다양한 장소와 플랫폼에서 다양한 방식의 수집과 저장 방식 및 다양한 컴퓨터 분석 전략을 이용하여 미생물군집을 평가하고 있다. 이 분야의 기하급수적인 성장은 개별 연구의 좁은 초점, 작은 표본 크기, 표준화 부족, 그리고 무엇보다도 특정 질병에 걸린 환자를 건강한 대조군과 비교하는 단면 연구 설계로 인해 많은 어려움을 겪고 있다. 이 접근 방식은 건강한 피험자가 기본적으로 건강을 유지하기 위한 이상적인 목표로 간주되는 "정상 마이크로바이옴"을 보유하고 있다고 가정한다. 그러나 "정상" 마이크로바이옴에 대한 명확한 이해는 아직 없는 실정이다.

이 문제를 구체적으로 해결하기 위해 학계, 정부, 업계 전문가 그룹은 인간 질병과 관련하여 가장 많이 연구된 장내 미생물군집에 초점을 맞췄다. 국제생명과학연구소의 북미 지부는 2018년 12월 워싱턴 DC에서 "정량화가 가능한 특성을 통해 건강한 장내 미생물을 정의할 수 있는가?"라는 주제로 워크숍을 개최했다. 이 워크숍의 목표는 ① 장내 미생물군집과 이와 관련된 인체 건강 이익에 대한 증거들을 대상으로 한 전문가 집단 평가법을 개발하고, ② 건강의 지표가 될 수 있는 측정 가능한 장내 미생물군집의 특성을 확립하기에 충분한 증거가 있는지 확인하며, ③ 건강한 장내 미생물군집 – 숙주 관계를 완전히 파악할 수 있는 단기 및 장기 연구의 필요성을 제시하고, ④ 이들 연구 결과를 논문으로 발표하는 것이었다.

흥미롭게도, 그리고 어쩌면 놀랍지 않게도 그들은 다음과 같은 결론에 도달했다.

① 장내 미생물군총 구조의 특정 변화와 인간 건강과 관련된 기능 또는 마커와의 메커니즘적 연관성은 아직 확립되지 않았으며, ② 장내 미생

물군집의 불균형이 인간 장 상피 기능의 변화 및 질병의 원인인지, 결과인지 또는 둘 다인지는 아직 확립되지 않았다. ③ 마이크로바이옴 커뮤니티는 고도로 개별화되어 있고, 교란에 대한 개체 간 변이가 심하며, 수년에 걸쳐 안정된 경향이 있으며, ④ 마이크로바이옴과 숙주 간 상호작용의 복잡성으로 인해 장내 미생물과 숙주 건강 간의 관계를 규명하기 위해서는 포괄적이고 다학제적인 연구 과제가 필요하다. ⑤ 마이크로바이옴에 기반한 숙주 기능 및 병원성 과정의 바이오마커 및/또는 대리 지표는 숙주 대사 표현형에 기반한 바이오마커 및/또는 대리 지표를 설정하는 것과 유사한 접근법을 사용하여 정상 범위와 함께 결정하고 검증해야 한다. ⑥ 노출 또는 개입에 대한 반응을 측정하는 향후 연구에서는 검증된 마이크로바이옴 관련 바이오마커 및/또는 대리 지표와 마이크로바이옴의 멀티오믹스multiomics 특성화를 결합해야 하며, ⑦ 특정 시기의 유전자 샘플링은 숙주 건강에 대한 중요한 단기 및 장기 마이크로바이옴 관련 동적 변화를 놓치기 때문에 향후 연구에서는 개인 간 및 개인 내 변이를 설명할 수 있어야 하며 개인 내에서 반복 측정이 이루어져야 한다.[1]

장내 미생물군집의 역동적인 변화를 측정하려는 시도에 대한 마지막 요점은 특히 중요하다. 위에 나열된 모든 결론에 반대하기는 어렵지만, '정상 장내 미생물군집'을 찾는 것이 논리적이고 달성 가능한 목표일까? 장내 미생물 구성과 기능의 생착, 발달 및 역동적인 특성은 매우 개인화되어 있어 "정상" 미생물군을 정의하는 것은 마치 인간의 머리카락의 "정상" 길이와 색을 정의하는 것과 같다.

특정 환경에서 특정 라이프스타일을 가진 고유한 유전적 개체로서 숙주와 이상적인 공생 관계를 맺을 수 있는 장내 미생물을 '선택'하는 것이 전반적인 목표라고 가정해 보자. 궁극적인 목표가 건강과 질병 사이의 균형을 좌우하는 신진대사 과정의 생리적 프로파일을 유지하는 것이라면, 우리 각자가 자신만의 "건강한" 마이크로바이옴을 가지고 있다는 개념을 받아들여야 한다. 이 건강한 마이크로바이옴이 사람에 따라 반드시 건강하지 않을 수도 있다. 이 개념은 다양한 만성염증성 질환을 가진 환자의 인체 미생물군집을 조작하여 궁극적으로 건강 회복에 필요한 특정 표적을 찾는 데 실질적인 과제로 제시된다.

'이상적인' 마이크로바이옴을 찾기 위한 이러한 과제를 지난 10년간 마이크로바이옴 연구에 관한 문헌의 기하급수적인 증가주로 쥐 모델에 기반를 생각하면, 지금까지 시간과 돈을 낭비했다고 결론을 내려야 할까? 현재의 접근 방식을 뛰어넘어 궁극적으로 이러한 기초 지식을 활용하려면 인간 마이크로바이옴에 대한 지난 10년간의 심도 있는 과학적 탐구가 필수적이므로 절대 그렇지 않다. 그렇다면 우리는 인간 마이크로바이옴을 치료 및 예방적 개입에 적용하기 위해 어떤 로드맵을 따라야 할까? 지금까지 우리가 걸어온 길을 살펴보고 이미 축적된 경험에서 교훈을 얻어야 한다.

동물 연구

• 마이크로바이옴과 인간 질병을 역학적으로 연계한 동물 모델의 장점과 한계

쥐 모델은 인체 해부학과 생리학 및 유전학과 많은 유사성이 있고, 기능 연구를 수행하기 위해 유전자 변형 쥐 모델을 생성할 가능성으로 인해 생물 의학 연구에서 널리 사용되었다. 낮은 관리 비용, 높은 번식률, 짧은 수명 주기는 장내 미생물의 역할과 기능, 질병과의 연관성을 연구하는 데 점점 더 많이 사용되고 있는 쥐 모델의 또 다른 장점이다.

쥐 인간화 모델인간 미생물 분변을 쥐 숙주로 이식과 같은 특정 실험적 접근 방식을 통해 숙주-미생물 상호작용에 대한 기능적이고 메커니즘적인 연구가 가능하므로 질병과 관련된 장내 미생물 구성 변화의 인과관계를 평가하는 데 도움이 된다. 장내 미생물 연구에 대한 메커니즘적인 통찰력을 얻는 데 중요한 역할을 하는 조작에는 숙주의 유전적 배경유전자 녹아웃, 장내 미생물 구성무균 또는 노토바이오틱 쥐에 마이크로바이옴 접종, 식이 중재, 항생제 치료, 대변 이식을 포함한 환경의 변형이 포함된다.

이러한 접근 방식 덕분에 장내 미생물이 IBD 발병에 미치는 역할, 비만 숙주의 에너지 균형 조절, 신경 염증성 질환과 관련된 장과 뇌 사이의 상호작용 등 여러 질병의 병리학적 메커니즘에 대한 핵심 정보를 확보할 수 있었다. 이러한 실험의 결과는 장내 미생물과 숙주 사이의 역동적이고 복잡한 관계를 이해하는 데 중요한 돌파구를 마련했지만, 이러한 쥐 모델에서의 결과를 인간에게 적용하는 것은 인간과 쥐 숙주 사이의 중요한 차이로 인해 여전히 어려운 과제이다.

· **쥐와 사람의 장의 해부학적 차이점**

쥐mouse와 인간은 생리와 해부학적 구조가 어느 정도 유사하며 이것은 생물의학 연구에서 쥐 모델을 자주 사용하는 근거를 제공한다. 그러나 숙주에서 장내 미생물의 대부분이 서식하는 위장관을 면밀히 살펴보면 인간과 쥐의 다양한 식단, 먹이 패턴, 신체 크기 및 필요 대사 요구 사항 등의 차이로 인해 이들의 해부학적 기능에 상당한 차이가 있다. 특히, 소장과 결장의 길이 비율은 사람이 쥐에 비해 거의 3배 이상 높으며, 더 중요한 것은 사람의 소장과 결장 표면의 비율이 쥐의 그것에 비해 20배 이상 높다는 점이다.

또한, 쥐는 맹장이 커서 식물성 재료를 발효시키고 비타민 K와 B를 생산하며, 이는 자기 배설물을 먹는 행위인 코프로파지coprophagy를 통해 재흡수된다. 반면, 소금과 전해질을 흡수하고 식물성 물질에서 셀룰로스를 분해하는 인간의 맹장은 매우 작다. 이러한 구조적 차이를 종합하면, 쥐는 대장을 사용하여 소화가 잘되지 않는 성분에서 영양분과 에너지를 추출하는 반면, 인간은 거의 독점적으로 소장에서 영양분을 소화하고 흡수한다.

사람과 쥐의 위장관을 따라 나타나는 이러한 해부학적, 기능적 차이는 쥐의 더 큰 발효 능력과 관련이 있으며, 이는 결장에 있는 장내 미생물군집의 다양성과 구성에 큰 차이를 가져온다. 쥐에서 이러한 마이크로바이옴 군집은 소화가 잘 안되는 음식 성분의 발효뿐만 아니라 필수 비타민과 SCFAs의 생산도 담당한다.

• 인간과 쥐의 장내 미생물군집의 구성과 기능 차이

두 주요 문phylum인 의간균 목과 후벽균 목이 인간과 쥐 모두에서 동일하게 우세하지만, 분류학적 심층 분석에 따르면 쥐의 장내 마이크로바이옴에서 발견되는 세균 속 중 85%는 인간의 장에서는 발견되지 않는다.[2] 그리고 인간과 쥐의 마이크로바이옴 구성과 기능을 비교 분석하는 데는 연구방법론의 여러 차이로 어려움이 있다는 것이 알려졌다.

여기에는 분석에 사용되는 샘플의 선택 부위(인간 장내 미생물 연구에는 대변 샘플이 사용되고, 쥐 장내 미생물 연구에는 일반적으로 맹장 내용물이 사용됨)와 시퀀싱 분석 자체가 포함된다. 특히 최근 연구에서 사람에서는 16S rRNA와 메타게놈 시퀀싱이 모두 사용되는 반면, 쥐에서는 주로 16S rRNA 시퀀스 법이 사용된다. 또한 식단, 생활 방식, 병원균 노출 등 다른 변수가 쥐와 사람 간 마이크로바이옴 구성의 차이에 영향을 미칠 수 있다.

이러한 사실들은, 숙주 마이크로바이옴을 임상결과와 연결하는 데 있어 쥐 모델이 제한적이라는 결론에 도달할 수 있으나 이는 잘못된 것이다. 이와 같은 몇 가지 한계에도 불구하고, 질병 발병에 있어 마이크로바이옴 구성과 기능에 대한 인사이트를 얻기 위해 쥐 모델을 사용하는 데는 분명히 이점이 있다.

쥐 모델의 한계를 극복하여 마이크로바이옴 연구를 연관성에서 인과관계로 전환하기 위한 방법

- **미생물-표현형 삼각 측량**

하버드 의과대학의 니라즈 수라나Neeraj Surana와 데니스 캐스퍼Dennis Kasper 연구원은 건강과 질병에서 인간과 마이크로바이옴의 상호작용을 분석하는 데 쥐 모델을 현명하게 사용하는 방법의 대표적인 예를 보여준다. 마이크로바이옴 연구 분야에서 주요 난제 중 하나는 단순한 연관성에서 메커니즘적인 인과관계로 나아가는 것이다. 인간 마이크로바이옴 전반에 걸친 연관성 연구는 종종 여러 미생물들이 건강이나 질병에 잠재적으로 연관되었음을 보여주지만, 이러한 상관관계를 넘어 인과관계를 다루기는 여전히 어려운 과제이다. 또한 쥐 모델에서 확인된 모든 미생물에 대한 연구는 고사하고, 가장 가능성이 큰 미생물을 연구하는 것마저도 역시 어려운 작업이다.

수라나와 캐스퍼는 마이크로바이옴 내 인과관계를 연구하는 새로운 방법을 사용하여 이 문제를 극복하고자 했다. 그들은 쥐 마이크로바이옴을 가진 쥐가 인간 마이크로바이옴을 주입한 쥐보다 DSSdextran sodium sulfate, 쥐에서 대장염 유발 화학약품-역주로 유발하는 대장염에 더 민감하다는 사실을 관찰했다. 따라서 연구팀은 두 그룹 간에 서로 다른 미생물에 초점을 맞추는 대신 쥐를 함께 사육하여 중간 표현형을 가진 하이브리드 마이크로바이옴 동물을 생성했다. 질병이 덜 심한 쥐와 더 심한 쥐를 네 쌍으로 비교한 결과, 모든 그룹에 존재하는 단 하나의 분류군인 라크노스피라세아Lachnospiraceae가 확인되었다.[3]

연구진은 인간 마이크로바이옴에서 클로스트리디움 이뮤니스*Clostridium immunis*(이전에는 알려지지 않았던 이 과의 세균 종)라는 단일 배양이 가능한 라크노스피라세아*Lachnospriaceae*과의 세균을 분리하여 대장염에 취약한 쥐에 접종하여 이 쥐가 대장염에 의해 사망하는 것을 막는데 성공했다.[4] 따라서 연구자들은 이와 같은 미생물 표현형 삼각측량법Microbe-Phenotype Triangulation을 사용하여 일반적인 마이크로바이옴 상관관계 연구를 넘어 다양한 표현형을 결정하는 원인 미생물을 식별할 수 있었다. 미생물-표현형 삼각측량법으로 질병을 조절하는 공생 미생물, 특히 단일 세균을 식별하여 숙주와 세균의 관점에서 작용 메커니즘과 관련된 새로운 패러다임을 열 수 있게 되었다.

질병 발병 또는 방지에 관여하는 숙주 경로와 세포 유형을 규명하는 것은 환자의 분류와 마이크로바이옴과 관련된 표적 발굴에 있어서 매우 중요하다. 또한 잘 정의된 표현형을 가진 단일 미생물이 확인되면 치료용으로 활용할 수 있는 생리활성 포스트바이오틱스를 판별하고 특성화시킬 수 있다. 그러나 우리는 세균의 유전적 가소성과 바이러스, 기생충, 곰팡이 등 인체 내부와 외부에서 공진화하는 훨씬 더 복잡하고 거대한 미생물 생태계를 염두에 두어야 한다. 따라서 앞으로 이러한 인간과 미생물의 상호작용을 이해하기 위한 추가적인 메커니즘적 연구가 필요하다.

• 단일 군집화

최근 단일 균주를 무균 쥐에 생착단일 군집화하는 방법을 통해 단일 인간 마이크로바이옴 균종이 면역계 발달에 미치는 영향을 규명하는 데 사용되었다. 그 결과 특정 클로스트리디움 및 의간균 균주와[5] 이들의 바이오 산물이 조절 T세포 분화를 자극할 수 있는 것으로 확인되었는데, 이는 장내 군집화를 촉진하기 위해 톨유사수용체toll-like receptor 2 경로를 이용할 수 있는 B. 프라길리스*fragilis*의 PSA와 유사한 것이다.[6] 이런 단일 군집 실험을 통해 다수의 마이크로바이옴 균주가 면역반응의 다양한 과정에 영향을 미치는 것으로 알려졌다.

그러나 단일 군집화 접근법은 여러 유용한 측면에도 불구하고 많은 한계가 있다. 왜냐하면 단일 미생물의 존재는 위장관의 복잡한 생태계를 반영하지 않고, 대신 특정 종에 의해 일반적으로 서식하지 않는 장내 틈새로 특정 균주가 확산될 수 있으며, 결과적으로 숙주 면역반응에 비정상적인 영향을 미칠 수 있기 때문이다. 또한 자연적인 미생물군집은 특정 균주와 숙주의 역동적인 상호작용에 다른 세균, 곰팡이 또는 바이러스 종들의 상호작용이 관여하여 영향을 미치고 있다.

마지막으로, 세균이 없는 쥐는 면역 발달이 부적절하다는 것이 명확하게 밝혀져 단일 균주가 면역체계에 미치는 영향을 해석하는 기준적 판단이 매우 까다로워졌다. 결론적으로 단일 군집화 접근법으로는 숙주 면역계에 대한 복잡한 미생물군집의 집단 후성유전학적 영향을 규명할 수 없다는 한계를 가진다.

• 인간 미생물군집 관련 쥐

앞서 설명한 단일 군집화 실험의 한계를 극복하기 위해 인간 미생물군집 관련(HMA)human microbiota-associated 쥐단일 인간에서 분리한 완전한 인간 미생물군집으로 군집화된 무균 쥐를 사용하여 질병 과정에서 완전하고 복잡한 인간 미생물군집의 병리학적 역할을 모델링했다. HMA 쥐의 첫 번째 적용 실험 중 하나는 비만에 대해 서로 다른 쌍둥이 쌍의 장내 미생물을 두 그룹의 무균 쥐에 이식하여 비만에서 장내 미생물의 역할을 규명하는 것을 목표로 한 것이었다.[7]

이 연구에 따르면, 마른 쌍둥이의 "마른" 미생물을 이식한 쥐는 마른 상태를 유지했지만, 비만 쌍둥이의 "비만" 미생물을 이식한 쥐는 비만이 된 것으로 나타났다. 이 최초의 개념 증명 이후, 알레르기 질환[천식], 장 기능 장애(IBD), 만성염증성 질환, 신경 염증[파킨슨병, 다발성 경화증 등] 등 다양한 질병에서 미생물군집의 병원성 역할을 규명하는 데 많은 HMA 모델이 사용되었다. 이처럼 점점 더 많은 연구가 진행됨에 따라 특정 마이크로바이옴 커뮤니티와 질병 발병을 연결하는 인간-쥐 결합 접근법에 대한 과학적 신뢰도가 높아지고 있다.

그러나 이러한 연구 중 상당수는 그 결과가 아직 재현되지 않아 그 타당성에 의문이 제기되고 있으며, 그에 더해 HMA 모델에는 또 다른 한계가 있다. 앞서 설명한 장 해부학, 생리학, 장 생태학에서 쥐와 인간의 본질적인 차이와 더불어, HMA 모델은 마이크로바이옴과 관련하여 숙주가 질병 발병에 미치는 영향을 고려하지 않았다. 환경적, 행동적, 영양적, 유전적 요인은 HMA 쥐와 인간에서 본질적으로 다르다는 점이다. 이러한 인간 관련 인자들은 건강과 질병의 미생물군집에 영향을 미치지만 쥐 모델에서 복제하는 것은 불가능하다. 따라서 HMA 쥐의 미생물군집이 인간 기증자에게 존재하는 숙주-마이크로바이옴 상호작용을 완벽하게 반영하지 못하는 것은 놀라운 일이 아니다. 일부 인간 미생물종은 무균 쥐 숙주에서 생착하지 않는다.[8] 또한, 이식 후 인간 기증자의 장내 마이크로바이옴과 비교할 때 HMA 쥐의 장내 마이크로바이옴에서 다양한 종과 균주의 상대적 풍부도가 크게 변화하여 질병 발병의 원인이라고 가정한 인간 기증자의 원래의 장내 미생물 불균형 프로파일을 상실하게 된다. 마지막으로 인간의 장에는 다른 숙주예: 쥐에서 생착하지 않는 균주나 면역체계에 영향을 미치지 않는 종 특이적 마이크로바이옴 균주가 존재하거나 혹은 이들 둘 다 가능하기도 하다.

쥐 모델에 대한 최종 생각

쥐 모델의 장점은 ① 건강과 질병에서 장내 미생물의 인과적 역할을 연구하기 위해 인간에게서는 불가능한 조작, ② 유전자 KNOCK OUT, KNOCK IN 조작을 사용하여, 복잡한 장내 미생물과 숙주 간의 상호작용에 관한 특정 유전자 또는 경로를 확인할 수 있는 쥐 게놈에 대한 깊은 지식과 조작 능력, ③ 상대적으로 낮은 유지 비용, 높은 번식률, 짧은 수명 주기, ④ 인간과 쥐 모두 잡식성 포유류로 인간과 유사한 장 생리학 및 해부학, ⑤ 장내 세균-숙주 상호작용과 관련된 대사 경로에 영향을 줄 수 있는 '잡음' 변수를 최소화할 수 있는 동질적인 유전적 배경, ⑥ 식이 및 주거 조건을 포함하여 마이크로바이옴 구성 및 기능에 영향을 줄 수 있는 여러 변수를 잘 제어할 수 있다는 점이다.

그럼에도 불구하고 이러한 모델의 한계는 인간과 쥐의 해부학, 유전학, 생리학의 상당한 차이로 인해 인간과 마이크로바이옴의 상호작용을 완전히 이해하는 데 어려움이 있다는 점이다. 장내 미생물과 숙주

간의 상호작용은 숙주에 따라 매우 특이적이므로, 이러한 상호작용과 관련된 쥐의 데이터가 인간 숙주에게는 적용되지 않을 수 있다. 유전적 배경, 분만 방식제왕절개 또는 자연분만, 수유 방식유방수유 또는 젖병수유, 감염, 항생제 노출, 식단, 사회 활동 등 인간 숙주에서 장내 미생물 구성과 기능에 영향을 미치는 주요 환경 요인이 쥐에는 존재하지 않으므로 쥐의 미생물은 '실제' 인간 장내 미생물을 반영할 수 없다.

숙주-마이크로바이옴 상호작용을 연구하기 위해 쥐 모델을 사용하는 것은 유용할 수 있지만, 얻은 결과를 과도하게 해석하지 않고 결과를 인간의 임상 적용에 추정하는 데 신중을 기할 때에만 이 결과들은 유용할 수 있다. 이러한 고려 사항을 바탕으로 특정 마이크로바이옴 구성과 기능을 질병 발병과 연결하기 위해 쥐 모델 대신 다른 대안을 모색하는 데 대한 관심이 최근 급증하고 있다.

인간 질병에서 숙주-미생물군의 상호작용을 연구하기 위한 쥐 이외의 접근법

• 면역시스템을 사용하여 질병 발병과 관련된 마이크로바이옴 구성 요소 식별하기

쥐 모델은 인간 질병에서 마이크로바이옴의 인과적 역할을 더 효율적으로 규명하기 위해 새로운 접근 방식이 필요하다는 것을 제시한다. 마이크로바이옴 커뮤니티와 숙주 면역체계 사이의 밀접한 관계를 고려할 때, 인간의 질병 발생에 더 직접적인 역할을 할 수 있는 면역학적으로 중요한 장내 미생물종에 관한 관심이 높아지고 있다. 여러 면역반응 중에서도 분비성 면역 글로불린 A(SIgA) 항체를 장 내강에 처리하면 장내 미생물군집의 많은 구성 요소를 코팅하여 병원균으로부터 점막 표면을 보호하고 공생 미생물군과의 항상성을 유지하는 데 중요한 역할을 하는 것으로 나타났다.

이러한 근거를 바탕으로, 점막 항체 반응의 표적이 되는 미생물군집 구성 요소에 집중하여 질병의 원인 역할을 할 수 있는 미생물을 식별하기 위해 SIgA 시퀀싱$^{SIgA-seq}$이라는 접근법이 사용되었다. IgA-seq 접근법은 세포 분류법을 통해 IgA 코팅 세균과 비코팅 세균을 분리한 후, 코팅된 세균을 16S rRNA 유전자 시퀀싱을 통해 어떤 특정 세균이 IgA로 코팅되었는지 확인하는 것이다. 이 기술을 사용하여 IBD에서 질병을 유발하는 추정 세균을 분리하고 동물 모델의 장 염증에서 이 세균의 병원성을 확인하였다.[9]

그러나 마이크로바이옴-SIgA 상호작용이 우연적인 가능성으로 일어난다는 것은 유리 SIgA가 SIgA-마이크로바이옴 복합체와 달리 점막 항상성에 차별적인 영향을 미칠 수 있음을 시사한다. 이러한 관점에서 우리는 마이크로바이옴-SIgA 복합체와 숙주 염증 상피 세포 반응 사이의 관계를 조사했다. 우리는 장 상피 세포주와 일차 인간 림프구/단핵구, 내피세포 및 섬유아세포로 구성된 인간 장 점막의 다세포, 3차원^{3D} 오르가노이드 모델을 사용했다. 또한 인간 초유에서 추출한 인간 SIgA를 사용했으며, 최초의 이주종^{colonizers} 중 대표적인 대장균을 공생균으로 사용했다.[10]

그 결과 우리는 유리 SIgA와 미생물군집과 복합된 SIgA가 서로 다른 상피 반응을 유발한다는 사실을 발견했다. 유리 SIgA는 점액 생성, 고분자 면역글로불린 수용체(pIgR)의 발현, IL-8 및 종양괴사인자α의 분비를 상향 조절하고, 미생물군집 복합체 SIgA는 이러한 반응을 완화시켰다. 이러한 결과는 유리 및 복합 SIgA가 장내 면역 조절제로서 서로 다른 기능을 가지며, 이 둘 사이의 불균형이 장내 항상성에 영향을 미칠 수 있음을 시사한다.

• 장내 미생물에 대한 배양 기반 연구

마이크로바이옴 연구 분야에서 가장 중요한 돌파구는 단연 배양 기술의 발전에 의해 그 복잡성과 구성을 연구할 수 있게 된 것이다. 이전에는 대장 미생물들이 주로 혐기성이기 때문에 극소수의 장내 미생물 종만이 호기성 조건의 표준 배지에서 자랄수 있으므로 대부분의 장내 미생물은 배양할 수 없다고 여겨졌다. 그러나 최근 고처리량 혐기성 미생물 배양 접근법을 통해 차세대 시퀀싱을 사용하여 많은 수의 세균 균주를 분류하게 되어 이전에 예상했던 것보다 훨씬 높은 비율의 인간 장내 미생물을 단일 배양으로 확인할 수 있게 되었다.

이러한 새로운 접근 방식에 의해 이전의 가정과는 달리, 대부분의 장내 미생물종은 비교적 표준적인 혐기성 배양 조건에서 배양이 가능하다는 사실이 밝혀졌다. 특히 배양 방법으로 장내 미생물 다양성의 증가를 포착하기 위한 광범위한 노력과 이전에 분리된 종에 대한 메타 분석 배양체학, culturomics을 결합한 결과, 인간 장에 서식하는 알려진 모든 종의 75% 이상이 이제는 단일 배양으로 확인되었다는 결론을 내렸다.[11] 이러한 결과를 뒷받침하는 다양한 배지를 사용한 추가적인 대규모 배양 연구에서 분변 샘플에서 0.1% 미만의 상대적 풍부도로 존재하는 종의 최대 95%가 이론적으로 배양이 가능한 것으로 나타났다.[12]

이러한 연구는 배양 기반 연구에서 확인된 일부 특정 균주의 누락과 더불어 가장 중요한 것은 시퀀싱의 분석 깊이 정도에 따른 상대적으로 낮은 검출 한계에 의해 배양 없이 수행한 시퀀싱 방법의 주요 단점을 드러냈다. 많은 연구에서 숙주에 대해 뚜렷한, 때로는 정반대의 영향을 미치는 같은 종의 서로 다른 균주가 16S rRNA 배양 독립 시퀀싱으로는 구분되지 않는 것으로 나타났기 때문에 이 마지막 한계는 특히 우려스러운 부분이다.[13] 따라서 미생물군집의 종 수준 분류는 종종 세균 균주 간의 중요한 기능 차이를 포착하기에 불충분하다. 이러한 이유로 질병에서 특정 종의 역할을 테스트하기 위해 이전에 배양한 균주를 사용하는 것은 장내 미생물군집에서 해당 종을 직접 분리하는 것보다 좋지 않은 대안이 될 수 있다. 따라서 배양에 의존하지 않는 방법이 미생물 연구에 혁신을 가져왔지만, 미생물이 인간 질병에 기여하는 완전한 그림을 개발하기 위해서는 배양 기반 미생물 연구의 부활도 필요하고 중요할 것이다.

- **멀티오믹 프로파일링(Multiomic Profiling)**

최근에 개발된 "오믹스omics" 기반 프로파일링 기법, 즉 샷건 메타게놈학shotgun metagenomics, 단백질체학proteomics, 후성유전학epigenomics, 글리코믹스glycomics, 대사체학metabolomics 등의 적용과 IgA-seq와 같은 새로운 기능적 프로파일링 접근법의 개발은 다양한 만성염증성 질환의 발병과 메커니즘적으로 연결된 원인 미생물종을 식별할 수 있는 잠재력을 가지고 있다. 예를 들어, 기능 프로파일링 기반 접근법은 이론적으로 상피 투과성 조절 또는 면역반응을 조절하는 유전자의 후성유전적 전환과 같이 다양한 숙주 생리 경로에 영향을 미치는 특정 미생물을 직접 또는 특정 생리 활성 대사산물의 생성을 식별하는 데 사용될 수 있다.

이러한 종류의 연구는 질병 발병과정에서 특정 미생물군집 구성 요소의 잠재적인 인과적 역할에 관한 수많은 새로운 가설로 이어질 것이다. 그러나 생성되는 가설의 수가 너무 많기 때문에 현재 사용 가능한 실험 모델을 사용하여 하나하나 테스트하기에는 한계가 있을 수밖에 없다.

이러한 부족함에 대한 한 가지 새로운 해결책은 오믹스와 실험 데이터를 통합하여 고급 계산 접근법예: 머신 러닝(machine learning)을 사용하여 강력한 예측 모델을 구축함으로써 필요한 실험 테스트 횟수를 줄이는 것이다. 다양한 데이터 세트를 통합하여 더욱 정교한 알고리즘 모델을 만들면 결국 생체 내 또는 시험관 내 실험이 아닌 실리코^{silico}에서 많은 새로운 가설을 테스트할 수 있게 될 것이다. 작업의 규모를 고려하면, 실험 데이터와 오믹스 데이터 간의 시너지 효과와 자기 강화적 상호작용을 생성하는 것이 인간의 건강과 질병에서 미생물의 인과적 역할에 대한 좀 더 완벽한 그림을 그리는데 매우 중요하다. 이러한 계산적 접근 방식은 17장에서 자세히 살펴보겠다.

인간 장 오르가노이드 모델

장내 미세 환경은 위장관을 덮고 있는 상피 세포와의 복잡한 양방향 상호작용을 통해 점막 항상성을 조절하는 데 중요한 역할을 한다. 장내 미세 환경에는 3D 조직 구조, 다양한 세포 유형, 세포 외 기질, 선천성 면역 매개체, 그리고 가장 중요한 토착 미생물군집 등이 포함된다.

장 점막 상피에는 특화된 수많은 상피 세포와 면역 세포가 포함되어 있다. 이러한 세포들은 내강 독소, 공생 물질 및 병원균에 대한 장벽 역할을 함으로써 감염이나 기타 유해한 환경 요소에 노출되지 않도록 보호하는 기능을 나타낸다. 또한 미생물 항원을 수집하여 선천성 및 후천성 면역 효과 인자를 유인하기도 한다.[14]

이러한 세포의 상대적인 구성과 기능은 위장관의 부위에 따라 다르며 병원균에 대한 보호 기능에 관여하는 여러 세포 종류와 이펙터^{효과분자}들의 통합된 상호 연결 네트워크를 구성한다. 상피 세포의 극성^{방향성}은 장벽 기능을 확립하고 영양분의 흡수/수송을 조절하며 상피 구조를 유지하는데, 이는 모두 내강 미생물군집과의 접촉 부위에서 나타나는 중요한 특징이다.

이미 논의했듯이 장에는 원핵생물, 바이러스, 고균 및 진핵생물이 포함되어 있으며, 이 중 일부는 상피 세포 회전대체율, 뮤신 합성 및 숙주 세포의 세균 센서 자극 등 다양한 메커니즘을 통해 숙주를 병원균 군집화로부터 보호한다. 특정 숙주와 공진화하는 미생물군집 사이의 상호작용은 조직 기능과 항상성에 기여하고, 이는 미생물군집 구성과 기능을 결정하며, 이는 다시 숙주의 상피 세포 기능에 영향을 미칠 수 있다.

 이처럼 방대한 규모의 복잡한 미생물에 지속해서 노출됨으로써 단일 세포층이 숙주와 환경 사이에 형성되는 중요한 인터페이스로서 역할을 하게 된다. 인간 장 상피의 기능 발달에 대한 환경 요인의 기여가 여러 연구로 규명된 것은 이 복잡한 상호작용을 조율하는 후성유전학적 메커니즘의 존재를 직접적으로 나타낸다. 이러한 메커니즘이 유전적 소인을 다양한 만성염증성 질환과 관련된 병적 결과로 전환시킬 수 있다. 인간 조직에서 유래한 장 상피 오르가노이드 배양 시스템의 개발은 연구자들에게 이러한 상호작용을 충실히 재현하여 마이크로바이옴 구성과 기능이 질병 발병에 미치는 영향을 적절히 모델링함으로써 숙주-마이크로바이옴 상호작용의 기능적 측면을 연구할 수 있는 탁월한 기회를 제공한다.

 우리는 이미 다음과 같은 여러 연구에서 이 강력한 실험법을 활용했다. ① 숙주의 장 점막에서 장내 병원균살모넬라이 숙주의 면역 방어를 회피하기 위해 유발하는 전사 변화에 관한 연구,[15] ② 괴사성 장병증의 발병 기전에서 마이크로바이옴-장 점막 상호작용의 진화적 변화에 대한 연구,[16] ③ 염증의 환경 유발 요인예: 셀리악병의 글루텐에 대한 반응 연구.[17] 이와 같이 질병 발병에 관여하는 장내 미생물군집의 특정 구성 요소에 대한 추가 지식과 면역 세포와의 공동 배양 능력을 갖춘 장 오르가노이드 기술은 건강-질병의 균형에 중요한 역할을 하는 복잡한 숙주-미생물군집의 상호작용을 분석하는 데 중요한 역할을 할 수 있다.

인간 연구

- **마이크로바이옴과 질병 발병을 연결하기 위한 인간 단면 연구 설계의 한계**

다양한 인간 질병의 발병 기전에서 마이크로바이옴의 역할에 대한 대부분의 보고는 질병이 명백해진 후 인간 마이크로바이옴 구성의 변화를 설명하는 단면 연구를 기반으로 한다. 따라서 마이크로바이옴 구성과 더 중요한 기능을 연구하는 데 있어서 이러한 기술적 접근 방식은 마이크로바이옴 변화를 질병 발병과 메커니즘적으로 연결하는 인과관계를 연구하는 데 한계가 있다.

이러한 한계를 극복하기 위해서 질병 및 증상의 발병 전 또는 발병 동시에 그 변화를 포착하기 위한 전향적 코호트 설계가 필요하다. 또한 이러한 전향적 연구는 마이크로바이옴, 메타게놈, 메타전사체, 대사체 데이터를 포괄적인 임상 및 환경 메타데이터와 통합하여 인간과 질병 발병 간의 상호작용에 대한 시스템 수준의 모델을 구축해야 한다. 새로운 생물학적 계산 모델과 연구 초점이 연관성에서 인과관계로 발전하는 것이 만성염증성 질환의 발병을 메카니즘으로 규명하는데 필수적이다. 이는 이러한 질병을 복잡한 생물학적 네트워크로서 조사할 때만 가능하다.

입증된 전제를 기반한 연구 설계와 내성 파괴 및 만성염증성 질환의 발병으로 이어지는 경로에 대한 메커니즘적 이해를 통해서만, 임상적으로 의미 있고 성공적인 개입을 개발할 가능성이 높을 것이다. 따라서 유망한 중개의학translational medicine(연구결과를 실험실 벤치에서 환자를 위한 임상 적용으로 옮기는 것)이 가능하려면 마이크로바이옴에 대한 기술적 연구에서 메커니즘적 연구로 전환해야 한다. 생후 첫 1,000일 동안의 마이크로바이옴의 발달이 개인의 미래 건강과 질병 위험에 지속적인 영향을 미친다는 가설을 고려할 때, 소아과 연구자들은 이러한 전환을 주도할 수 있는 유리한 위치에 있다. 그리고 표적화된 개인 맞춤형 개입 또는 일차 예방 전략을 수립하려면 대규모의 협력적, 전향적, 종단적, 다중 오믹스 연구가 필요하다.

질병 발병에 대한 다중유전체 공변수의 기여도를 이해하려면 질병이 발병하기 전에 종단적 데이터 수집을 시작해야 한다. 이제 미생물군집의 기능을 아는 것이 만성염증성 질환의 발병에서 미생물군집의 메커니즘적인 역할을 이해하는 데 핵심이라는 것이 분명해졌다. 그리고 메타전사체학Metatranscriptomics, 메타프로테오믹스metaproteomics, 대사체분석metabolomic analyses이 모두 필요한데, 그 이유는 마이크로바이옴에서 50% 미만의 유전자에 대해서만 유전자 발현이 그 DNA의 양적 분포와 일치하기 때문이다.

종단적 다유전체 공변량longitudinal multiomic covariates을 분석하기 위한 최적의 계산 모델이 연구 중이지만, 이를 평가하기 위해서는 대규모 데이터 세트가 필요하다. 이러한 소아 종단적 다유전체 연구는 제대로 설계된다면 복잡한 만성염증성 질환에 대한 이해와 접근 방식에 획기적인 발전을 이룰 수 있다. 그렇게 함으로써 획기적인 치료 및 예방 전략이 나올 수 있을 것이다.

코로나19에 관한 단기 연구에서 멀티오믹스 데이터와 머신러닝machine learning 모델을 사용하여 왕롱 귀Wanglong Gou, 주성 젱Ju-Sheng

Zheng과 동료들은 감염된 환자의 중증 질환 진행을 예측하는 일련의 단백질체 바이오마커를 확인했다. 이들은 핵심 장내 미생물 특징을 파악하고 질병의 진행을 예측하기 위한 혈액 단백질체 위험 지수를 만들었다. 이러한 핵심 장내 미생물의 특징과 관련 대사산물은 취약한 인구 집단에 대한 치료용 표적을 제공할 수 있다.[18]

14장에서는 비만, 음식 알레르기, 자가면역질환셀리악병, ASD 등 네 가지 중요한 소아 질환 사례를 중심으로 소아기의 만성염증성 질환에 대한 마이크로바이옴의 기여에 관한 현재 지식을 심도 있게 논의한다. 그리고 질병을 예측하고 예방할 수 있다는 궁극적인 목표를 가지고 이러한 분야의 연구를 서술적 접근 방식에서 메커니즘적 접근 방식으로 전환하는 방법에 대해 논의할 것이다.

Chapter 14

예방 의학:
질병 예측 및 차단을 위한 마이크로바이옴 모니터링

마이크로바이옴 연구 방법

　13장 말미에 언급했듯이, 우리는 인간 마이크로바이옴 연구 분야에서 중요한 기로에 서 있다. 마이크로바이옴 구성과 기능의 변화를 질병 발병의 메커니즘적으로 연결하려면 단면적인 사례 대조 연구에서 벗어나 질병 및 증상 발병 전 또는 발병에 동반하는 변화를 포착하기 위한 종단적 코호트 설계로 나아가야 한다. 또한 이러한 전향적 연구는 마이크로바이옴, 메타게놈, 메타전사체, 대사체 데이터를 포괄적인 임상 및 환경 데이터와 통합하여 숙주와 질병 발병 사이의 상호작용에 대한 시스템 수준의 모델을 구축해야 한다.

　새로운 생물학적 계산 모델을 만들고, 연관성 연구에서 원인 연구로 전환하는 것은 만성염증성 질환의 발병을 탐구하기 위한 메커니즘적 접근 방식으로 나아가는 데 필수적이다. 이러한 질병은 조각 정보를 조사하여 임의로 이어 붙이는 퍼즐이 아니라 복잡하고 고도로 통합된 생물학적 네트워크로서 조사되어야 한다. 공생하는 숙주-유전적 구성, 대사 및 단백질체 프로파일, 주변 환경, 생활 방식, 식습관, 스트레스 요인에 대한 노출 등을 맥락 없이 "독립적인" 연구 대상으로서 마이크로바이옴을 연구하는 것은 자동차의 타이어만 보고 자동차의 메커니즘을 이해하려고 하는 것과 같다.

복잡성을 한층 더하는 다양한 변수를 충분히 고려하여 통합적인 방식으로 인간 마이크로바이옴 연구에 접근하더라도 여전히 역동적이고 불안정한 "상호작용체interactome"를 다루어야 한다는 점을 명심해야 한다. 이러한 여러 변수들은 마이크로바이옴과 함께 상호 영향을 주고받으며 항상 변화하고 있다. 마치 만화경을 보는 것과 같다. 만화경 튜브를 조금만 돌리면 모든 유리 조각이 움직이고 서로 다른 위치로 재배치되어 서로 다른 상호작용을 일으켜 끊임없이 변화하는 모습을 볼 수 있다.

이러한 변수를 역동적이고 통합적인 방식으로 파악하기 위해서는 유아기 질병의 발병률을 조사하는 종단적 출생 코호트 연구를 설계하는 것이 가장 논리적인 접근 방식인 것 같다. 이 방법을 통해 숙주 게놈에 대한 마이크로바이옴 변화의 후성유전학적 압력을 메커니즘적으로 연결하여 유전적 소인에서 임상적 결과로의 전환을 일으킬 수 있다. 현재 진행 중인 출생 코호트 연구에 대한 인사이트를 얻기 위해 소아과, 소화기내과 및 매사추세츠 어린이종합병원MGHfC의 영양학과의 세 명의 동료 연구자에게 문의했다.

비만과 마이크로바이옴

8장에서 설명한 바와 같이, 미생물군집 구성의 변화와 그로 인한 불균형이 최근의 비만 증가에 기여하고 있는지에 대해 많은 관심이 모아지고 있다. MGHfC의 수유 및 영양 센터 소장인 로런 피히트너Lauren Fiechtner와 그녀의 동료인 엘시 타베라스Elsie Taveras MGHfC 일반 소아과 과장은 아동 비만의 복잡한 원인에 관해 연구해 왔다. 이들은 사회, 경제, 거시 환경 등 다양한 관점에서 이 문제를 조사하고 있다. 피히트너가 최근 마이크로바이옴에 초점을 맞춘 것은 이러한 광범위한 관점에서 벗어나 생후 1,000일 동안에 비만과 관련된 마이크로바이옴의 역할을 연구하기 위한 출발점이라고 할 수 있다.

피히트너는 "비만을 유발하는 요인이 생애 초기에 작용한다는 사실이 점점 더 명확해지고 있다."라고 말한다.[1] 피히트너와 동료들은 유아기 비만의 발병에 어떤 메커니즘이 관여하는지 이해하기 위해 마이크로바이옴에 대한 종단적 연구를 설계했다. 이들은 장차 비만이 되는 아이들과 그렇지 않은 아이들의 장내 미생물의 차이를 연구하기 위해 전향적 코호트에서 샘플을 수집했다. 이러한 증거에 따라 마이크로바이옴의 구성과 기능을 조작하는 것은 비만 확산의 지형을 근본적으로 바꿀 수 있는 중요한 공중 보건 개입 목표가 될 수 있다.

피히트너와 타베라스 같은 연구자들은 영양, 마이크로바이옴, 비만의 교차점에서 공중 보건을 개선하기 위해 마이크로바이옴 영역에 개입할 수 있는 새로운 표적을 발견하고자 한다. 이 공중 보건 퍼즐에서 중요한 질문 중 하나는 다음과 같다. 비만 아동의 마이크로바이옴 구성에 미치는 칼로리 섭취와 영양학적 관점에서 음식의 양과 질이 어떤 역할을 하는가? 고도로 가공된 식품과 "패스트푸드" 또는 "정크푸드"는 고칼로리 섭취를 선호하고 심혈관 질환, 비만 및 암의 위험을 증가시킨다. 그리고 MGH의 간 전문의인 리 카플란이 8장에서 설명했듯이 비만은 염증성 질환이다.

영양 및 비만과 관련된 사회적 요인에 대한 전문가인 피히트너는 영양학적 개입에 대한 훌륭한 견해를 제공할 수 있으며, 여기에는 더 나은 신진대사 결과를 위해 음식의 질을 개선하고 잠재적으로 미생물군집의 구성과 기능을 조작하여 비만 확산을 효과적으로 멈추거나 최소한 늦출 수 있다. 그러나 먼저 영양학적 개입이 마이크로바이옴에 미치는 영향과 칼로리의 균형적 측면에서 마이크로바이옴의 대사 프로필을 이해해야 한다. 퍼즐의 한 조각이 완성되면 피히트너와 타베라스가 수행 중인 연구와 같은 종단 연구의 결과를 통해 비만을 치료하기 위해 마이크로바이옴을 조작하는 영양학적 맞춤화를 수립하는 데 도움이 될 수 있다.

피히트너는 조기에 급격한 체중 증가를 보이는 유아의 비만을 유발하는 미생물을 찾고 있으며, 이는 나중에 소아 비만이 발병하는 것과 관련이 있다. 우리는 그녀에게 20년 후 비만 아동을 위한 맞춤형 개입, 더 나아가 위험에 처한 아동을 위한 일차적 예방과 관련하여 우리가 무엇을 기대할 수 있을지 질문했다. 그녀의 대답은 대변 분석 및 기타 대사 데이터에서 얻은 종합적이고 개인화된 프로필을 바탕으로 소아과 의사가 가족에게 프로바이오틱스 또는 프리바이오틱스와 함께 특수 식단을 안내하여 비만을 개선할 수 있는 신진대사가 작동하도록 마이크로바이옴의 기능을 변화시키는 것이라고 말했다.[2]

마이크로바이옴의 영양학적 역할

우리가 카풀란에게서 배운 것처럼, 피히트너는 비만은 진공청소기로 제거하듯이 단 한 번의 개입으로 치료할 수 없다고 강조했다. 그러나 그녀는 마이크로바이옴의 조작이 다른 쪽 끝에 있는 어린이, 즉 성장부진 어린이에게도 효과가 있을 수 있는 "놀라운 도구"라고 불렀다.[3] 지금은 이 성장 부진 어린이들을 대상으로 고칼로리 음식에 초점을 맞추기 때문에 장기적으로는 부정적인 결과를 초래할 수 있다. 그러나 성장 부진 진단을 받은 어린이의 미생물군집의 역할을 이해하면 이 문제를 해결할 수 있는 또 다른 도구를 얻을 수 있다.

피히트너의 연구와 유사한 연구를 통해 프로바이오틱스, 프리바이오틱스 또는 신바이오틱스와 함께 양질의 식단을 섭취하면 잘못된 식단으로 인해 손실된 영양소를 공급하고 비만을 유발하는 염증을 완화할 수 있다는 사실이 밝혀졌다고 가정해 보자. 마이크로바이옴의 영양학적 역할을 이해하는 이러한 일련의 연구는 균형 잡힌 마이크로바이옴에 좀 더 유리한 제품을 개발하기 위해 식품 산업계 파트너와의 잠재적 협력으로 이어질 수 있다. 그러나 이 시나리오는 인간 행동에서 복잡한 문제를 제기한다. 예를 들면, 건강에 해로운 음식을 먹고도 약을 먹고 마이크로바이옴의 균형을 맞출 수 있다면 과학적 측면뿐만 아니라 사회적으로도 어떤 문제가 발생할까?

피히트너와 같은 과학자들이 의회로부터 영양과 비만에 관한 정책 입안자의 결정에 조언해 달라는 요청을 받으면 어려운 문제가 제기될 수 있다. 왜냐하면 과학자들은 마이크로바이옴 조작을 통해 비만 확산을 개선할 수 있는 과학적 지식을 발전시키기를 희망하는 반면, 정책 입안자들은 비만 문제에 전적으로 매달리기보다는 이 지식을 건강 격차 해소와 더 건강한 라이프스타일을 위한 좀 더 '쉬운 방법'으로 사용하려는 경향이 있다. 미래의 결정을 위한 최선의 정책과 토대는 모든 사회 구성원이 신선한 농산물, 통곡물, 저지방 단백질을 포함한 저렴하고 건강한 식품을 쉽게 접할 수 있도록 하는 것이다.

그러나 이러한 변화가 이루어지더라도 프로바이오틱스를 통해 마이크로바이옴을 조작해야만 효과적으로 치료할 수 있는 일부 사람들이 존재한다. 같은 미국이라는 '지붕' 아래에도 충분히 먹거나 잘 먹을 수 있는 방도가 없는 사람들과 잘 먹을 여유가 있는 사람, 체중 감량 보조제와 다이어트 계획에 수십억 달러를 지출하는 사람들이 있다. 이러한 '식량 부'의 일부를 질적, 양적으로 재분배할 수 있다면 사람들은 더 건강해질 것이다. 또한 이러한 식량 부의 재분배는 생산되는 식량의 평균 약 30%의 낭비를 방지하여 지속해서 증가하는 전 세계 인구를 위한 식량 조달에도 기여할 수 있다.[4]

현재로서는 소아비만의 해결이 바람직하지만 달성할 수 없는 목표이다. 소아의 비만 확산으로 인한 전례 없는 문제를 완화할 수 있는 다른 전략이 있다. 예를 들어, 소아과 의사인 공동 저자 알레시오 파사노는 소아과 진료에서 점점 더 빈번하게 발생하는 심장마비, 지방간 또는 과체중과 뼈에 가해지는 스트레스로 인한 관절통에 대처하는 훈련을 전문의 과정에서 받지 않았다.

피히트너는 이러한 상황을 더욱 걱정스럽게 만드는 것은 인종과 소득에 따라 비만 확산에 큰 격차가 있다는 점이라고 말했다. 소수 인종 및 소수 민족과 저소득층의 비만율은 증가하고 있지만, 백인과 고소득층의 아동 비만 유병률은 정체되어 있다.[5] 피히트너는 소외된 가정이 건강한 음식을 접하기 위해서는 제도적인 변화가 필요하며, 영양 상담과 더불어 현재 사회의 제약 속에서 더 건강한 삶을 위한 창의적인 아이디어가 나와야 한다고 주장했다.[6]

모든 커뮤니티에 건강한 먹거리 제공

식량 정의의 실현과 접근성의 증가에 대해 말하기는 쉽지만 실행하기는 훨씬 더 어렵다. 하지만 피히트너는 설탕 음료에 세금을 부과하거나 식품 정책에 다른 변화를 주면 영양과 식품 접근성이 단계적으로 개선될 것이라고 확신한다. 샤 패밀리Shah Family 재단이 보스턴 공립학교의 학교 주방에서 건강하고 영양가 있는 식사를 조리하기 위해 시작한 시범 프로그램인 마이웨이카페My Way Café와 같은 개입을 통해 비만의 위험을 완화할 수 있는 공생 마이크로바이옴을 자연스럽게 재구성하는 데 도움이 될 수 있다. 연방 학교 급식 프로그램에서 지역 식품 조달을 통해 어린이들의 운동과 더 나은 영양을 지원하려는 미셸 오바마의 노력트럼프 행정부가 부분적으로 뒤집은[7]은 피히트너가 미국 전역에서 기대하는 상황의 진전에 도움이 될 것이다. 그러나 이러한 변화는 학교 급식실과 기타 소비자 환경이 대기업과 식품산업 로비집단의 이익을 위한 정치적 하수인들로 이용되는 것이 중단될 때만 가능하고 지속될 것이다.

그러나 상황은 단순히 학교 급식 정책을 바꾸는 것보다 더 복잡하다.

적절한 식품 공급원이 부족한 미국의 도시 지역과 소규모 마을 등 '식량 사막 지역Food deserts'은 또 다른 도전 과제이다. 피히트너는 미시시피주 시골에 살 때 동네에 식료품점이 단 한 곳밖에 없다는 사실을 알게 되었다. 정확히 말하면 식료품점이라기보다는 식료품이 자주 동이 나는 월마트였다고 한다. 가장 가까운 식료품점은 10마일이나 떨어져 있었고, 저소득층 주민 중 상당수는 자동차를 소유하지 않았다.[8]

가족을 먹일 수 있는 유일한 대안은 패스트푸드와 편의점뿐이었고, "그런 곳이 너무 많았다."라고 피흐트너는 말한다. "아이들에게 슬림짐(미국편의점에서 살 수 있는 육포와 비슷한 마른고기 스낵 – 역주)을 먹일 수는 있었지만, 신선한 과일과 채소를 먹일 수는 없었다." 그녀는 학교에 신선한 과일과 채소가 있었기 때문에 많은 가정에서 아이들을 위한 건강한 음식을 학교 급식 프로그램에 의존하고 있다고 언급했다.[9]

하지만 소외된 지역사회에서도 점진적이고 긍정적인 변화가 일어나고 있다. 이러한 추세의 일환으로 텍사스에 있는 유나이티드 슈퍼마켓은 주말마다 혈압과 혈당 체크 및 기타 검사를 포함한 무료 건강 검진을 제공하기 시작했다.[10] 일부 슈퍼마켓은 만성 질환이 있는 사람들이 영양소를 쉽게 선택할 수 있도록 색상으로 구분된 영양 라벨을 추가했으며, 일부 매장에서는 영양사와의 영양 상담도 제공하고 있다. 캘리포니아의 라틴계 소유 가족 슈퍼마켓 체인인 노스게이트 곤잘레스 마켓은 이중 언어 건강식품 라벨과 고객이 건강한 식품을 선택할 수 있도록 돕는 프로그램을 통해 지역사회 건강과 삶의 질을 개선하기 위해 노력하고 있다.[11]

앞으로 마이크로바이옴 연구를 통해 비만과 그 합병증을 개선하기 위해 대사 프로파일링을 변화시키는 마이크로바이옴의 기능을 조절하는 식단 유형에 대한 확실한 증거가 나오고, 이런 프로그램들이 구현된다고 상상해 보자. 피히트너에 따르면, 현재 텍사스의 유나이티드 슈퍼마켓 프로그램은 사람들에게 패스트푸드와 가공식품을 멀리하고 건강한 음식을 선택하도록 안내하는 많은 훌륭한 커뮤니티 활동을 통해 미국 전역으로 서서히 확장되고 있으며, 전국의 푸드뱅크가 이 접근법을 따라 가족들이 건강한 식품을 선택할 수 있도록 돕고 있다.[12]

이러한 전략은 비만 위험에 처한 어린이뿐만 아니라 미래 세대에게도 좋은 결과를 가져올 수 있다. 3장에서 살펴본 바와 같이 임신 중 산모의 체중 증가는 자녀의 비만 발생 위험에 큰 영향을 미칠 수 있으므로 임산부와 영유아에게 건강한 영양 섭취는 매우 중요한 문제이다. 피히트너와 그녀의 동료들은 임신 중 체중 증가가 마이크로바이옴의 차이와 관련이 있다는 연구결과를 발표했고,[13] 임산부를 대상으로 한 추가 연구에 따르면 생선 섭취가 자녀의 마이크로바이옴에 미치는 유익한 영향이 밝혀졌다.[14]

이러한 사례는 산모의 라이프스타일과 영양 습관이 신생아의 마이크로바이옴 구성에 영향을 미쳐 비만을 비롯한 부정적인 임상결과를 초래할 수도 있다는 것을 보여준다. 비만의 복잡한 원인과 산모와 영유아 마이크로바이옴의 역할에 대해 더 많이 알게 되면서 이러한 정보를 공유하는 것은 미래 세대에서 비만으로 인한 합병증을 완화하기 위한 또 다른 전략이 될 수 있다. 이런 관점에서 피히트너와 타베라스가 추진하고 있는 프로젝트는 미래 세대의 건강을 개선하기 위한 효과적인 영양학적 전략 및 관련 접근법을 구현하려는 노력에 기여할 것이다.

식품 알레르기와 마이크로바이옴

식품 알레르기는 어린이의 약 8%와 성인의 5%가 앓고 있는 흔한 질병이다. 지난 20년 동안 서구식 생활방식을 도입한 사회에서 그 유병률이 증가했으며, 이는 환경적 요인이 식품 알레르기에 대한 감수성에 중요한 기여를 하고 있음을 시사한다. 일부 연구에서는 출산 방식, 반려동물 노출, 형제자매가 식품 알레르기 발병에 중요한 위험 요인으로 밝혀졌다. 이러한 측면은 다른 요인과 함께 장내 미생물군집의 구성과 면역체계 형성에 큰 영향을 미치며, 이에 따라 장내 미생물군집과 식품 알레르기 증상에 관한 연구로 이어지고 있다.

단면 인간 코호트를 대상으로 한 연구는 식품 알레르기의 발병 기전에서 장내 미생물군집의 불균형이 뒷받침하며, 제한된 데이터이기는 하지만 이러한 미생물군집의 불균형은 유아기에 발생하는 것으로 보인다. 동물 모델 연구에 따르면 장내 미생물군집의 구성이 식품 알레르기에 대한 감수성을 부여하는 것으로 나타났다. 그러나 식품 알레르기의 미생물 조절에 대한 우리의 이해는 초기 단계에 있지만, 이 분야의 연구 상황은 장내 미생물이 이러한 질병에 대한 감수성에 큰 역할을 할 것으로 예상된다.

식품 알레르기를 예방하거나 치료할 수 있는 치료용 공생 미생물을 찾아내는 것이 앞으로의 연구과제이다. 이 목표를 달성하고 아직 해결되지 않은 많은 질문에 답하려면 마이크로바이옴의 구성과 기능을 식품 알레르기의 발병 기전과 메커니즘적으로 연결하는 새로운 접근 방식이 필요하다. 무엇보다도 미생물 구성의 변화가 알레르기 발병에 선행하는지 확실히 밝히기 위해서는 식품 알레르기가 있는 개인의 증상이 잘 정의된 인간 코호트cohort를 대상으로 한 전향적 연구가 필요하다.

또한 생애 초기에 장내 미생물의 역동적인 구성이 질병 감수성에서의 역할을 평가하기 위해 여러 번의 샘플링이 필요하다. 그뿐만 아니라 식품 알레르기의 예방 또는 치료를 위해 장내 미생물을 조작하려는 목표를 실현하려면 알레르기 억제 미생물의 일반적인 특징과 그러한 기능을 조절할 수 있는 식단과 같은 환경적 요인에 대한 더 나은 이해가 필요하다. 자세한 내용을 알아보기 위해 MGHfC의 소아 위장병 전문의인 빅토리아 마틴Victoria Martin에게 연락을 취했다. 마틴과 MGHfC 소아 위장병 전문의인 치안 위안Qian Yuan은 출생 코호트와 전향적 연구인 위장, 마이크로바이옴 및 알레르기성 직장염(GMAP)the Gastrointestinal, Microbiome and Allergic Proctocolitis 연구를 이끌고 있다. 그녀는 식품 알레르기 증상의 발병 기전과 이 새로운 연구 분야에서 극복해야 할 과학적 장애물에 대한 자신의 생각을 다음과 같이 공유했다.

연구 초점의 전환

마틴에 의하면 다양한 집단을 대상으로 한 광범위한 대규모 연구가 필요하다. 여러 질병에는 개인화된 요소가 강하기 때문에 전 세계 여러 지역의 다양한 유형의 사람들에게 적용할 수 있는 메커니즘적 이해가 필요하다는 것이 지금까지 연구로 분명해졌다. 식품 알레르기를 유발하는 면역 내성 파괴에서 장내 미생물의 역할에 대한 통찰력을 얻기 위해 데이터를 올바르게 분석하는 방법을 결정하는 것이 첫 번째 장애물 중 하나라고 마틴은 지적했다.[15] 이 정보를 통해 얻은 결과를 바탕으로 계층화된 특정 하위 집단에 맞는 치료 표적을 식별할 수 있을 것이다.

이는 개인형 맞춤의료의 개념과도 일치하는데, 다시 말하면 한 가지 사이즈의 옷이 모든 사람에게 맞지는 않다는 것을 의미한다. 따라서 연구 설계를 신중하게 구성하고 개인형 맞춤 개입을 목표로 해야 한다고 제안한다. 개인이 동일한 질환을 앓고 있더라도 마이크로바이옴 구성을 조작하는 특정 개입이 어떤 환자 그룹에서는 효과가 있지만 다른 그룹에서는 효과가 없을 수 있다. 이러한 의미 있는 결과를 얻기 위해서는 현재 질병 발병과 관련이 있는 것으로 추정되는 특정 마이크로바이옴 종의 역할을 해석하는 데 적용되는 '교육된 추측educated guess'에서 벗어나 연구를 신중하게 설계하고 대상 집단을 주의깊게 선택해야만 달성할 수 있다.

지금까지 단면 연구에서 밝혀진 내용을 바탕으로 마이크로바이옴을 조작하기 위한 중재 연구가 만족스럽지 못한 결과를 가져왔다는 것은 놀라운 일이 아니다. 마틴은 마이크로바이옴을 조작하기 위한 이러한 실망스러운 결과 중 상당수가 "수레를 말에 앞세우는", 즉 메커니즘적인 이해가 되지 않은 상태에서 사람들에게 적용하는 방식으로 수행되었다고 지적했다.[16]

마틴은 마이크로바이옴을 조작할 수 있는 특정 개인형 맞춤 표적이 부족하면 부정적인 결과에 그치지 않고 더 나쁜 결과를 초래할 수도 있고, 이러한 아이디어와 접근 방식에 대한 환자의 불신까지도 야기할 수 있다고 말했다. 이러한 위험을 완화하기 위해 마틴은 2015년에 시작된

GMAP 연구에 참여하게 되었다.[17] 이 연구의 주요 초점은 우유 단백질 알레르기로도 불리는 식품 단백질 유발성 알레르기성 직장염이다. 이 질환은 일반 소아과, 소화기내과, 알레르기 진료과 등 소아과 의사들이 임상 진료에서 흔히 볼 수 있는 질환이다.

현재는 진단 또는 관리 방법에 대한 합의가 충분히 이루어지지 않았으며 역학이나 병태생리에 대한 이해도 부족하다. 일반적으로 소아에서 식품 알레르기가 급격히 증가하고 있으며, 식품 단백질로 인한 알레르기성 직장염은 소아기에 가장 먼저 나타나는 식품 알레르기 증상 중 하나이다. 마틴과 그녀의 동료들은 출생부터 유아를 전향적으로 추적하여 이 질환이 어떻게 발생하는지 연구하고 있다. 이들은 매사추세츠의 교외 소아과에서 건강한 신생아를 모집하여 6년 동안 추적 관찰하고 있다. GMAP는 이러한 아이들이 성장하고 발달하는 과정과 임상결과와 관련된 장내 미생물군집의 구성을 조사하여 건강 유지와 조기 식품 알레르기 증상 발현에 초점을 맞추는 것이다.

"이 연구의 진정한 강점은 소아과를 방문할 때마다 기본적으로 마이크로바이옴 샘플을 수집한다는 점인데, 부모라면 누구나 알다시피 아이들의 대변양이 처음 몇 년 동안은 엄청난 양이다."라고 마틴은 말한다.[18] 이후 샘플은 적어도 1년에 한 번씩 수집된다. 마이크로바이옴을 자주 검사하고 특별한 위험 요인이 없는 유아를 편견 없이 모집하기 때문에 이 연구는 식품 알레르기를 중심으로 관심 있는 질병의 발병 전, 발병 중, 발병 후의 마이크로바이옴 변화를 관찰할 수 있다. 또한, 연구자들은 건강한 유아 마이크로바이옴의 역동적인 발달을 대규모로 연구하고 비교할 수 있다.

높은 진단율

현재 진행 중인 연구이기는 하지만, 마틴은 일반적이고 건강한 소아 인구에서 17%의 어린이가 식품 단백질로 인한 알레르기성 직장염 진단을 받았으며, 이는 지금까지 보고된 것보다 훨씬 높은 비율이라는 놀라운 예비 연구결과를 공개했다. 이렇게 높은 이유는 부분적으로 마틴과 동료들이 사용한 허용적인 진단 기준 때문이다. 진단을 위한 검증된 바이오마커가 없기 때문에 소아과 전문의와 위장병 전문의가 임상에서 사용하는 진단 기준에 의존했다.[19]

이러한 접근 방식은 상당히 과잉 진단으로 이어질 수 있지만, 연구자들이 식품 항원에 대한 내성 상실과 객관적으로 연결될 수 있는 마이크로바이옴의 특징적 표식을 찾는 동안 임상의는 실제 임상 환경에서 이러한 진단의 결과를 이해할 수 있다고 마틴은 말한다. GMAP의 예비 결과에 따르면 많은 어린이가 식품 단백질로 인한 알레르기성 직장염 진단을 받고 생후 첫 몇 개월 동안 알레르기 배제 식단을 따라야 할 가능성이 높다. 마틴은 일부 그룹에만 이러한 엄격한 식이 개입이 필요할 가능성이 있으며, 나머지 건강한 어린이에게는 이런 엄격한 식이 제한이 해로울 수 있다고 지적했다.[20]

이미 보고된 바와 같이, 어릴 때 땅콩을 비롯한 식품 유래 항원에 노출되는 것이 IgE 매개 식품 알레르기를 예방하는 최선의 전략이라는 상당히 설득력 있는 증거가 있다.[21] 마틴과 그녀의 팀이 우려하는 것은 인구의 20%에 가까운 사람들이 아기 때 식이 제한을 받는다면, 이것이 그들의 마이크로바이옴과 식이 면역내성을 학습하는 면역체계의 능력

에 어떤 영향을 미칠 것이라는 점이다.[22]

마틴 연구팀의 다음 단계는 이 집단에서 IgE 매개 식품 알레르기의 비율을 조사하여 배제 식이와 마이크로바이옴이 이 질병 과정에서 어떤 역할을 하는지 이해하는 것이다. 이 코호트에서 식품 단백질로 인한 알레르기성 직장염의 비율이 높은 것은 (a) 전향적 코호트의 독특한 연구 설계 때문인지, (b) 20년 전에 비해 발병률이 실제로 증가한 결과인지, 아니면 (c) 이 두 가지가 복합적으로 작용한 결과인지를 조사하는 것이다.

마틴은 이것이 아마도 실제 발병률 증가의 결과일 것이라고 생각한다. 그녀는 이것이 생검을 통한 시그모이드 내시경sigmoidoscopy 검사나 오픈밀크 챌린지(open-milk challenge, 알레르기를 진단하는 임상적 테스트 - 역주) 없이 경험적 치료 옵션으로 시행된 배제 식단이 큰 해가 없다고 생각한 초기 사고의 결과라고 추정하고 있다.[23] 지난 10년 동안 IgE 매개 식품 알레르기가 두 배로 증가한 것에서 알 수 있듯이 미국에서는 식품 알레르기 질환이 분명하게 증가했다. 따라서 식품 알레르기의 가장 초기에 나타나는 증상 중 하나가 증가하고 있다는 것은 놀라운 일이 아니다.

식품 알레르기 예방을 위한 표적 프로바이오틱스

마틴은 GMAP와 같은 연구를 통해 개인 맞춤형 치료와 1차 예방을 위한 마이크로바이옴 표적을 선별할 수 있기를 원한다. 예방적 측면에서는 이러한 유형의 연구를 통해 위험에 처한 집단을 식별할 수 있음을 입증하는 것이 가장 이상적이고 실현할 수 있는 성과이다. 예를 들어, GMAP 연구의 결과를 통해 미래에는 아기가 유아기 초기에 식품 알레르기 증상을 보일 위험이 큰 특정 특성을 가진 임산부를 식별할 수 있을 것이다. 그런 다음 아기 또는 산모에게 출산 전부터 표적 프로바이오틱스를 투여하여 일차적인 예방 및 질병 차단을 시행할 수 있다. 이런 프로바이오틱스의 설계는 GMAP의 질병 관련 장내 미생물 연구결과를 바탕으로 이루어질 것이다.

또한 이 연구는 식품 알레르기 증상이 나타나는 어린이의 미생물군집을 조작하기 위한 개인 맞춤형 치료법이 될 수 있다. 마틴은 질병 발병의 병태 생리를 활성화하는 주요 마이크로바이옴의 변화를 규명할 수 있다면 질병 발병과 관련된 특정 염증성 균주를 표적으로 삼거나 이에 대항하는 보호 균주를 공급할 수 있다고 말한다.[24] 예방 또는 치료 전략을 개발하기 위해 이러한 종류의 개인화되고 정교한 마이크로바이옴 분석을 비침습적인 방식으로 수행하면 그리고 환자의 마이크로바이옴 기능을 실제로 이해하면 현재 식품 알레르기 치료에 사용할 수 있는 유일한 도구, 즉 배제 식단에 대한 획기적인 대안이 될 수 있다고 말한다.

이 목표에 도달하기 위해 우리는 그동안 얼마나 많은 진전을 이루었으며, 앞으로 어떤 장애물을 제거해야 할까? 마틴은 극복해야 할 몇 가지 크고 복잡한 장애물이 있다고 한다. 무엇보다도 앞서 언급했듯이 만성염증성 질환의 발병 기전에서 마이크로바이옴의 역할에 대한 진정한 메커니즘적 이해가 필수적이다. 그리고 이 목표는 한 연구나 한 집단에서만 달성될 수 있는 것이 아니다. 오히려 전향적 방식으로 설계된 다양한 연구의 여러 통합 분석을 통해 가능할 것이다. 이 장에서 설명한 것과 같은 여러 전향적 연구 간의 조화는 매우 유익할 것이다. 특정 균주를 염증의 방지 또는 유발과 메커니즘적으로 연결하는 것은 식품 알레르기를 개선하거나 예방하기 위한 마이크로바이옴 조작 표적을 찾아내는 데 필요한 또 다른 과정이다.[25]

이러한 표적이 확인되면 연구결과를 검증하기 위해 새로운 인간 관련 모델이 필요하다. 일반적인 쥐 모델은 마이크로바이옴 연구에 적합한 모델이 아닐 수 있다. 인간 장 오르가노이드와 같은 생체 모방 모델을 포함하여 치료적 개입을 테스트할 수 있는 혁신적인 도구를 찾아야 한다. 그렇게 해서 안전성과 효능 측면에서 전임상시험의 면밀한 조사를 통과한 표적을 잘 설계된 임상시험에서 테스트하는 마지막 장애물로 나아갈 수 있다. 가까운 미래에 마틴 세대의 임상 연구자들이 이러한 연구결과를 일상적인 임상 진료에 적용할 수 있을 것으로 낙관한다.

셀리악병과 마이크로바이옴

셀리악병은 유전적으로 취약한 사람이 밀, 보리, 호밀과 같은 글루텐 함유 곡물을 섭취할 때 유발되는 자가면역성 장질환이다. 글루텐이 환경적 유발 요인이라는 사실이 알려지면서 셀리악병은 자가면역 질환의 독특한 모델로 자리 잡았다. 이 질환의 다른 발병 요인으로는 HLA 유전자(DQ2 또는 DQ8)와의 밀접한 유전적 연관성과 조직 트랜스글루타미나제에 대한 자가항체를 생성하는 매우 특정한 체액성 자가면역반응이 있다. 그러나 장 점막이 글루텐에 노출된 후 면역내성을 잃고 자가면역

과정이 발달하는 발병의 초기 단계는 아직 잘 알려지지 않았다.

현재 연구에 따르면 이러한 글루텐 내성 상실은 유전적으로 민감한 개인의 식단에 글루텐이 도입될 때만 발생하는 것이 아니라, 알 수 없는 다른 환경 자극의 결과로 평생 어느 때라도 발생할 수 있다고 한다. 우리 그룹에서 발표한 연구에 따르면 특정 마이크로바이옴과 숙주 사이의 독특한 상호작용이 대사 경로의 변화를 초래하여 자가면역 질환이 발병하기 전에 특정 대사산물이 생성될 수 있다.[26] 그리고 장내 마이크로바이옴의 구성과 기능에 영향을 미치는 것으로 알려진 많은 환경적 요인도 셀리악병 발병에 영향을 미치는 것으로 생각된다. 여기에는 출산시 분만 방식, 유아 수유 유형, 감염 병력, 항생제 사용력 등이 포함된다.

우리의 이전 연구에서 셀리악병에 걸릴 위험이 있는 영아는 그렇지 않은 유전적 배경을 가진 대조군 영아와 비교하면 의간균의 비율이 감소하고 후벽균의 비율이 높았다고 보고한 바 있다. 셀리악병 위험군의 마이크로바이옴은 2세 때 성숙이 지연되는 것으로 나타났지만, 위험이 없는 유아는 1세 때 성숙이 완료되었다.[27] 같은 연구에서 자가면역이 발생한 유아는 대변에서 젖산염 신호가 감소했다. 이는 젖산간균 종의 감소와 일치했으며, 이러한 변화는 셀리악병 자가면역의 바이오마커인 양성 항체가 검출되기 전에 일어났다.

이 결과는 셀리악병과 연관된 DQ2 일배체형을 가진 영아의 미생물군집과 일배체형이 없는 영아의 미생물군집을 비교한 다른 연구팀의 결과에서도 확인이 되었다. 그 결과는 생후 1개월에 마이크로바이옴 구성에서 뚜렷한 차이를 관찰했는데, DQ2를 보유한 영아는 DQ2가 없

는 영아에 비해 후벽균과 프로테오세균이 더 풍부하게 나타났다.[28]

셀리악병의 위험에 노출된 유아를 대상으로 한 두 건의 대규모 전향적 코호트 연구에 따르면, 셀리악병은 생애 매우 이른 시기에 발병하는 것으로 나타났으며, 이는 초기 환경 요인이 질병 발병에 중요한 역할을 할 수 있다는 개념을 더욱 뒷받침한다. 한 연구에 따르면, 1촌 관계 중 셀리악병 환자가 있고 HLA DQ2 또는 DQ8 또는 둘 다 보유한 유아의 16%가 5세 이전에 셀리악병에 걸리며, 대부분은 3세 이전에 진단받는다. 또 다른 연구에 따르면, 셀리악병 환자의 1촌 관계이면서 DQ2를 두 개 보유한 유아의 38%가 5세 전에 셀리악병에 걸린다는 사실이 추가로 밝혀졌다.[29]

앞서 13장에서 언급했듯이, 인간의 위염증성 장질환에 대한 전임상 연구를 수행할 때 가장 큰 한계는 동물 모델이 인간-마이크로바이옴 상호작용의 복잡성을 완전히 반영하지 못한다는 점이다. 이러한 상호작용은 인간의 내성-면역반응 균형을 좌우하는 특정 대사 경로의 활성화에 영향을 미친다. 장내 미생물 구성과 대사체 프로필이 유전적으로 취약한 피험자의 글루텐 내성 상실과 이후 셀리악병 발병에 영향을 미치는지 여부와 발병과정을 조사한 대규모 종단 연구는 현재까지 보고되지 않았다.

이러한 부족함을 극복하기 위해 MGHfC의 셀리악병 연구 및 치료 센터의 임상 책임자인 머린 레너드Maureen Leonard는 MGHfC 동료와 이탈리아 연구소로 구성된 다학제 연구팀과 함께 10년간의 출생 코호트 연구에 착수했다. 이들은 셀리악병 자가면역의 발병과 소인에 중요한 역할을 할 수 있는 요인으로서 장내 미생물군집과 그 결과로 발생하는 대사체의 역할을 조사하고 있다. 셀리악병의 유전체, 환경, 마이크로바이옴 및 대사체(CDGEMM)Celiac Disease Genomic, Environmental, Microbiome, and Metabolomic 연구는 셀리악병뿐만 아니라 다른 자가면역 질환의 발병 과정에도 적용하여 조사하고 있다.

레너드와 동료들은 유전적으로 셀리악병에 걸릴 위험이 있는 유아의 특정 장내 미생물 구성과 함께 글루텐이 식단에 도입되면 특정 대사 경로가 활성화될 것이라는 가설을 세웠다. 이러한 경로는 특정 대사체 표현형에 반영된 것처럼 글루텐 내성 상실과 자가면역의 발병에 기여할 것이다. 연구팀은 특정 마이크로바이옴 및 대사체 시그니쳐를 식별하고 검증하여 유전적으로 자가면역 위험이 있는 어린이의 내성 상실을 예측할 수 있기를 희망한다. "우리의 궁극적인 목표는 글루텐에 대한 내성 상실과 셀리악병 발병을 예방하기 위한 조기 개입에 도움이 될 지식을 창출하는 것이다."라고 레너드는 말한다.[30]

레너드 연구팀은 조사대상 아동이 10세가 될 때까지 소아 셀리악병에 대한 반복적인 혈청학적 검사와 더불어 상세한 환경 정보를 자주 수집하고 생후 3년 동안은 3개월마다, 그 이후에는 6개월마다 대변을 채취한다. 또한 유아의 마이크로바이옴과 대사체를 종단적으로 비교하여 글루텐 섭취 전후, 셀리악병 발병 전후의 차이점과 셀리악병 발병에 영향을 미칠 수 있는 기타 환경 요인에 주목할 것이다.

레너드는 종단 연구에서는 연구자들이 중첩 사례-대조군 분석을 수행할 것이라고 설명했다. 먼저 셀리악병에 걸린 유아는 셀리악병에 걸리지 않은 유전적 소인을 가진 대조군 유아들과 매칭된다. 그리고 두 번째 분석에서는 셀리악병이 발병한 영유아와 HLA 소인 유전자를 가지고 있지 않은 대조군 영유아가 매칭된다. 이러한 분석은 연구자들이 마이크로바이옴의 변화에 관여하고 유아의 셀리악병 발병을 유발할 수 있는 환경적 요인을 밝히는 데 도움이 될 것이다.[31]

CDGEMM의 장기적이고 보다 야심찬 목표는 분만 방식, 항생제 사용, 바이러스성 질병, 특정 식품 섭취와 같은 환경 요인 또는 환경 요인의 조합이 어떻게 아동기 미생물군집의 변화와 생물학적 기능의 변화를 일으켜 셀리악병 발병에 기여하는지를 이해하는 것이다. 이러한 지식을 바탕으로 레너드는 앞으로 임상의가 글루텐에 대한 내성을 잃고 질병이 시작하기 전에 식단이나 개인 맞춤형 프리바이오틱스 또는 프로바이오틱스로 개입할 수 있다고 생각한다.[32]

미래의 임상 진료에서는 소아과 의사와 가정의가 조기 유전자 검사와 잦은 대변 분석을 할 것이다. 이러한 데이터를 가족력 및 알려진 환경 노출과 결합하여 임상의는 셀리악병 발병의 잠재적 위험을 모니터링하고 발병을 예방하기 위한 조치를 취할 수 있을 것이다.

치료 대신 예방

마지막으로 이러한 목표를 달성하기 위해 무제한의 자금이 주어진다면 자원을 어떻게 투자할 것인지 레너드에게 물었다. 그녀는 질병을 예측하고 예방하는 모델을 구축하는 도구를 만드는 데 필요한 더 많은 컴퓨터 과학자를 유치하는 데 최우선적으로 투자할 것이라고 답했다.

"데이터는 확보하겠지만, 데이터를 분석하고 임상에서 활용할 수 있는 무언가를 신속하게 만들어 낼 수 있어야 한다."라고 레너드는 말한다. "다른 코호트에서 우리의 연구결과를 검증할 수 있어야 한다. 따라서 질병을 예방하는 방법을 발견하기 위해 매우 오래 걸리겠지만 결실을 볼 수 있는 이 접근법을 기꺼이 시도할 많은 과학자들이 필요하다." 그녀가 제시하는 또 다른 장애물의 극복은 연구 자금의 초점을 질병 위험에 처한 유아를 추적하는 종단 연구와 과학자로 전환하는 것으로, 현재 미국립보건원이 연구결과를 얻기 위해 제공하는 3~5년의 자금 지원 주기보다 더 오래 걸릴 수 있다는 점을 이해해야 한다는 것이다.[33]

이러한 데이터가 환자의 스마트폰 앱으로 변환되어 독소, 항생제, 체온, 식단, 활동량, 체중, 혈압, 심박수 등의 환경 노출을 모니터링할 수 있게 될 것이라고 그녀는 예측한다. "이러한 정확한 실시간 데이터 수집을 통해 질병 예측 모델을 개선할 수 있다."라고 레너드는 말한다. 또한, "건강 및 환경 데이터를 환자에게서 직접 확보하고 컴퓨터 연구자들이 의료 전문가를 위한 임상 진료 알고리즘을 개발하면 환자의 병원 방문 방식은 근본적으로 바뀔 수 있을 것이다. 질병 치료를 위한 방문이 아닌 예방적 방문이 훨씬 더 많아져 진정한 개인 맞춤형 의료를 구현할 수 있을 것이다."[34]

앞으로 CDGEMM과 같은 연구결과를 통해 마이크로바이옴을 조작하여 셀리악병 및 기타 만성염증성 질환에 대한 1차 예방 전략을 구현할 수 있을 것이다. 이는 만성염증성 질환 발병 기전과 이러한 평생 질환의 치료에 대한 패러다임의 완전한 전환을 의미한다. 그리하여 셀리악병에 특이적인 대사체 표현형의 규명에 의해 추가적인 진단 도구와 치료 개입이 가능해질 것이다. CDGEMM에서 확보한 바이오 샘플과 데이터들은 향후 후성유전학 연구와 바이오마커를 검증할 수 있게 할 것이다. 이러한 연구결과는 질병의 발병 기전에서 식이-유전체-미생물군집의 상호작용이 가설로 제기된 다른 만성염증성 질환에도 광범위한 영향을 미칠 수 있다.

이러한 발전은 글루텐 및 기타 환경 항원에 대한 식이면역 내성 과정을 재검토함으로써 만성염증성 질환 및 다른 자가면역 질환의 예방과 치료에 대한 새로운 접근법을 수립하는 데 크게 도움이 될 것이다. 미국에서는 300만 명이 셀리악병의 고통을 겪고 있으며, 약 1,700만 명이 다른 자가면역 질환을 앓고 있다. 현재 이러한 질환을 예방할 수 있는 효과적인 전략이 없는 상황에서 CDGEMM과 같은 연구결과는 공중 보건에 막대한 영향을 미칠 수 있을 것이다.

자폐 스펙트럼 장애와 마이크로바이옴

10장에서 처음 소개한 자폐증은 단일 장애가 아니라 의사소통과 사회적 상호성에 결함을 나타내고 반복적이고 정형화된 행동으로 정의되는 핵심 증상을 공유하는 여러 스펙트럼의 장애이다. 환자의 체계적인 분류와 공통된 질병 경로에 대한 특정 바이오마커를 식별하는 것이 연구자와 임상의에게 특별한 관심사이다.

일부 연구에 따르면, 최근 이 질병의 유병률 증가는 병에 대한 관심과 인식의 증가, 진단 방식 그리고 치료 가용성의 변화와 같은 외적 요인 때문일 가능성이 부분적으로 있다.[35] 그러므로 이러한 변화만으로는 이 현상을 설명하기에 충분하지 않으며 다른 환경 요인이 작용하고 있을 가능성이 높다. 유전자-환경 상호작용 이론에 근거하여 여러 가지 치료 접근법이 제안되었지만 때로는 상반된 결과를 낳기도 했다.

이런 바람직하지 않은 결과는 다른 많은 다인자성 질환과 마찬가지로 자폐 범주성 장애(ASD)autism spectrum disorder도 다양한 경로를 통해 일어나는 질환이라는 사실 때문일 수 있다. 이러한 점을 고려할 때 가장 효과적인 예방 또는 치료 결과를 위한 맞춤형 개입에 적용되는 특정 바이오마커의 식별을 기반으로 ASD 집단을 분류하는 것이 필수적이다. 질병의 규모와 극단적인 성별/성별 편향성여성보다 남성에게 4배 더 흔함은 전체 인구의 성별 구조에 영향을 미치는 ASD의 다인자적 원인이 존재함을 시사한다. 자폐성 장애를 가진 많은 사람들은 발작, 수면 문제, 대사 장애, 위장 장애 등 건강, 발달, 사회, 교육에 중대한 영향을 미치는 동반 질환의 증상을 가지고 있다.

ASD의 발병과 관련된 신경해부학적 및 생화학적 특성은 저강도의, 열이 없는 전신 염증 반응의 직접적인 결과를 포함하며, ASD의 발병에 대한 보호 메커니즘에는 강력한 항염증 성분이 포함된다.[36] 장내 미생물과의 관련성으로는 장내 미생물은 생후 첫 3년 동안 면역 조절을 주도한다는 사실과 염증뿐만 아니라 면역 조절에 결함이 있으면 ASD를 포함한 정신 질환에 걸리기 쉽고, 심리적 스트레스는 장-뇌 축 네트워크를 통해 장내 미생물과 관련된 경로를 통해 염증을 더 유발한다는 점이 알려져 있다.[37]

역학 정보는 제한적이지만, 최근 메타 분석에 따르면 자폐 아동은 대조군보다 4배 더 많은 위장 증상을 경험하며 이러한 증상이 자폐 아동을 특정 그룹으로 식별할 수 있는 것으로 확인되었다.[38] 다른 연구에서는 비정상적인 면역체계 활성화와 장내 미생물 구성의 변화가 ASD의 중증도와 관련이 있다고 보고되었다.[39] 마지막으로, 장내 미생물과 면역 기능 사이의 연관성[40]이 알려졌고, 장내 미생물군집 이식 요법으로 장내 미생물 불균형이 교정된 ASD 환자에서 위장 및 행동 장애 증상이 모두 개선되었다는 보고가 있다.[41]

수많은 단면 연구가 마이크로바이옴 변화와 ASD 사이의 상관관계를 밝혀냈지만, 이 장에서 언급한 다른 질병 연구와 유사하게 한계를 갖는다. 이러한 연구들은 마이크로바이옴 구성과 기능을 질병 발병과 메커니즘적으로 연결하지 못했다. 장내 세균 구성의 변화가 질병 발병과 메커니즘적으로 연관되어 있음을 확인하여 ASD의 인과관계를 규명하기 위해, 앞서 설명한 셀리악병에 관한 연구와 마찬가지로 2019년에 전향적 출생 코호트 연구가 시작되었다.

자폐 스펙트럼 장애에 관한 GEMMA 연구

2019년에 출범한 GEMMA는 자폐증의 유전체Genome, 환경Environment, 미생물군집Microbiome, 대사체Metabolome in Autism의 약자로, 환자 코호트, 동물 모델, 예비 환자 샘플을 종합하여 연구할 예정이다. GEMMA 연구팀은 다양한 방법을 사용하여 장내 미생물 불균형의 특정 패턴이 숙주의 후성유전학적 변형에 영향을 미치는지, 대사 경로를 수정하고 장 투과성과 면역반응을 변화시키며 궁극적으로 ASD 및 관련 위장 동반 질환의 중증도를 유발하거나 증가시키는지 조사할 예정이다.

또한 이 프로젝트는 표적 개입을 위해 환자 집단을 특정 바이오마커를 사용하여 분류함으로써 장내 미생물 불균형을 교정하거나, 소화기 질환 유발 요인을 제거함으로써 질병별 병리 생리의 변화가 발생하는지 관찰하여 제안된 질병 메커니즘 가설의 검증을 시도할 것이다. 출생 시부터 관찰된 600명의 위험군 유아에 대한 심층 평가를 바탕으로 GEMMA는 장 장벽과 면역 기능을 조절하는 후성유전학적 변형을 일으키는 비정상적인 장내 미생물의 역동적인 변화와 관련된 ASD 발병 및 진행에 대한 명확한 메커니즘적 증거를 제공할 것이다.

GEMMA는 장내 미생물을 조절하여 면역 항상성을 회복하고 유지하려는 새로운 맞춤형 예측개인 맞춤형 의학 및 질병 차단중재 접근법을 지원할 것이다. 이 프로젝트에서 확인된 바이오마커는 위험에 처한 아동의 ASD 발병 기전에 대한 이해를 높이고 예방 및 치료를 위한 식이 변화와 함께 프리바이오틱스, 프로바이오틱스 또는 신바이오틱스 투여를 통해 마이크로바이옴을 조작하는 시도에 기여할 것이다. 이러한 접근 방식은 ASD 발병과 조기 개입에서 패러다임의 전환을 의미한다.

그리고 특정 ASD 대사 표현형의 확인은 게놈, 마이크로바이옴, 대사체 간의 상호작용이 의심되거나 증명된 다른 질환의 진단 도구와 환자 분류를 위한 바이오마커를 정의하는 데도 도움이 될 것이다. 마지막으로, 이 프로젝트는 전향적으로 수집된 1만 6,000개 이상의 혈액, 대변, 소변, 타액 샘플로 구성된 고유한 바이오뱅크를 구축하여 향후 멀티오믹스 연구에 활용할 수 있다. 이러한 샘플은 GEMMA 프로젝트가 완료된 이후에도 연구 커뮤니티에 상당한 가치를 제공할 것이다.

자폐 스펙트럼 장애의 위험 요인

 이러한 목표를 달성하기 위해 GEMMA 연구팀은 동물 모델에 대한 전임상 및 임상 연구와 전향적 위험 환자 코호트에서 수집한 다중 오믹스 데이터의 데이터 마이닝 및 생물 통계 분석을 통해 ASD와 위장 장애에 공통적인 메커니즘을 파악할 것이다. 앞서 언급한 바와 같이, 이 프로젝트의 목표는 인간 대상 연구와 쥐 모델 연구를 모두 사용하여 국소 면역 세포 침윤을 초래하는 상피 장 장벽의 파괴와 위장 증상 유무, 그리고 ASD 발병의 활성화를 특정 환자의 유전 후성유전학적 프로필, 마이크로바이옴 구성 및 대사 신호와 연관시키는 것이다.

 쥐 모델에 대한 전임상 연구는 향후 일차적 개입을 위한 환자 분류를 하기 위해 ASD 발병과 메커니즘적으로 연결된 특정 바이오마커의 검증에 대한 귀중한 정보를 제공할 것이다. 이 프로젝트에는 검증된 바이오마커로 계층화된 특정 환자 집단에 프로바이오틱스, 프리바이오틱스, 신바이오틱스식이요법 추가 또는 제외를 투여하면 ASD 및 동반 질환의 발현을 약화시킬 수 있다는 가설을 테스트하는 중재군도 포함되어 있다.

 이 5개년 프로젝트를 위해 구성된 컨소시엄에는 MGHfC의 소아 위장병 전문의 팀과 이탈리아의 살레르노 유럽 생의학 연구소(EBRIS)European Biomedical Research Institute of Salerno를 포함한 7개 기업 파트너, 4개 대학, 3개 환자 네트워크, 2개 연구 기관의 다학제적 역량이 활용되고 있다. 이들 기관에는 행동 장애, 유전학, 장 점막 생물학 및 면역학, 마이크로바이옴 연구, 대사체학, 멀티오믹스 통계 분석, 동물 모델, 영유아 및 임상 영양학, 임상시험 분야의 전문성을 갖춘 연구자들이 있다.

임상 결과를 바탕으로 ASD 진단을 위해 공인된 점수 시스템을 사용하여 평가한 후, 위장 증상이 없는 신경기능 정상 아동, 위장 증상이 있는 신경기능 정상 아동, 위장 증상이 없는 ASD 아동, 위장 증상이 있는 ASD 아동의 네 그룹으로 나누게 된다. 각 그룹에서 20~30명을 선정하고 일련의 오믹스 플랫폼을 사용하여 표현형을 특성화할 것이다. 또한 선정된 유아의 경우 가족 구성원으로부터 게놈 샘플을 수집하여 유전적 특성과 후천적 특성을 구분하고 ASD와 관련된 변이를 더 잘 검출할 수 있도록 할 것이다. 이 프로젝트는 질병의 유전적, 행동적, 신경학적 측면에 초점을 맞춘 기존의 ASD 연구에서 벗어난 것이다.

그러나 장 장벽 기능 장애, 면역 조절 장애, 추가적인 대사 장애와 같은 환경적 위험 요인이 ASD 발병에 미치는 주요 역할이 최근 크게 주목받고 있다. 동일한 진단을 받은 사람들 사이에서도 현저한 이질성이 나타나는 것은 ASD의 원인이 다양하다는 통념과 일치한다. 또한, ASD 증상의 스펙트럼과 특정 원인, 치료법 및 분자 바이오마커를 식별하는 데 따르는 어려움은 ASD의 임상적 하위 유형을 더 잘 정의하고 하위 집단에 맞는 맞춤형 치료를 제공해야 할 필요성을 강조하고 있다. GEMMA는 임상시험을 통해 숙주의 유전체, 미생물군집, 대사체, 장 점막 생물학 및 면역 변화의 영향을 받는 상호 작용적 현상의 메커니즘적인 사슬을 검증하여 ASD의 임상결과를 도출해낼 것이다.

자폐 스펙트럼 장애를 위한 멀티오믹스 분석 플랫폼 개발

현대의 고처리량high-throughput 측정 기술은 세포와 생물체의 특성을 측정할 수 있는 강력한 도구를 제공했으며, 새로운 오믹스 데이터를 끊임없이 생산하고 있다. 그리고 차세대 시퀀싱 방법은 다양한 유형의 세포, 조직 및 유기체에서 유전체학 및 전사체학 데이터를 측정하는 데 사용되었다. 장내 미생물의 메타게놈도 최근 이러한 방법을 사용하여 측정되었고, 동시에 이러한 영역의 시스템 수준의 기능을 더 잘 이해해야 하므로 이러한 데이터들의 연관성 분석이 중요해지고 있다.[42]

현재 이러한 측정에 적용할 수 있는 여러 가지 분석 알고리즘과 연관성 분석 방법이 개발되었다. 대부분의 연관성 분석은 다른 유형의 데이터와 유전학의 역할을 연구하는 등 두 데이터 유형의 연관성에 초점을 맞춰 왔다. 최근 연구에 따르면 단일염기다형성(SNP)single nucleotide polymorphisms의 변이는 다양한 유형의 세포에서 유전자 발현 정도, 대체 스플라이싱, DNA 메틸화 및 miRNA 매개 유전자의 발현양에 영향을 미칠 수 있으며, SNP는 전사체 이소타입 변이 및 대체 스플라이싱과도 관련이 있는 것으로 밝혀졌다. 게놈에서 유전자복제수의 변화는 다양한 세포 유형에서 유전자 발현 값과 연관되었으며, 대사체 데이터는 전사체 데이터와 연관됨이 알려졌다. 최근의 이런 연구들은 메타게놈 데이터의 멀티오믹스 분석에도 초점을 맞추고 있다.

GEMMA 프로젝트에서 모든 오믹스 데이터 유형을 통합할 때 예상되는 복잡성과 고차원성을 감안하여, 우리 연구팀은 먼저 통합된 데이터의 구조를 결정하여 다운스트림 분석을 최적화할 것이다. 그런 다음

GEMMA는 17장에서 설명한 차원 축소 기법과 모델링 기법을 사용할 것이다. 이 프로젝트는 제3자 연구자들이 다양한 오믹스 데이터 저장소의 데이터를 공유하고 통합할 수 있는 최초의 멀티오믹스 분석 플랫폼을 개발하는 것이다.

이 특별한 목표에 성공한다면 GEMMA는 가설 생성, 가설 검증, 환자 계층화 연구에 도움이 될 수 있는 고품질의 멀티오믹스 도구를 만들 기회를 제공할 것이다. 또한, 이러한 도구는 광범위한 연구 커뮤니티의 참여를 통해 지속적으로 발전하여 공개 영역에서 사용할 수 있는 양질의 데이터의 폭과 깊이로 확장함으로써 잠재적으로 ASD 및 관련 장애의 새로운 메커니즘과 관련 바이오마커의 발견으로 이어질 수 있다. 이 플랫폼의 초기 초점은 ASD에 맞춰져 있지만, 이 플랫폼은 다른 만성염증성 질환, 특히 미생물군집의 불균형과 대사 불균형이 증명되거나 가설이 제기된 자가면역 질환에도 적용될 수 있다.

장내 마이크로바이옴을 조절하는 식단의 힘

어떤 질환이든, 질병 차단을 목표로 하는 종단 연구에서 더 깊이 고려해야 할 중요한 교훈 중 하나는 식단의 역할이다. 잘못된 식습관이 건강에 미치는 부정적인 영향과 만성 질환에 대한 식습관의 역할은 이제 전 세계적인 차원에서 주목받고 있다.

아슈칸 아프신Ashkan Afshin과 그의 동료들이 발표한 논문에서는 비감염성 만성염증성 질환의 중요한 예방 가능한 위험 요인으로서 부적절한 식단의 중요성을 성인에서 체계적으로 평가했다.⁴³ 이 연구는 195개국에서 주요 식품과 영양소의 섭취를 평가하고, 최적이 아닌 섭취가 만성염증성 질환과 관련된 사망률 및 이환율에 미치는 영향을 정량화한 것이다. 연구진은 각 식이 요인의 섭취량, 질병 종말점에 미치는 식이 요인의 영향, 사망 위험을 가장 낮출 수 있는 섭취량 등을 분석에 주요 자료로 사용했다. 그런 다음 연구진은 질병별 인구 기여율, 사망률 및 장애 보정 수명(DALYs)^{disability-adjusted life-years}을 사용하여 각 질병별로 식단으로 인한 사망자 수와 DALYs를 계산했다.

이 논문의 저자들은 이러한 접근 방식을 바탕으로 2017년에 1,100만 명의 사망자와 2억 5,500만 명의 DALYs가 식이 위험 요인에 기인한다는 사실을 발견했다. 즉 나트륨 과다 섭취 외에도 전 세계적으로 사망 및 DALYs와 관련된 모든 위험 요인^{통곡물, 과일, 견과류 및 씨앗, 채소, 식이섬유, 콩류} 섭취 부족은 장내 미생물 구성과 기능에 부정적인 영향을 미치고, 장내 미생물 생태계의 불균형과 염증을 촉진하는 것으로 입증된 바 있다.

이러한 연구결과의 결론은 영양이 여러 비전염성 질병의 원인이 되고 있으며, 식습관 개선이 건강을 개선하는 효과적이고 저렴한 방법이 될 수 있다는 것이다. 우리는 건강한 영양 습관을 실천하는 데 드는 비용이 현재 처방하는 모든 약의 비용보다 훨씬 저렴할 것이라는 동료, 로런 피히트너^{Lauren Fiechtner}의 의견에 동의한다. 올바른 식습관이 염증과 싸우기 위해 개발할 수 있는 어떤 약물보다 저렴할 것이므로, 어릴 때부터 영양을 개선하여 DALYs와 조기 사망을 예방하는 것은 어떨까? 올바른 영양 섭취를 따르면 원인^{잘못된} 식습관이 아닌 결과^{염증}와 싸우는 약물의 잠재적 부작용도 피할 수 있다.

안타깝게도 대다수 사람은 여전히 잘못된 식습관이 특정 만성 염증성 질환을 유발할 수 있으며, 이를 치료하기 위해 특정 약물이 필요하다는 사실을 인식하지 못하고 있다. 그리하여 환자가 되면 첫 번째 약물로 인한 부작용을 치료하기 위해 두 번째 약물을 복용해야 하는 경우가 많다. 또한 장기간 치료가 필요한 만성질환이기 때문에 환자는 장기간의 치료와 비효율적인 염증 조절로 인한 합병증에 대처해야 하며, 궁극적으로 삶의 질이 저하될 수 있다.

따라서 잘못된 식사, 만성염증성 질환 발병, 치료, 치료 합병증, 비효율적인 염증 조절, 삶의 질 저하 등 부정적으로 발생할 수 있는 모든 요소 중에서 오직 한 가지만 반드시 지키면 된다. 그것은 하루에 세 번 이상 올바르게 먹어야 하며, 그렇게 하면 그 외의 것은 피할 수 있다.

따라서 올바르게 먹는 것은 도미노처럼 한 번에 여러 가지 목적을 달성하는 데 도움이 된다. 잘 먹으면 만성염증성 질환에 걸리지 않아 약을 먹을 필요가 없고, 합병증이 생기지 않으며, 삶의 질이 떨어지지 않고, 기대 수명도 길어진다. 우리가 매일 해야 하는 한 가지 일, 즉 식사만 잘해도 공중 보건을 크게 개선하고 많은 만성 질환을 없앨 수 있다! 하지만 건강한 식습관을 개발하고 유지하는 것은 아직도 많은 사람의 마음과 행동에 적용하기 어려운 도전적인 과제이다.

달콤한 전투를 치르며

부모로서 우리 중 많은 사람이 자녀와 함께 설탕과 상업용 식품 제품의 중독성 있는 매력을 경험한 적이 있을 것이다. 조부모님들도 손주에게 특별한 간식을 주는 것을 좋아하고, 아이들도 정말 맛있게 먹는다! 피히트너도 자신의 자녀들에게 달콤한 간식의 힘을 유머러스하게 인정한다. "아이들에게 즉각적인 기쁨을 주죠."라고 그녀는 말한다. 일부 연구자들은 어린이의 '단것'을 성장기 동안의 진화적 발달과 연관시키기도 한다.[44] 하버드 대학교의 진화 생물학자 다니엘 리버만Daniel Lieberman은 설탕을 "깊고도 깊은 고대로부터의 갈망"이라고 부른다.[45]

그러나 피히트너는 이러한 식품이 어린이의 식단에 정기적으로 포함될 경우 장기적으로 해로운 결과를 초래할 수 있다고 지적한다. 그녀는 식품 업계가 우리가 "정크푸드"라고 부르는 것을 개선하기 위해 어느 정도 책임을 지기를 희망한다. 감자칩이나 아이스크림처럼 영양학적으로 수준 이하이지만 맛은 좋은 음식을 지속해서 섭취하는 것의 영향을 부정할 수는 없으므로 행복감과 건강함 사이의 균형을 찾아야 한다.

그럼에도 식품 광고에 노출된 적이 없고 슈퍼마켓에 가본 적도 없으며 과자 한 봉지와 사과의 영양학적 차이에 대해 전혀 모르는 갓난아이들이 건강에 해로운 음식을 먹는 것을 얼마나 즐겁게 느끼는지 놀라울 정도다. 식품업계는 청소년과 성인에 대해서는 제품 광고에 과학의 힘을 빌려 접근한다. 흡연으로 니코틴에 중독되는 것처럼, 일부 식품 회사는 뇌의 특정 부위에 있는 단맛 중추를 활성화하면 즉각적인 만족감을 느껴 정크푸드가 건강에 미치는 영향에 대한 이성적인 추론을 상실하게 한다는 사실을 알고 있다.

건강에 해로운 음식은 너무 맛있어서 건강한 음식보다 더 많이 섭취하게 되므로 양과 질을 모두 잃어버리고 유전적으로 취약한 사람들에게 불균형한 마이크로바이옴의 놀이터를 마련해 준다. 이에 따라 이전에는 상상할 수 없었던 일이 벌어지고 있다. 그것은 인류 역사상 처음으로 다음 세대의 기대 수명이 현세대보다 짧아질 것으로 예상된다. 우리에게 마이크로바이옴 분야의 과학적 발견을 공중보건정책에 적극 적용할 수 있는 공통된 합의점이 있다면, 우리는 이러한 비감염성 만성 염증성 질환의 유행을 막을 수 있는 힘을 가지게 될 것이다.

Chapter 15

질병 치료법:
프리바이오틱스, 프로바이오틱스, 신바이오틱스, 포스트바이오틱스

치료적 개입으로서의 마이크로바이옴 균형의 재조정

 최근 몇 년간 인간 마이크로바이옴에 관한 연구가 활발하게 진행되면서 미생물군집 불균형을 개선하기 위한 치료법 개발에 대한 관심도 함께 높아졌다. 이 연구의 궁극적인 목표는 마이크로바이옴의 병원성 역할이 가정되는 비감염성 만성염증성 질환을 치료하는 것이다. 이러한 개입의 전제는 건강 상태를 유지하기 위해 균형 잡힌 마이크로바이옴이 필요하다는 것이다.

 따라서 미생물군집 불균형인 경우 치료 목표는 균형 잡힌 미생물군집을 다시 구축하는 것이다. 이 가정은 지구 최초의 생명체는 원핵생물이었으며, 인간을 포함한 모든 진핵생물의 진화는 주변 환경과 서식 생물체들과 균형을 이루는 잘 정립된 생태계를 기반으로 한 공생 관계간 형성되었다는 개념으로 뒷받침된다.

 인간의 모든 표면과 체강에는 각 장기와 조직의 건강 상태에 필수적인 생리적 기능과 대사 경로를 형성하는 마이크로바이옴이 서식하고 있다. 이러한 건강 균형은 인체 반응과 서식 미생물의 잘 조율된 균형을 통해 이루어진다. 이와 같이 마이크로바이옴은 항상성을 통해 건강에 도움이 되는 필수적인 '서비스'를 환경에 제공한다. 그러므로 미생물 군집 구성과 기능의 변화는 질병 발생 또는 진행에 중대한 결과를 초래할 수 있는 불균형을 이끌 수 있다.

이러한 전제를 바탕으로 이 장에서는 13장에서 설명한 현재의 마이크로바이옴 지식의 치료적 적용 가능성과 그 한계를 고려하여 건강을 되찾기 위해 균형 잡힌 마이크로바이옴을 재구축하기 위한 핵심 전략을 제시한다. 장내 미생물 불균형과 질병 발병의 연관성을 연구하는 대부분의 연구는 장내 미생물에 초점을 맞추고 있으며, 이 장에서는 프리바이오틱스, 프로바이오틱스, 신바이오틱스, 포스트바이오틱스 등 장내 미생물 불균형의 치료를 목표로 하는 전략에 중점을 두고 있다. 이와 더불어 장내 생태계의 변화는 우리 몸의 많은 기관과 조직의 기능과 대사 프로필에 영향을 미치는 결과를 초래할 수 있다는 점도 기억할 필요가 있다.

프리바이오틱스

· 정의

프리바이오틱스는 1990년대 중반에 "하나 이상의 공생 대장균의 활동을 자극하여 숙주의 건강에 유익한 영향을 미치는 비소화성 식품 성분"으로 처음 정의되었다.[1] 프리바이오틱스는 상호 배타적이지 않은 여러 메커니즘을 통해 숙주의 건강에 유익한 효과를 발휘한다. 여기에는 ① 특정 공생 세균의 발효 가능한 기질로 작용하여 장관에서 많은 분자 및 세포 생리 과정에 영향을 미치는 SCFAs를 방출하고, ② 상피 장벽 기능 및 GALT에 속한 세포의 면역반응을 비롯한 여러 세포 기능에 직접 작용하는 것이 포함된다.

장 투과성과 면역반응에 영향을 미치는 항원 이동을 감소시켜 내성 환경을 증진시킬 수 있는 프리바이오틱스 특성을 가진 영양 성분에 관한 관심이 높아지고 있다. 이러한 작용은 후성유전적으로 면역반응에 영향을 미쳐 항염증 반응을 유도한다. 이러한 항염증 반응에 직접적으로 영향을 미치거나 프리바이오틱스를 발효할 수 있는 공생 세균을 선정함으로써 공생 마이크로바이옴에 유리하게 작용하게 한다.

프리바이오틱스의 작용 방식과 특이성에 대한 새로운 지식을 바탕으로 2017년 '국제 프로바이오틱스 및 프리바이오틱스 과학 협회'에서는 프리바이오틱스를 "숙주의 미생물이 선택적으로 사용하여 건강에 유익을 주는 기질"로 재정의했다. 프리바이오틱스가 충족해야 하는 세 가지 기준은 ① 위와 상부장에서 소화에 저항성이 있어야 하고 ② 장내 미생물에 의해 발효될 수 있으며 ③ 특히 건강에 유익한 장내 세균의 성장과 활동을 증가시켜야 한다는 것이다.[2]

앞서 설명한 바와 같이 장내 미생물의 기능은 우리 몸의 여러 장기에 영향을 미칠 수 있으므로 프리바이오틱스의 이점은 장기능에만 국한되지 않고 몸 전체의 여러 생리학적 과정에 영향을 미칠 수 있다.[3] 프리바이오틱스는 일반적으로 장내 효소로 소화할 수 없는 올리고당 및 단쇄 다당류와 같은 연결된 당으로 구성되고 유익한 미생물의 영양 기질로 작용할 수 있다.

• **구조적 특성 및 소스**

인간이 가장 먼저 접하게 되는 프리바이오틱스는 모유에 존재하는 HMOs이다(3장 참조). HMOs는 수년 동안 영양학적 수수께끼 물질로서 모유에 풍부하지만 모유를 먹는 아기는 소화할 수 없는 물질이다. 모유와 초유에는 모두 푸코실화fucosylated 또는 시알릴화된 N-아세틸 락토사민sialylated N-acetyl-lactosamine으로 길어진 유당 환원 말단이 특징인 고농도의 올리고당이 함유되어 있다. 크기, 전하, 서열이 다른 150개 이상의 HMOs가 확인되었으며, 가장 흔한 HMOs는 중성 푸코실화 올리고당과 비푸코실화 올리고당이다.[4]

HMOs는 유아에게 직접적인 영양가를 제공하지 않기 때문에 다른 프리바이오틱스와 마찬가지로 여러 종의 장내 세균이 선호하는 영양분이라고 가정할 수 있다. 이는 유익한 장내 세균총의 성장을 촉진하고 장내 미생물군집을 형성하는 데 도움이 된다. 마이크로바이옴에 의해 HMOs가 발효되면 SCFAs가 생성된다. SCFAs는 장내 공생 세균의 성장을 촉진하고, 장을 감싸는 상피 세포에 직접적인 영양을 제공하며, 숙주 상피 반응을 조절하여 전반적인 장 건강에 기여한다. 이러한 복합적인 효과는 미끼 수용체 역할을 하여 장 상피 장벽에서 병원균의 서식화를 방지하고 공생 세균의 서식 증가가 선택적으로 이루어지게 한다.

자라면서 식단에 고형 식품이 도입되면 과당 올리고당(FOS)과 이눌린과 같은 프락탄이 가장 많이 섭취되는 프리바이오틱스가 된다. 이들은 장내 미생물군집에 대한 조절 효과로 인해 가장 많이 연구된 식품 유래 프리바이오틱스이다. 부추, 양파, 마늘, 아티초크, 치커리, 아스파라거스, 바나나, 호밀과 옥수수 같은 곡물 등 다양한 식물성 식품에 함유되어 있다. 일반적으로 3~11g의 천연 프리바이오틱스를 섭취하는 균형 잡힌 유럽식 식단을 통해 일일 권장 식이섬유 섭취량을 달성할 수 있다.

이에 비해 일반적인 미국인의 식단에서는 하루 프리바이오틱스 섭취량이 1~4g에 불과하다.[5] 이러한 결핍 식단으로 인해 최근에는 프로바이오틱스가 생산하는 특정 효소를 통해 화학 구조를 변경하여 기능을 강화하고 보호 효과를 개선한 "2세대" 프리바이오틱스가 개발되고 있다. 하지만 시중에 프리바이오틱스 활성을 표방하는 식품과 식재료는 많지만, 현재 프리바이오틱스 효과와 기능이 입증된 것은 락툴로스 lactulose, FOS, 갈락토올리고당(GOS)galactooligosaccharides 정도에 불과하다.

• 작동 메커니즘

앞서 설명한 것처럼 프리바이오틱스는 유익한 세균의 발효 가능한 기질로 작용하여 공생 미생물군집의 구축과 유지에 기여함으로써 간접적으로, 또는 항상성 유지에 필요한 주요 장기능에 영향을 미침으로써 직접적으로 숙주 건강에 영향을 미칠 수 있다. 프리바이오틱스의 간접적인 효과는 장내 미생물에 대한 유익한 효과 가운데 가장 많이 연구된 메커니즘이다.

한 예로, 이눌린과 같은 프리바이오틱스를 섭취하면 장내 병원균의 군집을 방지하여 장 건강에 기여하는 비피도박테리움과 젖산간균 등 유익균이 풍부해지는 것으로 나타났다.[6] 이눌린에 의한 비피더스균의 증가는 이러한 미생물에 의한 아세테이트 생산의 증가와 상관관계가 있다. 결과적으로 이는 장내 C. 디피실 병원균의 점유가 감소하고 장 내강에서 혈액으로 이동하는 것이 억제되는 것으로 나타났다.[7] 또한 사과의 펙틴 성분과 1-케스토스^{kestose}를 포함한 새로운 프리바이오틱스는 항염증 효과가 있는 것으로 알려진 F. 프로스니치$^{F.\ prausnitzii}$와 항염증 사이토카인 IL-10의 발현을 유도할 수 있는 유박테리움 엘리겐스$^{Eubacterium\ eligens}$ DSM3376의 증식을 촉진하는 것으로 나타났다.[8]

그러나 프리바이오틱스가 장 건강에 미치는 간접적인 효과에 대해 가장 많이 연구된 것은 발효 후 장내 공생균에 의한 SCFAs의 생산이다. SCFAs는 장내 미생물이 자체 대사에 사용하거나 내강으로 방출되어 다른 세포와 상호 작용할 수 있다. 여기에는 유전자 발현, 분화, 증식 및 세포괴사를 포함한 여러 세포 과정에 영향을 미치는 장 상피 세포(IECs)와 선천성/적응성 면역 세포가 포함된다. 아직까지 다양한 작용 메커니즘이 연구되고 있지만, SCFAs가 G 단백질 결합 수용체(GPRcs)$^{protein-coupled\ receptors}$를 활성화하여 세포 발달, 기능 및 생존을 조절할 수 있음이 입증되었다.[9]

이러한 효과는 다양한 단백질 인산화효소$^{AMPK\ 및\ MAPK\ 포함}$, 엠토르(mTOR)$^{mammalian\ target\ of\ rapamycin}$, STAT3, 활성화된 B 세포의 NF카파^{Kappa}-경쇄 인핸서$^{light-chain-enhancer}$를 매개로 하는 여러 신호 경로의 활성화로 인한 결과물이다. 이러한 활성화의 결과는 표적 세포에 따라 다르게 나타난다.

IECs에서 SCFAs는 사이토카인의 분비와 케모카인의 생성을 유발한다.[10] GPRc에 의존하는 SCFAs의 활성화는 IEC-활성화 mTOR 및 STAT3 신호에서 항균 펩타이드의 발현을 조절하여 장 점막에서 병원균의 증식을 방지하는 것으로 예상된다.[11] 장 점막층에 존재하는 IECs

와 면역 세포 간의 긴밀한 상호작용을 고려할 때 SCFAs는 수지상 세포, 조절 T세포^{Treg} 및 FOXP3+ 면역 세포와 같은 면역세포의 기능에 간접적으로 영향을 미칠 수 있다. 전장(FL) FOXP3은 Th17이 주도하는 면역반응을 적절히 하향 조절할 수 있지만, 대체 스플라이싱된 아이소폼^{isoforms}(동형단백질 - 역주) FOXP3 △2는 그렇지 않다.

• 셀리악병에서 프리바이오틱스와 면역 세포

글로리아 세레나$^{Gloria\ Serena}$를 비롯한 MGH의 MIBRC의 우리 동료들은 자가면역질환인 셀리악병에서 두 가지 형태의 FoxP3의 역할을 연구했다. 셀리악병의 활성 상태는 다른 자가면역 질환에서 설명된 것처럼 조절 T세포 기능의 감소가 아닌 손상과 관련이 있다. 우리 연구진은 FoxP3 아이소폼 간의 불균형이 질병과 병리적으로 관련이 있는지 여부를 조사했다. 그 결과 활성 셀리악병 환자의 장 생검에서 FL FOXP3보다 FOXP3 △2 아이소폼의 발현이 증가한 반면, 비셀리악병 대조군에서는 두 아이소폼 모두 유사하게 발현되는 것으로 나타났다.[12]

장에서 얻은 증거와는 반대로 건강한 피험자의 말초 혈액 단핵 세포에는 아이소폼 간의 균형이 동일하게 나타나지 않았다. 따라서 장내 미세 환경이 대체 스플라이싱을 조절하는 데 중요한 역할을 할 수 있다는 가설이 수립되었다. 진행 중인 셀리악병 환자의 염증성 장내 미생물 환경은 부틸산 생성 세균이 풍부하고, 고농도의 젖산염이 질병의 전임상 단계에 특정적으로 나타난다고 보고되었다.

세레나와 동료들은 인터페론 알파와 SCFA 일종인 부틸산의 조합이 건강한 피험자에서 FoxP3 아이소폼 간의 균형을 유지하는 반면, 셀리악병 환자에게서는 같은 현상이 일어나지 않는다는 것을 보여주었다. 이는 FoxP3 대체 스플라이싱 과정과 미생물 유래 SCFA를 메커니즘적으로 연결하여 특정 대사산물의 정밀 조절을 통해 면역 세포를 조절하는 장내 미생물의 후성유전학적 역할을 입증한 초기 연구 중 하나로 알려졌다.

SCFAs는 장 상피 항상성에 기여하는 사이토카인인 IL-18의 생성을 포함하여 다양한 메커니즘을 통해 장-장벽 기능 자체를 촉진한다. MIBRC 연구진은 건강한 피험자와 셀리악병 환자의 십이지장 생검에서 개발한 장 오르가노이드를 사용하여 글루텐에 대한 상피 세포의 반응을 조절하는 미생물군집 유래 SCFAs의 역할을 조사했다. 건강한 대조군과 비교했을 때, 셀리악병 오르가노이드의 RNA 시퀀싱 결과 장 장벽, 선천성 면역반응 및 줄기세포 기능과 관련된 유전자의 발현이 크게 변화한 것으로 나타났다.[13] 글리아딘글루텐의 일부에 노출된 셀리악병 환자 오르가노이드에서 추출한 세포 단층은 건강한 대조군에 비해 장 투과성이 증가하고 염증성 사이토카인의 분비도 증가되었는데, 이러한 증가는 SCFA인 부틸산과 젖산염 및 PSA에 의해 완화되는 것으로 나타났다.

이 데이터는 프리바이오틱스가 장벽 기능 유지에 직접적인 영향을 미친다는 다른 그룹의 연구결과를 확인시켜 주었다.[14] 특히, 그들은 장 유래 상피 세포주와 인간 장 오르가노이드에 프리바이오틱스를 적용하면 장벽의 완전성이 직접적으로 촉진되어 단백질 인산화효소 의존 메커니즘을 통해 일부 밀접 결합 단백질의 유도와 병원균에 의한 장벽 파괴를 예방할 수 있음을 보여주었다.

프로바이오틱스

• 정의

'프로바이오틱스'의 정의는 프로바이오틱스의 특성과 숙주에 미치는 영향에 대한 지식이 증가함에 따라 지난 한 세기 전의 초기 설명에서 변화하였다. 프로바이오틱스는 건강을 증진하는 특성이 있는 살아있는 미생물로 정의되었다. "프로바이오틱스"라는 용어는 1965년 다니엘 릴리Daniel Lilly와 로잘리 스틸웰Rosalie Stillwell에 의해 소개되었지만, 전체 "프로바이오틱스 운동"의 아버지는 러시아의 비교 동물학자이자 선구적인 면역학자인 엘리 메치니코프Elie Metchnikoff이다. 프로바이오틱스의 유익한 효과를 설명한 최초의 생물학자였던 그는 1908년 폴 에를리히Paul Ehrlich와 함께 노벨 생리의학상을 수상했다.[15]

메치니코프는 지금도 활발한 논쟁의 대상이 되는 선구적인 개념으로 "요구르트의 규칙적인 섭취가 노화 지연 및 장수 증진과 연관이 있다"라고 제안했다. 1908년 러시아어 원문이 영어로 번역된 그의 저서 《생명 연장The Prolongation of Life》에 제시된 그의 이론은 장에 있는 부패균이 숙주에게 독소 및 기타 유해 물질을 방출하여 노화 과정을 가속화한다는 가설이다. 메치니코프의 이론에 따르면 요구르트에 있는 인체 친화적인 세균을 투여하면 이러한 작용에 대응하고 장내 균형을 회복하며 건강을 증진할 수 있다.[16] 그의 이론을 유엔 식량농업기구와 WHO에서 프로바이오틱스를 "적절한 양을 투여되면 숙주에게 건강상의 이점을 부여하는 살아있는 미생물"로 정의한 것과 비교해 볼 수 있다.[17]

• **작용 메커니즘**

인체 건강을 위한 프로바이오틱스의 사용은 수십 년 동안 수면 아래 있다가 인간 마이크로바이옴의 건강과 질병에서의 역할에 관한 연구가 활발해지면서 임상 및 과학계의 주목을 다시 받게 되었다. 이 주제에 대한 새로운 관심을 바탕으로 항생제 관련 설사, 과민성 대장 증후군, 괴사성 장염, 궤양성 대장염, 유당 불내증, 대장암 등 여러 위장 장애에 프로바이오틱스 보충제가 긍정적인 효과를 보인다는 문헌이 다수 발표되었다.[18]

이러한 보고와 더불어 프로바이오틱스의 여러 가지 유익한 효과를 이해하기 위해 많은 연구자들이 프로바이오틱스의 작용 메커니즘을 밝히기 위해 노력해 왔다. 이러한 메커니즘에는 면역체계 조절, 항염증 및 항산화 반응 유도, 병원균과의 경쟁, 주요 영양소 제거 및/또는 병원균의 군집 방지, 항균 물질 생성 등이 포함된다. 또한 프로바이오틱스는 세포괴사와 세포 주기 정지를 유도하여 대장암 세포에 항증식 효과를 발휘할 수 있다.

그럼에도 불구하고 이러한 연구 결과는 때때로 모순되는 경우가 있고, 후속 연구에서 재현되지 않으며, 최적의 연구 설계가 아니었기에 모순되는 경우가 있었다. 이 문제를 정리하기 위해 보스턴 어린이 병원과 보이즈 타운 국립 연구 병원의 존 밴더후프Jon Vanderhoof에게 연락을 취했다. 우리의 좋은 친구이자 뛰어난 소아 위장병 전문의이자 임상 연구자인 그는 프로바이오틱스의 "재발견" 이후 다양한 위장 장애를 치료하기 위해 프로바이오틱스를 사용하는 데 관여해 왔다. 우리는 그에게 위장 장애, 특히 음식 알레르기를 치료하기 위한 프로바이오틱스의 일반적인 사용에 대한 역사적 관점을 물어보았다. 다음은 '프로바이오틱스'가 일상적인 단어가 되기 전의 주요 과정에 대한 그의 설명이다.

당연히 그는 먼저 발효 식품을 먹는 사람들이 더 건강해 보인다는 메치니코프의 관찰을 바탕으로 메치니코프의 가설과 발효 식품의 활용에 주목했다. 그 다음 단계는 음식의 발효에 관여하는 세균을 채취하여 환자에게 이 살아있는 세균을 먹이는 것이었다. 이 방법은 이러한 세균이 환자를 더 건강하게 만들고, 어떻게든 세균 미생물이 숙주의 건강과 웰빙에 긍정적인 영향을 미칠 것이라고 가정한 것이다. 이것이 바로 "프로바이오틱스 혁명"이 시작된 중요한 포인트이다.[19]

이러한 근거를 바탕으로 몇몇 연구자들은 젖산간균 불가리쿠스, 아시도필루스 등 다양한 생균을 치료용으로 사용할 수 있다는 과학적 증거가 많지 않았음에도 불구하고 환자에게 먹이는 방식으로 프로바이오틱스의 사용을 연구하기 시작했다. 밴더후프에 따르면, 특정 질병에 프로바이오틱스를 사용하는 과학적 근거는 나중에 터프츠 대학교의 셔우드 고르바흐Sherwood Gorbach와 스웨덴의 스티그 벵마르크Stig Bengmark 같은 연구자들에 의해 제시되었다. 이 연구자들은 위장관에서 서식하고 증식하는 데 더 효과적인 균주가 있으리라 생각하여 다른 균주보다 특별히 유익한 것으로 보이는 균주를 분리하려고 노력했다. 이러한 미생물은 완전히 명확하지 않은 메커니즘을 통해 장내 병원균을 죽이는 데 더 효과적일 수 있다.[20]

1990년대 후반, 고르바흐는 프로바이오틱스, 특히 유산균과 관련된 프로바이오틱스의 긍정적인 건강상의 이점이 당시 시중에 판매되던 프로바이오틱스 중 일부 균주에만 적용된다는 사실을 깨달았다. 그는 이러한 차이가 아마도 핵심적인 특징, 즉 프로바이오틱스가 장에 서식하여 인간의 건강에 영향을 미치는 능력과 관련이 있을 것이라고 추론했다. 밴더후프는 이 요건으로 인해 1990년대에 발효 유제품에 사용된 많은 균주가 그 자격을 상실했다고 지적했다.[21]

젖산간균 GG의 성공 스토리

L. 람노수스*rhamnosus*의 변종으로 성인과 어린이를 대상으로 광범위하게 연구된 젖산간균 GG(LGG)는 프로바이오틱스 개발과 밴더후프의 경력에 중요한 역할을 하게 된다. 유제품이나 동결 건조 분말로 섭취했을 때 LGG는 며칠 동안 위장관에서 좋은 착생을 보였다. 이러한 이유로 LGG는 여행자 설사, 항생제 관련 설사 및 재발성 C. 디피실 대장염 치료에 성공적으로 사용되었다. 유아 설사에서는 주로 설사 기간이 줄어들고, LGG 발효유는 우유나 로타바이러스 감염으로 인한 장 투과성 결함을 완화한다. 장 점막의 IgA 및 기타 면역글로불린 분비 세포 수 증가, 인터페론의 국소 방출 자극, 기저 림프 세포로의 항원 수송 증가로 측정되는 장 면역에 유익한 효과를 제공하여 페이어 패치(소장에 있는 면역조직 – 역주)의 항원 흡수를 증가시키는 역할을 한다.

그리고 대장암 동물 모델에서 LGG는 설치류의 대장에서 화학적으로 유도된 종양의 발생을 감소시켰으며, 또한 동물 모델과 사람 모두에서 폭넓은 안전성을 보여주었다. 밴더후프는 동시에 스칸디나비아와 일본에서 L. 플랜타룸*plantarum*을 포함한 다른 프로바이오틱 균주를

사용한 유사한 연구에서도 비슷한 결론에 도달했다고 지적했다.[22]

밴더후프의 동료인 마이크로바이옴 연구자 에리카 이솔라우리Erika Isolauri는 핀란드 투르쿠 대학교 소아과에서 영양, 알레르기, 점막 면역학 및 장내 미생물 연구 프로그램을 이끌고 있다. 파리의 장 프랑수아 데제Jehan-François Desjeux 연구실(공동 저자인 알레시오 파사노가 몇 달간 근무한 곳)에서 초기 연구를 수행한 그녀는 어싱 챔버Ussing chamber 분석을 통해 프로바이오틱스의 과학을 한 단계 끌어올렸다. 파사노가 초기 연구에서 장내 병원균에서 많은 독소를 발견하는 데 사용한 것이 바로 어싱 챔버이다. 이를 통해 그는 장 투과성 조절에 중요한 역할을 하는 단백질 조눌린(6장에서 소개)을 발견하게 되었다.

이솔라우리는 LGG 균주가 장 투과성에 영향을 미칠 수 있다는 가설을 세웠고, 장 투과성 감소를 보여주는 챔버 실험을 통해 이를 증명했다. 장 투과성이 음식 알레르기의 발병에 중요하다는 것이 일반적인 생각이었으므로 LGG로 장 투과성을 감소시킴으로써 알레르기 위험을 개선할 수 있다고 그녀는 가정했다.[23]

이솔라우리는 LGG를 이용한 임상 연구를 설계했고, 그 결과는 그녀의 가설을 뒷받침하는 것으로 나타났다. 밴더후프는 당시 연구자들이 장내 세균이 장벽 기능 외에도 사이토카인 생성에 영향을 주고 면역 세포 분화와 Th1-Th2 면역반응 균형에 영향을 미치고 궁극적으로 알레르기 반응을 감소시킨다는 개념에 관심을 두게 되었다고 회상했다. 동시에 임상 연구자들은 설사 질환과 호흡기 질환 등 어린이집 환경에서 발생하는 질병들에 관한 임상 연구를 수행했다. 이러한 모든 연구는 프로바이오틱스를 사용하여 면역체계를 재조정하여 염증을 개선할 수 있는 근거를 제공했다.

 이러한 연구결과는 LGG 생착을 촉진하면 장내 생태계도 변화한다는 사실을 깨닫게 해주었으며, 마이크로바이옴의 세계에서는 고립된 채로 작동하는 것은 없다는 것을 증명했다. LGG와 같은 유기체의 투여는 일부 미생물의 증식을 촉진하고 다른 미생물의 증식을 지연시켜 장내 미생물의 대사 프로필을 변화시킴으로써 주변 환경을 변화시키는 경향이 있다.

 예를 들어, LGG는 일부 부틸산 생산균 및 다른 미생물의 성장을 촉진하여 프로바이오틱스의 작용 메커니즘에 영향을 미치는 아직 설명되지 않은 효과를 생성하는 것으로 보인다. 이러한 연구결과는 프로바이오틱스가 장 점막의 군집화로 인한 면역체계와의 직접적인 상호작용을 나타내거나 잔류, 내강 및 비부착 미생물이 장벽 기능 및 면역 매개변수에 영향을 미치는 분자물질포스트바이오틱스를 분비하여 간접적으로 작용하는 등 상호 배타적이지 않은 메커니즘을 통해 작용할 수 있음을 시사한다.

실험실의 프로바이오틱스를 임상적 응용 단계로 전환하기

 전임상 개념 증명부터 치료적 사용에 이르기까지 프로바이오틱스 개발의 역사를 살펴보는 과정에서 밴더후프Vanderhoof가 어떤 역할을 했는지 자세히 알아보자. 1990년대 중반, 밴더후프의 고향인 네브래스카

주 오마하에서 귀리 시장의 점유율이 높은 한 식품 회사가 밴더후프에게 조언을 구했다. 이 회사의 임원 중 한 명이 심각한 수술 후 합병증을 치료하기 위해 발효 귀리를 연구하는 스웨덴의 한 회사를 조사하고 있었다. 이 기회를 활용하기 위해 이 회사는 밴더후프에게 연락하여 발효 귀리 유래 프로바이오틱스, 특히 스웨덴 회사가 제재에서 분리한 L. 플랜타룸*plantarum*을 사용하여 생성한 일부 데이터를 검토해 달라고 요청했다. 그는 데이터와 이 주제에 관한 문헌에서 읽은 내용에 흥미를 느껴 스웨덴으로 날아가기로 했다. 그곳에서 그는 스웨덴 외과의사 스티그 벵마르크Stig Bengmark의 집에서 "내 인생에서 가장 크게 깨달은 오후 중 하나"를 보냈다고 진술했다.[24]

벵마르크는 슬라이드 프로젝터를 사용하여 흥미로운 이야기를 들려주었다. 간 수술을 받는 환자들에게 예방적으로 사용되는 수술 전 항생제가 미치는 영향을 염려한 벵마르크는 외과 레지던트에게 의료 기록을 요청했다. 그 결과 항생제 치료를 받지 않은 환자에게는 자주 발견되지 않던 다기관 부전이 이들 환자에게서 많이 발생한다는 사실을 알게 되었다.

벵마르크는 영양학에 관심이 많았던 혁신적인 사상가였다. 그는 발효 귀리죽을 개발하여 환자들에게 먹이기 시작했고, 그 결과 다장기 부전 발생률이 기본적으로 0으로 떨어지는 놀라운 결과를 얻었다. 이 발효 귀리죽에서 벵마르크와 그의 동료들은 L. 플랜타룸이라는 균주를 분리했다. 벵마르크는 슬라이드를 통해 이 프로바이오틱 균주가 LGG와 매우 유사한 메커니즘으로 염증을 개선한다는 데이터를 밴더후프에게 보여주었다.[25]

오마하로 돌아온 밴더후프는 이 이야기를 더 깊이 조사하였다. 그는 자신이 잘 알고 지내던 보스턴의 과학자 셔우드 고르바흐가 LGG의 특허를 받았다는 사실에 놀랐다. 밴더후프는 보스턴으로 가서 고르바흐를 만났고, 고르바흐는 밴더후프에게 자신의 데이터를 보여주며 LGG 특허를 핀란드 회사에 팔았다고 말했다. 이 정보를 입수한 네브래스카 회사는 밴더후프를 포함한 팀을 핀란드로 보내 LGG 특허의 미국 내 권리를 인수하기 위한 협상을 진행했다.[26]

사업가가 아닌 과학자였던 밴더후프는 핀란드 특허에 대한 권리를 협상하는 것을 다소 꺼려했지만, 그와 그의 팀은 성공했다. LGG를 프로바이오틱스로 사용할 수 있는 권리를 얻은 회사는 이를 식품에 넣으려 했지만, 밴더후프는 프로바이오틱스를 알약에 넣는 것이 더 낫다고 설득했다. 회사는 그런 일을 해본 적이 없었기 때문에 이를 주력으로 하는 소규모 자회사를 설립하여 컬처렐^{Culturelle}Ⓡ 제품이 마침내 탄생하게 되었다.[27]

이후 밴더후프는 컬처렐Ⓡ을 사용한 파일럿 임상 연구를 시작하여 매우 유망한 결과를 얻었으며, 이는 추가 대규모 다기관 연구대부분 성인 대상를 수행하도록 자극하였다. 그 결과 항생제 관련 설사와 아토피성 피부염 치료에 놀라운 효능을 보였고, 이솔라우리와 동료들이 수행한 연구 덕분에 아토피성 피부염에도 효과가 있는 것으로 나타났다.[28] 그 이후로 컬처렐Ⓡ은 전 세계적으로 많이 처방되는 프로바이오틱스 중 하나가 되었다.

이러한 매우 유망한 결과를 바탕으로 이 회사는 다른 임상 적응증과 다양한 제형에 LGG를 사용하고자 했다. 밴더후프는 식품 알레르기 치료에 사용되는 유아용 조제분유에 LGG를 첨가하여 이러한 질병의 치료 효과를 높일 수 있는지 확인해보자고 제안했다.[29]

이 아이디어는 파사노의 모교인 나폴리 페데리코 2세 대학교의 로베르토 베르니 카나니Roberto Berni Canani가 소아 환자 데이터를 가지고 밴더후프에게 접근하면서 또 다른 비즈니스 벤처를 탄생시켰고, 이 벤처사업은 더욱 가속화되었다. 이 데이터에 따르면 LGG가 함유된 분유를 먹은 아이들은 알레르기가 더 빨리 사라지거나 더 빨리 내성을 갖게 되는 것으로 나타났다.[30] 이렇게 프로바이오틱스에 관해 관심이 커지기 훨씬 전부터 밴더후프는 어린이의 발달에 대한 잠재적 효능에 관한 연구를 열정적으로 추진하면서 어느새 이 분야의 진정한 선구자로 자리매김했다.

프로바이오틱스 개발을 위한 환경: 도전과 기회

오늘날 프로바이오틱스 산업은 수십억 달러 규모의 산업으로 급성장했다. 큰 기대와 함께, 프로바이오틱스의 치료적 사용을 규제할 명확한 법적 근거나 계획이 없다는 점에서 큰 우려도 제기되고 있다.

프로바이오틱스를 언제, 왜 사용해야 하는지, 어떤 적응증과 어떤 프로바이오틱스가 치료 효과를 보이는지 의료 전문가에게 알리는 데 있어 많은 혼란이 있다. 이러한 혼란은 부분적으로는 프로바이오틱스를 어떻게 분류할지에 대한 합의가 이루어지지 않았기 때문이며, 생산자들은 프로바이오틱스를 건강 증진 식품 첨가물로 유지하기를 원한다.

이 분류에 따르면 프로바이오틱스는 안전성과 효능을 입증하기 위해 미국식품의약국^{FDA}의 정밀 검사를 거칠 필요가 없다. 그러나 환자의 권익을 보호하는 환자 옹호단체와 입법자들은 질병의 치료, 예방 또는 개선을 목적으로 하는 모든 개입에 필요한 것과 동일한 조치를 프로바이오틱스 제품에도 요구하고 있다.

밴더후프에 따르면 FDA는 약동학 및 치사량을 모니터링할 수 있는 명확한 매개변수가 있는 약물을 다루는 데 익숙하기 때문에 이는 까다로운 상황이라고 한다. 그러나 현재까지 일반적인 약리학적인 역학을 따르지 않는 살아있는 유기체의 사용을 규제하는 방법에 대한 명확한 지침은 없었다. 또한, 현재 의약품 개발 및 상용화를 위한 경로에는 상업적 승인을 위한 여러 전임상 및 임상 단계가 포함되며, 평균 15년과 10억 달러 이상의 투자가 필요하다. 이러한 비용은 생산 원가보다 훨씬 높은 가격으로 판매되는 의약품을 상용화함으로써 회수할 수 있지만, 수익률이 훨씬 적은 프로바이오틱스에서는 이러한 접근 방식이 통하지 않는다.

또 다른 어려운 점은 프로바이오틱스를 생산하는 업계가 균주 특이성의 중요성에 대한 오해가 크기 때문에 특허로 제품을 지적 보호하는 데 어려움을 겪는다는 점이다. 같은 종류의 프로바이오틱스예: LGG를 사용하더라도 어떤 특정 균주를 배양하느냐에 따라 작용 메커니즘이 달라질 수 있으며, 따라서 의도한 질병에 대한 치료 효과는 근본적으로 달라질 수 있다. 그럼에도 불구하고 한 연구에서 LGG가 특정 질환을 치료하는 데 효능이 있다고 밝혀지면 다른 회사에서 다른 젖산간균 균주를 사용하여 유사한 효능이 문헌에 보고되었다고 주장하며 상업화하는 것을 막는 방법이 없는 실정이다.

이러한 고려 사항을 바탕으로 밴더후프는 프로바이오틱스가 판매될 때 실제로 효과가 있다는 것을 증명하는 데이터를 확인하는 메커니즘이 필요하다고 생각한다. 그는 또한 균주 특이성과 일종의 소비자 보호의 중요성을 강조한다. 임상시험에 사용된 균주가 상품화된 것과 동일한 균주여야 하며, 동일한 특성이 있어야 한다. 여기에는 균주가 살아 있고 임상시험에 사용된 것과 비교해 적절한 용량이어야 한다는 점이 포함된다.[31]

치료가 목적이 아니라 예방이 목적이라면 상황은 더욱 혼란스러워진다. 대부분의 프로바이오틱스 소비자는 "내 건강에 좋기 때문에" 프로바이오틱스를 복용한다. 특정한 예방 목표가 없는 경우, 프로바이오틱스 종과 균주의 선택에 따라 유익한 효과보다는 해로운 효과를 얻을 수 있다. 연방 기관(아래 참조)은 특정 적응증을 위해 판매되는 특정 프로바이오틱스의 효능이 입증되었는지, 소비자에게 어느 정도의 가치가 있는지, 제품 라벨에 표시된 균주또는 균주들의 구성, 활성콜로니 형성 단위 수 또는 CFUs 및 생존력이 사실인지 확인할 수 있는 입법이 이루어져야 한다.

슈퍼마켓이나 건강식품점에서 구입하는 프로바이오틱스 제품에는 충분한 양의 프로바이오틱스가 들어 있지 않거나 프로바이오틱스가 전혀 들어 있지 않을 수 있다는 보고가 여러 차례 있었다. 더 나쁜 것은 제품에 병원균이 있을 수 있다는 것이다. 이와 관련된 우려는 시장 확대와 규제 부족으로 인해 일부 기업이 적절한 안전성 및 효능 데이터 없이 제품을 상업화한다는 것이다. 이러한 비윤리적인 비즈니스 관행은 다양한 질환의 염증을 개선할 수 있는 훌륭한 도구인 프로바이오틱스의 사용에 찬물을 끼얹을 수 있다.

현재 프로바이오틱스 사용에 대한 또 다른 우려는 거의 한 세기 전에 페니실린이 발견되었을 때와 같은 실수를 저지르고 있다는 것이다. 이는 특히 소아과에서 더욱 그러하다. 이제 병원에서 프로바이오틱스에 노출되지 않은 어린이를 보는 것은 드문 일이 되었다. 페니실린은 발견 후 다양한 감염에 무분별하게 사용되었다. 이후 우리는 이러한 감염 중 일부는 페니실린에 민감하지 않은 그람음성 세균에 의해 발생하고 처음에 페니실린에 반응했던 세균도 이후 내성을 갖게 되면서 페니실린에 절대 반응하지 않는다는 것을 알게 되었다.

마찬가지로, 명확한 적응증과 제형 없이 프로바이오틱스를 광범위하게 사용하면 마이크로바이옴의 구성과 기능을 조정하여 면역 건강과 장 장벽의 완전성을 유지하거나, 또는 미생물군집의 불균형으로 인한 특정 염증 과정을 치료하는 데 있어서 잠재적으로 효과적인 도구가 위태로워질 수 있다. 마지막으로 강조하고 싶은 점은 인간이 유전적, 생물학적으로 동일하게 만들어지지 않았기 때문에 특정 프로바이오틱스 제제의 사용이 모든 사람의 건강에 유익하다고 일반화할 수 없다는 것이다. 밴더후프의 궁극적인 메시지는 프로바이오틱스의 유익한 잠재력을 활용하기 위해서는 특정 프로바이오틱스 균주에 대한 과학적 지식을 넓히고 염증 개선이라는 궁극적인 목표를 설정하여 장 투과성 및 면역반응과 같은 구체적이고 정량화할 수 있는 표적에 대한 효능을 검정해야 한다는 점이다.[32]

프로바이오틱스 사용에 관한 현행 규정

밴더후프가 제시한 목표를 달성하기 위해서는 연방 기관에서 인간에게 프로바이오틱스 치료제를 사용하는 것을 규제하는 새로운 규정이 시급히 필요하다. 건강 효능과 함께 제조, 안전성 및 효능에 대한 품질 관리도 고려해야 한다. 예방, 치료, 처치, 완화 또는 질병 진단을 목적으로 하는 프로바이오틱스 제제는 의료 또는 의약품으로 분류되어 규제가 수반되어야 한다. 이러한 제품은 살아있는 복잡한 유기체이므로 생물학적 제제에 따라 규제를 받아야 한다.

클라우디오 드 시몬Claudio de Simone이 이 규제되지 않은 시장에 대한 종합적인 리뷰를 통해 이 문제를 다음과 같이 조명하고 있다. "대다수의 프로바이오틱스는 질병에 특화된 주장을 하지 않기 때문에 식품 보조제 또는 건강보조식품으로 분류된다. 특정 프로바이오틱스 제제에 대한 임상 데이터가 신빙성이 있는 경우, 특정 질병예: 주머니염(pouchitis)의 식이 관리를 위한 의료용 식품으로 분류될 수 있다. 이 두 범주 모두 의약품보다 훨씬 덜 엄격하게 규제되고 있다."[33]

드 시몬이 지적했듯이, 이러한 제품을 규제하기 위한 국가 간 합의는 없다. 프로바이오틱스와 식품 보충제는 유럽연합EU의 식품 지침 및 규정에 따라 규제된다. 유럽식품안전청(EFSA)은 프로바이오틱스에 대한 건강 효능을 인증하는 기관이다. "안전성이 입증된 것으로 추정되는" 미생물 배양 목록은 EFSA에서 발표하지만, 드 시몬의 지적대로 현재까지 EFSA는 "프로바이오틱스에 대해 제출된 모든 건강 효과의 주장이 인정되지 않았다."[34]라고 한다.

마찬가지로, FDA는 백신 이외의 생물학적 제품으로 정의하는 생체 치료제로 프로바이오틱스를 승인하지 않았다. 생체 치료제는 인간의 질병을 예방하거나 치료하는 데 사용되는 살아있는 유기체를 포함하는 제품이다. 그러나 미국에서 대부분의 프로바이오틱스 제품은 FDA가 관리하는 식품으로 분류되며 여기에는 합법적으로 판매되는 프로바이오틱스가 함유된 식이 보조제를 포함한다. 식이 보조제는 '우수 제조 가이드라인'을 준수해야 하지만, 품질이나 효능은 규제되지 않는다.

유럽에서와 마찬가지로 식이 보조제는 법적으로, 질병을 치료, 완화 또는 예방하기 위해 판매할 수 없다. 하지만 미국에서는 '건강한 소화를 도와준다'와 같은 기능적 주장을 할 수 있으며, FDA에서 요구하는 고지 사항도 함께 표시할 수 있다.

드 시몬은 이렇게 말한다.

주장은 진실해야 하며 오해의 소지가 없어야 하고 과학적 증거에 의해 입증되어야 한다. 또한 의사의 감독하에 섭취하거나 경구 투여하도록 제조된 프로바이오틱스는 의학적 평가를 통해 인정된 과학적 원칙에 따라 영양 요구량이 설정된 특정 질병 또는 질병 상태의 식이 관리를 목적으로 하는 범주에 속한다. 이러한 제형은 미국에서 의료용 식품의 범주에 속한다. 의료용 식품은 의약품이 아니므로 의약품에 특별히 적용되는 규제 요건이 적용되지 않는다. 그러나 허위 또는 오해의 소지가 있는 의료용 식품은 연방 식품, 의약품 및 화장품법 403(a)(1) 조항에 따라 허위 광고로 간주된다.[35]

이제 프로바이오틱스는 미국 규제 기관에서 의약품으로 간주되기 때문에 연구 목적이고 의약품으로 판매할 의도가 없는 프로바이오틱스, 식품 및 건강보조식품에 관한 인체 연구도 FDA의 임상시험용 신약IND 프로그램 프레임워크에 적용된다. 드 시몬에 따르면, "일반적으로 안전하다고 인정"되고 널리 사용되는 프로바이오틱스의 경우에도 효능 연구를 진행하기 전에 안전성 연구를 완료해야 한다.[36]

드 시몬의 말처럼, 유럽연합과 미국에서는 "프로바이오틱스 제품의 복잡한 특성, 즉 살아있는 유기체이므로 정적이 아닌 동적이라는 사실, 종과 균주마다 특성이 크게 다르다는 사실, 개별 성분이 상호작용할 수 있는 다중 종 또는 다중 균주 제품에서 발생하는 추가적인 복잡성을 고려하지 않는 규제의 공백이 존재하는 실정이다. 현재의 규제 방식이 부적절하며, 취약 계층을 포함하는 의료 환경에서 사용되는 상업용 프로바이오틱스 제품의 품질, 안전성 및 유효성 문제가 초래될 수 있다는 인식이 점점 더 확산되고 있다."[37]

이러한 부족함을 해결하기 위해 FDA는 2016년에 프로바이오틱스를 의약품으로 연구하는 연구자들이 초기 임상시험에 필요한 제조 요건을 충족하는 방안에 관한 지침 문서를 발표했다.[38] 후속 문서에서 FDA는 "이러한 제품의 안전성과 효과를 적절히 이해하는 데 필요한 임상 과학을 발전시키기 위해서는 FDA와 다양한 이해관계자 간의 더 많은 노력과 지속적인 파트너십이 필요하다."[39]고 언급했다. 2018년 FDA와 NIH는 소비자를 보호하고 프로바이오틱스의 치료 잠재력을 극대화하기 위해 이러한 입법 공백을 메우기 위한 로드맵을 발표했다.

상용화된 프로바이오틱스 및 임상 적응증

지난 20년 동안 건강 증진을 위한 프로바이오틱스 사용은 기하급수적으로 증가했다. 2012년 국민건강면접조사(NHIS)에 따르면 미국 성인의 약 400만 명[1.6%]이 조사 전 30일 동안 프로바이오틱스 또는 프리바이오틱스를 사용한 적이 있는 것으로 나타났다.[40]

성인들 사이에서 프로바이오틱스 또는 프리바이오틱스는 비타민과 미네랄에 이어 세 번째로 많이 사용되는 건강보조식품이다. 성인의 프로바이오틱스 사용량은 2007년에서 2012년 사이에 4배 증가했다. 이에 비해 2012년 NHIS에 따르면 조사 전 30일 동안 프로바이오틱스 또는 프리바이오틱스를 복용한 4~17세 어린이는 30만 명[0.5%]에 불과했다.[41]

임상에서 프로바이오틱스 사용의 인기는 상업용 프로바이오틱스가 현재 전 세계적으로 370억 달러 규모의 시장으로 추정된다는 통계를 통해 확인할 수 있다. 이러한 데이터와 마이크로바이옴 연구가 아직 초기 단계에 있다는 사실은 프로바이오틱스의 임상적 사용이 치료적 사용에 요구되는 과학적 근거를 앞지르고 있음을 시사한다.

장 질환 치료를 위한 경구용 프로바이오틱스

임상시험의 증거는 혼합되어 있고 종종 수준이 낮기는 하지만, 임상에서 프로바이오틱스 사용의 모든 가능한 적응증 중에서 감염성 설사 및 항생제 관련 설사(AAD) 치료가 데이터에 의해 가장 많이 뒷받침되는 것으로 보인다. 많은 수의 환자에 대한 최초의 보고 중 하나는 소아과에서 프로바이오틱스 사용의 선구자 중 한 명인 스테파노 구안달리니 Stefano Guandalini가 2000년에 수행한 유럽 다기관 연구이다. 그는 또한 공동 저자인 알레시오 파사노의 멘토이자 파사노가 소아 위장병학 및 장내 병원균에 대한 과학적 초점을 맞추는 데 많은 도움을 주었다.

구안달리니와 그의 연구팀은 모든 원인의 급성 설사 환자에게 경구용 수분 보충제를 투여하는 다기관 임상시험에서 프로바이오틱스 LGG를 사용하여 그 효능을 평가했다. 급성 설사를 앓고 있는 생후 1개월에서 3세 사이의 어린이를 이중 맹검, 위약 대조 시험에 등록하여 무작위로 배정하고 경구용 수분공급 용액과 위약 또는 프로바이오틱스 제제최소 $10^{10}CFU/250ml$를 투여했다. 처음 4~6시간 동안 수분을 보충한 후, 환자들은 설사가 멈출 때까지 평소와 같은 식사와 함께 위약 또는 프로바이오틱스 제제를 무료로 제공받았다. 등록 후 설사 지속 시간은 위약 그룹에 비해 LGG 그룹에서 거의 13시간 단축되었다.[42]

연구자들은 로타바이러스 양성인 소아에서 설사가 위약 그룹에서 76.6 ± 41.6시간 지속된 반면, LGG 그룹에서는 56.2 ± 16.9시간 지속된 것으로 나타났다. 또한 위약 그룹에 등록된 어린이의 10.7%에서 설사가 7일 이상 지속된 반면, LGG를 투여한 어린이는 그 비율이 2.7%로 프로바이오틱스를 투여하지 않은 어린이에 비해 더 짧은 기간 동안 입원했다고 보고했다.[43] 저자들의 연구결과를 종합하면 급성 설사를 앓는 어린이에게 LGG를 투여하는 것이 안전하며 설사 기간이 짧아지고 설사가 장기화될 가능성이 작으며 퇴원이 빨라진다는 것을 알 수 있다.

감염성 설사 치료에서 프로바이오틱스의 효과를 평가하기 위한 코크란Cochrane 분석에서는 감염성 설사가 입증되었거나 감염성 설사로 추정되는 급성 설사 환자를 대상으로 특정 프로바이오틱스와 위약 또는 무프로바이오틱스를 비교한 무작위 대조 시험을 검토했다.[44] 주로 전체 사망률이 낮은 국가에서 총 1,917명이 참여한 23개의 연구가 시험 기준을 충족했다. 임상시험은 사용한 프로바이오틱스, 복용량, 방법론적 품질, 설사의 정의 및 결과와 관련하여 다양했다.

분석 결과, 프로바이오틱스는 설사 발생 3일 후 설사 위험과 평균 설사 지속 시간을 30.48시간 감소시킨 것으로 나타났다. 테스트한 프로바이오틱스, 로타바이러스 설사, 국가별 사망률, 참가자의 연령에 따른 하위 그룹 분석은 그 차이점을 완전히 설명하지는 못했다. 그러나 이러한 데이터를 바탕으로 저자들은 프로바이오틱스가 성인과 어린이 모두의 급성 감염성 설사 치료에 있어 수분 보충 요법에 유용한 보조제로 간주된다는 결론을 내렸다.[45]

이러한 분석은 감염성 설사에 프로바이오틱스 사용을 정당화하지만, 잘 설계된 전향적 연구에서 나온 데이터가 아닌 매우 이질적인 다양한 연구 데이터로부터 추론한 것이다. 실제로 〈뉴잉글랜드 의학 저널New England Journal of Medicine〉에 보고된 두 건의 대규모 임상시험에 따르면 감염성 설사의 상황은 이전에 생각했던 것보다 더 복잡할 수 있다고 한다. 스티븐 프리드먼Stephen Freedman과 동료들은 위장염으로 응급실에 내원한 어린이를 대상으로 L. 람노수스*rhamnosus*와 L. 헬베티쿠스*helveticus*가 포함된 프로바이오틱스에 대한 무작위 대조 시험을 실시했다.[46] 예상과 달리, 이 프로바이오틱스는 등록 후 14일 동안에 중등도에서 중증도 정도의 위장염 진행을 방지하지 못한다는 사실을 발견했다.

데이비드 슈나도우David Schnadower와 그의 동료들은 LGG만 사용한 실험에서도 마찬가지로 실망스러운 결과를 보고했다. 미국에서 처방전 없이 구입할 수 있는 프로바이오틱스를 사용한 임상시험에서 설사 및 구토 기간, 예정에 없던 의료기관 방문 횟수 그리고 어린이집 결석 기간에서 위약과 유의미한 차이를 보이지 않았다.[47] 이러한 결과를 다른 프로바이오틱스 균주나 제제에 일반화할 수는 없지만, 어떤 프로바이오틱스가 어떤 환자와 임상 환경에서 혜택을 제공할 수 있는지를 밝혀내는 데는 아직 갈 길이 멀다는 것을 보여준다.

항생제 관련 설사(AAD)Antibiotic-Associated Diarrhea

2000년대 초반에 수행된 여러 연구에서 프로바이오틱스가 이 질환을 치료하고 때로는 예방하는 데 효과적이라는 사실이 밝혀졌다. 항생제 치료를 받은 입원 환자의 최대 39%에서 AAD가 보고되었으며, 단순 설사부터 대장염 및 C. 디피실 관련 위막성 대장염까지 다양하다. 병원성 요인으로는 항생제 사용으로 인한 장내 미생물군집의 이상, 항생제 내성 병원성 세균이 장 생태계를 장악하여 염증과 설사를 일으키는 경우, 세균총의 변화로 탄수화물 대사에 변화를 일으키는 경우, SCFA 대사 및 흡수의 변화 중 하나 또는 전부가 포함된다.

높은 수준의 독소를 생성하는 클로스트리듐 디피실리균을 특징으로 하는 위막성 대장염 증후군은 재발률과 사망률이 높은 난치성 경로를 밟을 수 있다. AAD 예방 및 치료에서 프로바이오틱스 사용에 대한 근거를 평가하기 위해 기준을 충족하는 총 63건의 무작위 임상시험에 대한 체계적인 검토 및 메타분석을 수행했다.[48] 검토된 임상시험 대부분은 젖산간균 기반 중재를 단독으로 사용하거나 다른 속과 병용하여 사용했다. 그러나 사용된 특정 균주는 제대로 발표하지 않았다.

1만 1,811명의 참가자를 포함한 연구의 상대적 위험도에 따르면 프로바이오틱스 투여는 임상시험에서 통계적으로 유의미한 AAD 감소 효과가 있는 것으로 나타났다. 이 결과는 수많은 하위 그룹 분석에서는 상대적으로 효과가 약했다. 그러나 저자들은 종합된 결과에서 상당한 이질성을 발견했으며, 이러한 이질성이 인구, 항생제 특성 또는 프로바이오틱스 제제에 따라 체계적으로 달라지는지 확인하기에는 결과가 불충분했다.

이러한 결과를 바탕으로 항생제 치료 후 또는 선제적으로 AAD를 예방하기 위해 프로바이오틱스를 사용하는 것이 점점 더 일반적인 임상 관행이 되고 있다. 그러나 〈셀Cell〉에 보고된 두 건의 연구에서는 고농축 프로바이오틱스 보충제를 복용하는 것이 정상적인 장내 미생물군집 회복에 해롭지 않으면서 효과적인지에 대해 의문을 제기한다. 쥐 모델과 인간 전임상 모델에서 항생제 치료 후 장내 미생물군집의 회복을 조사한 조탐 수에즈Jotham Suez와 동료들은 프로바이오틱스가 이 과정을 돕기보다는 교란할 수 있다고 보고했다.[49]

저자들은 프로바이오틱스가 장 점막에 빠르게 착생하지만 정상적인 미생물이 최대 5개월 동안 다시 형성되지 못한다는 사실을 보여주었다. 또한 하나의 프로바이오틱스로 모든 것을 해결한다는 개념에 의문을 제기한 니브 즈모라Niv Zmora와 동료들은 군집화가 고도로 개별화된 패턴으로 발생한다는 것을 보여주었다. 연구결과에 따르면 일부 개인의 위장관은 프로바이오틱스의 식민지 생착을 거부하는 반면 다른 개인의 위장관은 식민지 생착을 허용하는 것으로 나타났다.[50] 이와 같은 연구가 현재 프로바이오틱스 보충제를 복용하는 많은 사람이 시간과 돈을 낭비하고 있다는 우려 때문에 앞으로 더 많이 필요할 것이다.

장 외 다른 질환 치료를 위한 경구용 프로바이오틱스

지금까지는 프로바이오틱스를 위장 질환 치료에 사용하는 것에 초점을 맞추었다. 이전 섹션에서 시판되는 대부분의 프로바이오틱스가 위장 질환 치료를 목적으로 한다는 사실을 확인했지만, 인체 미생물이 서식하는 미생물 환경과는 거리가 먼 곳에서도 프로바이오틱스가 효과를 발휘할 수 있다는 증거가 점점 더 많아지고 있다.

장내 미생물은 행동과 대사 경로에 영향을 미쳐 비만, 천식, 제1형 당뇨병 등을 유발할 수 있다고 언급한 바 있다. 따라서 프로바이오틱스 개입을 통한 장내 미생물의 유익한 조작이 반드시 장의 병리 생리학에만 영향을 미치는 것이 아니라 먼 부위와 기관에도 유익한 효과를 발휘할 수 있다는 내용이 이 개념에 내포되어 있다. 예를 들어, 프로바이오틱스 섭취를 통해 장내 미생물을 조작하면 심혈관 질환을 완화하고,[51] 항염증 효과를 통해 뼈 건강과 완결성을 증진하며,[52] 상처 치유 과정을 가속화하고, 자외선의 광 손상으로부터 보호하고, 피부염이나 건선 같

은 피부 질환의 증상을 완화한다는 사실이 밝혀진 바 있다.[53]

프로바이오틱스를 위장관 외의 다른 질환 치료에 사용할 수 있는 가장 도발적이고 흥미로운 분야는 다양한 정신 건강 문제, 신경 퇴행성 질환 및 신경 발달 장애와 관련된 장-뇌 축의 장애를 해결하는 데 프로바이오틱스를 사용할 수 있다는 것이다. 이 주제는 16장에서 더 자세히 다룰 예정이다.

경구용 프로바이오틱스의 치료적 사용에 대한 주의 사항

이 장에서는 그동안의 연구결과를 종합하여 질병 치료 또는 예방을 위한 프로바이오틱스의 무분별한 사용에 대한 '주의사항'을 제공한다. 이러한 효능에 대한 증거는 논란의 여지가 있을 뿐만 아니라, 프로바이오틱스는 보충제로 판매되기 때문에 많은 국가의 제조업체는 규제 기관에 안전성과 효능에 대한 증거를 제공할 의무가 없다. 또한 프로바이오틱스 제품의 보편화로 인해 효능이 없다고 하더라도 프로바이오틱스는 무해한 것으로 여겨질 수 있다. 그럼에도 불구하고 오염 위험, 진균혈증 또는 균혈증특히 면역력이 약한 사람, 노인 또는 중환자의 경우, SIBO, 항생제 내성 등 일부 안전 문제가 제기되고 있다.

이러한 우려에 더해 프로바이오틱스에 대한 임상시험에서는 일관되게 안전성에 관한 결과가 보고되지 않았다. 프로바이오틱스의 논리는 타당해 보이지만, 마이크로바이옴의 복잡성과 프로바이오틱스가 인간의 건강에 미칠 수 있는 유익한 영향과 해로운 영향을 모두 이해하기까지는 아직 갈 길이 멀다는 것은 분명하다. 모든 사람은 고유한 장내 미생물을 가지며, 사람마다 같은 세균이 미치는 영향은 매우 다양할 수 있으므로 프로바이오틱스 사용은 최적의 효과를 위해 개인맞춤형으로 이루어져야 한다.

또한 시중에서 판매되는 제품에는 모든 사람에게 혜택을 제공하기에 적합한 균주나 적절한 양의 세균이 포함되어 있지 않을 수 있으며, 대부분의 프로바이오틱스 보충제는 단일 균주만 함유하고 있어 마이크로바이옴 조절의 복잡성을 지나치게 단순화한다. 따라서 건강 개선을 위해 보충제를 섭취하는 것도 분명 매력적인 방법이지만, 장내 미생물을 도와 질병을 치료하거나 예방하고자 하는 목적으로는 건강하고 다양한 식단을 섭취하는 것이 더 효과적일 수 있다. 지금으로서는 잠재적인 건강상의 이점을 입증하고 질병을 치료, 개선 또는 예방하기 위해 숙주 마이크로바이옴을 보다 개인맞춤형으로 조작할 수 있는 차세대 프로바이오틱스를 개발하기 위해 엄격한 임상시험이 절실히 필요한 상황이다.

차세대 프로바이오틱스

현재 시판되는 상업용 프로바이오틱스의 한계로 인해 건강 개선을 위한 마이크로바이옴 조작에 최적화하기 위해 몇 가지 고려해야 할 사항이 있다. 장 장벽 기능 및 면역반응 조절을 포함하여 만성염증과 관련된 기능을 구체적인 표적으로 삼기 위해 임상에서 사용되는 대부분의 프로바이오틱스는 무작위로 선택되었거나 "상식적인" 연관 연구를 기반으로 선택되었다. 이러한 연구는 젖산간균 또는 비피도박테리움 종의 경우와 유사한 방식으로 잠재적으로 유익한 역할을 대상으로 한 것이다.

대부분의 프로바이오틱스는 안전성 프로파일이 양호하고 일부 하위 그룹에서도 효능을 보이지만, 질병 개선에 대한 전반적인 효과와 기능은 대부분의 프로바이오틱스에서 기껏해야 통계적으로 미미한 수준이다. 반대로 전통적인 프로바이오틱스의 투여는 특정 질병을 치료하는 것이 아니라 건강을 개선하는 것을 목표로 한다. 이 개념은 유산균이 함유된 발효 유제품을 정기적으로 섭취하는 것이 불가리아 노인들의 건강 및 수명 연장과 관련이 있다는 최초의 관찰에 기반하고 있다.[54]

이러한 전제를 바탕으로 현재 새롭고 이상적으로는 질병에 특이적인 차세대 프로바이오틱스(NGP)next-generation probiotics를 식별하고 특성화하는 데 큰 관심이 집중되고 있다.[55] 일반 프로바이오틱스와 달리 NGP는 병태학적으로 질병 발병과 잘 연결된 표적과 그에 따른 명확한 작용 메커니즘을 가지고 있어야 이상적이라고 할 수 있다. 또한 증식 역학, 항생제에 대한 민감성 패턴, 특정 환경 조건에서의 반감기 등 세균의 유전적 특징과 생리적 특성도 잘 정의되어 있어야 한다.

이 목표를 달성하기 위해서는 차세대 시퀀싱 및 생물정보학 기술 플랫폼을 포함한 최첨단 기술을 통해 NGP를 선별하고 분리한 후 새로운 프로바이오틱스에 대한 엄격한 기능 검증을 거쳐야 한다. 따라서 지금까지 프로바이오틱스를 분리하는 데 사용된 전통적인 접근 방식과 비교했을 때, NGP를 분리하고 검증하는 데 필요한 전략은 특정 프로바이오틱스를 임상결과와 메커니즘적으로 연결할 수 있는 종단 연구를 포함하여 근본적으로 다른 전략이 필요하다(17장 참조). 또한 미생물군집의 구성, 기능에 관한 이해를 얻기 위한 메타게놈, 대사체학 분석으로 평가한 숙주 반응에 대한 보다 포괄적인 생물정보학 분석이 필요하다.

이러한 도구를 심층적인 멀티오믹스 분석 및 수학적 모델링과 함께 사용해야만 프로바이오틱스 후보를 식별하고 잠재적인 NGP로 선택할 수 있다. 이러한 세균 균주 후보가 확인되면 체외 세포주, 체외 및 체내 동물 모델, 인간 장 오르가노이드 분석을 포함한 기능적 검증을 통해 특정 작용 메커니즘이 확인되면 인간 대상 임상시험으로 전환하는 것이 이상적이다. 물론 샘플 채취와 분리 위치(대변 대 점막), 최적의 보관 조건, 사용할 상세한 시퀀싱 및 생물정보학 분석에 대한 처리 단계를 최적화하고 표준화하며 엄격하게 준수해야 한다.

마지막으로, 대규모 분석에서 얻은 많은 빅데이터 결과를 메타데이터와 통합하여 게놈 프로파일링, 영양, 약물 치료 등 숙주의 특정 특성을 파악함으로써 임상결과를 결정하는 미생물과 숙주 간의 상호작용에 관련된 메커니즘을 완전하고 통합적으로 규명할 필요가 있다. 〈표 15-1〉에는 일부 NGP와 특정 병리학적 조건에서 확인된 유익한 효과가 요약, 정리되어 있다.

표 15-1. 차세대 프로바이오틱스의 주요 치료 효과 및 주요 작용 기전

NGP	주요 치료 효과	작동 메커니즘
B. 브레브 breve B. 롱검 longum B. 아돌레센티스 adolescentis B. 락티스 lactis (비피도박테리움)	항암 치료	종양 성장 감소, 체크포인트 억제제 효과 증가, 항암 유전자를 표적 종양으로 운반하는 매개체 역할 수행
프레보텔라 코프리 Prevotella copri (의간균)	당뇨병 전증후군 개선	장내 포도당 생성을 조절하여 포도당 항상성을 담당하는 석시네이트 생성을 통해 비정상적인 내당능 증후군을 개선하고 동물의 간 글리코겐 저장을 향상시킨다.
B. 프라길리스 fragilis (의간균)	염증 개선 (신경 염증 및 암 포함)	형질세포 수지상 세포와 같은 항원 제시 세포와 직접 상호작용한 후 항염증 기억 CD4+FoxP3 T세포의 특정 하위 집단을 증식시키는 양이온 모티프를 가진 전형적인 세균 캡슐형 폴리사카라이드인 B. 프래길리스 폴리사카라이드 A(PSA)를 생성한다.
A. 뮤시니필라 muciniphila (베루코마이크로바이아)	대사 장애 및 비만 개선	세균 외막에 있는 면역 조절 단백질 "Amuc_1100"을 통해 포도당과 에너지 대사를 조절한다. 다른 연구에서는 엔도칸나비노이드(eCB) 시스템의 조절이 제시되었다.
C. 미누타 minuta (크리스텐센넬라과)	비만 및 관련 증후군의 감소	비만과 관련된 미생물군집을 변화시켜 체중을 감소시킨다.
F. 프라우스니츠이 prausnitzii (루미노코커스과)	장 건강 증진 항암 치료의 효능 개선	부틸산 생산 면역 관문 차단 치료의 효능을 높인다. 장내 피칼리세균의 양적인 풍부함과 종양 미세 환경(TME) 내 CD8+ T세포 침윤 및 말초의 이펙터 CD4+ 및 CD8+ T세포의 빈도 사이에 밀접한 상관관계가 있다.
P. 골드스테이니 goldsteinii (피칼리박테로이데스)	비만 감소	알 수 없음

신바이오틱스

신바이오틱스는 "숙주의 위장관에서 살아있는 유익한 미생물의 생존과 군집화를 개선하여 숙주에게 유익한 영향을 미치는 프로바이오틱스와 프리바이오틱스의 시너지 혼합물"로 정의된다.[56] 이러한 신바이오틱스는 식품이나 동물 사료에 첨가된 유익한 미생물의 생존 개선뿐만 아니라 위장관에 존재하는 특정 토착 세균 균주의 증식을 자극하여 장내 미생물 구성과 미생물 대사산물을 조절하는 데에도 사용된다. 신바이오틱스의 유익한 효과는 아마도 프로바이오틱스와 프리바이오틱스의 개별 조합과 관련이 있을 것이며, 특정 치료 결과를 얻기 위해 특정 숙주에 대한 특정 신바이오틱스를 맞춤화할 수 있는 매력적인 가능성이 있다는 점을 염두에 두어야 한다.

따라서 원하는 건강 결과를 얻기 위해 적절한 프리바이오틱스와 프로바이오틱스 조합을 찾기 위한 선택 기준은 숙주의 건강에 해로울 수 있는 종의 성장을 배제하고 숙주의 미생물군집에 존재하는 프로바이오틱스와 유익한 미생물의 성장을 선택적으로 자극하는 프리바이오틱스를 찾는 목표를 설정해야 한다. 대표적인 예로 우유 알레르기가 있는 유아의 정상적인 성장을 돕고 장내 미생물을 조절하며 아토피 피부염이 있는 유아의 천식 유사 증상을 예방하는 것으로 입증된 신바이오틱스로 유아용 조제분유를 강화하는 것을 들 수 있다.[57]

성인의 경우, 여러 메타분석에 따르면 신바이오틱스가 공복 혈당 수치를 낮추고 변비를 완화하며 위장 수술 후 패혈증 발생 위험을 줄이는 데 긍정적인 영향을 미친다고 한다.[58] 신바이오틱스의 유익한 효과를 설명하는 명확한 작용 메커니즘은 아직 밝혀지지 않았지만, 신바이오틱스가 장내 대사 활동에 영향을 미쳐 SCFAs, 케톤, 이황화탄소, 메틸 아세테이트의 수치를 증가시킨다는 가설이 제기되고 있다. 이러한 활동은 장 장벽과 생체 구조의 유지, 유익한 미생물군집의 증가, 위장관에 존재하는 잠재적 병원균의 억제에 기여할 수 있다.

또한 신바이오틱스는 바람직하지 않은 대사산물의 농도를 낮추고 니트로사민 및 발암 물질의 비활성화에 기여하는 것으로 보인다. 숙주 마이크로바이옴의 구성과 기능에 유익한 영향을 미치는 신바이오틱스는 골다공증 예방, 혈중 지방 및 당수치 감소, 면역체계 조절, 간 기능과 관련된 뇌 질환 치료에도 도움이 될 수 있다.[59]

포스트바이오틱스

포스트바이오틱스는 효소, SCFAs, 펩타이드, 테이코산, 펩티도글리칸 유래 뮤로펩타이드, 다당류, 세포 표면 단백질, 유기산 등 기능성 발효 가용성 인자제품 또는 대사 부산물로, 살아있는 세균이 활발하게 분비하거나 세균이 용해세포사멸 후 방출되는 물질을 말한다. 따라서 이들의 생산과 풍부함은 장내 미생물 구성과 대사 및 기능적 표현형에 따라 크게 달라지며, 이는 미생물에 의해 대사되는 물질의 양이 개인마다 다를 수 있음을 의미한다.

최근의 연구성과는 식품 발효에 대한 새로운 인식을 불러일으키며 포스트바이오틱스 개념을 탄생시켰다. 포스트바이오틱스는 앞서 언급한 것과 같이 건강을 증진하기 위해 영양 성분과 함께 사용할 수 있는 기능성 발효 화합물이다. 명확한 화학 구조, 안전 용량 매개변수, 안전성 문제를 일으킬 수 있는 살아있는 미생물의 부재, 긴 유통기한, 항염증, 면역 조절, 항비만, 항고혈압, 저콜레스테롤혈증, 항증식 및 항산화 작용을 할 수 있는 다양한 신호 분자물질의 함유로 인해 최근 과학 및 임상 커뮤니티에서 포스트바이오틱스가 큰 관심을 받고 있다.

포스트바이오틱스의 또다른 바람직한 특징은 군집화 생착 효율이라는 기술적 과제를 해결할 필요가 없고 프로바이오틱스에서 고용량으로 얻을 수 있는 미생물의 생존력과 안정성을 제품에서 유지할 수 있다는 장점을 들 수 있다. 다른 긍정적인 특징으로는 장내 원하는 위치에 활성 성분을 전달할 수 있고 포장과 운송이 간편해 개발도상국과 같이 생산 및 보관 조건을 관리하고 유지하기 어려운 상황에서 포스트바이오틱스가 사용하기에 적합하다는 점을 들 수 있다.

마지막으로, 포스트바이오틱스의 사용은 경구 프로바이오틱스 투여 후 균혈증의 위험이 우려되는 미숙아 같은 중환자 또는 고위험군 환자에게 프로바이오틱스의 매력적인 대안이 될 수 있다. 이러한 특성은, 정확한 작용 메커니즘이 완전히 밝혀지지는 않았지만, 포스트바이오틱스가 만성염증 과정에 관여하는 특정 경로를 표적으로 삼아 숙주 건강 개선에 기여할 수 있음을 시사한다.[60]

Chapter 16
장-뇌 축 질환의 마이크로바이옴 연구: 사이코바이오틱스

사이코바이오틱스의 역할

10장에서 다룬 장-뇌 축 개념에 기초하여, 마이크로바이옴 관련 연구에서 가장 흥미롭고 도발적인 측면 중 하나는 프로바이오틱스가 정신 건강, 신경 퇴행성 질환, 신경 발달 장애를 포함한 신경계 질환에 미치는 영향력이다. 프로바이오틱스의 독특한 작용 메커니즘과 중추신경계를 표적으로 삼는다는 점을 고려하여 2013년에 티모시 디난Timothy Dinan과 동료들이 '사이코바이오틱스psychobiotics'라는 용어를 제안했다. 이 용어는 적절한 양을 섭취하면 정신 건강에 긍정적인 영향을 미치는 새로운 종류의 프로바이오틱스를 정의하며, 정신 질환 치료에 잠재적인 응용 가능성을 제시한다.[1]

지난 5년 동안 수행된 대부분의 사이코바이오틱스 약물 연구는 동기 부여, 불안, 우울증 등을 평가하기 위해 동물 모델을 사용하여 수행하였다. 이러한 연구에 따르면 사이코바이오틱스는 감마 아미노부티르산(GABA)gamma-aminobutyric acid, 세로토닌serotonin, 글루타메이트glutamate, 뇌유래 신경영양인자 등 신경전달물질 및 단백질의 생성과 방출을 조절하여 치료 효과를 발휘하는 것으로 나타났다. 이들은 신경

흥분-억제 균형, 기분, 인지 기능, 학습 및 기억 과정을 조절하는 데 중요한 역할을 한다.[2] 특히 젖산간균 속 일부 균주와 비피도박테리움 속 일부 균주는 GABA, 아세틸콜린^{acetylcholine}, 세로토닌을 생성하는 것으로 밝혀졌다.

사이코바이오틱스의 효과는 신경 면역 축의 조절과 신경계와 관련된 질병에만 국한되지 않고 인지, 기억, 학습 및 행동과도 관련이 있다. 예를 들어, 동물 모델을 대상으로 한 연구에 따르면 사이코바이오틱스를 섭취하면 스트레스 및 불안 관련 증상이 감소하는 것으로 나타났다.[3] 또한 쥐 모델에서 일부 사이코바이오틱스는 뇌의 염증 및 산화 손상 반응을 억제하여 신경 퇴행성 및 탈수초성 질환의 증상을 최소화하는 것으로 나타났다.[4]

사이코바이오틱스가 인간의 정신 건강에 미치는 영향

동물 실험에서 얻은 유망한 결과를 바탕으로, 파일럿 인체실험에서도 정신 건강에 대한 사이코바이오틱스의 유익한 효과가 보고되었다. 건강한 지원자에게 4주 동안 비피도박테리움 롱검$^{Bifidobacterium\ longum}$ 1714 균주를 투여한 결과, 스트레스가 감소하고 기억력이 개선된 것으로 나타났다.[5] 또한 무작위, 이중맹검, 위약 대조 시험에서는 요구르트$^{L.\ 아시도필루스\ LA5\ 및\ B.\ 락티스\ BB12}$ 또는 캡슐$^{L.\ 카제이,\ L.\ 아시도필루스,\ L.\ 람노서스,\ L.\ 불가리쿠스,\ B.\ 브레브,\ B.\ 롱검\ 및\ 스트렙토코커스\ 써모필러스}$에 함유된 잠재적 사이코바이오틱스가 석유화학 근로자에게 미치는 영향을 다음과 같이 조사했다.[6]

요구르트와 캡슐을 모두 섭취한 사람들은 우울증, 불안, 스트레스 척도 일반 건강 설문지에서 정신 건강 지표가 개선된 것으로 나타났다. L. 헬베티쿠스*helveticus* R0052와 B. 롱검 R0175의 프로바이오틱스 조합은 대조군에 비해 건강한 피험자의 불안과 우울증을 감소시키는 것으로 나타났다.[7] 현재 진행 중인 임상 연구에서는 참여 환자의 염증, 스트레스, 기분 상태를 중점적으로 분석하여 프로바이오틱스 보충제예: L. 플랜타럼*plantarum* PS128, L. 플랜타럼 299v, L. 람노서스*rhamnosus* GG, 비피해피, 비보믹스®, 프로바이오스틱 Probio'Stick)들이 우울증과 불안증에 미치는 영향을 조사하고 있다.[8]

신경 퇴행성 질환에 대한 사이코바이오틱스의 효과

장-뇌 축은 장이 여러 신경 퇴행성 질환을 특징짓는 주요 신경염증 과정에 양방향으로 영향을 미칠 수 있는 방식으로 작동한다. 이러한 이해를 바탕으로 다양한 질환의 염증을 개선할 수 있는 사이코바이오틱스에 대한 관심이 급증하고 있다. 모든 신경 퇴행성 질환 중에서 알츠하이머병과 파킨슨병은 미생물 불균형의 확고한 증거가 있는 두 가지 질환으로, 사이코바이오틱스의 잠재적 사용에 대한 근거를 제공한다.

• 알츠하이머병

가장 흔한 형태의 치매인 알츠하이머병은 점진적인 기억 상실과 그에 따른 정신 및 행동 기능의 손상을 특징으로 하는 진행성 신경 퇴행성 장애이다. 알츠하이머병의 주요 위험 요인은 고령이지만, T2D, 고

지혈증, 비만, 혈관 요인 등 다른 요인도 발병에 영향을 미치는 것으로 나타났다. 알츠하이머병에 대해 가장 널리 알려진 가설은 아밀로이드 가설로, 아밀로이드 전구체의 단백질 분해 과정에서의 변화가 아밀로이드 베타(Aβ) 펩타이드의 축적으로 이어져 알츠하이머병의 신경염증과 신경 퇴화를 유발하는 면역반응을 일으킨다는 주장이다.

그러나 최근 무균 동물 모델과 병원성 미생물 감염, 항생제, 프로바이오틱스에 노출된 동물 혹은 인간화 모델에서 생성된 증거는 알츠하이머병의 발병에 장내 미생물군집의 역할을 시사한다.[9] 장내 미생물 불균형에 의해 증가된 장내 장벽과 뇌혈관 장벽 투과성 증가는 이들 장벽의 기능을 퇴화시킴으로써 알츠하이머병과, 특히 노화와 관련된 신경 퇴행성 장애의 발병에 중요한 역할을 하는 것으로 보인다(18장 참조). 또한 일부 장내 미생물군집은 알츠하이머병 발병과 관련된 신호 경로의 조절과 염증성 사이토카인 생성에 기여할 수 있는 다량의 LPS와 아밀로이드를 분비할 수 있다는 연구결과도 있다.

또한 미생물군집은 비만 및 제2형 당뇨병의 발병과 관련이 있고, 앞서 언급한 바와 같이 이러한 질환들은 알츠하이머병의 발병과 관련이 있다. 알츠하이머병의 증상을 효율적으로 치료하기 위해 항생제를 사용하는 근거는 항생제 사용이 신경염증과 기억력 및 학습 결손을 포함한 임상결과를 개선할 수 있다는 일련의 실험동물 연구에 근거하고 있다.[10] 구체적으로 산화 스트레스 감소, 학습 및 기억력 결손 개선, 아밀로이드 플라크, 염증 및 산화 스트레스 수의 감소, 인슐린 수치 및 인슐린 저항성 감소, 학습, 기억, 행동, 항산화 수치, 인지 행동 및 총체적 행동의 활동 증가가 실험동물 연구에서 얻어졌다.

사람을 대상으로 한 임상시험에서 중증 알츠하이머병에 단일 균주를 사용했을 때 인지 장애를 완화하는 데 효과가 없는 것으로 나타났다.[11] 다른 탐색적 중재 연구에서는 여러 균주를 사용했는데, L. 카제이 W56, 락토코커스 락티스Lactococcus lactis W19, L. 아시도필루스acidophilus W22, B. 락티스 W52, L. 파라카세이paracasei W20, L. 플랜타럼 W62, B. 락티스 W51, B. 비피덤 W23, L. 살리바리우스salivarius W24를 알츠하이머병 환자에게 투여한 결과, 알츠하이머병 환자의 인지 기능이 개선되었다.[12] 그 결과 분변 조눌린 농도가 기준치에 비해 감소하고장 장벽 기능 개선을 시사 F. 프라우스니치prausnitzii(염증 감소로 설명되는 유익한 미생물 성분)가 증가했으며, 이는 혈청 내 트립토판tryptophan 대사의 변화와 관련이 있는 것으로 나타났다.

또한 무작위, 이중 맹검 대조 임상 시험에 따르면 프로바이오틱스로 처리된 우유L. 아시도필루스, L. 카제이, B. 비피덤, L. 퍼멘텀를 12주 동안 섭취한 후 피험자들은 간이 정신 상태 검사 점수(MEMS) 와 혈중 말론디알데히드malondialdehyde수치, 혈청 과민성 C-활성 단백질, 인슐린 저항성 평가의 항상성 모델, 베타 세포 기능, 혈청 중성지방, 정량적 인슐린 감수성 검사 지수에서 유의미한 개선이 나타났다.[13] 전반적으로 이 연구는 12주 동안 프로바이오틱스를 섭취하면 일부 알츠하이머병 환자의 인지 기능과 일부 대사 상태에 긍정적인 영향을 미친다는 사실을 입증했다.

• **파킨슨병**

파킨슨병은 중뇌의 흑색질 경로와 관련된 쇠약성 신경 운동 장애이다. 전 인구의 약 2%가 앓고 있으며, 전 세계적으로 약 300만 명의 환자가 있는 것으로 추정된다. 파킨슨병은 떨림부터 경직, 서동증종종 운동 불균형, 자세 이상뒤풍거리는 걸음걸이가 특징에 이르는 다양한 운동 증상이 특징이다. 이러한 운동 문제는 불안, 우울증, 무관심, 인지 기능 저하, 치매, 정신병 등 신경정신과적 증상과 연관되는 경우가 많다.

또한 파킨슨병 환자는 종종 변비 및 복부 팽만감과 같은 위장 증상으로 고통받는다. 조직병리학적으로 이 질환은 기저핵 신경세포에 잘못 접힌 단백질인 α-시누클레인이 축적되는 것이 특징이다. 파킨슨병에서는 신경염증과 장 신경계의 염증이 모두 나타나고 있으며, 이는 장-뇌 축이 발병 기전에 관여하는 것을 가리킨다. 장 점막의 장근 및 아우어바흐Auerbach 신경총에 신경교세포 마커가 존재하고 환자의 흑질에서 신경교세포 기능 장애 및 산화 스트레스가 증가하는 등 여러 요인이 신경계의 염증 발생과 파킨슨병 사이의 연관 가능성을 제시한다.[14]

파킨슨병 발병에 있어 비신경학적 요인의 역할에 관한 관심이 높아진 이유는 파킨슨병 발병의 10%만이 유전적 소인이 있다는 사실에서 비롯된 것으로, 이는 발병에 있어 환경적 및 내재적 숙주 요인의 중요한 역할을 지적하기 때문이다. 장내 미생물 구성 및 기능의 변화와 장 투과성 및 위장 증상변비, 연하곤란, 과다 타액 분비, 삼킴장애의 시작은 파킨슨병의 신경 퇴행성 증상 시작 전에 5~10년 정도 선행하는 것으로 나타났다.[15]

장 장벽이 손상되면 세균이 세포간 밀접 접합부를 통해 장간막 림프 조직으로 퍼진다는 가설이 있다. 이에 따라 세균 성분이 림프 조직에 접근하여 점막 면역 세포를 활성화하여 염증성 사이토카인을 방출하고 미주 신경계를 활성화하여 중추 신경계와 장 신경계를 조절하는 신경 활성 펩타이드를 방출할 수 있다.[16] 많은 환자가 이 질환의 특징적인 운동 증상이 시작되기 훨씬 전에 위장 증상을 겪기 때문에 장 염증과 장 신경계에 비정상적인 α-시누클린 섬유의 침착이 미주 신경 줄기를 통해 중추 신경계의 신경 조직으로 역행 확산되는 과정이 먼저 일어난다는 가설이 제기되었다.[17]

이러한 전제를 바탕으로 파킨슨병에 대한 사이코바이오틱스의 효능을 탐구하는 여러 연구가 수행되었다. 무작위, 이중 맹검, 위약 대조 임상시험에서 파킨슨병 환자에게 12주 동안 여러 프로바이오틱스L. 아시도필루스, B. 비피덤, L. 루테리, L. 퍼멘텀를 투여한 결과, 통합 파킨슨병 평가 척도에서 점수가 감소한 것으로 보고되었다. 다른 결과에서는 위약 그룹에 비해 hs-CRP 및 MDA 수치가 감소하고 글루타치온 수치가 증가하며 인슐린 기능이 개선된 것으로 나타났다.[18]

파킨슨병 환자의 말초혈액단핵세포(PBMC)에서 염증, 인슐린 및 지질 관련 유전자에 초점을 맞춘 무작위 대조 연구에 따르면 12주 동안 프로바이오틱 보충제를 섭취한 파킨슨병 환자는 위약 대조군에 비해 IL-1, IL-8 및 TNF-α의 발현이 유의하게 감소하고 형질 전환 성장 인자 베타(TGF-B)와 퍼옥시좀 증식 인자 활성화 수용체-감마의 발현이 증가했다.[19] 그리고 프로바이오틱스를 복용한 파킨슨병 환자는 변비 감소,[20] 복통 및 복부 팽만감 감소,[21] 대변의 일관성 및 배변 습관 개선 등 위장 기능이 개선되었다는 연구결과도 있다.[22]

파킨슨병 환자를 대상으로 한 프로바이오틱스에 대한 대부분의 임상 연구는 위장 기능에 초점을 맞추었지만, 그 중 한 연구는 프로바이오틱스가 파킨슨병 환자의 운동 조절 능력을 개선했다고 보고했다.[23] 장내 분비 세포에서 잘못 접힌 α-시누클린의 병원성 역할과 파킨슨병에서 신경계로의 전파를 고려할 때, 장내분비 세포의 비정상 α-시누클린에 대한 프로바이오틱 보충제의 효과는 이 질환에 대한 향후 검정에 유용한 1차 결과라고 할 수 있다.

사이코바이오틱스가 인간 신경 발달 장애에 미치는 영향

10장에서 소개한 자폐성 장애(ASD)는 다양한 맥락에서 사회적 의사소통과 사회적 상호작용의 결함을 특징으로 하는 신경 발달 질환이다. ASD는 행동, 관심사, 활동의 제한적이고 반복적인 패턴을 동반한다. 자폐성 장애 아동은 설사, 변비, 위·식도 역류 중 한 가지 이상의 위장 증상을 자주 경험한다. 이러한 이유로 위장 증상을 개선하기 위해 프로바이오틱스를 사용하는 것이 ASD 환자들 사이에서 점점 인기를 얻고 있다.

최근 공식 임상시험 등록 사이트를 검색한 결과, ASD 치료를 위한 사이코바이오틱스 평가 임상시험은 총 9건이며, 이 중 3건은 이미 완료되었다.[24] 이러한 연구 대부분은 프로바이오틱스 또는 프리바이오틱스와 프로바이오틱스의 조합을 사용했다. 8가지 프로바이오틱스 균주를 함유한 비스바이옴^{Visbiome}® 엑스트라 스트렝스$^{extra\ strength}$는 ASD 아동의 위장 증상을 조절하는 데 어느 정도 효과가 있는 것으로 나타났다. 또 다른 복합 프로바이오틱스 균주 제제인 비보믹스^{Vivomixx}®는 비스바이옴®에 함유된 것과 동일한 8가지 프로바이오틱스 균주로 구성된 1포당 4,500억 개의 동결 건조 세균을 함유하고 있으며, 현재 진행 중인 두 건의 ASD 환자 대상 임상시험에서 평가 중이다.

그 가운데 이탈리아에서 실시한 임상시험은 '자폐증 진단 관찰 스케줄®-2 평가 검사'로 측정한 자폐증 중증도의 변화이다. 피험자들은 위장 증상이 있는 그룹과 없는 그룹으로 나뉘어 한 달 동안 하루 2포씩 비보믹스®를 복용하고 추가로 5개월 동안 1포씩 복용했다. 영국에서 실시된 또 다른 임상시험은 교차 임상시험으로, ASD 환자를 4주 동안 비보믹스® 또는 위약 그룹에 배정하고 그후 4주 동안의 휴약 기간을 거쳤다. 휴약 후 피험자들은 4주 동안 다른 그룹으로 이동하게 된다. 이 연구는 '자폐증 치료 평가 체크리스트(ATEC)$^{\text{Autism Treatment Evaluation Checklist}}$' 검사를 사용하여 자폐증 증상의 변화를 측정한다.

세 가지 프로바이오틱스 균주인 L. 아시도필루스, L. 람노서스, B. 롱검을 사용한 오픈 라벨 시험에 따르면 3개월간 프로바이오틱스를 섭취한 후 자폐증 및 위장 증상의 심각성을 각각 ATEC 및 위장 중증도 지수 설문지를 사용하여 평가한 결과, 증상이 개선되었다.[25] 또한 B. 락티스 BB-12(BB-12)와 L. 람노서스 GG(LGG) 그리고 (BB-12 + LGG)의 조합이 포함된 프로바이오틱 제품이 ASD 증상에 미치는 영향을 조사했다. 이 외에도 여러 가지 복합 프로바이오틱스 조합의 안전성과 효능을 평가하는 위약 대조 시험이 여러 건 진행 중이다.

ASD에 단일 프로바이오틱스 균주를 사용한 연구도 수행되었다. 그러나 남자아이만 대상으로 하고, 사용된 용량에 대한 정보가 부족하고, 주요 결과에 대한 심층분석이 부족하여 일차 결과의 해석이 제한되는 점 등이 이러한 연구의 잠재적 편향 또는 단점으로 지적된다. 자폐성 장애에서 프로바이오틱스의 역할에 대한 체계적인 연구를 실시한 것은 현재까지 자폐성 장애 아동을 대상으로 프로바이오틱스 보조제를 사용한 6건의 임상시험이 보고되었다. 이 중 대부분은 전향적이고 공개된 연구였으며, 그 결과는 프로바이오틱스가 자폐성 장애 아동의 위장 또는 행동 증상을 완화하는 역할을 뒷받침하는 증거는 제한적인 것으로 나타났다. 두 건의 이용 가능한 이중 맹검, 무작위 배정, 위약 대조 시험에서는 위장 증상과 행동에 유의미한 차이가 없는 것으로 나타났다.[26]

유망한 전임상 연구결과에도 불구하고 프로바이오틱스는 자폐성 장애 아동의 위장 또는 행동 증상 관리에 전반적으로 제한적인 효능이 있는 것으로 나타났다. 이러한 연구결과는 장내 미생물이 ASD 발병에 중추적인 역할을 하지 않거나 프로바이오틱스가 장-뇌 축에 미치는 영향과 장내 미생물 불균형 치료에 효과적이지 않다는 것을 암시한다. 그러나 신경염증과 메커니즘적으로 연결된 장내 미생물 불균형을 구체적으로 교정하기 위한 개인맞춤형 개입단면 연구에서는 불가능의 부족, 표준화된 프로바이오틱스 요법의 부재, 다양한 균주와 농도의 프로바이오틱스 사용, 다양한 치료 기간 등은 현재까지 얻은 결과가 일관성이 없고 빈약한 이유를 설명할 수 있는 요인들이다.

그럼에도 불구하고 사이코바이오틱스는 세균과 인간 간의 상호작용에 대한 현재의 패러다임을 단순한 공생 관계에서 상호 영향을 미치는 공생 관계로 크게 변화시키는 매우 광범위하고 예상치 못한 시나리오를 제시하고 있다. 사이코바이오틱스의 임상 적용 가능성은 13장과 14장에서 설명한 것처럼 전향적 종단 연구를 기반으로 한 좀더 표적화된 개입을 통해 개인맞춤형으로 사용하고 잠재적인 유익한 효과를 극대화함으로써 크게 좌우될 것이다.

Chapter 17
인공지능, 합성생물학, 그리고 마이크로바이옴

인공지능과 치료 및 예방을 위한 새로운 표적

인간게놈 프로젝트가 시작된 지 30년이 지난 지금도 우리는 다양한 만성염증성 질환을 해결하기 위한 치료 표적을 찾기 위해 인간 생물학의 복잡한 본질에 대해 계속 고민하고 있다. 실망스럽게도 인간게놈지도에서 임상적으로 관련되어 확인된 돌연변이는 가능한 치료 표적의 2%에 불과했다. 그러나 이러한 결과에서 얻은 교훈은 인간 질병의 나머지 98%는 돌연변이보다는 유전자 발현의 변화로 발생한다는 것이며, 이는 처음에 비암호화 '정크 DNA'로 알려진 DNA가 암호화 DNA의 후성유전학적 조절 표적으로서 핵심 기능을 한다는 것을 시사한다.

마이크로바이옴이 이 "조절 게놈regulatory genome"을 어떻게 조절하는지 이해하는 것은 많은 인간 질병에 대한 새로운 치료 및 예방 표적을 발굴하는 데 있어 획기적인 진전을 의미한다. 기술과 비용은 더 이상 이러한 목표를 달성하는 데 제한적인 요소가 아니다. 오히려 인간 세포주 또는 인간 마이크로바이옴에 대한 게놈, 전사체, 대사체, 단백질체 연구를 통해 생성되는 데이터의 폭발적인 증가에 따른 엄청난 양의 고차원 데이터를 처리할 수 없다는 한계점이다. 이러한 데이터를 분석하려면 새로운 계산 도구와 알고리즘의 개발이 필요하다.

연구자들은 이러한 데이터를 지식으로 전환하고 이 지식으로부터 학습하여 치료 개입 대상을 식별하고 정밀한 개인맞춤형 의료를 통해 환자의 치료 결과를 개선하기 위해 인공지능과 머신러닝에 눈을 돌리고 있다. 머신러닝 알고리즘이 시간이 지남에 따라 더 많은 데이터가 수집되어 축적되는 샘플 데이터로 학습되면, 이러한 알고리즘은 인간의 능력을 뛰어넘는 방식으로 작업을 수행하고 점점 더 똑똑해질 수 있다. 인간의 학습을 기반으로 하는 모델에서 컴퓨터는 관찰 데이터를 학습하여 당면한 문제에 대한 자체적인 해결책을 찾아낼 것이다.

인공지능에 대한 딥러닝 접근 방식

AI와 그 하위 집합인 머신러닝machine learning은 매일 생성되는 엄청난 양의 데이터를 이해하기 위한 핵심 도구이다. 이러한 도구는 진단 정확도를 획기적으로 개선하고 질병의 진행 과정에 대한 예후 예측 애플리케이션에 도움이 될 수 있다.

지능적인 인간의 행동을 모방하는 지능형 기계를 만드는 과학으로 광범위하게 정의되는 '인공지능(AI)'이라는 용어는 1956년 여름 뉴햄프셔주 하노버의 다트머스 대학에서 만난 수학자 그룹에서 유래되었다. 다트머스 수학과 교수인 존 맥카시John McCarthy는 "학습의 모든 측면이나 지능의 모든 특징은 원칙적으로 기계로 시뮬레이션할 수 있을 정도로 정확하게 기술될 수 있다는 추측을 바탕으로 연구를 진행"하기 위해

"인공지능에 관한 다트머스 여름 연구 프로젝트"를 조직했다.[1]

AI, 머신러닝 그리고 생물의학 연구에 대한 지식을 얻기 위해 우리의 동료이자 매사추세츠 종합병원(MGH)의 MIBRC의 계산 및 시스템 생물학 엔지니어링 전문가인 알리 조모로디$^{Ali\ Zomorrodi}$와 이야기를 나눴다. 머신러닝 분야는 지난 몇 년간 '딥러닝' 접근법의 개발로 인해 의학 및 의료 분야에서 AI의 응용 분야를 혁신할 수 있는 혁명적인 성과를 목격했다. 대부분의 딥러닝 접근 방식은 오랫동안 존재해온 기존의 인공 신경망(ANNs)$^{artificial\ neural\ networks}$을 확장한 심층 신경망(DNNs)$^{deep\ neural\ networks}$을 기반으로 하고 있다고 조모로디는 말한다.[2]

인공신경망^{ANNs}은 상호 연결된 뉴런의 복잡한 네트워크로 구성된 인간 두뇌의 학습 및 의사 결정 과정을 모방하기 위해 개발된 머신러닝 모델이다. 전통적인 ANNs은 입력 데이터를 받아들이는 입력 계층, 데이터를 처리하는 숨겨진 계층, 처리된 데이터를 기반으로 결정을 내리는 출력 계층의 세 가지 뉴런 계층으로 구성된 가장 단순한 형태이다. 물론 조모로디가 지적했듯이 인간의 두뇌에 의한 학습과 의사 결정은 훨씬 더 복잡한 과정이다.[3]

인간의 뇌는 계층적으로 구조화된 여러 층의 뉴런으로 구성되어 있으며, 각 층은 데이터를 '처리'하고 그 결과를 다음 층으로 연속적으로 전달하여 출력층에서 결정이 내려질 때까지 추가 '처리'를 진행한다. DNNs는 기존 ANNs에 더 많은 숨겨진 계층을 추가하여 이 복잡한 인간의 프로세스를 시뮬레이션하는 것을 목표로 한다. DNNs은 처리량이 많은 생물학적 데이터의 특징인 고도의 비선형 관계를 가진 고차원 이질적인 데이터 유형뿐만 아니라 "노이즈가 많고" 희소한 데이터도 처리할 수 있다. 그럼에도 불구하고, 조모로디에 따르면 딥러닝 접근법의 한계는 쉽게 얻을 수 없는 매우 큰 훈련 데이터 세트와 그래픽 처리 장치와 같은 특수 하드웨어가 요구되며, 많은 계산이 필요한 긴 훈련 단계를 거쳐야 한다는 점이다.[4]

딥러닝 접근 방식은 컴퓨터 비전시각 및 음성 인식과 같은 여러 중요한 애플리케이션에서 뛰어난 성능을 입증했다. 구글, 아마존, 마이크로소프트, 페이스북 등의 기업에서 이러한 접근 방식을 대규모로 배포하기 시작했다. 또한 아마존, 구글, 페이스북은 신약 개발의 초기 과제인 단백질 구조를 찾는 등 의료 서비스를 개선하기 위해 AI 기술을 활용하는 방안을 모색하기 시작했다.[5] 그러나 생물의학 및 마이크로바이옴 연구에서 딥러닝의 잠재력은 아직 완전히 탐색되고 활용되지 않았다.

통계 분석 또는 머신러닝

과학 분야에서 오랫동안 사용된 일반적인 통계적 접근방식 대신 이렇게 정교한 분석방법론이 필요한 이유는 무엇일까? 간혹 머신러닝과 통계학이 같은 목표를 지향하며, 머신러닝은 더 강력한 통계 방법의 '차세대'라고 생각할 수 있다. 그러나 이 둘은 동의어가 아니다.

한 AI 블로거의 말에 따르면 "머신러닝과 통계의 가장 큰 차이점은 목적에 있다. 머신러닝 모델은 가능한 한 가장 정확한 예측을 하도록 설계되었다. 통계 모델은 변수 간의 관계를 추론하기 위해 설계되었다."[6] 우리 같은 평범한 인간에게는 이 전문적 설명의 실제 의미가 잘 이해되지 않기도 한다.

좀더 설명하자면, 통계는 데이터에 관한 수학적 연구이므로 데이터가 없으면 통계를 만들 수 없다. 통계 모델은 데이터 내의 관계를 추론하거나 미래값을 예측할 수 있는 모델을 만드는 데 사용되는 데이터에 대한 모델이다. 좀 더 명확하게 설명하자면, 예측을 할 수 있는 통계 모델은 많지만 예측 정확도가 강점은 아니다. 마찬가지로 머신러닝 모델도 다양한 수준의 해석 능력을 제공할 수 있지만 일반적으로 예측력을 위해 해석 가능성을 희생한다.

조모로디에 따르면, 일반적인 통계적 접근법은 데이터 분포에 따라 어떤 분석 방법을 적용할지 정해진 엄격한 규칙을 따른다. 데이터가 정규 분포인 경우와 데이터가 정규 분포가 아닌 경우 서로 다른 접근법을 사용한다.[7] 반대로 머신러닝에서는 기계가 데이터에 대한 엄격한 규칙이나 가정을 적용하지 않고도 데이터를 '학습'할 수 있기에 유연성이 더 높다. 또 다른 장점은 머신러닝 접근 방식은 통계적 접근 방식에서는 불가능한 여러 가지 이질적인 데이터 유형과 엄청난 수의 잠재적 예측 변수를 동시에 분석하고 학습할 수 있다는 것이다.

딥 머신러닝 및 멀티오믹스 분석

멀티오믹스Multiomic Analysis 분석의 경우 몇 가지 흥미로운 질문이 있다. 숙주 게놈과 RNA 시퀀싱이 질병의 발병과 관련된 특정 경로를 추론할 수 있을 만큼 충분한 정보를 제공하는가? 메타게놈 데이터의 어떤 특정미생물 또는 인코딩된 기능 경로이 특정 질병과 연관될 수 있는가? 메타전사체 정보가 마이크로바이옴의 후성유전학적 역할을 이해하는 데 유용한가? 마이크로바이옴 또는 숙주에 의해 생성된 대사산물이 잠재적으로 질병의 발병과 메커니즘적으로 연관될 수 있는가?

조모로디에 따르면, 시간이 지나면 머신러닝 접근법이 훨씬 더 야심찬 목표를 달성할 수 있다고 한다. 예를 들어, 마이크로바이옴의 구성과 기능, 그리고 특정 질병 사이의 연관성이 밝혀지면 마이크로바이옴을 분석하여 특정 환자의 질병을 파악할 수 있게 될 수도 있다. 더 흥미로운 것은 머신러닝 접근법이 종단적 데이터로 훈련되면 특정 시점에 특정 질병의 발병 위험이나 개인의 질병 중증도를 예측할 수 있다는 점이다.[8]

이는 표적화된 개인형 맞춤 개입을 통해 마이크로바이옴의 구성과 기능을 수정함으로써 첫째, 질병을 차단하고 둘째, 근원적으로 예방하는 '성배(이상적 목표-역주)'이다. 이러한 개입에는 식단의 변화와 특정 프리바이오틱스장내 유익한 미생물의 성장을 촉진하는 영양소, 프로바이오틱스알약으로 섭취할 수 있는 유익한 장내 미생물 또는 이 둘의 조합즉, 신바이오틱스을 사용하는 것이 포함될 수 있다(15장 참조).

이는 먼 목표처럼 보일 수 있지만 이 원리는 이미 다른 애플리케이션에서 구현되고 있다. 한 가지 예로 운전자의 주의를 모니터링하고 경고를 보내 도로 안전을 개선하고 불안전한 운전을 방지할 수 있는 첨단 운전자 보조 시스템(ADAS)advanced driver assistance systems의 개발이 있다. 운전자 시선의 실시간 추정을 경고 시스템과 결합하여 ADAS의 효과를 높일 수 있다. 그러나 이러한 ADAS와 같은 실시간 시스템은 신뢰할 수 있는 시선 추정 및 시선 영역 분류에 많은 어려움을 겪고 있다.[9] 이러한 한계를 극복하기 위해 불규칙하고 다양한 데이터 수집을 기반으로 운전자의 주의 산만을 예측하고 차량이 제때 ADAS를 활성화하여 사고를 예방하도록 유도하는 DNNs가 적용되고 있다.[10]

마이크로바이옴 분석에도 유사한 접근 방식을 적용할 수 있으며, 향후에는 연령, 지역, 식단 등 샘플을 얻은 사람에 대한 광범위한 정보를 제공할 수 있게 될 것이다. 그러나 마이크로바이옴 연구 분야에서 혁신적인 변화는 딥러닝을 사용하여 개인화된 치료 개입 또는 질병 차단을 위한 예측 모델을 개발하는 것이다(이 두 가지 개념은 이 책 곳곳에 퍼져 있다). 조모로디에 따르면, 이러한 목표를 달성하는 데 있어 가장 큰 한계는 예측 머신러닝 모델을 개발하기 위해 시스템을 훈련시키는 데 필요한 모든 변수를 포함하는 대규모의 강력한 데이터의 가용성이다.[11]

이 과정은 의대생들이 의학의 기초에 대한 탄탄한 데이터를 습득하기 위해 의과대학 과정을 수강하는 상황과 비슷하다. 졸업하고 실습을 시작한 후에는 이러한 데이터를 실습 중에 지속적으로 활용하지만, 학교에서 배우지 못한 상황에도 직면하게 된다. 시골이나 도시, 가난하거나 부유한 지역, 북부 지역이나 남부 지역 등 여러 변수에 따라 새내기 의사들은 매우 다른 상황에 직면할 수 있다. 이렇게 얻어진 새로운 환자 데이터들이 이전의 학습 과정과 통합되면 질병을 표준화하고 효율적인 방식으로 진단하고 치료할 수 있는 예측력을 개발할 수 있다.[12]

딥러닝을 활용하여 신뢰할 수 있는 예측 모델을 개발하려면 특정 질병과 관련된 방대한 양의 강력한 마이크로바이옴 데이터가 필요하다. 한 가지 큰 문제는 이러한 데이터 대부분이 많은 피험자로부터 얻은 것이라 하더라도 일반적으로 단면적인 데이터이기 때문에 특정 질병에 걸린 환자와 연령, 성별, 라이프스타일이 일치하는 건강한 피험자 간의 마이크로바이옴 정보를 비교해야 한다는 문제가 있다. 이러한 연구들은 다른 변수를 통제할 경우 건강 상태에서 질병 상태로의 변화가 모두 미생물군집의 구성 및 기능의 차이와 관련이 있다고 가정한다. 그러나 안타깝게도 일반적으로는 그렇지 않기 때문에 이러한 머신러닝 모델의 설득력과 신뢰성에 제약이 있게 된다.

14장에서 언급했듯이, 이러한 이유로 가장 강력한 데이터는 질병에 걸릴 위험에 처한 사람들을 장기간 추적 관찰한 종단적 전향적 연구에서 나온 것으로, 이들 중 일부는 나중에 질병이 발병하고 일부는 발병하지 않았다. 이 경우 특정 질병의 발병 전, 발병 중, 발병 후의 데이터를 머신 러닝 알고리즘 학습에 사용하면 더 정확한 예측 모델을 만들 수 있다.

이러한 모델은 특정 마이크로바이옴 구성 요소를 이상적으로는 균주 수준에서 특정 시점과 연결하여 질병 감수성 또는 방어력을 결정할 수 있다. 그런 다음 이러한 결과를 무균 쥐 모델에서 검증하여 특정 마이크로바이옴 균주가 질병 발병 또는 보호와 관련된 특정 대사 경로에 영향을 미치는지 확인할 수 있다. 이는 15장에서 논의한 차세대 프로바이오틱스를 식별하는 이상적인 경로가 될 것이다.

그러나 차세대 프로바이오틱스도 개인의 건강 상태에 영향을 미치는 경로를 메커니즘적이고 구체적인 표적으로 삼기에는 너무 초보적이거나 부적절한 결과를 생성할 수 있다. 차세대 프로바이오틱스의 잠재적인 치료 효과는 다른 마이크로바이옴 구성 요소와의 상호작용으로 경감될 수 있기 때문이다. 그렇다면, 합성생물학이 이러한 치료 기회를 더 효과적으로 활용할 수 있는 방법이 될 수 있을까?

치료 및 예방을 위한 합성생물학적 표적

이 질문에 답하기 위해 저자들은 친구이고 동료이자 오랜 협력자이면서 합성생물학 분야의 세계 최고 전문가 중 한 사람인 매사추세츠주 케임브리지에 있는 MIT의 티모시 "팀" 루Timothy "Tim" Lu에게 연락을 취했다. 그는 프리바이오틱스, 프로바이오틱스, 포스트바이오틱스, FMT(대변미생물이식-역주) 및 여러 방법을 사용하여 다양한 방식으로 마이크로바이옴을 조절하려는 큰 시도들이 있었다는 데 동의했다. 이들 접근 방식은 모두 타당한 접근법이었으며, 그 중 일부는 놀라운 결과를 가져왔다. 한 가지 예로 항생제 내성 C. 디피실 대장염*difficile colitis*을 FMT로 치료한 결과 환자의 삶의 질이 크게 개선되어 치료 목적으로 마이크로바이옴을 사용할 수 있음을 증명한 사례가 있다.[13]

그러나 루에 따르면 현재 장내 미생물군집을 조작하는 전략은 주로 프리바이오틱스의 자연적 특징에 의존하거나 환자에게 투여하는 프로바이오틱스가 치료 효과에 전적으로 직접적인 책임이 입증되지 않은 개념에 기반하고 있어서 다소 한계가 있다고 한다. 그는 이러한 접근 방식이 세포 치료의 초창기와 다소 유사하다고 생각한다.[14]

연구자들이 처음 세포 치료를 환자에게 적용하기 시작했을 때, 그들은 조작되지 않은 세포를 채취하여 특정 방식으로 처리한 후 환자에게 다시 주입했다. 그 결과 일부 대표적인 사례에서 좋은 효과를 볼 수 있었다. 그러나 특정 유형의 암에 대한 면역요법에서 보았던 것과 같이 진정으로 혁신적인 효과를 얻으려면 이러한 제품의 효능을 더 정밀하게 조사하고 그 메커니즘을 정의하기 위해 더 높은 수준의 처리 기술에 도달해야 했다.

따라서 루의 일반적인 생각은 마이크로바이옴을 조작하는 데 있어서도 현재의 기술을 사용하여 '일단 시도해 보는 접근 방식'에서 시작해 비슷한 진화를 거치리라는 것이다.[15] 그러나 인간의 특정 생물학적 사건을 조절하는 주요 경로와 핵심 메커니즘에 대해 더 많은 식견을 얻게 되면 이러한 경로에 영향을 미칠 수 있는 더 재현 가능하고 더 강력한 방법을 시도할 수 있는 전략으로 전환할 수 있다. 이런 접근법의 가장 직접적이고 합리적인 방법 중 하나는 이러한 메커니즘을 유전공학적으로 조작하여 특정 치료제를 만드는 것이다.

이 목표는 단계적 접근을 통해 달성할 수 있다. 즉 연구자들이 마이크로바이옴 구성과 기능을 조작하여 치료 전략으로 사용하기 위해 먼저 규명하고, 두 번째로 개발하고, 세 번째로 조작되지 않은 차세대 프로바이오틱스 버전을 탐색하는 것이다. 그러나 심층 머신러닝과 수학적 모델링을 통해 어떤 경로가 장내 미생물의 영향을 받는지에 대한 명확한 정보를 얻게 되면 합성생물학적 접근법을 통해 보다 표적화된 방식으로 해당 경로를 조절할 수 있는 제품을 합성하는 것이 가능할 것이다.

놀라운 머신 복제하기

합성생물학synthetic biology의 정의는 엔지니어링 기술을 적용하여 유전자 작동 회로를 개발하는 것이다. 이 회로를 미생물에 이식하여 특정 대사 기능을 수행하고, 그 결과를 기록하여 표적 치료 개입의 정보로 사용할 수 있다.

루는 합성생물학을 "우리가 유전 공학으로 알고 있는 것의 일종의 확장된 영역"이라고 설명한다.[16] 오래된 전통적인 유전 공학의 대표적인 예는 세균을 조작하여 단일 단백질을 대량으로 생산하는 인슐린의 복제와 생산이다. 이 기술은 개발되어 의약품 제조에 활발히 사용되고 있다. 합성생물학 엔지니어들은 이 기술을 발전시켜 더 복잡한 문제를 해결하고자 한다. 예를 들어 하나의 유전자가 아닌 여러 개의 유전자를 어떻게 조합하고, 그 유전자들이 어떻게 상호작용하여 세포를 기본적으로 미니어처 컴퓨터로 만드는가? 같은 문제들이다.

루가 즐겨 사용하는 비유는 전통적인 유전 공학이 월스트리트 저널에 나온 단어를 따와서 그것들로 책을 쓰는 것과 유사하다는 것이다.[17] 하지만 좀 더 복잡한 종류의 프로그램이나 스토리를 구성하려면 한층 더 어렵게 된다. 지난 10년 동안 DNA 합성 및 염기서열 분석 기술이 지속해서 발전하고 저렴해지면서 우리는 게놈에 임의의 문자를 쓰고 입력하는 방법을 알아냈고, 이를 통해 훨씬 더 복잡한 방식으로 세포를 프로그래밍할 수 있게 되었다. 이런 성과에 의해 이제 우리는 세포를 컴퓨팅 기계로 생각할 수 있게 되었다.

두 개의 단일 세포가 결합하여 기능을 갖춘 복잡한 다세포 유기체로 인간이 발전하는 과정은 마치 놀라운 기계가 만들어지는 과정과 비슷하다. 인간은 DNA에 모든 유전적 지침이 담겨 있고, 뚜렷한 패턴과 조율된 기능과 움직임을 가진 다면적인 존재로 자율적으로 하나의 개체로 성장할 수 있다. 궁극적으로 이 복잡한 과정은 오늘날 세계 최고의 컴퓨터도 모방할 수 없는 계산 문제로 간주된다.

루와 그의 동료들이 합성생물학을 통해 하려는 것은 이 '놀라운 기계'를 복제하되, 궁극적으로 그 역동성과 '의사 결정' 능력을 일종의 제어를 통해 결합하는 것이다. 미생물에 유전 공학을 처음 적용한 것은 미생물을 일차원적인 기능을 가진 일종의 공장으로 바꾸는 것이 목표였다. 생명공학자는 미생물의 게놈에 인슐린 유전자와 같은 유전자를 삽입했다. 미생물이 해야 할 유일한 '결정'은 스스로를 복제하는 것이었고, 그렇게 함으로써 많은 양의 인슐린을 만들어 낼 수 있었다. 이것이 바로 고전적인 유전 공학이다.

이제 우리는 다음 단계로 나아갈 수 있게 되었다. 미생물에게 하나의 제품을 만들도록 요청하는 대신, 우리는 미생물에게 우발적인 환경 상황에 따라 스스로 결정을 내리도록 요청하고자 한다. 이러한 조건은 특정 결과를 얻기 위해 특정 프로그래밍에 따라 일련의 행동과 유전자 발현의 시행 여부와 시기를 결정한다. 하지만 환경 조건이 바뀌면 미생물의 유전자 회로는 다른 의사 결정 과정을 활성화하여 다른 결과를 초래하게 된다.

이 개념은 믿을 수 없을 정도로 다양한 기회를 열기 때문에 공상 과학 소설처럼 들릴 수도 있다. 하지만 이제 우리는 이러한 새로운 기술을 활용하여 마이크로바이옴 연구의 세계에서 필요한 다음 단계, 즉 과학적 개념 증명 또는 순전히 이론적 가능성에서 인간 치료의 적용 가능성으로 나아가는 데 필요한 단계에 도달할 수 있다.

합성생물학 전략

 루는 이 모든 정보를 인간 질병 치료에 활용할 수 있는 기술로 전환할려는 전형적인 기업가이며, 이러한 목표를 가진 여러 스타트업 회사의 설립자이다. 마이크로바이옴을 치료 목적으로 합성생물학을 활용하고 있는데, 이들 회사가 실행하고 있는 전략을 루에게 문의했다.
 그의 관점에서 마이크로바이옴을 조작하는 데는 몇 가지 접근 방식이 있다. 하나는 마이크로바이옴에 무언가를 추가하는 것이다. 마이크로바이옴에 무언가를 추가할 때는 단일 프로바이오틱스를 추가하거나 세균의 정의된 혼합물 또는 FMT 물질을 추가할 수 있다. 또 다른 옵션은 특정되고 잘 정의된 기능을 갖도록 프로그래밍된 유전자 조작 혼합물을 추가하는 것이다.[18]
 생명공학 기술에 관한 관심이 높아지면서, 우리는 주로 마이크로바이옴에 조작된 프로바이오틱스 균주나, 이미 장에 살고 있는 공생 균주를 조작하여 추가하는 데 집중해 왔다. 마이크로바이옴을 조작하는 또 다른 방법은 마이크로바이옴에서 특정 세균을 제거하는 것이다. 이는 현재 임상 환경에서는 다소 덜 연구되었지만, 연구자들은 이 목표를 달성하기 위해 여러 가지 방법을 시도하고 있다.
 가장 진보된 접근 방식은 세균의 자연 포식자인 박테리오파지를 사용하는 것이다(5장 참조). 즉 마이크로바이옴의 특정 균종을 조작하기 위해 박테리오파지 기반 치료제를 만들려는 노력이 계속되고 있다. 이러한 치료제는 개발 초기 단계에 있으며, 이러한 종류의 조작을 개발하는 과정에서 아직 해결되지 않은 많은 의문점이 남아있다. 하지만 루는 인체 실험을 통해 마이크로바이옴이 어떻게 작동하는지 더 많이 알게 되면 이러한 기술을 성공적인 임상 적용으로 이끌 수 있을 것으로 기대한다.[19]

합성생물학이 직면한 과제

 루의 비전과 현재의 기술을 바탕으로 가까운 미래에 특정 대사 기능을 수행하도록 마이크로바이옴을 조작할 수 있게 될 것이라고 상상해 보자. 즉 합성생물학을 활용하여 미생물 또는 미생물 그룹을 배치하여, 미생물간 불균형으로 인한 대사적 결과를 상쇄하여 염증을 개선할 수 있는 분자를 생산하고 전달할 수 있게 될 것이다. 루는 이 접근법이 이미 동물 모델에서 사용되었기 때문에 이것이 가시적인 가능성이 있다고 생각한다.[20]

 인간에 적용하는 관점에서 중요한 질문은 다음과 같다: 이 세균이 실제로 무엇을 만들고 전달하기를 원하는가? 세균이 반응해야 하는 주요 질병 바이오마커는 무엇인가? 그리고 이러한 분자의 존재를 감지하면 실제로 어떻게 해야 할까? 예를 들어, IL-22나 TNF-α 또는 특정 생물학적 경로를 표적으로 삼아야 할까?

이것은 근본적인 생물학에 관한 질문이다. 더 이상 합성생물학 조작이 가능한지 여부가 아니라, 우리가 목표로 삼고자 하는 생물학적 문제에 대한 충분하게 완전하고 강력한 지식이 부족하다는 것이 제한 요인이다. 실제로 특정 치료법을 설계하기 전에 이러한 탄탄한 지식을 습득해야 한다.

이 단계에 도달해야만 두 번째 과제, 즉 특정 목표 제품 프로파일을 실제로 달성하거나 해당 기능을 수행할 수 있는 치료제를 설계할 수 있다. 이는 공학기술적 과제에 가깝고, 루는 바로 이 단계에서 합성생물학이 본격적인 힘을 발휘할 수 있다고 믿는다.

주요 치료법의 핵심 질문은 다음과 같다. 장은 복잡한 곳이고 상당히 복잡한 유전자형을 조작하기 위해 세균을 접목한다는 점을 고려할 때 이러한 치료법이 얼마나 효력이 있을까? 루는 각 세균이 원하는 생물학적 결과를 위해 배치되어, 유익한 생물학적 인간 생리현상으로 전환될 수 있어야 그 치료 효과를 가늠할 수 있을 것이라고 예상한다.[21]

이러한 도전은 과거 의약품 개발에 사용되었던 전략과 최초의 생물학적 제제가 개발되었던 방식을 연상시킨다. 당시에는 투약량과 원하는 기능을 특정 표적 방식으로 전달하고 달성하는 방법에 대해 동일한 의문을 가졌다. 마이크로바이옴을 생체 내에서 조작하려는 또 다른 기관으로 생각하기 때문에 마이크로바이옴 조작에 대해서도 동일한 학습 과정을 거치게 될 것이다.

말하기는 쉽지만 실행하기는 훨씬 더 어렵다. 이러한 이유로 우리는 루에게 돈과 시간이 제약 요인이 되지 않는다고 가정하고 과학적 접근 방식에서 합성생물학으로 치료 전략을 전환하는 가상의 이상적인 계획을 제안해 달라고 요청했다. 루에 따르면 다음과 같이 우리가 해야 할 몇 가지 중요한 일이 있다.

세균 '라이브러리' 확장

첫 번째 단계는 조작된 세균의 더 확장된 키트를 개발하는 것이다. 현재 합성생물학 접근법은 특정 대장균이나 의간균주 등 상당히 제한된 수의 잘 특성화된 세균 균주에만 사용할 수 있다. 그러나 마이크로바이옴에는 지속적인 생산과 조작의 대상이 될 수 있는 수천 가지 유형의 세균이 존재한다. 루에 따르면, 치료 목적으로 합성생물학을 완전히 활용하기 위해서는 훨씬 더 많은 세균 균주를 배양하는 능력을 높이고, 유전체를 마음대로 조작할 수 있는 유전 도구를 개발하는 것이 이 분야의 주요 요구 사항이다.[22]

루가 요구한 두 번째 단계는 적절하게 테스트할 수 있는 더 나은 중개 모델을 개발하는 것이다.[23] 엄밀히 말하면 이것은 합성생물학 문제가 아니라 일반 생물학 문제이다. 가능한 한 빨리 설계하고 최적화하려면 예측가능하고 신뢰할 수 있는 모델이 필요하다. 왜냐하면 우리가 완전히 이해하지 못하는 시스템에 대해 치료 전략을 설계할 수 없기 때문이다. 이러한 도구가 없다면 마이크로바이옴을 조작하여 인간의 질병을 개선하기 위한 합성생물학 기술을 적용하는 데 너무 오랜 시간이 걸릴 것이다. 따라서 인간 장 오르가노이드(이 책의 앞부분에 설명)나 혁신적인 동물 모델과 같은 중개 분석법을 개발하는 데 더 많은 시간과 노력을 투자하는 것이 필수적이다.

세 번째이자 마지막 단계는 연구부터 임상 적용까지 걸리는 시간을 단축하는 방법을 찾는 것이다. 물론 이러한 모든 노력의 궁극적인 목표는 이러한 기술을 인간 임상시험으로 발전시키는 것이지만, 현재의 접근 방식은 비용과 시간이 매우 많이 소요된다. 엔지니어인 루는 합성생물학 제품을 테스트하는 데 걸리는 시간 때문에 종종 좌절감을 느낀다. 기초 과학자들은 실험을 수행하고 실시간으로 답을 얻을 수 있다. 그러나 어떤 접근법이 임상 환경에서 효과적인지 파악하려면 FDA가 모든 치료 전략을 인체에 적용하기 위해 제시한 절차효과가 있다고 가정할 때에는 평균 15년과 10억 달러 이상이 필요하다.

루는 마법의 해결책은 없지만 임상시험 전략을 더 유연하게 만들기 위해 정책 연구에 더 많은 투자가 이루어지기를 바란다고 말했다. 그는 혁신적인 방법을 도입하여 제품을 더 신속하게 시험하고, "연구 중에도 on the go" 접근법을 지속해서 업데이트하고 조정하는 탐색적 접근법을 사용하길 원한다. 루는 이를 보다 능동적이고 대응력 있는 임상시험을 위한 유망한 비전으로 보고 있다.[24]

루와 조모로디가 제안한 바에 따라 AI와 딥 머신 러닝이 인실리코(in silico(컴퓨터를 이용한 모델링이나 모의 시뮬레이션 방법을 이용하여 수행한 과학적 실험이나 연구를 지칭-역주)와 무균 모델과 같은 이론적 모델을 만들어 이 과정을 더욱 가속화할 수 있을 가능성이 제시된다. 이러한 모델을 개발함으로써 연구자들은 임상시험에서 얻은 데이터를 보다 일반화된 정보로 변환하여 더 빠른 작업과 더 효율적인 작업을 할 수 있으며, 유전공학자들은 더 효율적인 접근 방식을 선택할 수 있다.

루는 머신러닝의 강력한 잠재력에 동의하지만, 이 장에서 강조했듯이 좋은 데이터 세트에 적용될 때만 유용하다고 주장한다. 무엇이 실제이고 무엇이 그렇지 않은지 알려주는 데이터 세트가 없다면 유용하지 않은 모델을 학습시킬 것이다. 이 문제를 극복하려면 이상적으로는 과학계가 마이크로바이옴 연구 분야에서 생성된 모든 데이터를 통합된 형식으로 공유하여 모든 연구자가 중앙 위치에 결집된 모든 데이터에 액세스할 수 있는 규칙을 만들어야 한다. 이러한 진정한 협력적 접근 방식은 합성생물학을 포함한 마이크로바이옴 연구와 혁신적인 기술을 크게 가속화할 것이다. 엄청난 규모의 데이터 통합과 협업이 방대한 과제임을 고려할 때 이는 실현 가능성이 희박한 과제이긴 하지만, 이런 도전적인 과제를 해결하기 위해 우리가 어떤 접근 방식을 취하는가에 따라 전 세계 수백만 명의 사람들에게 도움이 될 수도 있고 해가 될 수도 있다는 점을 인식하는 것이 중요하다.

안전 문제

앞에서 논의된 모든 과제를 극복하고 합성생물학을 성공적으로 적용하여 마이크로바이옴을 마음대로 조작할 수 있다고 해도 핵심적인 질문이 남아 있다. 그것은 의도치 않게 통제를 벗어날 수 있는 기술을 우리가 사용할 수 있을까? 라는 질문이다. 생물학적 표적은 20분마다 번식하고 매우 빠르게 유전적 지문을 바꿀 수 있는 미생물이다. 이러한 생물학적 현실은 인간 임상 적용에 있어 안전과 윤리라는 복잡한 주제를 둘러싼 우려를 불러일으킨다.

루는 모든 살아있는 치료법과 마찬가지로 "살아있는alive" 것이 아닌 기존의 저분자 약물이나 생물학적 제제와는 전혀 다른 안전성 프로파일을 고려해야 한다는 데 동의한다.[25] 다양한 임상 적용을 위해 살아있는 치료제를 개발하면서 예상하지 못한 문제에 직면할 가능성이 있다.[26] 따라서 이러한 혁신적인 치료 전략의 의도하지 않은 영향을 최소화하기 위해 가능한 많은 새로운 문제를 해결할 수 있는 강력한 전임상 연구를 수행해야 한다.[27]

루는 세균과 세균의 유전적 가소성을 조작할 때, 이는 제품 제조와 안전 고려 사항에서 반드시 기억해야 할 사항이라고 지적했다. 즉 합성생물학 제품의 제조를 모니터링하여 의도한 기능만 달성할 수 있도록 매우 엄격하고 잘 통제된 품질을 확보할 수 있는 절차를 마련해야 한다. 조작된 균주를 환자에게 투여한 후에는 해당 유전자가 기능을 수행할 수 있을 만큼 오래 지속되도록 유지하고 돌연변이가 일어나지 않도록 해야 한다.[28]

루는 연구자들이 면역 기능에 더 잘 적응하는 세균 균주를 사용하여 이러한 위험을 완화할려고 한다고 말한다. 그가 "초최적화super-optimized"라고 부르는 일부 세균은 유전자 조작을 잘 견디지 못한다. 루에 따르면 합성생물학 엔지니어들이 개발한 마이크로플라즈마는 "최소한의 유기체"로 최적화되어 있어, 추가 조각을 집어넣으면 싫어한다고 한다. 그는 효모와 같은 다른 유기체는 유전자 조작에 훨씬 더 내성이 있다고 언급했다.[29] 또한 연구자들은 돌연변이 문제에 훨씬 덜 취약한 에너지 효율적인 버전의 유전자 회로를 만들기 위해 시도하고 있다.

많은 합성생물학 연구자들이 이러한 문제를 인식하고 이에 대처할 수 있는 안전장치를 개발하기 위해 노력하고 있다. 루는 유전자 돌연변이의 위험을 해결하기 위한 프로젝트에 참여했으며, 다른 연구자들은 킬 스위치(비상 정지 버튼-역주) 또는 수평적 유전자 전달을 제한하는 방법을 구축하는 데 사용할 도구를 서서히 개발하고 있다. 이렇게 하면 한 세균에서 설계한 것이 쉽게 빠져나가 의도하지 않은 결과를 초래하지 않게 할 수 있다.

하지만 생물학에서 일반적으로 발생하는 것처럼 위험을 최소화하는 것을 목표로 할 수는 있지만 절대적인 제로에 도달할 수는 없다. 마이크로바이옴 조작에 합성생물학을 사용하는 것이 안전하다고 100% 보장할 수는 없다. 하지만 지금까지 인간의 질병을 치료하기 위해 개발된 다른 모든 개입과 마찬가지로 시간이 지나면 그 안전성을 파악할 수 있을 것이다.

Chapter 18
노년기까지 회복력 있는 마이크로바이옴의 유지

노화의 생물학

노화는 해롭고 점진적이며 보편적인 변화의 증후군으로, — 현재까지는 — 이를 되돌릴 수 없다. 1997년부터 2019년까지 펍메드PubMed에 노화와 세포노화에 관해 약 369,000개의 논문이 발표되었다. 이 중 대부분은 지난 5년 동안 발표된 논문이며, 노화에서 마이크로바이옴의 역할에 초점을 맞춘 논문은 2,000여 편에 달한다. 이러한 연구를 바탕으로 우리는 노화 과정의 생물학적 기초를 훨씬 더 잘 이해할 수 있게 되었다.

노화로 인한 손상은 시간의 흐름에 따른 변화가 개인의 분자DNA, 단백질, 지질, 세포, 장기에 축적되면서 발생한다. 인간의 노화는 신체적, 심리적, 사회적 변화의 다차원적인 과정을 의미한다. 생물학적 노화의 복잡한 과정은 여러 세포와 조직에서 이질적으로 발생하는 유전적 요인, 더 크게는 환경적 요인, 그리고 시간 자체의 결과이다. 노화 속도가 모든 사람에게 동일하지 않기 때문에 생물학적 나이와 실제 연령이 항상 일치하는 것은 아니다.

정상적인 노화는 시력, 청력 상실, 현기증과 같은 감각 변화, 근육 약화, 민첩성 및 이동성 감소, 지방의 변화를 의미한다. 동시에 신장, 호흡기 및 위장 시스템을 포함한 여러 시스템의 기능이 저하되고 고혈압, 심혈관 질환, 당뇨병, 골관절염, 골다공증, 암 및 여러 신경계 질환을 포함하여 특정 질병에 걸릴 확률이 높아진다.

노화 과정에서 일어나는 모든 변화의 배경에는 염증, 면역 노화, 세포 노화라는 세 가지 핵심 요소가 있다. 이러한 전제하에 노화에 대한 두 가지 기본적인 질문, 즉 ① 우리는 왜 나이를 먹는가? ② 우리는 어떻게 나이를 먹는가? 이러한 질문에 답하기 위해서는 노화 과정의 분자적 기초에 대한 더 나은 이해가 필요하다. 이 이야기를 더욱 흥미롭게 만드는 것은 인생의 후반부에도 신체적, 정신적, 사회적 성장과 발달의 잠재력이 존재한다는 최근의 연구결과이다.

최근 동물 모델에서 회춘과 수명 연장에 대한 과학적 성공은 노화를 무시할 수 있고, 노화를 역전시키거나 적어도 노화를 상당히 지연시킬 수 있다는 가능성을 제시한다. 이러한 결과는 다음과 같은 상호 배타적이지 않은 이론을 바탕으로 노화의 발병 기전에 대한 이해가 높아졌기 때문일 수 있다.

1. 자유 라디칼(산화 스트레스) 이론: 노화 표현형은 다양한 유형의 스트레스 요인에 의해 자극되거나 유도될 수 있는 것으로 알려져 있다. 여기에는 정상적인 산소 대사의 자연적인 부산물인 활성 산소 종(ROS) reactive oxygen species에 의해 유도되는 변화도 포함된다. ROS는 신호 전달, 유전자 발현 및 증식 등 여러 생리적 기능을 조절하는 것으로 알려져 있다. ROS의 주요 세포 공급원은 미토콘드리아, 세포막, 소포체이

다. 생물의 수명 연장은 낮은 ROS 농도와 관련이 있는 반면, 노화 표현형은 높은 ROS 농도로 인해 유지가 된다. 산화제/항산화제의 불균형은 거대 분자DNA, 단백질, 지질에 구조적 손상을 일으킨다. 노화와 관련된 손상 거대 분자의 축적은 노화 과정을 설명하는 메커니즘 중 하나이다. 건강한 조직에서는 다양한 항산화제가 풍부히 존재하여 산화 물질 생성과 항산화 과정 사이의 균형이 유지된다.

2. 세포 노화와 세포자살 이론: 세포 노화와 전체 유기체생물의 노화 사이의 관계는 복잡하다. 세포의 '불멸성'은 줄기세포에 필수적인 반면 '불멸의' 체세포는 암세포이다. 세포자살은 세포가 수축되면서 제거되도록 유전적으로 제어되고 프로그램화된 세포 사멸과정으로서, 통제되지 않은 세포사멸인 괴사에 수반되는 염증과 그에 따른 조직 손상이 없이 이루어진다.

3. 면역체계 이론: 이 이론에 따르면 많은 노화 현상은 면역체계가 "외부" 단백질과 "자기" 단백질을 구별하는 능력이 떨어지기 때문이다. 장수에 영향을 미치는 조직 적합성 유전자, DNA 복구에 영향을 미치는 유전자, 슈퍼옥사이드 디스뮤타아제superoxide dismutase 생산 유전자가 모두 인간 염색체 6번에 서로 가깝게 있다는 증거가 있다.

4. 염증 이론: 노화가 진행됨에 따라 체내에는 염증성 사이토카인의 양이 증가하고, 노화는 염증성 전사인자인 NF-kB의 활성 증가와 관련이 있다는 이론이다.

5. 장 투과성 이론: 동물 모델과 인간을 대상으로 한 여러 연구에서 장 투과성이 노화로 이어지는 비감염성 만성염증과 관련이 있다는 보고가 있다. 초파리에서 장 투과성의 증가는 곤충의 실제 나이보다 임박한 죽음을 가장 잘 예측할 수 있는 지표이다.

노화의 전염증(Proinflammatory) 상태 : "염증성 노화"

어떤 이론을 적용하든 노화 표현형은 스트레스 요인과 스트레스 완충 메커니즘 사이의 불균형과 그에 따른 보완 예비력의 손실로 인해 복구되지 않은 손상이 축적되는 결과라는 점이다. 결과적으로 질병에 대한 감수성 증가, 기능적 예비력 감소, 치유 능력 및 스트레스 저항력 감소, 건강 불안정, 그리고 결국 건강의 실패로 이어진다. "노쇠화" 증후군의 결과로 나타나는 신체적, 인지적 쇠퇴는 개인의 건강 수명의 티핑 포인트이며 시스템 보상 능력 상실과 사망 위험이 증가되었다는 것을 의미한다.

신체 및 인지 기능의 보존은 노인 및 노인학 연구의 주요 초점이지만, 이러한 목표를 달성하려면 궁극적으로 기능 변화를 결정하는 분자, 세포 및 생리적 메커니즘에 대한 깊은 이해가 필요하다는 점을 인식해야 한다. 이러한 맥락에서 노화의 전염증 상태, 즉 '염증성 노화'가 중요한 역할을 한다. 종단 연구에 따르면 노화가 진행됨에 따라 대부분의 개인은 만성적인 저수준 염증 상태가 되는 경향이 있다. 이 상태는 다질환증, COVID-19와 같은 감염에 대한 취약성 증가, 신체 및 인지 장애, 허약, 사망의 강력한 위험 요인으로 간주된다.

그렇다면 이 만성 저강도 염증은 어떻게 그리고 왜 발생할까? 이 책의 주제인 장내 미생물 불균형-장 투과성-면역 활성화의 삼각관계가 다시 한번 작동하고 있는 것으로 보인다. 최근 새로운 이론에 따르면 염증은 젊은 사람과 노인70세 이상, 심지어 백세인 사람과 암 병력이 있는 허약한 노인 사이에서 장내 미생물군집의 큰 변화와 관련이 있다고 한다.[1]

노화와 관련된 장내 미생물 불균형은 염증성 공생균으로의 전환과 유익한 미생물 감소가 특징이며, 이는 장 장벽의 손상과 누출을 유발한다.[2] 이후 미생물 LPS 및 기타 미생물 생성물이 누출되면 순환하는 인터페론, TNF-α, IL-6 및 IL-1이 증가하여 노인에게 많이 나타나는 가벼운 염증 상태를 촉진하여 체력과 건강 저하가 가속화될 수 있다.[3]

일견 그럴듯해 보이지만, 이 이론과 앞서 설명한 순차적 사건을 뒷받침하는 강력한 증거가 있을까? 이것은 최근의 제안이 아니다. 15장에서 이미 언급했듯이 1907년 엘리 메치니코프는 조직 파괴와 노화가 만성 전신 염증의 결과이며, 이는 대장의 투과성 증가와 세균 및 그 생성물의 탈출로 인해 발생한다고 제안했다.[4] 그는 이러한 세균 생성물이 대식세포를 활성화하고, 그 결과 염증 반응이 주변 조직의 상태악화를 유발한다고 믿었다.

노화가 만성적이고 저수준의 염증 상태를 특징으로 한다는 최근의 증거는 메치니코프의 가설을 뒷받침한다.[5] 노화와 관련된 염증이 노화 과정에 영향을 미치기는 하지만, 어떤 메커니즘이 작용하든, 나이가 들면서 조직과 순환계의 사이토카인 수치가 증가하는 이유는 아직도 규명되지 않았다.

장 투과성과 노화

지금은 장내 투과성 증가가 미생물 불균형과 순환 내독소의 통과로 인해 염증을 유발하는 주요 요인이라는 상당히 확실한 증거가 있다. 초파리를 대상으로 한 연구에서는 장 장벽 기능 장애가 노화와 관련된 미생물군 구성의 변화로 인해 발생한다는 사실이 밝혀졌다.[6] 이 발견은 미토콘드리아 기능 장애 및 식이 제한을 포함한 다양한 초파리 유전자형 및 환경 조건에 따른 수명과 상관관계가 있는 것으로 나타났다. 연령과 관계없이 장 장벽 기능 장애는 개별 초파리의 임박한 죽음을 예측했다. 이는 이전에 노화와 관련된 전신 대사 결함 및 염증 프로필로 개별 초파리의 연령을 식별하는 것보다 더 정확했다.[7]

인간 대상 연구에서도 비슷한 결과가 보고되었다. 옌페이 치Yanfei Qi와 동료들은 젊은18~30세과 고령70세 이상 성인으로 구성된 두 개의 건강한 코호트를 연구했다. 연구진은 전신 염증의 지표인 TNF-α와 IL-6, 장 투과성의 바이오마커로 사용되는 조눌린, 염증을 유발하는 핵 단백질인 고이동성 그룹 박스 단백질(HMGB1)high-mobility group box protein의 혈청 농도를 측정했다. 그리고 혈청 내 조눌린 및 HMGB1 수치와 족저굴곡근의 근력 및 하루 걸음 수 간의 상관관계를 분석했다.

젊은 성인에 비해 노년층에서 혈청 조눌린이 22%, HMGB1의 농도는 16%가 더 높았다. 혈청 조눌린은 TNF-α 및 IL-6의 농도와 양의 상관관계가 있었다. 흥미롭게도 IL-6는 조눌린 유전자의 촉진인자로 보고되어 장 투과성 증가와 전신 염증 사이의 자가 공급적인 악순환의 가능성이 제기되고 있다.[8] 마지막으로, 조눌린과 HMGB1은 골격근 강

도 및 습관적인 신체 활동과 음의 상관관계가 있는 것으로 나타났다.[9]

이러한 결과를 바탕으로 저자들은 혈청 조눌린 수치로 평가된 장 투과성이 전신 염증과 신체적 노쇠화의 두 가지 주요 지표와 관련이 있다고 결론지었다. 이 발견은 장 장벽 기능의 상실이 노화와 관련된 염증과 노쇠의 발생에 중요한 역할을 할 수 있음을 시사한다.[10]

질병이 없는 100세 노인, 건강한 젊은 대조군, 급성 심근경색 환자에서 내독소혈증의 지표로 혈청 조눌린과 혈청 LPS를 모니터링한 페드로 카레라 바스테스Pedro Carrera-Bastos와 동료들도 비슷한 결과를 얻었다. 즉 질병이 없는 백세인은 젊은 급성 심근경색 환자보다 혈청 조눌린과 LPS 수치가 유의하게 낮았으며, 또한 건강한 젊은 대조군에 비해서도 혈청 LPS 농도가 유의하게 낮았다.[11]

그리고 100세 노인과 급성 심근경색 환자에서 두 변수가 서로 상관관계가 있는 것으로 나타나 장 투과성이 장내 독소 혈증을 유발하여 염증을 유발할 수 있음을 시사한다. 이러한 결과를 바탕으로 저자들은 장 투과성 증가와 내독소혈증이 관상동맥 심장 질환뿐만 아니라 노화를 촉진하고, 정상 범위 내에 있으면 수명을 연장함으로써 수명 조절에도 중요한 역할을 할 수 있다고 결론지었다.

염증과 노화

원인 물질이 제거되면 손상된 조직이 치유되는 급성의 일시적 염증과 달리 만성염증은 오랜 기간 지속된다. 만성염증 중에는 주로 대식세포와 림프구와 같은 특정 면역 세포가 감염된 조직에 침투하여 감염된 조직의 섬유화 및 괴사가 발생할 수 있다. 만성염증은 많은 노화 관련 생리적 또는 병리 생리학적 과정 및 질병과 연관되어 있다. 연구자들은 정상적이고 건강한 노화 대상자의 혈청에서 IL-1, IL-2, IL-6, IL-8, IL-12, IL-15, IL-17, IL-18, IL-22, IL-23, TNF-α 및 인터페론 감마를 포함한 염증성 사이토카인의 농도를 측정하였다.[12]

동시에 노인의 경우 항염증 사이토카인 인터루킨interleukin1 수용체 길항제(IL-1Ra), IL-4, IL-10, IL-37 및 형질 전환 성장 인자 베타 1(TGF-β1)의 농도가 젊은 사람보다 높게 나타났다. 항염증 사이토카인의 역할은 염증 촉진성 사이토카인 활동을 중화시키고 만성염증을 줄여 조직을 보호하는 작용을 하는 것이다. 이러한 결과는 면역 노화를 포함한 노화 표현형의 상당 부분이 염증 네트워크 간의 불균형으로 인한 결과임을 뜻한다. 이러한 불균형은 장 장벽 기능의 상실과 그에 따른 전신 내독소의 유출, 그리고 염증을 유발하는 낮은 만성염증 상태와 균형을 맞추려는 항염증 네트워크의 활성화로 인해 촉진된다.

이런 관점에서 건강한 노화와 장수는 염증반응을 일으키는 성향이 낮을 뿐만 아니라 효율적인 항염증 네트워크의 결과일 가능성이 높다. 정상적인 노화에서 이런 네트워크가 염증성 노화과정을 완전히 중화시키지는 못한다.[13] 이러한 전반적인 불균형은 쇠약함과 일반적인 노화 관련 병리의 주요 원인이 될 수 있으며, 진화 기반의 시스템 생물학적 관점에서 다루고 연구해야 할 것이다. 결론은 '우아한 노화' 과정에서는 염증 매개체와 항염증 매개체의 작용이 적절한 균형을 이루지만, 이의 불균형은 노화를 가속화하고 다양한 노화 관련 병리 상태를 유발할 수 있다는 것이다.

장내 미생물불균형과 노화

이 장에 제시된 결과는 메치니코프의 원래 이론을 뒷받침하지만, 장벽 기능의 상실과 그에 따른 내독소의 전신 통과를 유발하는 미생물 불균형이 노화와 관련된 염증의 원인으로서 염증 및 항염증 네트워크 불균형을 유발하는지 아니면 인과 관계 없이 단순히 연관성만 있는지는 아직 불분명하다. 전자가 사실이라면 노화와 관련된 마이크로바이옴 구성 및 기능의 변화는 미생물 불균형의 한 유형이라고 할 수 있다.

네투샤 테바란잔Netusha Thevaranjan과 동료들은 쥐 모델을 사용하여 노화와 관련된 미생물 불균형이 장 장벽 기능의 상실과 전신 염증 및 대식세포의 기능 장애를 유발한다는 것을 보여주는 좀 더 직접적인 증거를 제시했다.[14] 흥미롭게도 무균 조건에서 쥐를 사육한 경우, 순환하는 염증성 사이토카인 수치가 나이에 따라 증가하지 않았으며 평균적으로 기존 쥐보다 더 오래 살았다. 이러한 데이터는 노화와 관련된 미생물이 염증을 촉진하며, 이와 같이 노화와 관련된 미생물 변화를 역전시키는 것이 노화와 관련된 염증과 그에 수반되는 이환율을 줄이기 위한 잠재적인 전략임을 시사한다.

2000년대 초, 엘레나 비아기Elena Biagi와 동료들은 인간을 대상으로 한 연구로 전환하여 성인의 전 생애에 걸친 장내 미생물군집을 비교했다. 이들은 젊은 성인과 70세 성인의 장내 생태계의 미생물 구성과 다양성이 매우 유사하지만 100세 노인과는 크게 다르다는 것을 보여주었다.[15] 즉 인간 숙주와의 공생 관계 100년 후, 미생물군은 후벽균 Firmicutes 개체군의 재구성과 통성 혐기성 미생물, 특히 잠재적 병원성균이 증가하면서 급격하게 변화하였다.

100세 노인들의 미생물군집에 나타난 미생물 불균형은 다양한 말초 혈액 염증 마커에 의해 결정되는 염증과 연관성이 있는 것으로 나타났다. 이는 항염증 특성이 보고된 공생 종인 F. 프라로니치F. prauznitzii와 유사한 미생물이 현저히 감소하는 등 100세 노인들의 미생물군집이 리모델링된 것으로 설명될 수 있다. 그리고 유박테리움 리모좀Eubacterium limosum과 관련 세균은 100세 노인에게서 젊은 성인에 비해 10배 이상 증가한 것으로 보아 장수를 상징하는 세균으로 보인다. 이러한 데이터는 노화 과정이 인간의 장내 미생물 구성과 숙주의 면역체계와의 상호작용에 깊은 영향을 미친다는 것을 보여준다.[16]

15년 후, 비아기Biagi의 연구팀은 장내 미생물과 장수 노인 사이의 이상적인 공생 관계가 무엇인지에 대해 더 자세히 보고했다. 저자들은 성인, 노인, 105~109세의 '준 초백세인'의 계통학적 미생물군을 분석하여 지금까지 생성된 노화에 따른 가장 긴 인간 미생물군 궤적을 재구성했으며, 그 결과는 〈그림 18-1〉에 나와 있다. 연구진은 루미노코커스과Ruminococcaceae, 라크노스피라세아Lachnospiraceae, 의간균과Bacteroidaceae에 속하는 공생 세균 분류군이 우세한 핵심 미생물군으로 존재하며, 연령이 증가함에 따라 그 누적 풍부도가 점차 감소하는 것을 발견했다.[17]

노화는 우점종의 증가와 그들의 공존 네트워크의 재배치를 특징으로 하는 것으로 보인다. 이러한 특징은 장수상태와 극-장수상태에서도 유지되지만, 흥미롭게도 준 초백세인 상태에서 몇 가지 특이한 특징이 나타났는데, 이는 아커만시아*Akkermansia*, 비피도박테리움*Bifidobacterium*, 크리스텐센세넬라과*Christensenellaceae* 등 건강 유익균 그룹의 풍부화 또는 높은 점유율을 통해 노화 과정 중 건강 유지에 도움이 될 수 있는 적응성을 나타낸다는 것이다.[18]

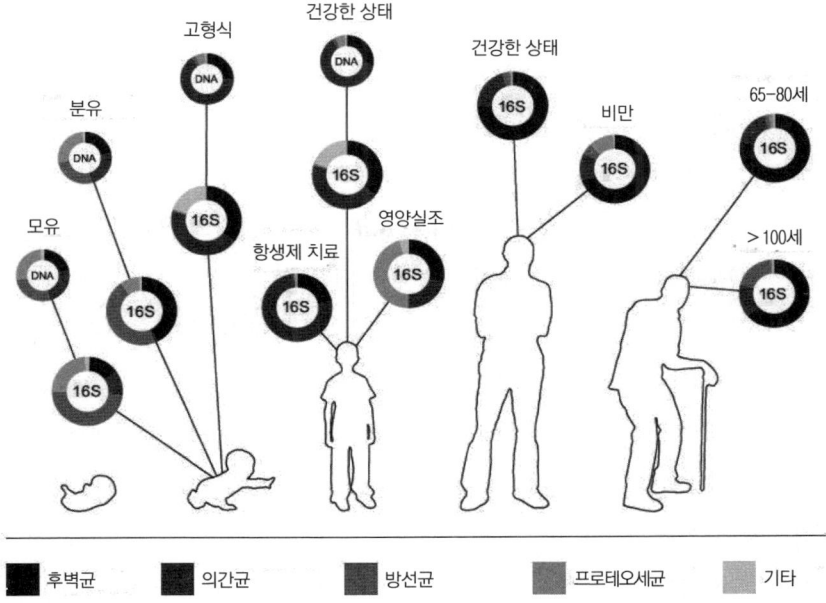

그림 18-1
나이와 환경적 요인에 따라 미생물군집이 어떻게 변화하는가. M. Levy, A. Kolodziejczyk, C. A. Thaiss 및 E. Elinav, "Dysbiosis and the Immune System", Nature Reviews Immunology 17, no. 4 (March 2017): 219-232, https://doi.org/10.1038/nri.2017.7.

식단과 노화 마이크로바이옴

노화 과정에 영향을 미치는 환경적 요인 중 식단이 엄청난 영향을 미친다는 것은 놀라운 일이 아니다. 마르쿠스 클레손Marcus Claesson과 그의 동료들은 178명의 노인 피험자의 분변 미생물 구성이 지역사회, 병원, 재활 또는 장기 거주 요양 시설의 거주지와 연관되어 그룹을 형성한다는 사실을 보여주었다.[19] 그러나 식단에 따라 피험자를 분류한 결과, 거주지와 미생물군집에 따라 그룹이 나뉘었다.

미생물군집 구성의 차이는 허약 정도, 동반 질환, 영양 상태, 염증 마커 및 대변 대사물질의 측정과 유의미한 상관관계가 있었다. 연구진은 장기 요양 중인 사람들의 개별 미생물군집이 지역사회 거주자보다 훨씬 덜 다양하며, 지역사회 관련 미생물군집의 손실이 허약성 증가와 상관관계가 있다는 사실을 발견했다. 종합적으로, 이들의 데이터는 식단 및 미생물군과 건강 상태 사이의 연관관계를 뒷받침하며, 노화에 따른 다양한 건강 저하 정도가 식단에 의한 미생물군의 변화가 역할을 함을 의미한다.

이 장에 요약된 연구의 결론은 노화에 따른 마이크로바이옴의 구성과 기능의 자연스러운 진화를 더 깊이 이해하면 인간-미생물 항상성을 유지하여 염증성 노화와 장 투과성 증가, 세포와 장기 그리고 기능 및 정신 노화와 관련된 질병 상황을 줄일 수 있는 탄력적인 마이크로바이옴을 선택할 수 있는 전략을 개발할 수 있다는 것이다. 의심할 여지 없이 많은 요인이 건강 저하에 기여하고 여기에 인용된 연구와 같은 후향적 연구에서 완전히 조정하기는 어렵지만, 마이크로바이옴의 구성과 기능이 작용하고 있는 것은 확실해 보인다.

장내 미생물 구성과 기능에 영향을 미치는 여러 요인 중 노년층에게 가장 큰 영향을 미치는 변수는 식단인 것으로 예상이 된다. 식단에 따라 결정되는 장내 미생물 구성의 차이는 선진국의 젊은 성인에게도 미묘한 영향을 미칠 수 있다. 이러한 차이는 건강 매개변수와의 상관관계를 파악하기 어렵지만, 노년층에서는 장내 미생물 구성의 차이가 훨씬 더 분명해진다. 이는 장기 거주 코호트에서 나타난 미생물군과 건강과의 연관성을 통해 뒷받침되며, 이것은 노화와 관련된 건강 악화가 미생물군에 의해 가속화될 수 있다는 합리적인 근거가 된다.

인구 고령화는 이제 서구 국가의 일반적인 특징이며 개발도상국들 사이에서도 점차 떠오르는 현상이다. 노인의 장내 미생물군과 염증과의 연관성, 그리고 식단과 미생물군 사이의 명확한 연관성은 건강한 노화를 증진하기 위해 고안된 식이요법으로 미생물군을 조절하는 접근법을 확실하게 지원하는 근거가 된다. 그리고 마이크로바이옴의 특정 성분을 촉진하는 프리바이오틱스가 함유된 식이 보충제는 노인의 건강 유지에 유용할 수 있다. 따라서 마이크로바이옴 프로파일링은 잠재적으로 대사체학과의 결합을 통해 특정 지역사회 기반 환경에서 노화 위험이 있거나 이미 건강하지 않은 노화를 겪고 있는 개인을 바이오마커를 기반으로 식별할 수 있는 가능성을 제공한다.

에필로그 :
마이크로바이옴 연구가
우리의 미래를 위해 중요한 이유

> 모든 진실은 세 단계를 거친다. 첫째, 조롱을 받고, 둘째, 격렬한 반대를 받고, 셋째, 자명한 것으로 받아들여진다.   — A. 쇼펜하우어, 1840년

저자들이 인간 마이크로바이옴에 관한 책을 집필하기로 결정한 이유는 무엇일까? 이 주제에 대한 책이 정말로 더 필요할까요? 대답은 '그렇다'이다. 우리는 마이크로바이옴 과학 분야에서 중요한 기로에 서 있다. 우리가 현명하게 협력하여 현재 지식을 활용하고 시간, 재능, 자원을 투자하여 현재와 미래의 과학 정보를 실행 가능한 임상 개입으로 전환하기 위한 로드맵을 개발한다면, 이러한 공동 노력의 결과는 우리의 공동 운명을 더 나은 방향으로 바꿀 수 있다.

마이크로바이옴의 구성과 기능이 항원 운반, 면역체계, 신진대사에 영향을 미칠 수 있다는 사실을 이해하게 되면서 마이크로바이옴이 인체 건강에 미치는 근본적인 역할에 대해 깨닫게 되었다. 처음에 위생가설로 설명되었던 선진국에서 나타난 비감염성 만성염증성 질환의 '유행'에 대한 역학적 증거는 이 패러다임과 일치한다. 그러나 미흡한 위생 상태가 지속되고 있음에도 불구하고 현재 개발도상국에서도 유사한 전염병이 발생하고 있다. 이로 인해 일부 사람들은 인간 건강에서 마이

크로바이옴의 실제 역할에 대해 의문을 제기하고 있다. 우리가 현재 상황에 이르게 된 생활 습관을 다시 돌아본다면 건강과 질병에서 마이크로바이옴의 역할에 대한 더욱 강력한 증거를 확보할 수 있을 것이다.

• 우리의 진화 여정

인류는 진화의 여정 대부분을 수렵과 채집 생활을 하며 살았다. 우리는 소규모 무리를 지어 이동하며 유목 생활을 했고 다른 호미드^{hominid} (현생 인류 혹은 근연종-역주)와 마주칠 기회는 거의 없었다. 그러던 중 농업, 도시화, 세계화라는 세 가지 주요 생활양식의 변화가 우리의 진화 계획에 완전히 혁명을 일으켰다. 이러한 변화로 인해 특정 계통의 미생물이 수백만 년에 걸쳐 수십만 세대 동안 인간과 공생하며 진화하는 과정에서 우리의 생물학을 형성하는 세심하고 이상적인 공생 관계에서 최초의 파괴자인 농업이 등장함으로써 급진적으로 이탈하게 되었다.

• 농업

동물의 가축화와 농작물 재배는 식량 조달을 훨씬 더 예측할 수 있게 만들고 조달 시간을 단축했다. 더 이상 동물의 이동과 작물 주기에 얽매이지 않고 정착민이 된 우리는 인간 공동체의 밀도를 높이고 대인 간 미생물 교류를 더욱 빈번하게 만들었다. 동물과 밀접하게 접촉하는 생활은 동물원성동물에서 인간 숙주로 미생물이 전염되는 것 위험이라는 또 다른 예기치 못한 결과를 초래했다. 동물성 단백질의 소비 증가와 함께 이러한 변화는 인간 마이크로바이옴의 구성과 기능의 계획된 진화에서 큰 편차를 초래했다.

• 도시화

두 번째 교란 요인인 도시화는 인류 역사에서 또 다른 중요한 이정표가 되었다. 도시화로 인해 사람들이 더욱 집중되고 상호 연결되면서 미생물의 교환 속도가 빨라졌다. 이 교환에 병원균이 포함되면서 새로운 감염병이 확산되었다. 20세기로 넘어가면 항생제의 출현과 광범위한 사용으로 이러한 전염병이 해결되었다. 고도로 위생화된 환경의 구현은 '도시 미생물군'에도 큰 영향을 미쳤는데, 이는 원래 미생물군과 더 유사한 '농촌 미생물군'에 비해 덜 다양해지게 되었다.

도시화의 또 다른 결과는 대도시의 확장과 인구 밀집으로 인해 광범위한 농업 생산 지역이 제한되는 등 지구 서식지에 광범위한 변화를 가져왔다. 이는 식량 조달과 지속 가능성 측면에서 인류의 진화에 추가적인 장애를 제기했으며, 농촌 지역의 흩어진 자원과 대조적으로 자원권력, 지식, 부, 인구 밀도의 집중을 비롯한 환경적, 사회적 변화를 일으켰다.

이러한 권력 차이는 농촌과 도시 환경에서 발견되었다. 도시 지역 내에서도 권력 격차는 가까운 거리에 거주하는 부유층과 빈곤층 사이의 극심한 불평등으로 특징지어졌다. 이러한 역학 관계는 기계화가 점차 인간의 노동력을 대체하면서 생산 시스템에서 배제되어 일부 인구가 소외되는 결과를 초래했다. 인구가 많은 도시와 인구가 적은 농촌에서 공급되는 식량이 분리되면서 농업 생산자와 소비자 사이의 중개인이 늘어나고, 그에 따라 경제적 불평등이 심화되었다.

• 세계화

축소되는 농촌 사회에서 공급받는 불균형적인 도시 소비자 사회의 식량 지속 가능성을 유지해야 하는 과제는 세 번째 파괴 요인인 세계화를 통해 해결되었다. 이제 우리는 아이디어와 상품이 즉각적으로 교환되고 사람들이 끊임없이 이동하는 소통의 지구촌에 살고 있다. 우리는 몇 시간 만에 지구의 한쪽 끝에서 다른 쪽 끝으로 이동할 수 있다. 하지만 세계화에는 높은 대가가 따랐다.

세계 경제의 긴밀한 통합으로 인해 무역과 여행을 통한 병원균의 전 세계적 확산을 포함하여 미생물이 훨씬 더 빠르고 계획되지 않은 방식으로 교환되었다. 그러나 식량 공급의 세계화는 미생물의 변화에 더 큰 영향을 미쳤다. 현대 사회에서 세계화된 기업 식품 시스템의 지배적인 역할은 가공식품, 특히 스낵, 가당 음료, 냉동식품, 패스트푸드와 같은 대량 생산된 저칼로리의 비건강 식품이 이러한 사회의 일반 소비자 식단에서 기하급수적으로 그 비율이 증가한다는 것을 의미한다.

비용을 절감하고 수요를 유지하기 위해 이러한 식품에는 가공 지방, 설탕, 소금이 저가의 재료로 사용된다. 이러한 식단이 널리 보급되면서 소비자는 식이섬유, 양질의 지방, 충분한 비타민 및 미네랄이 없는 "빈 칼로리"를 많이 섭취하게 된다. 더욱 걱정스러운 것은 한때 가끔씩 선택했던 건강에 해로운 음식의 섭취가 이제는 전형적인 서구식 식단의 근간으로 자리 잡았다는 사실이다. 이는 특히 소비자들이 도시화되면서 건강한 식재료를 사용하여 처음부터 요리할 시간 없이 앉아서 생활하는 경우가 많아지면서 더욱 심각해졌다.

식단이 장내 미생물군집을 형성하는 가장 영향력 있는 요인이며, 장내 미생물군집 불균형은 다양한 만성염증성 질환과 관련이 있다는 인식이 확산되면서 부유한 사람들은 정크푸드에서 벗어나 더 건강한 식품을 선택하고 있다. 세계화가 인류 건강에 미친 영향은 비감염성 만성 염증성 질환을 서구 사회의 전형적인 '부유층의 질병'으로 묘사하는 기존의 패러다임이 잘못되었다고 믿어질 정도로 환경을 변화시켰다. 실제로 현재 이러한 질병으로 인해 가장 큰 영향을 받는 것은 선진국뿐만 아니라 개발도상국의 저소득층이다.

빈 칼로리는 전 세계 빈곤층에 사는 사람들에게 매우 저렴한 칼로리 공급원인 경우가 많다. 통곡물, 과일, 채소가 부족한 가공식품이나 탄수화물 위주의 식단을 섭취하는 경우가 경제적으로 취약한 계층에서 더 흔하며, 이러한 식단의 특성은 마이크로바이옴의 구성과 기능에 부정적인 영향을 미친다. 이에 따라 "위생가설"은 이제 "마이크로바이옴 가설"의 도전을 받고 있다. 이 가설은 라이프스타일 변화와 가장 중요한 식습관 변화가 인간과 미생물군집 사이의 진화적, 공생적 관계에 영향을 미쳐 전 세계적으로 비감염성 만성염증성 질환의 유행을 촉진하는 원동력이 될 수 있다는 것이다.

이러한 '전염병'을 완전히 되돌리지는 못하더라도 그 속도를 늦추기 위해 이 정보를 어떻게 활용할 수 있을까? 건강한 장내 미생물군집을 정의하는 특징과 이러한 특징이 숙주에 따라 어떻게 달라지는지 이해하는 것은 질병 치료와 예방을 위한 새로운 전략을 수립하는 데 핵심이 될 것이다. 이러한 지식은 또한 미생물군집에 영향을 미치는 라이프스타일 중심의 변화가 인구 전체의 건강에 어떤 영향을 미칠 수 있는지를 정의할 수도 있다. 이를 위해서는 통합된 과학 및 임상 커뮤니티의 구성원들이 협력하여 미생물군을 효과적으로 연구하기 위해 필요한 새롭고 전략적인 도구가 필요하다. 하지만 앞으로 나아가기 전에 마이크로바이옴 연구의 주요 이정표를 다시 살펴봄으로써 이 여정을 어떻게, 어디서 시작했고, 현재 어디까지 왔으며, 앞으로 어디로 나아갈지를 다음과 같이 알아보자.

인간 마이크로바이옴 연구의 주요 이정표

그때 나는 항상 아주 작은 동물들이 아주 예쁘게 움직이는 것을 매우 신기하게 보았습니다.
— A. 반 레이우엔훅, 1683년

이제 우리가 무엇을 잘못했는지 더 잘 이해하게 되었으니, 실수를 바로잡고 마이크로바이옴과의 관계를 공생적인 관계로 되돌릴 수 있는 길이 열리고 있다. 마이크로바이옴 과학의 주요 이정표를 요약하기 위해 공동 저자인 알레시오 파사노는 매우 재능 있는 동료들이 〈네이처〉 웹사이트에 작성한 뛰어난 개요를 활용했다.[1] 아래는 이 책의 내용과 관련된 타임라인에 대한 그의 생각이며, 〈그림 E-1〉에 요약되어 있다.

마일스톤 1: "이 책 프로젝트를 시작했을 때 저는 인간 마이크로바이옴과 관련된 연구 분야의 역사 대부분을 관중으로서, 그리고 배우로서 직접 경험했다고 확신했다."라고 파사노는 회상한다. 하지만 이것은 1680년대로 거슬러 올라가는 과학사의 중요한 부분을 간과한 것이다. 안토니 반 레이우엔훅Antonie van Leeuwenhoek는 1683년 런던 왕립학회에 보낸 편지에서 새로 개발한 현미경을 사용하여 자기의 입안에 존재

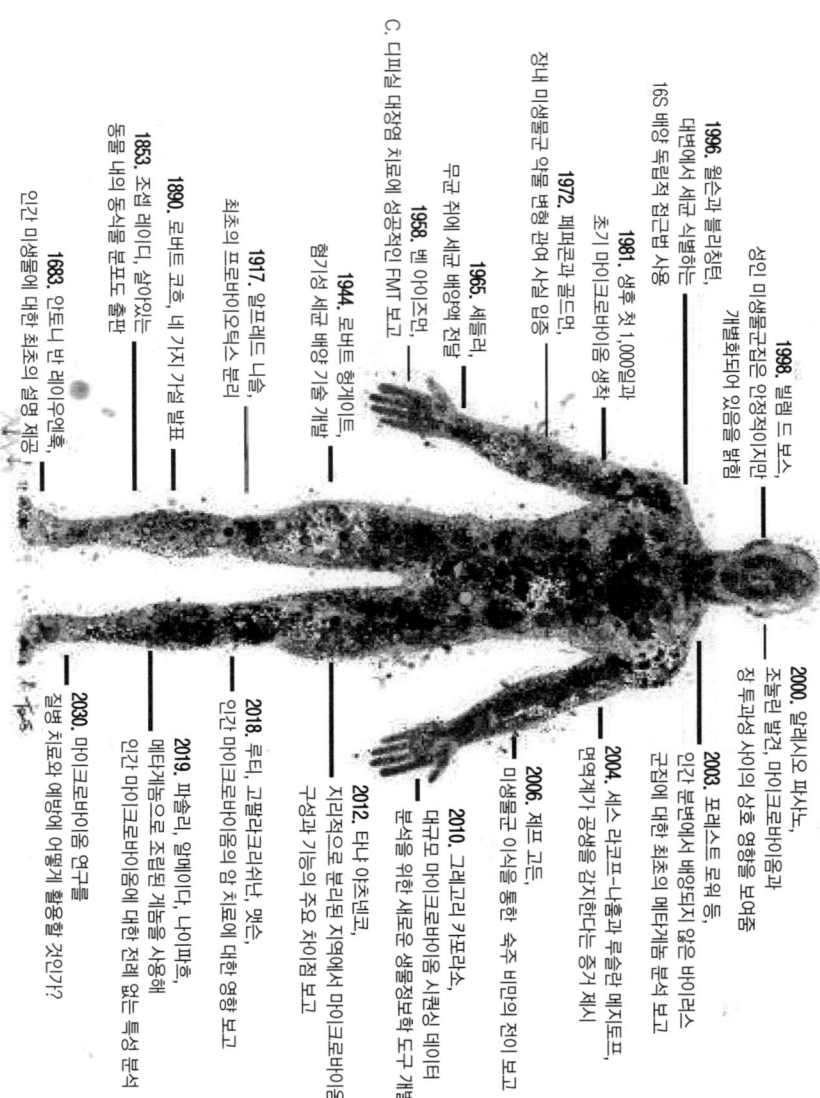

그림 E.1
1683년 마이크로바이옴 과학의 시작부터 개인 맞춤형 의학 및 질병 개입을 위한 향후 전망에 이르기까지 마이크로바이옴 과학의 주요 이정표. (N. Pariente, "인간 미생물군 연구에서의 이정표," Milestones, 2019년 6월 18일, https://www.nature.com/immersive/d42859-019-00041-z/index.html, 2020년 2월 2일 액세스한 내용에서 각색).

하는 5가지 종류의 '애니멀쿨animalcules(세균을 설명할 때 사용한 용어)'을 발견하고 이를 그림으로 설명했다. 이후 그는 자기의 구강과 대변 미생물을 비교하여 신체 부위와 건강과 질병 사이에 차이가 있다는 것을 확인했다. 이는 인간 미생물군집의 존재를 암시하는 최초의 보고 중 하나였다.

마일스톤 2: 거의 2세기 후인 1853년, 조셉 레이디Joseph Leidy는 미생물 연구의 시초로 여겨지는 공식 문서인 『동물 내의 동식물 분포도 A Flora and Fauna within Living Animals』를 출간했다.[2] 이후 파스퇴르, 메치니코프, 코흐, 테오도어 에셰리히Theodor Escherich, 아서 켄들Arthur Kendall 등의 연구는 숙주-미생물 상호작용에 대한 핵심 정보를 제공함으로써 현대 미생물학과 감염성 질환에 대한 현대적인 이해의 토대를 마련했다. 파스퇴르는 질병의 세균 이론을 가정하는 것 외에도 비병원성 미생물이 정상적인 인간 생리에 중요한 역할을 할 수 있다고 확신했다. 메치니코프는 건강한 노화를 위해서는 마이크로바이옴 구성과 숙주와의 상호작용이 모두 필수적이라고 믿었다. 그리고 에셰리히는 내인성 세균총을 이해하는 것이 주요 위장 기능의 생리와 병리를 이해하는 데 필수적이라고 확신했다. 이러한 가정은 인간 숙주가 병원균과의 호전적인 관계 외에도 공생균과도 공생적인 상호작용을 하고 있다는 것을 암시했다.

마일스톤 3: 1890년 로버트 코흐는 유명한 네 가지 가설을 발표하여 미생물의 존재와 특정 전염병 사이의 인과 관계를 규명하는 기초를 마련했다. 당시에는 산소가 있어야만 세균을 배양할 수 있었기 때문에 그의 접근 방식은 제한적이었다. 이러한 한계는 일반적으로 혐기성인 대부분의 비병원성 인간 공생균을 간과했다는 것을 의미했다.

마일스톤 4: 제1차 세계대전 중 독일의 의사 알프레드 니슬Alfred Nissle은 특정 병사가 이질에 걸리지 않는 것을 발견했다. 그는 그 원인이 병사의 장에 있는 보호 미생물 때문인지 궁금했다. 1917년 니슬은 대장균 니슬 1917 균주를 분리했고, 이 균주는 현재도 일반적으로 사용되는 프로바이오틱스로 남아 있다. 그는 나중에 이 균주가 병원균에 경쟁한다는 사실을 밝혀내어 인간에 유익한 미생물이 같은 체내 틈새에서 병원균의 침입을 막는 식민지 저항성의 개념을 정립했다.

마일스톤 5: 마일스톤 1~4는 인간 미생물 연구 분야의 토대를 제공했으며, 1940년대에 로버트 헝게이트Robert Hungate가 오늘날에도 여전히 사용되고 있는 산소가 없는 상태에서 미생물을 배양하는 방법을 자세히 설명한 것이 바로 마일스톤 5이다. 이러한 배양기술 덕분에 우리는 당시 알려진 것의 한계를 훨씬 뛰어넘는 인간 미생물군집의 복잡성을 이해하기 시작했다. 혐기성 배양법을 사용하여 인간 숙주의 많은 틈새를 차지하고 있는 다양한 미생물을 분류하고 이들이 인간의 여러 생리적 기능에 미치는 영향을 파악할 수 있었다.

마일스톤 6: 병원균이 특정 인간 숙주의 틈새를 점령하는 불균형한 마이크로바이옴의 결과인 숙주에게 해로운 생태계는 "리셋 버튼"을 누르는 방법인 FMT를 사용하면서 더욱 잘 드러났다. 주로 위장 문제를 비롯한 다양한 인간 질병을 치료하기 위해 FMT를 사용한 것은 4세기 중국으로 거슬러 올라가는데, 그 당시에 심한 식중독과 설사 증상에 분변의 '황색 수프'를 사용했다. 16세기에 이르러 중국인들은 열과 통증과 같은 전신 증상뿐만 아니라 위장 장애를 위한 다양한 분변 유래 제품을 개발했다. 베두인 부족은 세균성 이질 치료제로 낙타의 대변을 섭취했다고 하는 보고도 있다. 이탈리아의 해부학자이자 외과의사인 파브리치우스 아콰펜덴테Fabricius Acquapendente, 1537~1619는 이를 건강한 동물에서 병든 동물로 위장 내용물을 옮기는 '트랜스파네이션transfaunation'이라는 개념으로 확장했으며, 이후 수의학 분야에서 광범위하게 응용되고 있다. 흥미롭게도 많은 동물 종들이 자연적으로 일종의 자가 FMT인 코프로파지를 실천하여 장내 미생물의 다양성을 높이는 것으로 밝혀졌다. 이러한 아이디어는 18세기 유럽 의사들 사이에서 서서히 관심을 불러일으키기 시작했지만, 벤 아이즈먼Ben Eiseman과 동료들이 연구를 하기 전까지는 큰 성공을 거두지 못했다. '마이크로바이옴 혁명'의 시작과 함께 1958년, 그들은 위막성 대장염을 앓고 있던 4명의 환자를 FMT로 성공적으로 치료한 결과를 발표했는데, 그 원인이 C. 디피실균인 것이 밝혀지기 전이었다.

마일스톤 7: 1965년, 러셀 셰들러Russell Schaedler와 동료들은 장내 미생물이 숙주 생리학에 미치는 영향을 연구하기 위해 세균이 없는 쥐에 세균 배양을 이식하는 방법을 보고함으로써 미생물군집 연구에 또 하나의 중요한 초석을 마련했다. 연구팀은 일반 쥐 병원균과 장내 대장균과 프로테우스균Proteus이 없는 알비노 쥐의 장에서 분리한 세균 배양물을 무균 쥐에 먹이면 기증 쥐와 비슷한 방식으로 마이크로바이옴이 생착한다는 사실을 발견했다. 또한 이 쥐들의 장내 미생물은 수개월 동안 안정적으로 유지되었으며, 일부 세균 균주에서 보고된 특정 대사 활동은 복잡하고 다양한 미생물이 존재하지 않으면 감지되지 않아 미생물과 숙주 간의 이상적인 공생 관계를 가진 균형 잡힌 생태계가 중요하다는 것이 확인되었다.

마일스톤 8: 1972년, 마크 페퍼콘Mark Peppercorn과 피터 골드만Peter Goldman은 항염증제는 인간의 장내 세균을 투여한 일반 쥐에서는 분해되지만 무균 쥐에서는 분해되지 않는다는 사실을 입증하여, 약물 변형에서 장내 미생물의 역할을 보여주었다. 이 초기 관찰을 바탕으로 여러 연구를 통해 약물 대사에서 마이크로바이옴의 역할이 장에만 국한되지 않는다는 사실이 확인되었으며, 약물 비활성화, 효능 및 독성 등에도 관여함이 보고되었다.

마일스톤 9: 1980년 초, 생후 1,000일 동안 생착하는 마이크로바이옴과 인간 숙주 사이에 형성되는 공생 관계와 이 관계가 향후 지속적으로 우리의 건강 궤적을 어떻게 좌우할 것인지가 처음 밝혀졌다. 안정적인 마이크로바이옴의 확립으로 이어지는 일련의 과정들이 그 후 수십 년 동안 연구됐지만, 1981년에 발표된 세 가지 중요한 연구는 장내 공생균의 초기 획득 과정과 식이가 초기 마이크로바이옴을 어떻게 구성하는지에 대해 정량적으로 잘 보여주었다.

마일스톤 10: 1990년대 초반까지 인간 미생물군집에 관한 연구는 배양에 의존하는 방법에 기반했기 때문에 인간과 관련된 미생물군집의 엄청난 생물학적 다양성에 대한 이해가 부족했다. 인간게놈 프로젝트에서 개발된 기술 덕분에 1996년 케네스 윌슨Kenneth Wilson과 론다 블리칭턴Rhonda Blitchington은 인간 분변 샘플에서 배양된 세균과 배양되지 않은 세균의 다양성을 비교했다. 이들의 선구적인 연구 덕분에 16S 리보솜(r) RNA 시퀀싱은 인간 마이크로바이옴의 미생물 다양성을 평가하는 강력한 도구가 되었다.

마일스톤 11: 질병과 관련된 미생물군집의 불균형을 추적하기 위한 '정상 인간 마이크로바이옴'을 찾기 탐색은 더디게 진행된 일이었다. 1998년 빌렘 드 보스Willem de Vos와 동료들의 연구에서 증폭된 유전자의 다양성을 시각화하기 위해 온도 구배 젤 전기영동(TGGE)temperature gradient gel electrophoresis과 결합된 16S rRNA 유전자 영역의 중합효소 연쇄 반응 증폭법을 사용했다. 16명의 성인 분변 샘플에서 TGGE로 생성된 밴딩 프로파일을 비교한 결과, 모든 사람이 고유한 미생물군집을 가지고 있음을 명확히 확인할 수 있었다. 또한 연구진은 시간이 지남에 따라 두 개체를 모니터링하여 최소 6개월 동안 TGGE 프로파일이 안정적으로 유지되는 것을 확인했으며, 이는 마이크로바이옴과 숙주 사이에 이상적이고 고도로 개인화된 공생 관계가 형성되면 이를 이상적인 균형으로 유지하려는 경향이 강하다는 것을 시사한다.

마일스톤 12: 1990년대 초까지만 해도 장 투과성이 조절되는지, 어떻게, 왜 조절되는지에 대해서는 알려진 바가 거의 없었다. 긴밀한 접합 능력에 의해 제어되는 세포 간 공간의 복잡성에 대한 인식이 높아지고 장 투과성의 생리적 조절자로서 조눌린이 발견되면서, 이 분자가 병원성 성분으로 등장하여 다양한 만성염증 질환과 연관된 여러 연구가 전개되었다. 조눌린 매개 변화를 포함한 장 투과성과 장내 미생물 불균형 사이의 주요 상호 작용은 마이크로바이옴 구성 및 기능의 변화를 질병 발병과 관련된 항원 수송의 변화와 메커니즘적으로 연결하는데 기여했다.

마일스톤 13: 세균은 거의 모든 마이크로바이옴 관련 문헌의 초점이 되어 왔지만, 바이러스, 진균, 고균도 인간 생태계의 중요한 구성원이며 인간 건강에 잠재적인 영향을 미친다는 사실은 잘 알려져 있다. 2001년, 해양 미생물 생태학자 포레스트 로워Forest Rohwer의 연구 그룹은 단일 박테리오파지에서 게놈 DNA를 분석하는 무작위 샷건 라이브러리 시퀀싱shotgun library-sequencing 방법을 발표했다. 이는 훨씬 더 복잡한 인간 바이러스군집바이롬virome 분석 작업을 향한 중요한 단계로, 2003년 로워의 연구 그룹은 건강한 성인 한 명에게서 채취한 인간 대변에서 배양되지 않은 바이롬의 구성에 대한 최초의 정량적 설명을 제공하는 성과를 거두었다.

마일스톤 14: 숙주 면역체계와 미생물 간의 상호작용은 일반적으로 숙주 방어가 주로 병원균 제거를 목표로 하는 전쟁으로 해석됐다. 무균 동물에서 면역체계가 부적절하게 성숙한다는 관찰은 이러한 상호작용에 대한 새로운 해석을 열어줬으며, 생착된 미생물에 의한 면역체계 성숙과 기능의 훨씬 더 복잡한 프로그래밍이 알려지면서 이전의 환원적이고 호전적인 관점을 재검토해야 한다는 것을 시사한다. 병원균과 공생 미생물을 구별하는 핵심 요소는 보존된 미생물 분자를 감지하는 패턴 인식 수용체(PRR)pattern recognition receptors를 통해 숙주가 군집화된 미생물을 인식하는 것이다. 2004년에 세스 라코프-나훔Seth Rakoff-Nahoum과 루슬란 메지토프Ruslan Medzhitov는 면역계가 정상적인 조건에서 PRRs를 통해 공생을 감지하며, 이러한 감지가 조직 회복에 중요하다는 증거를 제시했다. 이 발견은 미생물에 대한 면역반응을 단순한 숙주 방어가 아니라 장 장벽(마일스톤 12 참조), 면역체계, 마이크로바이옴 간의 상호 삼각 효과를 통한 공생적 생리 과정으로 보는 새로운 관점을 열었다.

마일스톤 15: 지난 수십 년 동안 선진국에서 기록된 만성염증성 질환의 유병률 증가는 마이크로바이옴 구성과 기능에 큰 영향을 미치는 서구화된 식습관과 관련이 있다. 무균 쥐를 사용한 초기 연구에 따르면 체지방 함량과 인슐린 저항성은 분변을 이식하면 비만 쥐에서 마른 쥐로 전이될 수 있는 것으로 나타났다. 2006년의 선구적인 논문에서 제프 고든Jeff Gordon과 그의 공동 연구자들은 비만 쥐의 미생물군이 마른 쥐의 미생물군에 비해 숙주 식단에서 에너지를 추출하는 데 더 효율적이라고 보고했다.[3] 이 표현형은 비만 쥐의 맹장에서 나온 미생물군을 마른 무균 동물에 이식함으로써 전이될 수 있었다. 같은 연구팀은 식단이 장내 미생물과 숙주 대사에 크게 영향을 미칠 수 있음을 강조하고,

인간의 건강에 영향을 미치는 숙주 미생물을 조작하기 위한 영양 기반 개입의 개발 가능성을 열었다.

마일스톤 16: 마이크로바이옴 시퀀싱으로 생성되는 엄청난 양의 데이터를 쉽게 분석하려면 혁신적인 생물정보학 도구가 필요했다. 2010년, 그레고리 카포라소Gregory Caporaso와 동료들은 "미생물 생태에 대한 정량적 통찰력quantitative insights into microbial ecology"을 의미하는 소프트웨어 파이프라인 QIIME을 마이크로바이옴 시퀀싱으로 생성되는 점점 더 큰 데이터 세트를 분석하고 해석할 수 있는 도구로 제시했다.

마일스톤 17: 다양한 지역에 대한 인간의 적응은 언제나 유전적 다양성에 기인한다고 여겨져 왔다. 그러나 숙주 마이크로바이옴이 후성유전학적으로 중요한 역할을 할 수 있다는 인식이 확산되면서 지리적 지역에 따른 인간 마이크로바이옴의 차이를 연구하는 것이 라이프스타일, 환경, 임상결과를 연결하는 연구의 중요한 초점이 되었다. 2012년, 타냐 야츠넨코Tanya Yatsunenko와 동료들은 베네수엘라의 아마존, 말라위의 시골, 미국의 대도시 지역 등 다양한 지역에 거주하는 코호트의 대변 샘플에서 세균 종의 특성을 분석했다. 야츠넨코와 동료들은 지리적으로 다른 코호트와 연령대 간에 장내 미생물군집의 구성과 기능에 뚜렷한 차이가 있음을 발견하여 인간의 발달, 영양 요구, 생리적 변화, '서구화된' 생활 방식의 영향을 평가할 때 미생물군집을 고려해야 할 필요성이 크다는 것을 추론했다.

마일스톤 18: 2018년에 세 건의 독립적인 보고서에서 인체 마이크로바이옴이 암 치료에 대한 환자의 반응에 영향을 미칠 수 있음을 보여주었다. 쥐를 대상으로 한 초기 연구에 이어, 이 연구자들은 장내 미생물 구성이 흑색종 환자뿐만 아니라 진행성 폐암이나 신장암 환자의 면역관문 억제요법 및 종양 조절에 대한 반응에 영향을 미칠 수 있다고 보고했다.

마일스톤 19: 계산 방법의 발전으로 메타게놈 데이터 세트에서 세균 게놈을 재구성할 수 있게 되었다. 이 접근법은 2019년에 세 개의 연구 그룹에서 농촌과 도시 환경에서 전 세계 인구의 장과 기타 신체 부위에서 배양되지 않은 수천 종의 새로운 후보 세균을 식별하는 데 사용되었다. 이를 통해 기존에 파악되었던 계통학적 다양성을 크게 확장하고, 그동안 잘 연구되지 않은 비서구권 집단에 대한 세균 분류를 개선했다.

마일스톤 20: 다음에 나오는 이야기는 2030년을 배경으로 한다. 마이크로바이옴 연구가 의학의 미래를 어떻게 근본적으로 변화시킬지에 대한 공동 저자인 알레시오 파사노의 비전을 요약한 이야기이다. 이 소설은 가상의 인물이지만 실제로는 전 세계 수백만 명의 실제 어린이와 매우 흡사한 한 소녀의 미래에 관한 이야기이다. 이 소녀는 이 책에 언급된 많은 사람들, 그리고 마이크로바이옴 연구 분야에 지대한 공헌을 했지만, 우리가 미처 알지 못했던 많은 사람들의 놀라운 업적 덕분에 개발되고 제공될 연구 중심의 임상 치료 덕분에 삶이 변화될 수 있는 사람의 한 예이다. 이들이 없었다면 이 2030년 이야기는 상상할 수 없었을 것이다.

젬마가 드디어 잠들었다. 멜라니는 늦은 오후의 따스한 햇살을 받으며 파사노 박사의 사무실 창가에 서 있다. 그녀는 아기를 품에 안고 부드럽게 흔들며 길 건너 공원에서 세 살배기 아들 바비와 함께 있는 남편을 바라보고 있다. 바비와 아빠는 비행기를 찾고 있다. 비행기가 머리 위를 날고 있다. 비행운. 비행의 모든 증거. 많은 자폐아들이 그렇듯 바비도 집착에 사로잡혀 있다. 그의 집착은 비행기이다. 멜라니는 눈을 감고 어깨에 기대어 잠든 아이와 함께 리듬을 타며 숨을 쉰다. 그녀는 바로 이 자리에서 얼마나 쉽게 잠들 수 있을지 생각한다. 긴 한 주였다. 젬마의 귀 감염은 3일간의 경구용 표적 항생제 투여 덕분에 완화되었다. 하지만 이제 아기는 변비가 생기고 배가 아프다. 대변을 채취하고 혈액을 채취하며 불안한 순간도 있었다. 젬마의 의사가 문을 열자, 멜라니는 순간적으로 정신이 차려졌다. 의사가 말을 시작하자 초긴장 상태와 혼신의 공황이 번갈아 가며 그녀를 덮친다.

좋은 소식이 있다. 그리고 나쁜 소식도 있다. 그리고 더 좋은 소식이 있다. 파사노 박사는 좋은 소식이 젬마의 전체 게놈이 출생 시 시퀀싱되어 장 투과성 검사, 혈액 샘플을 기반으로 한 면역 프로파일링, 대변 샘플에서 수행한 마이크로바이옴, 메타 전사체, 대사체 분석과 함께 해당 데이터를 사용하여 젬마의 급성 질환의 근본 원인과 ASD의 예측 인자로 알려진 바이오마커를 모두 찾을 수 있었다는 점이라고 설명한다. 검사 결과 젬마의 장 투과성을 나타내는 지표인 조눌라 수치가 상승하고, 장내 미생물이 불균형한 것으로 나타났으며, F. 프로스니치*prausnitzii*이 적고, 장내세균*Enterobacteria* 수가 약간 높았으며, 유산균의 젖산염 생산을 조절하는 유

전자가 하향 조절된 것으로 밝혀졌다. 대사체 분석 결과 젬마의 변에서 젖산염이 감소한 것이 확인되었다. 전장게놈 시퀀싱과 후성유전학적 변화를 통해 젬마의 면역반응을 조절하는 유전자가 활성화되었음이 밝혀졌다. 이러한 이유로 파사노 박사는 젬마의 뇌에 신경염증을 보여주는 양전자 방출 단층촬영(PET)positron emission tomography 스캔을 요청했다. 이러한 검사 결과를 바탕으로 파사노 박사는 멜라니에게 설명한 후 컴퓨터를 켜고 위험 분석을 수행한 결과 젬마의 양성 바이오마커, 면역 프로필, 특정 유전자 변이, 장내 미생물군, 대사체 구성의 조합이 9개월 이내에 ASD가 발병할 위험이 55배 높다는 사실을 발견했다.

멜라니는 숨을 고른다. 거의 2년 전, 아들과 관련하여 자폐증이라는 단어를 처음 들었던 순간이 주마등처럼 스쳐 지나간다. 하지만 지금은 지금이다. 또 다른 시간이다. 또 다른 아이. 생후 12개월 동안 모든 성장과 발달의 이정표에 도달했음에도 불구하고 명백히 위험에 처한 아이. 멜라니는 갑자기 이상하게 산소가 없는 것 같은 이 방으로 다시 들어와 이 대화에 참여하고자 한다. 파사노 박사는 사실 좋은 소식이 있다고 말한다. 그는 젬마의 프로필에 맞게 식단을 변경하여 보호 미생물의 성장을 촉진하고, 장내 미생물 환경의 변화를 감지하고 적절한 미생물 구성과 대사 프로필을 재건하여 ASD 발병을 예방할 수 있는 유전자 조작 프로바이오틱스를 3개월 동안 복용하도록 처방하고 있다. "내가 이걸 믿을 수 있을까?" 멜라니는 바비가 자폐증을 진단받았을 당시에는 치료할 수도 없었고, 예방할 수도 없었다는 사실을 기억하며 이렇게 생각했다. "이게 사실일까요?" 그녀는 큰 소리로 묻는다. 파사노 박사는 "전 세계 수천 명의 연구자들의 놀라운 연구 덕분에 가능하다"라고 단언한다. 지난 350년 동안 영감 넘치고 끈질긴 연구자들이 질병 차단을 위한 마이크로바이옴 조작이 가능하도록 하는 방대한 연구를 창출해냈다.

<u>멜라니의 아이들의 미래는 밝아 보인다.</u> 3개월 후에 젬마는 검진을 위해 이 방으로 돌아올 것이다. 젬마의 바이오마커는 정상으로 돌아올 것이다. PET 스캔도 정상이 될 것이다. 그녀의 어린 시절은 건강하고 행복할 것이며, 그녀의 삶은 희망으로 가득 차게 될 것이다. 그리고 바비는 젬마의 치료법을 도출한 것과 동일한 연구를 기반으로 한 새로운 치료 프로토콜에 등록될 것이다. 바비의 의사들은 신체의 면역반응 메커니즘과 특정 마이크로바이옴 유래 바이오마커 사이의 피드백 메커니즘을 줄임으로써 증상을 완화하고 장기적인 개선을 도모할 수 있기를 희망한다.

마일스톤 20은 단순한 소망을 넘어 우리가 아침에 일어나 또 다른 하루를 시작할 수 있는 설레는 이유를 제공한다.

감사의 말씀

세균, 바이러스, 곰팡이 등 다양한 구성 요소가 인간 마이크로바이옴을 구성하는 것처럼, 인간 마이크로바이옴에 관한 책 한 권을 집필하기 위해서는 많은 사람이 필요합니다. 몇 년 전 이 프로젝트를 시작한 이래로 마이크로바이옴 분야는 전 세계적으로 연구와 이니셔티브가 폭발적으로 증가했습니다. 이러한 새로운 연구와 연구 분야는 미생물학, 면역학, 환경 생물학, 생물 통계학 및 기타 과학 분야에서 수십 년에 걸친 연구를 바탕으로 이루어졌기 때문에 가능했습니다.

건강과 질병에 관한 인간 마이크로바이옴의 복잡한 문제를 해결하기 위해 마이크로바이옴 과학 분야의 연구자 15명을 인터뷰했습니다. 그중에는 수십 년 동안 이 길을 걸어온 분들도 있고, 이 분야에 처음 발을 들여놓은 분들도 있습니다. 이 책에 인사이트와 자료를 제공해 주신 다음 분들께 기여한 순서대로 깊은 감사를 드립니다. 리타 콜웰Rita Colwell, 클레어 프레이저Claire Fraser, 요제프 뉴Josef Neu, 자크 라벨Jacques Ravel, W. 앨런 워커Allan Walker, 포레스트 로워Forest Rohwer, 리 카플란Lee Kaplan, 사키스 마즈마니안Sarkis Mazmanian, 로렌스 지츠보겔Laurence Zitzvogel, 로런 피히트너Lauren Fiechtner, 모린 레너드Maureen Leonard, 빅토리아 마틴Victoria Martin, 존 밴더후프Jon Vanderhoof, 알리 조모로디Ali Zomorrodi, 티모시 루Timothy Lu입니다.

  또한 이 프로젝트를 지원해 준 매사추세츠 종합병원(MGH)과 MGH 동료들에게도 감사의 말씀을 전합니다. 자료를 제공하고 원고를 검토해 준 크리스티나 파허티Christina Faherty를 비롯한 MGH의 소아 위장병 및 영양학과, 셀리악 연구 및 치료 센터, MIBRC의 로널드 클라인만Ronald Kleinman, 리사 밀론Lisa Milone, 조앤 오브라이언Joanne O'Brien, 크리스틴 하셀슈워트Kristin Hasselschwert, 그리고 소아 위장병 및 영양학과의 구성원들에게도 감사의 말씀을 전합니다. 놀라운 인내심과 유연성을 발휘해준 MIT 출판의 로버트 프라이어Robert Prior, 앤 마리 보노Anne-Marie Bono, 캐슬린 카루소Kathleen Caruso에게도 감사드립니다. 그리고 편집과 교정을 지원해 주신 제니퍼 오트먼Jennifer Ottman과 크리스티안 장Christian Zang에게도 감사드립니다.

  마지막으로, 질병 치료 및 예방의 새로운 길을 개척할 헌신적인 과학자 및 임상의와 함께, 오래된 질병에 대한 새로운 치료법으로 이어질 연구결과를 발전시키기 위해 연구에 기꺼이 참여해 준 많은 환자분들께도 감사드립니다. 이 책이 출간될 즈음에는 마이크로바이옴 과학 분야가 예상치 못한 새로운 발견으로 비약적인 발전을 이룰 것으로 확신합니다. 마이크로바이옴 과학의 빠른 변화 속도로 인해 일부 내용이 중복될 수 있다는 점을 충분히 인식하고 이 책에 획기적인 연구와 창의적인 이론을 포함하려고 최선을 다했습니다. 마지막으로, 모든 오류와 누락은 저희 저자들의 책임입니다.

역자 후기

이 책은 최근 급속히 연구가 진행되고 있는 마이크로바이옴의 특성과 기능, 질병관련성, 질병치료용 조작에 관한 내용으로, 크게 3부분으로 나누어져 있다.

Part 1은 세균으로 대표되는 마이크로바이옴, 특히 인간 마이크로바이옴에 초점을 맞추고 있다. 인간 마이크로바이옴은 인간게놈보다 100~150배 더 많은 유전자로 구성된 메타게놈을 가지고 있으며 인간과 공진화하고 있다. 여기에는 세균뿐만 아니라 바이러스, 진균, 고균, 기생충 간에 복잡한 상호작용이 이루어져서 그물구조와 같이 얽혀있는 상호 연결성을 가지고 있다고 설명한다. 이러한 마이크로마이옴의 기능을 파악하기 위해서는 메타전사체와 대사체 데이터를 포함한 다중오믹스^{Omics} 데이터가 얻어져야 하고, 여기에 임상 및 환경 데이터도 포함되어야 한다고 저자들은 주장한다. 이렇게 하기 위해서는 많은 새로운 혁신적인 사고와 기술의 개발이 필요함을 강조하고 있다.

Part 2는 현재까지 알려진 마이크로바이옴이 관련된 질병에 관한 내용이다. 이런 질병들은 염증성 장질환, 비만, 자가면역질환, 신경 및 행동장애, 암 등이 포함된다. 이런 질병들에 대한 기존의 전통적인 해석에서 벗어나 마이크로바이옴이 관여됨으로서 얻어지는 미생물의 대사 네트워크, 후성유전학 변형에 의한 발현 조절 등에 대한 새로운 관점을 설명한다. 그리하여 세균의 유전적 가소성뿐만 아니라 연구가 거의 안 된 바이러스와 고균, 진군 등을 포함한 거대한 미생물 생태계를 이해해야 이런 질병들의 예방과 치료가 가능하다고 역설하고, 이를 추구할 여러 혁신적인 아이디어와 연구 방향을 제안하고 있다.

Part 3은 질병의 예방과 치료를 위한 마이크로바이옴의 조작에 관한 부분이다. 이를 위하여 질병을 복잡한 생물학적 네트워크로서 파악하고 분자 수준에서 얻어진 마이크로바이옴의 구성, 메타게놈, 메타전사체, 대사체 데이터를 포괄적인 임상 및 식이를 포함한 환경 데이터와 통합해 질병 발생에 대한 시스템 수준의 모델을 구축해야 한다고 주장한다. 이렇게 얻어진 거대한 데이터를 분석하여 메커니즘적 연구가 가능하게 하고 그에 따라 특정 타깃을 발굴하기 위해서는 머신러닝, 수학적 모델링과 인공지능 기술이 도입되어야 한다고 저자들은 말한다. 그렇게 하여 균주 수준에서 메커니즘이 규명되면 이를 합성생물학 방법을 이용하여 타깃 균주를 분자 수준에서 조작하고, 이 조작된 균주들로 마이크로바이옴을 다시 조작함으로써 정밀한 개인 맞춤형 의료가 가능해질 것이라고 전망하였다.

이 책의 에필로그에서 마지막 마일스톤은 가상적인 2030년 의료현장을 소개한다. 자폐증상을 나타낼 가능성이 높은 유아에게 유전자 조작 프로바이오틱스 균주를 처방하여 결과적으로 마이크로바이옴을 조작함으로써 자폐증상을 예방할 수 있다는 내용이다. 이 책이 발간된 2022년에 약 10년 후의 세상을 상상한 것이지만 현단계에서 판단하면 2030년대에 성취되기는 어려워 보인다. 하지만 이 책은 마이크로바이옴의 전 분야를 최신 연구동향을 비롯하여 심도 깊게 다루고, 앞으로의 전망과 새로운 예방 및 치료법 등에 대해 해당 분야 전문가들의 의견을 깊이 있게 소개한 보기 드문 역작이라고 생각된다. 특히 건강과 질병을 미생물 측면에서 혁신적인 아이디어로 접근하여 우리 사고의 지평을 크게 확대시켜 주었다.

이 책에서 저자들은 마이크로바이옴을 질병의 새로운 예방법과 치료법에 적용하기 위해서는 여러 혁신적인 사고와 접근법이 필요하다고 누차례 강조한다. 그런데 역자가 보기에 마지막 단계에서 질병 치료법을 개발하기 위해 메커니즘 연구를 통해 타깃을 규명하여 합성생물학 방법으로 특정 타깃 균주를 유전적으로 조작해야 한다는 부분은 기존의 신약 개발 과정을 그대로 답습한 것이다. 이 단계에서 저자들이 왜 혁신적인 사고를 작동하지 않았을까 하는 의문이 든다.

저자들이 제안하는 새로운 치료법의 타깃이 분자 레벨인 유전자, 단백질, 대사체 등이다. 이 분자들을 대상으로 하면 그 데이터가 당연히 엄청나게 많아지고 인간이 감당할 수 없어 이런 빅데이터를 분석하기 위한 딥러닝 기술과 인공지능이 요구된다. 그리고 이 분자들을 타깃으로 하면 개인별로 달라지지 않을 수 없으며, 따라서 고비용의 개인별 맞춤의료로 나아가야 하고 그 치료법도 무수히 많아지게 된다.

이 단계에서 혁신적인 사고는 타깃을 기존의 분자 수준이 아닌 상호작용과 상호연결성의 시스템에 맞추는 것이다. 즉 목표 타깃이 분자 수준보다 훨씬 크고 병이 발현되는 시스템 수준으로 올라오는 것이다. 마이크로바이옴의 구성과 기능에 영향을 미치는 식이를 포함한 환경, 주거지역, 운동, 정신과 심리상태 등에 초점을 맞추고, 다른 생명체와도 상호연결되어 건강한 상태를 유지하고 있다는 쪽으로 방향을 전환하는 것이다. 예를 들어 타깃을 식이로 하면 분자 수준에서 추진하는 것보다 훨씬 저비용이면서 효율적이고 그 효과는 더 크게 나타날 것이다. 식이에 대한 이러한 혁신적인 생각은 이 책에도 다음과 같이 여러 군데 언급되어 있다.

"약으로서의 음식" (113쪽)

"건강한 식습관의 실천이 모든 약의 비용보다 훨씬 저렴"(368쪽)

"질병의 치료와 예방에 건강한 식단이 더 효과적"(402쪽)

그래서 특정 연령과 특정 지역의 인구집단에서 어떤 식단이 유용한가? 그 식단의 효능은 어떻게 평가할 수 있는가? 그 식단 중 부족한 부분은 어떻게 보충할 것인가? 등과 같은 질문을 가지고 마이크로바이옴과 관련된 건강과 질병 문제에 접근할 수 있을 것이다. 그러나 이러한 시스템 수준의 예방 및 치료 방안 같은 혁신적인 사고의 전환이 이 책의 마지막 부분에 언급되지 않는 것이 매우 아쉽게 여겨지면서 의문을 가지게 된다.

"앞에서 그렇게 강조한 시스템 관점의 중요성을 잊어버리고, 왜 고비용이고 많은 시간과 노력이 요구되는 기존의 신약 개발 방법론을 그대로 따르고 있을까?" 시스템 수준으로 우리의 사고를 진정으로 전환하면 우리 몸의 세포와 마이크로바이옴이 다 함께 편안하면서 건강하고 행복해질 수 있을 텐데.

2025. 7. 31. 분당 불곡산 자락에서
김규원

주석

Part 1 _ 미생물의 지혜

Chapter 1 • 진화생물학으로 설명하는 세균의 적응력

1. T. Djokic, M. J. Van Kranendonk, K. A. Campbell, M. R. Walter, and C. R. Ward, "Earliest Signs of Life on Land Preserved in ca. 3.5 Ga Hot Spring Deposits," *Nature Communications* 8 (May 9, 2017): 15263, https://doi.org/10.1038/ncomms15263.
2. J. Fox-Skelly, "What Is the Hottest Temperature Life Can Survive?," *BBC Earth*, February 10, 2016, http://www.bbc.com/earth/story/20160209-this-is-how-to-survive-if-you-spend-your-life-in-boilin-water, accessed November 7, 2019.
3. N. Touchette, "World's Hottest Microbe: Loving Life in Hell," *Genome News Network*, August 22, 2003, http://www.genomenewsnetwork.org/articles/08_03/hottest.shtml, accessed November 7, 2019.
4. J. Scott, "CU-Boulder-Led Team Finds Microbes in Extreme Environment in South American Volcanoes" *Colorado Arts and Sciences Magazine Archive*, June 8, 2012, https://www.colorado.edu/asmagazine-archive/node/982, accessed June 19, 2020.
5. P. Sommers, R. S. Fontenele, T. Kringen, S. Kraberger, D. L. Porazinska, J. L. Darcy, S. K. Schmidt, and A. Varsani, "Single-Stranded DNA Viruses in Antarctic Cryoconite Holes," *Viruses* 11, no. 11 (November 2019): 1022, https://doi.org/10.3390/v11111022.
6. B. J. MacFadden, "Fossil Horses-Evidence for Evolution" *Science* 307, no. 5716 (March 18, 2005): 1728-1730, https://doi.org/10.1126/science.1105458.
7. H. Imachi, M. K. Nobu, N. Nakahara, Y. Morono, M. Ogawara, Y. Takaki, Y. Takano, et al., "Isolation of an Archaeon at the ProkaryoteEukaryote Interface," *Nature* 577 (January 23, 2020): 519-525, https://doi.org/10.1038/s41586-019-1916-6.
8. M. Blaser, Missing Microbes: *How the Overuse of Antibiotics Is Fueling Our Modern Plagues* (New York: Henry Holt, 2014).
9. E. R. Davenport, J. G. Sanders, S. J. Song, K. R. Amato, A. G. Clark, and R. Knight, "The Human Microbiome in Evolution," *BMC Biology* 15 (December 27, 2017): 127, https://doi.org/10.1186/s12915-017-0454-7.
10. J. Snow, "The Cholera near Golden-Square, and at Deptford," *Medical Times and Gazette*, September 23, 1854, 321-322.
11. A. C. Ghose, "Lessons from Cholera and *Vibrio cholerae*," *Indian Journal of Medical Research* 133, no. 2

(February 2011): 164-170, http://www.ijmr.org.in/text.asp?2011/133/2/164/78117.
12. Ghose, "Lessons from Cholera."
13. D. Lippi, E. Gotuzzo, and S. Caini, "Cholera," *Microbiology Spectrum* 4, no. 4 (August 2016): POH-0012-2015, https://doi.org/10.1128/microbiolspec.poh-0012-2015.
14. M. Trucksis, J. Michalski, Y. K. Deng, and J. B. Kaper, "The *Vibrio cholerae* Genome Contains Two Unique Circular Chromosomes," *Proceedings of the National Academy of Sciences of the United States of America* 95, no. 24 (November 24, 1998): 14464–14469, https://doi.org/10.1073/pnas.95.24.14464.
15. National Institutes of Health, National Human Genome Research Institute, "Human Genome Project FAQ," https://www.genome.gov/human-genome-project/Completion-FAQ, accessed November 7, 2019.
16. Human Genome Project Information Archive 1990-2003, https://web.ornl.gov/sci/techresources/Human_Genome/project/press4_2003.shtml, accessed November 7, 2019.
17. C. Fraser, oral interview with authors, November 1, 2017.
18. M. J. Behbehani, H. V. Jordan, and D. L. Santoro, "Simple and Convenient Method for Culturing Anaerobic Bacteria," *Applied and Environmental Microbiology* 43, no. 1 (January 1982): 255-256, https://aem.asm.org/content/43/1/255.

Chapter 2 • 조상 마이크로바이옴

1. D. P. Strachan, "Hay Fever, Hygiene, and Household Size," *British Medical Journal* 299, no. 6710 (November 18, 1989): 1259–1260, https://doi.org/10.1136/bmj.299.6710.1259.
2. S. F. Bloomfield, R. Stanwell-Smith, R. W. R. Crewel, and J. Pickup, "Too Clean, or Not Too Clean: The Hygiene Hypothesis and Home Hygiene," *Clinical and Experimental Allergy* 36, no. 4 (April 2006): 402-425, https://doi.org/10.1111/j.1365-2222.2006.02463.x.
3. R. Pahwa, A. Goyal, P. Bansal, and I. Jialal, *Chronic Inflammation* (Treasure Island, FL: StatPearls, 2018), https://www.ncbi.nlm.nih.gov/books/nbk493173/.
4. L. S. Weyrich, S. Duchene, J. Soubrier, L. Arriola, B. Llamas, J. Breen, A. G. Morris, et al., "Neanderthal Behaviour, Diet, and Disease Inferred from Ancient DNA in Dental Calculus," *Nature* 544, no. 7650 (April 20, 2017): 357-361, https://doi.org/10.1038/nature21674.
5. Weyrich et al., "Neanderthal Behaviour."
6. A. Humar, I. McGilvray, M. J. Phillips, and G. A. Levy, "Severe Acute Respiratory Syndrome and the Liver," *Hepatology* 39, no. 2 (February 2004): 291-294, https://doi.org/10.1002/hep.20069; World Health Organization, "SARS (Severe Acute Respiratory Syndrome)," https://www.who.int/ith/diseases/sars/en/, accessed May 14, 2020.
7. Humar et al., "Severe Acute Respiratory Syndrome."
8. L.-F. Wang, Z. Shi, S. Zhang, H. E. Field, P. Daszak, and B. T. Eaton, "Review of Bats and SARS," *Emerging Infectious Diseases* 12, no. 12 (December 2006): 1834-1840, https://doi.org/10.3201/eid1212.060401.
9. D. Cyranoski, "Mystery Deepens over Animal Source of Coronavirus," *Nature* 579 (March 5, 2020): 18-19, https://doi.org/10.1038/d41586-020-00548-w.
10. J. Howard, "Plague Explained," *National Geographic*, August 20, 2019, https://www.nationalgeographic.com/science/health-and-human-body/human-diseases/the-plague/, accessed

November 9, 2019.
11. Naval History and Heritage Command, Navy Department Library, "Influenza of 1918 (Spanish Flu) and the U.S. Navy," April 6, 2015, https://www.history.navy.mil/content/history/nhhc/research/library/online-reading-room/title-list-alphabetically/i/influenza/influenza-of-1918-spanish-flu-and-the-us-navy.html, accessed November 9, 2019.
12. New England Historical Society, "Exactly How New England's Indian Population Was Decimated," updated in 2018, http://www.newengland-historicalsociety.com/exactly-new-englands-indian-population-decimated/, accessed November 9, 2019.
13. National Museum Australia, "Defining Moments: Smallpox Epidemic," https://www.nma.gov.au/defining-moments/resources/smallpox-epidemic, accessed November 9, 2019.
14. HIV.gov, "A Timeline of HIV and AIDS," https://www.youtube.com/watch?v=EyaryYcXjho, accessed November 9, 2019.
15. Centers for Disease Control and Prevention, "Coronavirus Disease 2019 (COVID-19): World Map," https://www.cdc.gov/coronavirus/2019-ncov/global-covid-19/world-map.html, accessed May 15, 2020.
16. Fraser, oral interview.
17. T. Bosch, interview with M. Dominguez-Bello, "How Western Civilization Affects the Microbiome," at Kiel University, October 27, 2017, https://www.youtube.com/watch?v=EyaryYcXjho, accessed November 9, 2019.
18. Bosch, interview with Dominguez-Bello.
19. J. C. Clemente, E. C. Pehrsson, M. J. Blaser, K. Sandhu, Z. Gao, B. Wang, M. Magris, et al., "The Microbiome of Uncontacted Amerindians," *Science Advances* 1, no. 3 (April 2015): e1500183, https://doi.org/10.1126/sciadv.1500183.
20~22. Clemente et al., "The Microbiome of Uncontacted Amerindians."
23. A. J. Obregon-Tito, R. Y. Tito, J. Metcalf, K. Sankaranarayanan, J. C. Clemente, L. K. Ursell, Z. Z. Xu, et al., "Subsistence Strategies in Traditional Societies Distinguish Gut Microbiomes," *Nature Communications* 6 (March 25, 2015): 6505, https://doi.org/10.1038/ncomms7505.
24. Obregon-Tito et al., "Subsistence Strategies."
25. Blaser, Missing Microbes.
26. A. Keys, ed., "Coronary Heart Disease in Seven Countries," supplement, *Circulation* 41, no. S1 (April 1970).
27. C. A. Thaiss, D. Zeevi, M. Levy, G. Zilberman-Schapira, J. Suez, A. C. Tengeler, L. Abramson, et al., "Transkingdom Control of Microbiota Diurnal Oscillations Promotes Metabolic Homeostasis," *Cell* 159, no. 3 (October 23, 2014): 514-529, https://doi.org/10.1016/j.cell.2014.09.048.
28. S. A. Smits, J. Leach, E. D. Sonnenburg, C. G. Gonzalez, J. S. Licht- man, G. Reid, R. Knight, et al., "Seasonal Cycling in the Gut Microbi- ome of the Hadza Hunter-Gatherers of Tanzania," *Science* 357, no. 6353 (August 25, 2017): 802-806, https://doi.org/10.1126/science.aan4834.
29. G. Dubois, C. Girard, F.-J. Lapointe, and B. J. Shapiro, "The Inuit Gut Microbiome Is Dynamic over Time and Shaped by Traditional Foods," *Microbiome* 5 (November 16, 2017): 151, https://doi.org/10.1186/s40168-017-0370-7.
30~31. Dubois et al., "The Inuit Gut Microbiome."
32. C. Girard, N. Tromas, M. Amyot, and B. J. Shapiro, "Gut Microbiome of the Canadian

Arctic Inuit," *mSphere* 2, no. 1 (January-February 2017): e00297-16, https://doi.org/10.1128/msphere.00297-16.

Chapter 3 • 인간 마이크로바이옴에 영향을 미치는 초기 요인들

1. T. A. Manuck, "Racial and Ethnic Differences in Preterm Birth: A Complex, Multifactorial Problem," *Seminars in Perinatology* 41, no. 8 (December 2017): 511-518, https://doi.org/10.1053/j.semperi.2017.08.010.
2. A. C. Skinner, S. N. Ravanbakht, J. A. Skelton, E. M. Perrin, and S. C. Armstrong, "Prevalence of Obesity and Severe Obesity in US Children, 1999-2016," *Pediatrics* 141, no. 3 (March 2018): e20173459, https://doi.org/10.1542/peds.2017-3459.
3. E. Jašarević, C. L. Howerton, C. D. Howard, and T. L. Bale, "Alterations in the Vaginal Microbiome by Maternal Stress Are Associated with Metabolic Reprogramming of the Offspring Gut and Brain," *Endocrinology* 156, no. 9 (September 1, 2015): 3265-3276, https://doi.org/10.1210/en.2015-1177.
4. T. M. Nelson, J. C. Borgogna, R. D. Michalek, D. W. Roberts, J. M. Rath, E. D. Glover, J. Ravel, M. D. Shardell, C. J. Yeoman, and R. M. Brotman, "Cigarette Smoking Is Associated with an Altered Vaginal Tract Metabolomic Profile," *Scientific Reports* 8 (January 16, 2018): 852, https://doi.org/10.1038/s41598-017-14943-3.
5. J. Ravel, personal communication, January 14, 2020.
6. M. E. Perez-Muñoz, M.-C. Arrieta, A. E. Ramer-Tait, and J. Walter, "A Critical Assessment of the 'Sterile Womb' and 'In Utero Colonization' Hypotheses: Implications for Research on the Pioneer Infant Microbiome," *Microbiome* 5 (April 28, 2017): 48, https://doi.org/10.1186/s40168-017-0268-4.
7. J. Ravel, personal communication, January 14, 2020.
8. M. Mshvildadze, J. Neu, J. Shuster, D. Theriaque, N. Li, and V. Mai, "Intestinal Microbial Ecology in Premature Infants Assessed with Non-Culture-Based Techniques," *Journal of Pediatrics* 156, no. 1 (January 2010): 20-25, https://doi.org/10.1016/j.jpeds.2009.06.063.
9. C. Willyard, "Could Baby's First Bacteria Take Root Before Birth?," *Nature* 553 (January 18, 2018): 264-266, https://doi.org/10.1038/d41586-018-00664-8.
10. J. Neu, oral interview with authors, May 23, 2018.
11. L. J. Funkhouser and S. R. Bordenstein, "Mom Knows Best: The Universality of Maternal Microbial Transmission," *PLoS Biology* 11, no. 8 (August 20, 2013): e1001631, https://doi.org/10.1371/journal.pbio.1001631.
12. Mshvildadze et al., "Intestinal Microbial Ecology."
13. T. Tapiainen, N. Paalanne, M. V. Tejesvi, P. Koivusaari, K. Korpela, T. Pokka, J. Salo, et al., "Maternal Influence on the Fetal Microbiome in a Population-Based Study of the First-Pass Meconium," *Pediatric Research* 84, no. 3 (September 2018): 371-379, https://doi.org/10.1038/pr.2018.29.
14. J. Ravel, oral interview with authors, September 21, 2017.
15. Ravel, oral interview.
16. A. P. Lauder, A. M. Roche, S. Sherrill-Mix, A. Bailey, A. L. Laughlin, K. Bittinger, R. Leite, M. A. Elovitz, S. Parry, and F. D. Bushman, "Comparison of Placenta Samples with Contamination Controls Does Not Provide Evidence for a Distinct Placenta Microbiota," *Microbiome* 4 (June 23, 2016): 29, https://doi.org/10.1186/s40168-016-0172-3.

17. Ravel, oral interview.
18. Perez-Muñoz et al., "A Critical Assessment."
19. M. C. de Goffau, S. Lager, U. Sovio, F. Gacciolli, E. Cook, S. J. Peacock, J. Parkhill, D. S. Charnock-Jones, and G. C. S. Smith, "Human Placenta Has No Microbiome but Can Contain Potential Pathogens," *Nature* 572, no. 7769 (August 15, 2019): 329-334, https://doi.org/10.1038/s41586-019-1451-5.
20. Funkhouser and Bordenstein, "Mom Knows Best."
21. M. A. Zarate, M. D. Rodriguez, E. I. Chang, J. T. Russell, T. J. Arndt, E. M. Richards, B. A. Ocasio, et al., "Post-Hypoxia Invasion of the Fetal Brain by Multidrug Resistant *Staphylococcus*," *Scientific Reports* 7 (July 25, 2017): 6458, https://doi.org/10.1038/s41598-017-06789-6.
22. M. D. Seferovic, R. M. Pace, M. Carroll, B. Belfort, A. M. Major, D. M. Chu, D. A. Racusin, et al., "Visualization of Microbes by 16S In Situ Hybridization in Term and Preterm Placentas without Intraamniotic Infection," *American Journal of Obstetrics and Gynecology* 221, no. 2 (August 1, 2019): 146e1-146e23, https://doi.org/10.1016/j.ajog.2019.04.036.
23. N. Younge, J. R. McCann, J. Ballard, C. Plunkett, S. Akhtar, F. Araújo-Pérez, A. Murtha, D. Brandon, and P. C. Seed, "Fetal Exposure to the Maternal Microbiota in Humans and Mice," *JCI Insight* 4, no. 19 (October 3, 2019): e127806, https://doi.org/10.1172/jci.insight.127806.
24. Ravel, oral interview.
25. L. R. McKinnon, S. L. Achilles, C. S. Bradshaw, A. Burgener, T. Crucitti, D. N. Fredricks, H. B. Jaspan, et al., "The Evolving Facets of Bacterial Vaginosis: Implications for HIV Transmission," *AIDS Research and Human Retroviruses* 35, no. 3 (March 2019): 219-228, https://doi.org/10.1089/aid.2018.0304.
26. J. Leizer, D. Nasioudis, L. J. Forney, G. M. Schneider, K. Gliniewicz, A. Boester, and S. S. Witkin, "Properties of Epithelial Cells and Vaginal Secretions in Pregnant Women When *Lactobacillus crispatus* or *Lactobacillus iners* Dominate the Vaginal Microbiome," *Reproductive Sciences* 25, no. 6 (June 1, 2018): 854-860, https://doi.org/10.1177/1933719117698583; S. S. Witkin, D. Nasioudis, J. Leizer, E. Minis, A. Boester, and L. J. Forney, "Epigenetics and the Vaginal Microbiome: Influence of the Microbiota on the Histone deacetylase Level in Vaginal Epithelial Cells from Pregnant Women," *Minerva Ginecologica* 71, no. 2 (April 2019): 171–175, https://doi.org/10.23736/s0026-4784.18.04322-8; V. L. Edwards, S. B. Smith, E. J. McComb, J. Tamarelle, B. Ma, M. S. Humphrys, P. Gajer, et al., "The Cervicovaginal Microbiota-Host Interaction Modulates *Chlamydia trachomatis* Infection," *mBio* 10, no. 4 (August 2019): e01548-19, https://doi.org /10.1128/mbio.01548-19.
27. Ravel, oral interview.
28. B. Ma, L. J. Forney, and J. Ravel, "Vaginal Microbiome: Rethinking Health and Disease," *Annual Review of Microbiology* 66 (2012): 371-389, https://doi.org/10.1146/annurev-micro-092611-150157.
29~30. Ravel, oral interview.
31. H. M. Dunsworth, "There Is No 'Obstetrical Dilemma': Towards a Braver Medicine with Fewer Childbirth Interventions," *Perspectives in Biology and Medicine* 61, no. 2 (Spring 2018): 249–263, https://doi.org/10.1353/pbm.1018.0040; H. M. Dunsworth, "Thank Your Intelligent Mother for Your Big Brain," *Proceedings of the National Academy of Sciences of the United States of America* 113, no. 25 (June 21, 2016): 6816- 6818, https://doi.org/10.1073/pnas.1606596113.
32. Ravel, oral interview.

33. M. A. Elovitz, P. Gjer, V. Riis, A. G. Brown, M. S. Humphrys, J. B. Holm, and J. Ravel, "Cervicovaginal Microbiota and Local Immune Response Modulate the Risk of Spontaneous Preterm Delivery," *Nature Communications* 10 (March 21, 2019): 1305, https://doi.org/10.1038/s41467-019-09285-9.

34. D. B. DiGiulio, B. J. Callahan, P. J. McMurdie, E. K. Costello, D. J. Lyell, A. Robaczewska, C. L. Sun, et al., "Temporal and Spatial Variation of the Human Microbiota during Pregnancy," *Proceedings of the National Academy of Sciences of the United States of America* 112, no. 35 (September 1, 2015): 11060-11065, https://doi.org/10.1073/pnas.1502875112.

35. DiGiulio et al., "Temporal and Spatial Variation."

36. M. J. Stout, Y. Zhou, K. M. Wylie, P. I. Tarr, G. A. Macones, and M. G. Tuuli, "Early Pregnancy Vaginal Microbiome Trends and Preterm Birth," *American Journal of Obstetrics and Gynecology* 217, no. 3 (September 1, 2017): 356e1-356e18, https://doi.org/10.1016/j.ajog.2017.05.030.

37~38. Stout et al., "Early Pregnancy Vaginal Microbiome Trends."

39. B. J. Callahan, D. B. DiGiulio, D. S. Aliaga Goltsman, C. L. Sun, E. K. Costello, P. Jeganathan, J. R. Biggio, et al., "Replication and Refinement of a Vaginal Microbial Signature of Preterm Birth in Two Racially Distinct Cohorts of US Women," *Proceedings of the National Academy of Sciences of the United States of America* 114, no. 37 (September 12, 2017): 9966-9971, https://doi.org/10.1073/pnas.1705899114.

40. Callahan et al., "Replication and Refinement."

41. Elovitz et al., "Cervicovaginal Microbiota."

42. Ravel, oral interview.

43. C. E. Cho and M. Norman, "Cesarean Section and Development of the Immune System in the Offspring," *American Journal of Obstetrics and Gynecology* 208, no. 4 (April 1, 2013): 249-254, https://doi.org/10.1016/j.ajog.2012.08.009; R. Romero and S. J. Korzeniewski, "Are Infants Born by Elective Cesarean Delivery without Labor at Risk for Developing Immune Disorders Later in Life?," *American Journal of Obstetrics and Gynecology* 208, no. 4 (April 1, 2013): 243–246, https://doi.org/10.1016/j.ajog.2012.12.026.

44. A. Sevelsted, J. Stokholm, K. Bønnelykke, and H. Bisgaard, "Cesarean Section and Chronic Immune Disorders," *Pediatrics* 135, no. (January 2015): e92-e98, https://doi.org/10.1542/peds.2014-0596.

45. N. N. Schommer and R. L. Gallo, "Structure and Function of the Human Skin Microbiome," *Trends in Microbiology* 21, no. 12 (December 1, 2013): 660–668, https://doi.org/10.1016/j.tim.2013.10.001.

46. Neu, oral interview.

47. American College of Obstetricians and Gynecologists, Committee on Obstetric Practice, "Vaginal Seeding," ACOG Committee Opinion 725, November 2017, https://www.acog.org/clinical/clinical-guidance/committee-opinion/articles/2017/11/vaginal-seeding.

48. L. F. Stinson, M. S. Payne, and J. A. Keelan, "A Critical Review of the Bacterial Baptism Hypothesis and the Impact of Cesarean Delivery on the Infant Microbiome," *Frontiers in Medicine* (Lausanne) 5 (May 2018): 135, https://doi.org/10.3389/fmed.2018.00135.

49. Y.-C. Shi, H. Guo, J. Chen, G. Sun, R.-R. Ren, M.-Z. Guo, L.-H. Peng, and Y.-S. Yang, "Initial Meconium Microbiome in Chinese Neonates Delivered Naturally or by Cesarean Section," *Scientific*

Reports 8 (February 19, 2018): 3255, https://doi.org/10.1038/s41598-018-21657-7.
50. E. Rutayisire, K. Huang, Y. Liu, and F. Tao, "The Mode of Delivery Affects the Diversity and Colonization Pattern of the Gut Microbiota during the First Year of Infants' Life: A Systematic Review," *BMC Gastroenterology* 16 (July 30, 2016): 86, https://doi.org/10.1186/s12876-016-0498-0.
51. P. S. La Rosa, B. B. Warner, Y. Zhou, G. M. Weinstock, E. Sodergren, C. M. Hall-Moore, H. J. Stevens, et al., "Patterned Progression of Bacterial Populations in the Premature Infant Gut," *Proceedings of the National Academy of Sciences of the United States of America* 111, no. 34 (August 26, 2014): 12522-12527, https://doi.org/10.1073/pnas.1409497111.
52. I. I. Carvalho-Ramos, R. T. D. Duarte, K. G. Brandt, M. B. Martinez, and C. R. Taddei, "Breastfeeding Increases Microbial Community Resilience," *Jornal de Pediatria* (Porto Alegre) 94, no. 3 (May-June 2018): 258-267, https://doi.org/10.1016/j.jped.2017.05.013.
53. K. E. Gregory and W. A. Walker, "Immunologic Factors in Human Milk and Disease Prevention in the Preterm Infant," *Current Pediatrics Reports* 1, no. 4 (December 2013): 222-228, https://doi.org/10.1007/s40124-013-0028-2.
54. N. Colliou, Y. Ge, B. Sahay, M. Gong, M. Zadeh, J. L. Owen, J. Neu, et al., "Commensal *Propionibacterium* Strain UF1 Mitigates Intestinal Inflammation via Th17 Cell Regulation," *Journal of Clinical Investigation* 127, no. 11 (November 1, 2017): 3970-3986, https://doi.org/10.1172/jci95376.
55. J. Shulhan, B. Dicken, L. Hartling, and B. M. K. Larsen, "Current Knowledge of Necrotizing Enterocolitis in Preterm Infants and the Impact of Different Types of Enteral Nutrition Products," *Advances in Nutrition* 8, no. 1 (January 2017): 80-91, https://doi.org/10.3945/an.116.013193.
56. Neu, oral interview.
57. S. Senger, L. Ingano, R. Freire, A. Anselmo, W. Zhu, R. Sadreyev, W. A. Walker, and A. Fasano, "Human Fetal-Derived Enterospheres Provide Insights on Intestinal Development and a Novel Model to Study Necrotizing Enterocolitis (NEC)," *Cellular and Molecular Gastroenterology and Hepatology* 5, no. 4 (February 4, 2018): 549-568, https://doi.org/10.1016/j.jcmgh.2018.01.014.
58. R. G. Brown, J. R. Marchesi, Y. S. Lee, A. Smith, B. Lehne, L. M. Kindinger, V. Terzidou, et al., "Vaginal Dysbiosis Increases Risk of Preterm Fetal Membrane Rupture, Neonatal Sepsis and Is Exacerbated by Erythromycin," *BMC Medicine* 16 (January 24, 2018): 9, https://doi.org/10.1186/s12916-017-0999-x.

Chapter 4 • 코드 해독하기: 인간게놈에서 인간 미생물군집까지

1. R. Colwell, oral interview with authors, January 19, 2018.
2~4. Colwell, oral interview.
5. R. R. Colwell, "Polyphasic Taxonomy of the Genus *Vibrio*: Numerical Taxonomy of *Vibrio cholerae*, *Vibrio parahaemolyticus*, and Related *Vibrio* Species," *Journal of Bacteriology* 104, no. 1 (October 1970): 410-433, https://jb.asm.org/content/104/1/410.
6. A. H. Sturtevant and G. W. Beadle, *An Introduction to Genetics* (Philadelphia: W. B. Saunders, 1940).
7. J. G. Mendel, "Versuche über Pflanzenhybriden," *Verhandlungen des naturforschenden Vereines in Brünn* 4 (1865): 3–47.
8. Nobel Prize, "The Nobel Prize in Physiology or Medicine 1933," https://www.nobelprize.org/prizes/medicine/1933/summary/, accessed May 24, 2020.

9. Nobel Prize, "The Nobel Prize in Physiology or Medicine 1962," https://www.nobelprize.org/prizes/medicine/1962/summary/, accessed November 9, 2019.
10. National Institutes of Health, U.S. National Library of Medicine, "Rosalind Franklin: The Rosalind Franklin Papers," *Profiles in Science*, https://profiles.nlm.nih.gov/spotlight/kr/feature/biographical-overview, accessed November 9, 2019.
11. National Institutes of Health, U.S. National Library of Medicine, "Rosalind Franklin."
12. B. Maddox, "The Double Helix and the 'Wronged Heroine,'" *Nature* 421 (January 23, 2003): 407-408, https://doi.org/10.1038/nature01399.
13. J. D. Watson and F. H. C. Crick, "Molecular Structure of Nucleic Acids: A Structure for Deoxyribose Nucleic Acid," Nature 171, no. 4356 (April 25, 1953): 737-738, https://doi.org/10.1038/171737a0.
14. M. H. F. Wilkins, A. R. Stokes, and H. R. Wilson, "Molecular Structure of Nucleic Acids: Molecular Structure of Deoxypentose Nucleic Acids," *Nature* 171, no. 4356 (April 25, 1953): 738–740, https://doi.org/10.1038/171738a0; R. E. Franklin and R. G. Gosling, "Molecular Configuration in Sodium Thymonucleate," *Nature* 171, no. 4356 (April 25, 1953): 740-741, https://doi.org/10.1038/171740a0.
15. Watson and Crick, "Molecular Structure of Nucleic Acids."
16. L. Osman Elkin, "Rosalind Franklin and the Double Helix," *Physics Today* 56, no. 3 (March 2003): 42-48, https://doi.org/10.1063/1.1570771.
17. Nobel Prize, "Frederick Sanger: Facts," https://www.nobelprize.org/prizes/chemistry/1958/sanger/facts/, accessed November 10, 2019.
18. Nobel Prize, "The Nobel Prize in Physiology or Medicine 1978," https://www.nobelprize.org/prizes/medicine/1978/summary/, accessed November 10, 2019.
19. D. W. Hood, M. E. Deadman, M. P. Jennings, M. Bisercic, R. D. Fleischmann, J. C. Venter, and E. R. Moxon, "DNA Repeats Identify Novel Virulence Genes in *Haemophilus influenzae*," *Proceedings of the National Academy of Sciences of the United States of America* 93, no. 20 (October 1, 1996): 11121-11125, https://doi.org/10.1073/pnas.93.20.11121.
20. National Institutes of Health, National Human Genome Research Institute, "NHGRI History and Timeline of Events," https://www.genome.gov/about-nhgri/Brief-History-Timeline, accessed June 17, 2020.
21. National Institutes of Health, National Human Genome Research Institute, "Human Genome Project FAQ."
22~24. Fraser, oral interview.
25. Hood et al., "DNA Repeats Identify Novel Virulence Genes."
26. C. M. Fraser, J. D. Gocayne, O. White, M. D. Adams, R. A. Clayton, R. D. Fleischmann, C. J. Bult, et al., "The Minimal Gene Complement of *Mycoplasma genitalium*," *Science* 270, no. 5235 (October 20, 1995): 397-404, https://doi.org/10.1126/science.270.5235.397.
27. J. Gallagher, "More Than Half Your Body Is Not Human," BBC News, https://www.bbc.com/news/health-43674270, accessed November 10, 2019.
28. National Institutes of Health, Human Microbiome Project, "HMP1," https://www.hmpdacc.org/overview/, accessed November 10, 2019.
29~31. National Institutes of Health, Human Microbiome Project, "HMP1."

32. A. Gibbons, "Hadza on the Brink," *Science* 360, no. 6390 (May 18, 2018): 700-704, https://doi.org/10.1126/science.360.6390.700.
33. Gibbons, "Hadza on the Brink."
34. Fraser, oral interview.
35. Colwell, oral interview.
36~37. Fraser, oral interview.
38. MetaHIT Metagenomics of the Human Intestinal Tract, "Catalog of Genes," http://www.metahit.eu/index.php?id=360, accessed November 9, 2019.
39. O. Koren, D. Knights, A. Gonzalez, L. Waldron, N. Segata, R. Knight, C. Huttenhower, and R. E. Ley, "A Guide to Enterotypes across the Human Body: Meta-Analysis of Microbial Community Structures in Human Microbiome Datasets," *PLoS Computational Biology* 9, no. 1 (January 2013): e1002863, https://doi.org/10.1371/journal.pcbi.1002863.
40. P. I. Costea, F. Hildebrand, M. Arumugam, F. Bäckhed, M. J. Blaser, F. D. Bushman, W. M. de Vos, et al., "Enterotypes in the Landscape of Gut Microbial Community Composition," *Nature Microbiology* 3, no. 1 (January 2018): 8-16, https://doi.org/10.1038/s41564-017-0072-8.
41. Colwell, oral interview.
42. A. Huq, M. Yunus, S. S. Sohel, A. Bhuiya, M. Emch, S. P. Luby, E. Russek-Cohen, G. B. Nair, R. B. Sack, and R. R. Colwell, "Simple Sari Cloth Filtration of Water Is Sustainable and Continues to Protect Villagers from Cholera in Matlab, Bangladesh," *mBio* 1, no. 1 (May 2010): e00034-10, https://doi.org/10.1128/mbio.00034-10.
43. Colwell, oral interview.

Chapter 5 • 세균을 넘어서: 다른 "옴스Omes"

1. B. Techatraisak and W. M. Gesler, "Traditional Medicine in Bangkok, Thailand," *Geographical Review* 79, no. 2 (April 1989): 172–182, https://doi.org/10.2307/215524.
2. World Health Organization, "Background of WHO Congress on Traditional Medicine," https://www.who.int/medicines/areas/traditional/congress/congress_background_info/en/, accessed November 11, 2019.
3. American College of Traditional Chinese Medicine, "Chinese Medicine," https://www.actcm.edu/chinese-medicine/, accessed November 11, 2019.
4. American College of Traditional Chinese Medicine, "Chinese Medicine."
5. K. Xu, H. Cai, Y. Shen, Q. Ni, Y. Chen, S. Hu, J. Li, et al., "[Management of Corona Virus Disease-19 (COVID-19): The Zhejiang Experience]," *Zhejiang Da Xue Xue Bao Yi Xue Ban* 49, no. 1 (February 21, 2020), https://pubmed.ncbi.nlm.nih.gov/32096367/.
6. E. de Divitiis, P. Cappabianca, and O. de Divitiis, "The 'Schola Medica Salernitana': The Forerunner of the Modern University Medical Schools," *Neurosurgery* 55, no. 4 (October 2004): 722-745, https://doi.org/10.1227/01.neu.0000139458.36781.31.
7. C. Yapijakis, "Hippocrates of Kos, the Father of Clinical Medicine, and Asclepiades of Bithynia, the Father of Molecular Medicine," *In Vivo* 23, no. 4 (July-August 2009): 507-514, http://iv.iiarjournals.org/content/23/4/507.short.
8. R. Virchow, *Cellular Pathology: As Based upon Physiological and Pathological Histology: Twenty Lectures*

Delivered in the Pathological Institute of Berlin during the Months of February, March, and April, 1858, trans. F. Chance (London: John Churchill, 1860), https://archive.org/details/b20418310, accessed November 11, 2019.

9. Colwell, oral interview.
10. E. Scarpellini, G. Ianiro, F. Attili, C. Bassanelli, A. De Santis, and A. Gasbarrini, "The Human Gut Microbiota and Virome: Potential Therapeutic Implications," *Digestive and Liver Disease* 47, no. 12 (December 2015): 1007-1012, https://doi.org/10.1016/j.dld.2015.07.008.
11. "Microbiology by Numbers," editorial, *Nature Reviews Microbiology* 9 (September 2011): 628, https://doi.org/10.1038/nrmicro2644.
12. S. R. Carding, N. Davis, and L. Hoyles, "Review Article: The Human Intestinal Virome in Health and Disease," *Alimentary Pharmacology and Therapeutics* 46, no. 9 (November 2017): 800-815, https://doi.org/10.1111/apt.14280.
13. S. L. Smits, C. M. E. Schapendonk, J. van Beek, H. Vennema, A. C. Schürch, D. Schipper, R. Bodewes, B. L. Haagmans, A. D. M. E. Osterhaus, and M. P. Koopmans, "New Viruses in Idiopathic Human Diarrhea Cases, the Netherlands," *Emerging Infectious Diseases* 20, no. 7 (July 2014): 1218-1222, https://doi.org/10.3201/eid2007.140190.
14. S. Sternberg, "Tracking a Mysterious Killer Virus in the Southwest," *Washington Post*, June 14, 1994, https://www.washingtonpost.com/archive/lifestyle/wellness/1994/06/14/tracking-a-mysterious-killer-virus-in-the-southwest/5e074ccd-7d88-41c0-9dc4-c0edcc1cd16e/.
15. Centers for Disease Control and Prevention, "Tracking a Mystery Disease: The Detailed Story of Hantavirus Pulmonary Syndrome (HPS)," https://www.cdc.gov/hantavirus/outbreaks/history.html, accessed November 11, 2019.
16. Sternberg, "Tracking a Mysterious Killer Virus."
17. Sternberg, "Tracking a Mysterious Killer Virus."
18. C. K. Johnson, P. L. Hitchens, T. S. Evans, T. Goldstein, K. Thomas, A. Clements, D. O. Joly, J. K. Mazet, et al., "Spillover and Pandemic Properties of Zoonotic Viruses with High Host Plasticity," *Scientific Reports* 5 (October 7, 2015): 14830, https://doi.org/10.1038/srep14830.
19. R. J. Jose and A. Manuel, "COVID-19 Cytokine Storm: The Interplay between Inflammation and Coagulation," *The Lancet Respiratory Medicine* 8 (June 2020): e46-e47, https://doi.org/10.1016/s2213-2600(20)30216-2.
20. F. Rohwer, oral interview with S. M. Flaherty, November 1, 2018.
21. R. Young and S. Raphelson, "How Bacteria Could Affect Outcomes of COVID-19 Patients," WBUR, April 16, 2020, https://www.wbur.org/hereandnow/2020/04/16/bacteria-covid-19-outcomes, accessed May 11, 2020.
22. Rohwer, oral interview.
23. Carding, Davis, and Hoyles, "The Human Intestinal Virome."
24. Rohwer, oral interview.
25. C. B. Silveira and F. L. Rohwer, "Piggyback-the-Winner in Host-Associated Microbial Communities," *NPJ Biofilms and Microbiomes* 2 (July 6, 2016): 16010, https://doi.org/10.1038/npjbiofilms.2016.10.
26. Rohwer, oral interview.
27. N. Van Stralen, "New Immune System Discovered," SDSU NewsCenter, May 20, 2013, http://

newscenter.sdsu.edu/sdsu_newscenter/news_story.aspx?sid=74269, accessed November 11, 2019.
28. Van Stralen, "New Immune System Discovered"; J. J. Barr, R. Auro, M. Furlan, K. L. Whiteson, M. L. Erb, J. Pogliano, A. Stotland, et al., "Bacteriophage Adhering to Mucus Provide a Non-Host-Derived Immunity," *Proceedings of the National Academy of Sciences of the United States of America* 110, no. 26 (June 25, 2013): 10771–10776, https://doi.org/10.1073/pnas.1305923110.
29. Van Stralen, "New Immune System Discovered."
30. Barr et al., "Bacteriophage Adhering to Mucus."
31. Silveira and Rohwer, "Piggyback-the-Winner."
32. Rohwer, oral interview.
33. S. Nguyen, K. Baker, B. S. Padman, R. Patwa, R. A. Dunstan, T. A. Weston, K. Schlosser, et al., "Bacteriophage Transcytosis Provides a Mechanism to Cross Epithelial Cell Layers," *mBio* 8, no. 6 (November 2017): e01874-17, https://doi.org/10.1128/mbio.01874-17.
34. Nguyen et al., "Bacteriophage Transcytosis."
35~37. Rohwer, oral interview.
38. R. T. Schooley, B. Biswas, J. J. Gill, A. Hernandez-Morales, J. Lancaster, L. Lessor, J. J. Barr, et al., "Development and Use of Personalized Bacteriophage-Based Therapeutic Cocktails to Treat a Patient with a Disseminated Resistant *Acinetobacter baumannii* Infection," *Antimicrobial Agents and Chemotherapy* 61, no. 10 (September 2017): e00954-17, https://doi.org/10.1128/aac.00954-17.
39. S. Strathdee and T. Patterson, *The Perfect Predator: A Scientist's Race to Save Her Husband from a Deadly Superbug* (New York: Hachette Book Group, 2019).
40. Rohwer, oral interview.
41. A. Llanos-Chea, R. J. Citorik, K. P. Nickerson, L. Ingano, G. Serena, S. Senger, T. K. Lu, A. Fasano, and C. S. Faherty, "Bacteriophage Therapy Testing against *Shigella flexneri* in a Novel Human Intestinal Organoid-Derived Infection Model," *Journal of Pediatric Gastroenterology and Nutrition* 68, no. 4 (April 2019): 509-516, https://doi.org/10.1097/mpg.0000000000002203.
42. Llanos-Chea et al., "Bacteriophage Therapy Testing."
43. J. B. Harley, X. Chen, M. Pujato, D. Miller, A. Maddox, C. Forney, A. F. Magnusen, et al., "Transcription Factors Operate across Disease Loci, with EBNA2 Implicated in Autoimmunity," *Nature Genetics* 50 (May 2018): 699-707, https://doi.org/10.1038/s41588-018-0102-3.
44. G. Zhao, T. Vatanen, L. Droit, A. Park, A. D. Kostic, T. W. Poon, H. Vlamakis, et al., "Intestinal Virome Changes Precede Autoimmunity in Type 1 Diabetes-Susceptible Children," *Proceedings of the National Academy of Sciences of the United States of America* 114, no. 30 (July 25, 2017): E6166-E6175, https://doi.org/10.1073/pnas.1706359114.
45. P. Nagappan, "Common Foods Can Help 'Landscape' the Jungle of Our Gut Microbiome," SDSU NewsCenter, January 15, 2020, https://newscenter.sdsu.edu/sdsu_newscenter/news_story.aspx?sid=77862, accessed January 31, 2020; L. Boling, D. A. Cuevas, J. A. Grasis, H. S. Kang, B. Knowles, K. Levi, H. Maughan, et al., "Dietary Prophage Inducers and Antimicrobials: Toward Landscaping the Human Gut Microbiome," *Gut Microbes* 11, no. 4 (January 13, 2020): 721-734, https://doi.org/10.1080/19490976.2019.1701353.
46. J. D. Forbes, C. N. Bernstein, H. Tremlett, G. Van Domselaar, and N. C. Knox, "A Fungal World: Could the Gut Mycobiome Be Involved in Neurological Disease?," *Frontiers in Microbiology* 9 (January 2019): 3249, https://doi.org/10.3389/fmicb.2018.03249.

47. A. K. Nash, T. A. Auchtung, M. C. Wong, D. P. Smith, J. R. Gesell, M. C. Ross, C. J. Stewart, et al., "The Gut Mycobiome of the Human Microbiome Project Healthy Cohort," *Microbiome* 5 (November 25, 2017): 153, https://doi.org/10.1186/s40168-017-0373-4.
48. Forbes et al., "A Fungal World."
49. C. L. Hager and M. A. Ghannoum, "The Mycobiome: Role in Health and Disease, and as a Potential Probiotic Target in Gastrointestinal Disease," *Digestive and Liver Disease* 49, no. 11 (November 1, 2017): 1171-1176, https://doi.org/10.1016/j.dld.2017.08.025.
50. E. C. Dinleyici, M. Eren, M. Ozen, Z. A. Yargic, and Y. Vandenplas, "Effectiveness and Safety of *Saccharomyces boulardii* for Acute Infectious Diarrhea," *Expert Opinion on Biological Therapy* 12, no. 4 (April 2012): 395-410, https://doi.org/10.1517/14712598.2012.664129.
51. K. E. Murfin, A. R. Dillman, J. M. Foster, S. Bulgheresi, B. E. Slatko, P. W. Sternberg, and H. Goodrich-Blair, "Nematode-Bacterium Symbioses-Cooperation and Conflict Revealed in the 'Omics' Age," *The Biological Bulletin* 223, no. 1 (August 2012): 85-102, https://doi.org /10.1086/bblv223n1p85.
52. V. Marzano, L. Mancinelli, G. Bracaglia, F. Del Chierico, P. Vernocchi, F. Di Girolamo, S. Garrone, et al., "'Omic' Investigations of Protozoa and Worms for a Deeper Understanding of the Human Gut 'Parasitome,'" *PLoS Neglected Tropical Diseases* 11, no. 11 (November 2, 2017): e0005916, https://doi.org/10.1371/journal.pntd.0005916.
53. World Health Organization, "Malaria: Key Facts," March 27, 2019, https://www.who.int/en/news-room/fact-sheets/detail/malaria, accessed November 11, 2019.
54. Centers for Disease Control and Prevention, "Malaria: The History of Malaria, an Ancient Disease," https://www.cdc.gov/malaria/about/history/index.html, accessed November 11, 2019.
55. World Health Organization, "Fact Sheet: World Malaria Report 2016," December 13, 2016, https://www.who.int/malaria/media/world-malaria-report-2016/en/, accessed November 11, 2019.
56~57. World Health Organization, "Malaria: Key Facts."
58. A. Trevett and D. Lalloo, "A New Look at an Old Drug: Artemesinin and Qinghaosu," *Papua New Guinea Medical Journal* 35, no. 4 (December 1992): 264-269.
59. Y. Dong, F. Manfredini, and G. Dimopoulos, "Implication of the Mosquito Midgut Microbiota in the Defense against Malaria Parasites," *PLoS Pathogens* 5, no. 5 (May 2009): e1000423, https://doi.org/10.1371/journal.ppat.1000423.
60~62. Dong, Manfredini, and Dimopoulos, "Implication of the Mosquito Midgut Microbiota."

Chapter 6 • 마이크로바이옴 가설: 마이크로바이옴의 후성유전학적 역할

1. J. Riedler, C. Braun-Fahrländer, W. Eder, M. Schreuer, M. Waser, S. Maisch, D. Carr, W. Schierl, D. Nowak, and E. von Mutius, "Exposure to Farming in Early Life and Development of Asthma and Allergy: A Cross-Sectional Survey," *The Lancet* 358, no. 9288 (October 6, 2001): 1129–1133, https://doi.org/10.1016/S0140-6736(01)06252-3.
2. M. M. Stein, C. L. Hrusch, J. Gozdz, C. Igartua, V. Pivniouk, S. E. Murray, J. G. Ledford, et al., "Innate Immunity and Asthma Risk in Amish and Hutterite Farm Children," *New England Journal of Medicine* 375, no. 5 (August 4, 2016): 411-421, https://doi.org/10.1056/nejmoa1508749.

3. T. S. Böbel, S. B. Hackl, D. Langgartner, M. N. Jarczok, N. Rohleder, G. A. Rook, C. A. Lowry, H. Gündel, C. Waller, and S. O. Reber, "Less Immune Activation Following Social Stress in Rural vs. Urban Participants Raised with Regular or No Animal Contact, Respectively," *Proceedings of the National Academy of Sciences of the United States of America* 115, no. 20 (May 15, 2018): 5259-5264, https://doi.org/10.1073/pnas.1719866115.

4. S. V. Lynch and H. A. Boushey, "The Microbiome and Development of Allergic Disease," *Current Opinion in Allergy and Clinical Immunology* 16, no. 2 (April 2016): 165–171, https://doi.org/10.1097/aci.0000000000000255.

5. Böbel et al., "Less Immune Activation."

6. Strachan, "Hay Fever, Hygiene, and Household Size."

7. G. A. W. Rook, C. A. Lowry, and C. L. Raison, "Microbial 'Old Friends,' Immunoregulation and Stress Resilience," *Evolution, Medicine, and Public Health* 2013, no. 1 (April 9, 2013): 46-64, https://doi.org/10.1093/emph/eot004.

8. D. Leonhardt, "Life Expectancy Data," *New York Times*, September 27, 2006, https://www.nytimes.com/2006/09/27/business/27leonhardt_sidebar.html, accessed November 12, 2019.

9. J. V. Weinstock, "The Worm Returns," *Nature* 491, no. 7423 (November 8, 2012): 183-185, https://doi.org/10.1038/491183a; C. M. Ferreira, A. T. Vieira, M. A. R. Vinolo, F. A. Oliveira, R. Curi, and F. dos Santos Martins, "The Central Role of the Gut Microbiota in Chronic Inflammatory Diseases," *Journal of Immunology Research* 2014 (September 18, 2014): 689492, https://doi.org/10.1155/2014/689492; J. V. Weinstock and D. E. Elliott, "Helminth Infections Decrease Host Susceptibility to Immune-Mediated Diseases," *Journal of Immunology* 193, no. 7 (October 1, 2014): 3239-3247, https://doi.org/10.4049/jimmunol.1400927; M. J. Blaser, "The Theory of Disappearing Microbiota and the Epidemics of Chronic Diseases," *Nature Reviews Immunology* 17, no. 8 (August 2017): 461-463, https://doi.org/10.1038/nri.2017.77.

10. P. Vangay, A. J. Johnson, T. L. Ward, G. A. Al-Ghalith, R. R. Shields-Cutler, B. M. Hillmann, S. K. Lucas, et al., "US Immigration Westernizes the Human Gut Microbiome," *Cell* 175, no. 4 (November 1, 2018): 962-972, https://doi.org/10.1016/j.cell.2018.10.029.

11. A. Berger, "Th1 and Th2 Responses: What Are They?," *British Medical Journal* 321, no. 7258 (August 12, 2000): 424, https://doi.org/10.1136/bmj.321.7528.424.

12. A. S. Clem, "Fundamentals of Vaccine Immunology," *Journal of Global Infectious Diseases* 3, no. 1 (January-March 2011): 73-78, https://doi.org/10.4103/0974-777x.77299.

13. M. E. Duffey, B. Hainau, S. Ho, and C. J. Bentzel, "Regulation of Epithelial Tight Junction Permeability by Cyclic AMP," *Nature* 294, no. 5840 (December 3, 1981): 451-453, https://doi.org/10.1038/294451a0.

14. M. Furuse, T. Hirase, M. Itoh, A. Nagafuchi, S. Yonemura, Sa. Tsukita, and Sh. Tsukita, "Occludin: A Novel Integral Membrane Protein Localizing at Tight Junctions," *Journal of Cell Biology* 123, no. 6 (December 1993): 1777-1788, https://doi.org/10.1083/jcb.123.6.1777.

15. A. Fasano, "Intestinal Zonulin: Open Sesame!" *Gut* 49, no. 2 (August 2001): 159–162, https://doi.org/10.1136/gut.49.2.159.

16. A. Fasano, "Zonulin and Its Regulation of Intestinal Barrier Function: The Biological Door to Inflammation, Autoimmunity, and Cancer," *Physiological Reviews* 91, no. 1 (January 2011): 151-175, https://doi.org/10.1152/physrev.00003.2008.

17. L. Scheffler, A. Crane, H. Heyne, A. Tönjes, D. Schleinitz, C. H. Ihling, M. Stumvoll, et al., "Widely Used Commercial ELISA Does Not Detect Precursor of Haptoglobin2, but Recognizes Properdin as a Potential Second Member of the Zonulin Family," *Frontiers in Endocrinology* (Lausanne) 9 (February 2018): 22, https://doi.org/10.3389/fendo.2018.00022.
18. D. Rittirsch, M. A. Flierl, B. A. Nadeau, D. E. Day, M. S. Huber-Lang, J. J. Grailer, F. S. Zetoune, A. V. Andjelkovic, A. Fasano, and P. A. Ward, "Zonulin as Prehaptoglobin2 Regulates Lung Permeability and Activates the Complement System," *American Journal of Physiology Lung Cellular and Molecular Physiology* 304, no. 12 (June 2013): L863-L872, https://doi.org/10.1152/ajplung.00196.2012; K. A. Shirey, W. Lai, M. C. Patel, L. M. Pletneva, C. Pang, E. Kurt-Jones, M. Lipsky, et al., "Novel Strategies for Targeting Innate Immune Responses to Influenza," *Mucosal Immunology* 9, no. 5 (September 2016): 1173-1182, https://doi.org/10.1038/mi.2015.141.
19. K. M. Lammers, R. Lu, J. Brownley, B. Lu, C. Gerard, K. Thomas, P. Rallabhandi, et al., "Gliadin Induces an Increase in Intestinal Permeability and Zonulin Release by Binding to the Chemokine Receptor CXCR3," *Gastroenterology* 135, no. 1 (July 2008): 194-204, https://doi.org/10.1053/j.gastro.2008.03.023.
20. Lammers et al., "Gliadin Induces an Increase."
21. C. Sturgeon, J. Lan, and A. Fasano, "Zonulin Transgenic Mice Show Altered Gut Permeability and Increased Morbidity/Mortality in the DSS Colitis Model," *Annals of the New York Academy of Sciences* 1397, no. 1 (June 2017): 130-142, https://doi.org/10.1111/nyas.13343.
22. A. Miranda-Ribera, M. Ennamorati, G. Serena, M. Cetinbas, J. Lan, R. I. Sadreyev, N. Jain, A. Fasano, and M. Fiorentino, "Exploiting the Zonulin Mouse Model to Establish the Role of Primary Impaired Gut Barrier Function on Microbiota Composition and Immune Profiles," *Frontiers in Immunology* 10 (September 2019): 2233, https://doi.org/10.3389/fimmu.2019.02233.
23. Sturgeon, Lan, and Fasano, "Zonulin Transgenic Mice."
24. Miranda-Ribera et al., "Exploiting the Zonulin Mouse Model."

Part 2 _ 질병에서 마이크로바이옴의 역할

Chapter 7 • 마이크로바이옴과 염증성 장질환

1. B. E. Lacy and N. K. Patel, "Rome Criteria and a Diagnostic Approach to Irritable Bowel Syndrome," *Journal of Clinical Medicine* 6, no. 11 (November 2017): 99, https://doi.org/10.3390/jcm6110099.
2. S. A. Leong, V. Barghout, H. G. Birnbaum, C. E. Thibeault, R. Ben-Hamadi, F. Frech, and J. J. Ofman, "The Economic Consequences of Irritable Bowel Syndrome: A US Employer Perspective," *Archives of Internal Medicine* 163, no. 8 (April 28, 2003): 929-935, https://doi.org/10.1001/archinte.163.8.929.
3. C. Canavan, J. West, and T. Card, "The Economic Impact of the Irritable Bowel Syndrome," *Alimentary Pharmacology and Therapeutics* 40, no. 9 (November 2014): 1023-1034, https://doi.org/10.1111/apt.12938.
4. L. Wang, N. Alammar, R. Singh, J. Nanavati, Y. Song, R. Chaudhary, and G. E. Mullin, "Gut

Microbial Dysbiosis in the Irritable Bowel Syndrome: A Systematic Review and Meta-Analysis of Case-Control Studies," *Journal of the Academy of Nutrition and Dietetics* 120, no. 4 (April 1, 2020): 565-586, https://doi.org/10.1016/j.jand.2019.05.015..

5. B. B. Warner, E. Deych, Y. Zhou, C. Hall-Moore, G. M. Weinstock, E. Sodergren, N. Shaikh, et al., "Gut Bacteria Dysbiosis and Necrotising Enterocolitis in Very Low Birthweight Infants: A Prospective Case-Control Study," *The Lancet* 387, no. 10031 (May 7, 2016): 1928-1936, https://doi.org/10.1016/S0140-6736(16)00081-7.

6. Senger et al., "Human Fetal-Derived Enterospheres."

7. A. Collison, E. Percival, J. Mattes, and R. Bhatia, "What Are Allergies and Why Are We Getting More of Them?," *The Conversation*, October 7, 2015, https://theconversation.com/what-are-allergies-and-why-are-we-getting-more-of-them-40318, accessed January 2, 2020.

8. G. Du Toit, G. Roberts, P. H. Sayre, H. T. Bahnson, S. Radulovic, A. F. Santos, H. A. Brough, et al., "Randomized Trial of Peanut Consumption in Infants at Risk for Peanut Allergy," *New England Journal of Medicine* 372, no. 9 (February 26, 2015): 803–813, https://doi.org/10.1056 / nejmoa1414850.

9. A. T. Stefka, T. Feehley, P. Tripathi, J. Qiu, K. McCoy, S. K. Mazmanian, M. Y. Tjota, et al., "Commensal Bacteria Protect against Food Allergen Sensitization," *Proceedings of the National Academy of Sciences of the United States of America* 111, no. 36 (September 9, 2014): 13145-13150, https://doi.org/10.1073/pnas.1412008111.

10. Z. Ling, Z. Li, X. Liu, Y. Cheng, Y. Luo, X. Tong, L. Yuan, et al., "Altered Fecal Microbiota Composition Associated with Food Allergy in Infants," *Applied and Environmental Microbiology* 80, no. 8 (April 2014): 2546-2554, https://doi.org/10.1128/aem.00003-14.

11. T. Feehley, C. H. Plunkett, R. Bao, S. M. C. Hong, E. Culleen, P. Belda-Ferre, E. Campbell, et al., "Healthy Infants Harbor Intestinal Bacteria that Protect against Food Allergy," *Nature Medicine* 25, no. 3 (March 2019): 448-453, https://doi.org/10.1038/s41591-018-0324-z.

12. M. Sellitto, G. Bai, G. Serena, W. F. Fricke, C. Sturgeon, P. Gajer, J. R. White, et al., "Proof of Concept of Microbiome-Metabolome Analysis and Delayed Gluten Exposure on Celiac Disease Autoimmunity in Genetically At-Risk Infants," *PLoS One* 7, no. 3 (March 2012): e33387, https://doi.org/10.1371/journal.pone.0033387.

13. Sellitto et al., "Proof of Concept of Microbiome-Metabolome Analysis."

14. M. Olivares, A. W. Walker, A. Capilla, A. Benítez-Páez, F. Palau, J. Parkhill, G. Castillejo, and Y. Sanz, "Gut Microbiota Trajectory in Early Life May Predict Development of Celiac Disease," *Microbiome* 6, no. 1 (February 20, 2018): 36, https://doi.org/10.1186/s40168-018-0415-6.

15. B. P. Willing, J. Dicksved, J. Halfvarson, A. F. Andersson, M. Lucio, Z. Zheng, G. Järnerot, C. Tysk, J. K. Jansson, and L. Engstrand, "A Pyrosequencing Study in Twins Shows That Gastrointestinal Microbial Profiles Vary with Inflammatory Bowel Disease Phenotypes," *Gastroenterology* 139, no. 6 (December 2010): 1844–1854, https://doi.org/10.1053/j.gastro.2010.08.049.

16. Willing et al., "A Pyrosequencing Study."

17. S. Michail, M. Durbin, D. Turner, A. M. Griffiths, D. R. Mack, J. Hyams, N. Leleiko, H. Kenche, A. Stolfi, and E. Wine, "Alterations in the Gut Microbiome of Children with Severe Ulcerative Colitis," *Inflammatory Bowel Diseases* 18, no. 10 (October 1, 2012): 1799-1808, https://doi.org/10.1002/ibd.22860.

18. D. Gevers, S. Kugathasan, L. A. Denson, Y. Vázquez-Baeza, W. Van Treuren, B. Ren, E. Schwager, et al., "The Treatment-Naïve Microbiome in New-Onset Crohn's Disease," *Cell Host and Microbe* 15, no. 3 (March 12, 2014): 382-392, https://doi.org/10.1016/j.chom.2014.02.005.
19. Gevers et al., "The Treatment-Naïve Microbiome."

Chapter 8 • 마이크로바이옴과 비만

1. World Health Organization, "Obesity," https://www.who.int/topics/obesity/en/, accessed January 3, 2020.
2. L. Stoner and J. Cornwall, "Did the American Medical Association Make the Correct Decision Classifying Obesity as a Disease?," *Australasian Medical Journal* 7, no. 11 (November 2014): 462-464, https://doi.org/10.21767/amj.2014.2281.
3. World Health Organization, "Obesity and Overweight," https://www.who.int/en/news-room/fact-sheets/detail/obesity-and-overweight, accessed January 3, 2020.
4. L. Kaplan, oral interview with authors, August 29, 2018.
5~6. Kaplan, oral interview.
7. F. K. Ndiaye, M. Huyvaert, A. Ortalli, M. Canouil, C. Lecoeur, M. Verbanck, S. Lobbens, et al., "The Expression of Genes in Top Obesity-Associated Loci Is Enriched in Insula and Substantia Nigra Brain Regions Involved in Addiction and Reward," *International Journal of Obesity* 44, no. 2 (February 2020): 539–543, https://doi.org/10.1038/s41366-019-0428-7.
8. Kaplan, oral interview.
9. A. E. Locke, B. Kahali, S. I. Berndt, A. E. Justice, T. H. Pers, F. R. Day, C. Powell, et al., "Genetic Studies of Body Mass Index Yield New Insights for Obesity Biology," *Nature* 518, no. 7538 (February 12, 2015): 197-206, https://doi.org/10.1038/nature14177.
10. A. V. Khera, M. Chaffin, K. H. Wade, S. Zahid, J. Brancale, R. Xia, M. Distefano, et al., "Polygenic Prediction of Weight and Obesity Trajectories from Birth to Adulthood," *Cell* 177, no. 3 (April 18, 2019): 587–596, https://doi.org/10.1016/j.cell.2019.03.028.
11~14. Kaplan, oral interview.
15. J. H. Park, D. I. Park, H. J. Kim, Y. K. Cho, C. I. Sohn, W. K. Jeon, B. I. Kim, K. H. Won, and S. M. Park, "The Relationship between Small-Intestinal Bacterial Overgrowth and Intestinal Permeability in Patients with Irritable Bowel Syndrome," *Gut and Liver* 3, no. 3 (September 2009): 174-179, https://doi.org/10.5009/gnl.2009.3.3.174.
16. M. Augustyn, I. Grys, and M. Kukla, "Small Intestinal Bacterial Overgrowth and Nonalcoholic Fatty Liver Disease," *Clinical and Experimental Hepatology* 5, no. 1 (March 2019): 1-10, https://doi.org/10.5114/ceh.2019.83151.
17. R. E. Ley, F. Bäckhed, P. Turnbaugh, C. A. Lozupone, R. D. Knight, and J. I. Gordon, "Obesity Alters Gut Microbial Ecology," *Proceedings of the National Academy of Sciences of the United States of America* 102, no. 31 (August 2, 2005): 11070-11075, https://doi.org/10.1073/pnas.0504978102.
18. P. J. Turnbaugh, R. E. Ley, M. A. Mahowald, V. Magrini, E. R. Mardis, and J. I. Gordon, "An Obesity-Associated Gut Microbiome with Increased Capacity for Energy Harvest," *Nature* 444, no. 7122 (December 21, 2006): 1027–1031, https://doi.org/10.1038/nature051414.
19. R. E. Ley, P. J. Turnbaugh, S. Klein, and J. I. Gordon, "Human Gut Microbes Associated

with Obesity," *Nature* 444, no. 7122 (December 21, 2006): 1022-1023, https://doi.org/10.1038/4441022a.
20. V. K. Ridaura, J. J. Faith, F. E. Rey, J. Cheng, A. E. Duncan, A. L. Kau, N. W. Griffin, et al., "Cultured Gut Microbiota from Twins Discordant for Obesity Modulate Metabolism in Mice," *Science* 341, no. 6150 (September 6, 2013): 1241214, https://doi.org/10.1126/science.1241214.
21. Ridaura et al., "Cultured Gut Microbiota from Twins."
22~23. Kaplan, oral interview.
24. Richard Saltus, "Reaping Benefits of Exercise Minus the Sweat," *Harvard Gazette*, January 11, 2012, https://news.harvard.edu/gazette/story/2012/01/reaping-benefits-of-exercise-minus-the-sweat/, accessed June 16, 2020.
25~27. Kaplan, oral interview.
28. N. Ouldzeidoune, J. Keating, J. Bertrand, and J. Rice, "A Description of Female Genital Mutilation and Force-Feeding Practices in Mauritania: Implications for the Protection of Child Rights and Health," *PLoS One* 8, no. 4 (April 2013): e60594, https://doi.org/10.1371/journal.pone.0060594.
29. Ouldzeidoune et al., "A Description."
30. Kaplan, oral interview.
31. Kaplan, oral interview.
32. C. R. Martin, V. Osadchiy, A. Kalani, and E. A. Mayer, "The Brain-Gut-Microbiome Axis," *Cellular and Molecular Gastroenterology and Hepatology* 6, no. 2 (April 12, 2018): 133–148, https://doi.org/10.1016/j.jcmgh.2018.04.003.
33. J. I. Gordon, "Nutrition and Microbiota in Health," keynote for "Gut Health, Microbiota and Probiotics throughout the Lifespan 2018: Dietary Influences," Division of Nutrition, Harvard Probiotics Symposium, Harvard Medical School, Boston, October 10, 2018, http://nutrition.med.harvard.edu/1810-edu-gut-health.html, accessed June 16, 2020.
34~44. Kaplan, oral interview.

Chapter 9 • 마이크로바이옴과 자가면역

1. T. Watts, I. Berti, A. Sapone, T. Gerarduzzi, T. Not, R. Zielke, and A. Fasano, "Role of the Intestinal Tight Junction Modulator Zonulin in the Pathogenesis of Type 1 Diabetes in BB Diabetic-Prone Rats," *Proceedings of the National Academy of Sciences of the United States of America* 102, no. 8 (February 22, 2005): 2916-2921, https://doi.org/10.1073/pnas.0500178102.
2. J. Visser, J. Rozing, A. Sapone, K. Lammers, and A. Fasano, "Tight Junctions, Intestinal Permeability, and Autoimmunity: Celiac Disease and Type 1 Diabetes Paradigms," *Annals of the New York Academy of Sciences* 1165, no. 1 (May 2009): 195–205, https://doi.org/10.1111/j.1749-6632.2009.04037.x.
3. Watts et al., "Role of the Intestinal Tight Junction Modulator."
4. Watts et al., "Role of the Intestinal Tight Junction Modulator"; J. T. J. Visser, K. Lammers, A. Hoogendijk, M. W. Boer, S. Brugman, S. Beijer-Liefers, A. Zandvoort, et al., "Restoration of Impaired Intestinal Barrier Function by the Hydrolysed Casein Diet Contributes to the Prevention of Type 1 Diabetes in the Diabetes-Prone BioBreeding Rat," *Diabetologia* 53, no. 12 (December 2010): 2621-2628, https://doi.org/10.1007/s00125-010-1903-9.
5. Visser et al., "Restoration of Impaired Intestinal Barrier Function."

6. C. Sorini, I. Cosorich, M. Lo Conte, L. De Giorgi, F. Facciotti, R. Lucianò, M. Rocchi, F. Sanvito, F. Canducci, and M. Falcone, "Loss of Gut Barrier Integrity Triggers Activation of Islet-Reactive T Cells and Autoimmune Diabetes," *Proceedings of the National Academy of Sciences of the United States of America* 116, no. 30 (July 23, 2019): 15140-15149, https://doi.org/10.1073/pnas.1814558116.
7. Sorini et al., "Loss of Gut Barrier Integrity Triggers Activation."
8. D. S. Nielsen, L. Krych, K. Buschard, C. H. F. Hansen, and A. K. Hansen, "Beyond Genetics: Influence of Dietary Factors and Gut Microbiota on Type 1 Diabetes," *Federation of European Biomedical Societies Letters* 588, no. 22 (November 17, 2014): 4234-4243, https://doi.org/10.1016/j.febslet.2014.04.010; Visser et al., "Restoration of Impaired Intestinal Barrier Function."
9. Visser et al., "Restoration of Impaired Intestinal Barrier Function."
10. A. M. Henschel, S. M. Cabrera, M. L. Kaldunski, S. Jia, R. Geoffrey, M. F. Roethle, V. Lam, et al., "Modulation of the Diet and Gastrointestinal Microbiota Normalizes Systemic Inflammation and β-Cell Chemokine Expression Associated with Autoimmune Diabetes Susceptibility," *PLoS One* 13, no. 1 (January 2, 2018): e0190351, https://doi.org/10.1371/journal.pone.0190351.
11. M. C. de Goffau, K. Luopajärvi, M. Knip, J. Ilonen, T. Ruohtula, T. Härkönen, L. Orivuori, et al., "Fecal Microbiota Composition Differs between Children with B-Cell Autoimmunity and Those without," *Diabetes* 62, no. 4 (April 2013): 1238–1244, https://doi.org/10.2337/db12-0526.
12. A. K. Alkanani, N. Hara, P. A. Gottlieb, D. Ir, C. E. Robertson, B. D. Wagner, D. N. Frank, and D. Zipris, "Alterations in Intestinal Microbiota Correlate with Susceptibility to Type 1 Diabetes," Diabetes 64, no. 10 (October 2015): 3510-3520, https://doi.org/10.2337/db14-1847; A. D. Kostic, D. Gevers, H. Siljander, T. Vatanen, T. Hyötyläinen, A-M. Hämäläinen, A. Peet, V. Tillman, P. Pöhö, and R. J. Xavier, et al., "The Dynamics of the Human Infant Gut Microbiome in Development and in Progression toward Type 1 Diabetes," *Cell Host Microbe* 17, no. 2 (February 2015): 260-273, https://doi.org/10.1016/j.chom.2015.01.001.
13. Y. Huang, S.-C. Li, J. Hu, H.-B. Ruan, H.-M. Guo, H.-H. Zhang, X. Wang, Y.-F. Pei, Y. Pan, and C. Fang, "Gut Microbiota Profiling in Han Chinese with Type 1 Diabetes," *Diabetes Research and Clinical Practice* 141 (July 1, 2018): 256-263, https://doi.org/10.1016/j.diabres.2018.04.032.
14. P. G. Gavin, J. A. Mullaney, D. Loo, K.-A. Lê Cao, P. A. Gottlieb, M. M. Hill, D. Zipris, and E. E. Hamilton-Williams, "Intestinal Metaproteomics Reveals Host-Microbiota Interactions in Subjects at Risk for Type 1 Diabetes," *Diabetes Care* 41, no. 10 (October 2018): 2178-2186, https://doi.org/10.2337/dc18-0777.
15. J. Ochoa-Repáraz, D. W. Mielcarz, L. E. Ditrio, A. R. Burroughs, D. M. Foureau, S. Haque-Begum, and L. H. Kasper, "Role of Gut Commensal Microflora in the Development of Experimental Autoimmune Encephalomyelitis," *Journal of Immunology* 183, no. 10 (November 15, 2009): 6041-6050, https://doi.org/10.4049/jimmunol.0900747.
16. Y. K. Lee, J. S. Menezes, Y. Umesaki, and S. K. Mazmanian, "Proin-flammatory T-Cell Responses to Gut Microbiota Promote Experimental Autoimmune Encephalomyelitis," *Proceedings of the National Academy of Sciences of the United States of America* 108, supplement 1 (March 15, 2011): 4615-4622, https://doi.org/10.1073/pnas.1000082107.
17. J. Ochoa-Repáraz, D. W. Mielcarz, Y. Wang, S. Begum-Haque, S. Dasgupta, D. L. Kasper, and L. H. Kasper, "A Polysaccharide from the Human Commensal *Bacteroides fragilis* Protects against CNS Demyelinating Disease," *Mucosal Immunology* 3, no. 5 (September 2010): 487–495, https://doi.

org/10.1038/mi.2010.29.
18. K. N. Chitrala, H. Guan, N. P. Singh, B. Busbee, A. Gandy, P. Mehrpouya-Bahrami, M. S. Ganewatta, et al., "CD44 Deletion Leading to Attenuation of Experimental Autoimmune Encephalomyelitis Results from Alterations in Gut Microbiome in Mice," *European Journal of Immunology* 47, no. 7 (July 2017): 1188–1199, https://doi.org/10.1002/eji.201646792.
19. S. Miyake, S. Kim, W. Suda, K. Oshima, M. Nakamura, T. Matsuoka, N. Chihara, et al., "Dysbiosis in the Gut Microbiota of Patients with Multiple Sclerosis, with a Striking Depletion of Species Belonging to *Clostridia* XIVa and IV Clusters," *PLoS One* 10, no. 9 (September 14, 2015): e0137429, https://doi.org/10.1371/journal.pone.0137429.
20. S. Jangi, R. Gandhi, L. M. Cox, N. Li, F. von Glehn, R. Yan, B. Patel, "Alterations of the Human Gut Microbiome in Multiple Sclerosis," *Nature Communications* 7 (June 28, 2016): 12015, https://doi.org/10.1038/ncomms12015.
21. E. Cekanaviciute, B. B. Yoo, T. F. Runia, J. W. Debelius, S. Singh, C. A. Nelson, R. Kanner, et al., "Gut Bacteria from Multiple Sclerosis Patients Modulate Human T Cells and Exacerbate Symptoms in Mouse Models," *Proceedings of the National Academy of Sciences of the United States of America* 114, no. 40 (October 3, 2017): 10713-10718, https://doi.org/10.1073/pnas.1711235114.
22. H.-J. Wu, I. I. Ivanov, J. Darce, K. Hattori, T. Shima, Y. Umesaki, D. R. Littman, C. Benoist, and D. Mathis, "Gut-Residing Segmented Filamentous Bacteria Drive Autoimmune Arthritis via T Helper 17 Cells," *Immunity* 32, no. 6 (June 25, 2010): 815-827, https://doi.org/10.1016/j.immuni.2010.06.001.
23. N. Tajik, M. Frech, O. Schulz, F. Schälter, S. Lucas, V. Azizov, K. Dürholz, F. Steffen, et al., "Targeting Zonulin and Intestinal Epithelial Barrier Function to Prevent Onset of Arthritis," *Nature Communications* 11 (April 24, 2020): 1995, https://doi.org/10.1038/s41467-020-15831-7.
24. M. Okada, T. Kobayashi, S. Ito, T. Yokoyama, A. Abe, A. Murasawa, and H. Yoshie, "Periodontal Treatment Decreases Levels of Antibodies to *Porphyromonas gingivalis* and Citrulline in Patients with Rheumatoid Arthritis and Periodontitis," *Journal of Periodontology* 84, no. 12 (December 2013): e74-e84, https://doi.org/10.1902/jop.2013.130079.
25. S. B. Brusca, S. B. Abramson, and J. U. Scher, "Microbiome and Mucosal Inflammation as Extra-Articular Triggers for Rheumatoid Arthritis and Autoimmunity," *Current Opinion in Rheumatology* 26, no. 1 (January 2014): 101-107, https://doi.org/10.1097/bor.0000000000000008.
26. J. D. Corrêa, G. R. Fernandes, D. C. Calderaro, S. M. S. Mendonça, J. M. Silva, M. L. Albiero, F. Q. Cunha, et al., "Oral Microbial Dysbiosis Linked to Worsened Periodontal Condition in Rheumatoid Arthritis Patients," *Scientific Reports* 9 (June 10, 2019): 8379, https://doi.org/10.1038/s41598-019-44674-6.
27. A. Pianta, S. L. Arvikar, K. Strle, E. E. Drouin, Q. Wang, C. E. Costello, and A. C. Steere, "Two Rheumatoid Arthritis-Specific Autoantigens Correlate Microbial Immunity with Autoimmune Responses in Joints," *Journal of Clinical Investigation* 127, no. 8 (August 1, 2017): 2946-2956, https://doi.org/10.1172/jci93450.
28. C. S. Guerreiro, Â. Calado, J. Sousa, and J. E. Fonseca, "Diet, Microbiota, and Gut Permeability-The Unknown Triad in Rheumatoid Arthritis," *Frontiers in Medicine* (Lausanne) 5 (December 2018): 349, https://doi.org/10.3389/fmed.2018.00349.
29. A. Watad, C. Bridgewood, T. Russell, H. Marzo-Ortega, R. Cuthbert, and D. McGonagle, "The

Early Phases of Ankylosing Spondylitis: Emerging Insights from Clinical and Basic Science," *Frontiers in Immunology* 9 (November 2018): 2668, https://doi.org/10.3389/fimmu.2018.02688.

30. F. Ciccia, G. Guggino, A. Rizzo, R. Alessandro, M. M. Luchetti, S. Milling, L. Saieva, et al., "Dysbiosis and Zonulin Upregulation Alter Gut Epithelial and Vascular Barriers in Patients with Ankylosing Spondylitis," *Annals of the Rheumatic Diseases* 76, no. 6 (June 2017): 1123–1132, https://doi.org/10.1136/annrheumdis-2016-210000.

31~33. Ciccia et al., "Dysbiosis and Zonulin Upregulation."

34. Shirey et al., "Novel Strategies."

35. Shirey et al., "Novel Strategies"; Rittirsch et al., "Zonulin as Prehaptoglobin2."

36. S. K. Bantz, Z. Zhu, and T. Zheng, "The Atopic March: Progression from Atopic Dermatitis to Allergic Rhinitis and Asthma," *Journal of Clinical and Cellular Immunology* 5, no. 2 (April 7, 2014): 202, https://doi.org/10.4172/2155-9899.1000202.

37. Y. Liang, C. Chang, and Q. Lu, "The Genetics and Epigenetics of Atopic Dermatitis-Filaggrin and Other Polymorphisms," *Clinical Reviews in Allergy and Immunology* 51, no. 3 (December 2016): 315-328, https://doi.org/10.1007/s12016-015-8508-5.

38. B. Shi, N. J. Bangayan, E. Curd, P. A. Taylor, R. L. Gallo, D. Y. M. Leung, and H. Li, "The Skin Microbiome Is Different in Pediatric versus Adult Atopic Dermatitis," *Journal of Allergy and Clinical Immunology* 138, no. 4 (October 1, 2016): 1233-1236, https://doi.org/10.1016/j.jaci.2016.04.053.

39. A. S. Paller, H. H. Kong, P. Seed, S. Naik, T. C. Scharschmidt, R. L. Gallo, T. Luger, and A. D. Irvine, "The Microbiome in Patients with Atopic Dermatitis," *Journal of Allergy and Clinical Immunology* 143, no. 1 (January 1, 2019): 26-35, https://doi.org/10.1016/j.jaci.2018.11.015.

40. J. Sakabe, M. Yamamoto, S. Hirakawa, A. Motoyama, I. Ohta, K. Tatsuno, T. Ito, K. Kabashima, T. Hibino, and Y. Tokura, "Kallikrein-Related Peptidase 5 Functions in Proteolytic Processing of Profilaggrin in Cultured Human Keratinocytes," *Journal of Biological Chemistry* 288, no. 24 (June 14, 2013): 17179-17189, https://doi.org/10.1074/jbc.m113.476820.

Chapter 10 · 마이크로바이옴과 신경 및 행동 장애

1. E. A. Mayer, R. Knight, S. K. Mazmanian, J. F. Cryan, and K. Tillisch, "Gut Microbes and the Brain: Paradigm Shift in Neuroscience," *Journal of Neuroscience* 34, no. 46 (November 12, 2014): 15490-15496, https://doi.org/10.1523/jneurosci.3299-14.2014.

2. Mayer et al., "Gut Microbes and the Brain."

3. M. C. Cenit, Y. Sanz, and P. Codoñer-Franch, "Influence of Gut Microbiota on Neuropsychiatric Disorders," *World Journal of Gastroenterology* 23, no. 30 (August 14, 2017): 5486-5498, https://doi.org/10.3748/wjg.v23.i30.5486.

4. Mayer et al., "Gut Microbes and the Brain."

5. L. M. Cox and H. L. Weiner, "Microbiota Signaling Pathways That Influence Neurologic Disease," *Neurotherapeutics* 15, no. 1 (January 2018): 135-145, https://doi.org/10.1007/s13311-017-0598-8.

6. G. Sharon, T. R. Sampson, D. H. Gschwind, and S. K. Mazmanian, "The Central Nervous System and the Gut Microbiome," *Cell* 167, no. 4 (November 3, 2016): 915–932, https://doi.org/10.1016/j.cell.2016.10.027.

7. D. Erny, A. L. Hrabě de Angelis, D. Jaitin, P. Wieghofer, O. Staszewski, E. David, H. Keren-Shaul,

et al., "Host Microbiota Constantly Control Maturation and Function of Microglia in the CNS," *Nature Neuroscience* 18, no. 7 (July 2015): 965–977, https://doi.org/10.1038/nn.4030.
8. M. T. Rahman, C. Ghosh, M. Hossain, D. Linfield, F. Rezaee, D. Janigro, N. Marchi, and A. H. H. van Boxel-Dexaire, "IFN-γ, IL-17A, or Zonulin Rapidly Increase the Permeability of the Blood-Brain and Small Intestinal Epithelial Barriers: Relevance for Neuro-Inflammatory Diseases," *Biochemical and Biophysical Research Communications* 507, no. 1-4 (December 9, 2018): 274-279, https://doi.org/10.1016/j.bbrc.2018.11.021.
9. V. Braniste, M. Al-Asmakh, C. Kowal, F. Anuar, A. Abbaspour, M. Tóth, A. Korecka, et al., "The Gut Microbiota Influences Blood-Brain Barrier Permeability in Mice," *Science Translational Medicine* 6, no. 263 (November 19, 2014): 263ra158, https://doi.org/10.1126/scitranslmed.3009759.
10. J. Humann, B. Mann, G. Gao, P. Moresco, J. Ramahi, L. N. Loh, A. Farr, et al., "Bacterial Peptidoglycan Traverses the Placenta to Induce Fetal Neuroproliferation and Aberrant Postnatal Behavior," *Cell Host and Microbe* 19, no. 3 (March 9, 2016): 388-399, https://doi.org/10.1016/j.chom.2016.02.009.
11. J. M. Wong, R. de Souza, C. W. C. Kendall, A. Eman, and D. J. A. Jenkins, "Colonic Health: Fermentation and Short Chain Fatty Acids," *Journal of Clinical Gastroenterology* 40, no. 3 (March 2006): 235-243, https://doi.org/10.1097/00004836-200603000-00015.
12. H. Liu, J. Wang, T. He, S. Becker, G. Zhang, D. Li, and X. Ma, "Butyrate: A Double-Edged Sword for Health?," *Advances in Nutrition* 9, no. 1 (January 2018): 21-29, https://doi.org/10.1092/advances/nmx009.
13. Cox and Weiner, "Microbiota Signaling Pathways."
14. Sharon et al., "The Central Nervous System."
15. C.-Y. Chang, D.-S. Ke, and J.-Y. Chen, "Essential Fatty Acids and Human Brain," *Acta Neurologica Taiwanica* 18, no. 4 (December 2009): 231-241, http://www.ant-tnsjournal.com/mag_files/18-4/18-4p231.pdf.
16. Chang, Ke, and Chen, "Essential Fatty Acids."
17. Sharon et al., "The Central Nervous System."
18. Centers for Disease Control and Prevention, "Data and Statistics on Autism Spectrum Disorder: Prevalence," https://www.cdc.gov/ncbddd/autism/data.html, accessed January 10, 2020.
19. E. Y. Hsiao, S. W. McBride, S. Hsien, G. Sharon, E. R. Hyde, T. McCue, J. A. Codelli, et al., "Microbiota Modulate Behavioral and Physiological Abnormalities Associated with Neurodevelopmental Disorders," *Cell* 155, no. 7 (December 19, 2013): 1451-1463, https://doi.org/10.1016/j.cell.2013.11.024.
20. Mayer et al., "Gut Microbes and the Brain."
21. California Institute of Technology, Division of Biology and Biological Engineering, Sarkis Mazmanian profile, http://www.bbe.caltech.edu /people/sarkis-mazmanian, accessed January 10, 2020.
22. G. Sharon, N. J. Cruz, D.-W. Kang, M. J. Gandal, B. Wang, Y.-M. Kim, E. M. Zink, et al., "Human Gut Microbiota from Autism Spectrum Disorder Promote Behavioral Symptoms in Mice," *Cell* 177, no. 6 (May 30, 2019): 1600-1618, https://doi.org/10.1016/j.cell.2019.05.004.
23. S. K. Mazmanian, oral interview with authors, November 22, 2017.
24~30. Mazmanian, oral interview.
31. Global Burden of Disease 2015 Disease and Injury Incidence and Prevalence Collaborators,

"Global, Regional, and National Incidence, Prevalence, and Years Lived with Disability for 310 Diseases and Injuries, 1990-2015: A Systematic Analysis for the Global Burden of Disease Study 2015," *The Lancet* 388, no. 10053 (October 8, 2016): 1545-1602, https://doi.org/10.1016/S0140-6736(16)31678-6.

32. T. Harach, N. Marungruang, N. Duthilleul, V. Cheatham, K. D. McCoy, G. Frisoni, J. J. Neher, et al., "Reduction of Abeta Amyloid Pathology in APPPS1 Transgenic Mice in the Absence of Gut Microbiota," *Scientific Reports* 7 (February 8, 2017): 41802, https://doi.org/10.1038/srep41802.

33. National Institutes of Health, National Institute of Neurological Disorders and Stroke, "Parkinson's Disease: Hope Through Research," https://www.ninds.nih.gov/disorders/patient-caregiver-education/hope-through-research/parkinsons-disease-hope-through-research, accessed January 10, 2020.

34. A. Mulak and B. Bonaz, "Brain-Gut-Microbiota Axis in Parkinson's Disease," *World Journal of Gastroenterology* 21, no. 37 (October 7, 2015): 10609-10620, https://doi.org/10.3748/wjg.v21.i37.10609.

35. S. K. Dutta, S. Verma, V. Jain, B. K. Surapaneni, R. Vinayek, L. Phillips, and P. P. Nair, "Parkinson's Disease: The Emerging Role of Gut Dysbiosis, Antibiotics, Probiotics, and Fecal Microbiota Transplantation," *Journal of Neurogastroenterology and Motility* 25, no. 3 (July 2019): 363-376, https://doi.org/10.5056/jnm19044.

36. F. MacDonald, "New Evidence Suggests Parkinson's Might Start in the Gut, Not the Brain," *Science Alert: Health*, December 5, 2016, https://www.sciencealert.com/new-evidence-suggests-parkinson-s-might-start-in-the-gut-before-spreading-to-the-brain, accessed January 11, 2020; T. R. Sampson, J. W. Debelius, T. Thron, S. Janssen, G. G. Shastri, Z. E. Ilhan, C. Challis, et al., "Gut Microbiota Regulate Motor Deficits and Neuroinflammation in a Model of Parkinson's Disease," *Cell* 167, no. 6 (December 1, 2016): 1469-1480, https://doi.org/10.1016/j.cell.2016.11.018.

37. R. Svarcbahs, U. H. Julku, and T. T. Myöhänen, "Inhibition of Prolyl Oligopeptidase Restores Spontaneous Motor Behavior in the α-Synuclein Virus Vector-Based Parkinson's Disease Mouse Model by Decreasing α-Synuclein Oligomeric Species in Mouse Brain," *Journal of Neuroscience* 36, no. 49 (December 7, 2016): 12485-12497, https://doi.org/10.1523/jneurosci.2309-16.2016.

38. Sharon et al., "The Central Nervous System."

39. Mazmanian, oral interview.

Chapter 11 • 마이크로바이옴과 환경성 장병증

1. J. Louis-Auguste and P. Kelly, "Tropical Enteropathies," *Current Gastroenterology Reports* 19, no. 7 (July 2017): 29, https://doi.org/10.1007/s11894-017-0570-0.

2. R. Lagos, A. Fasano, S. S. Wasserman, V. Prado, O. San Martin, P. Abrego, G. A. Lonsonsky, S. Alegria, and M. M. Levine, "Effect of Small Bowel Bacterial Overgrowth on the Immunogenicity of Single-Dose Live Oral Cholera Vaccine CVD 103-HgR," *Journal of Infectious Diseases* 180, no. 5 (November 1999): 1709–1712, https://doi.org/10.1086/315051.

3. World Health Organization, "Malnutrition," https://www.who.int/news-room/fact-sheets/detail/malnutrition, accessed January 7, 2020.

4. R. L. Guerrant, A. M. Leite, R. Pinkerton, P. H. Q. S. Medeiros, P. A. Cavalcante, M. DeBoer, M. Kosek, et al., "Biomarkers of Environmental Enteropathy, Inflammation, Stunting, and Impaired

Growth in Children in Northeast Brazil," *PLoS One* 11, no. 9 (September 30, 2016): e0158772, https://doi.org/10.1371/journal.pone.0158772.
5. I. S. Menzies, M. J. Zuckerman, W. J. Nukajam, S. G. Somasundaram, B. Murphy, A. P. Jenkins, R. S. Crane, and G. G. Gregory, "Geography of Intestinal Permeability and Absorption," Gut 44, no. 4 (April 1999): 483-489, https://doi.org/10.1136/gut.44.4.483.
6. J. R. Donowitz, R. Haque, B. D. Kirkpatrick, M. Alam, M. Lu, M. Kabir, S. H. Kakon, et al., "Small Intestine Bacterial Overgrowth and Environmental Enteropathy in Bangladeshi Children," *mBio* 7, no. 1 (January 2016): e02102-15, https://doi.org/10.1128/mbio.02102-15.
7~9. Guerrant et al., "Biomarkers of Environmental Enteropathy."
10. M. B. de Morais and G. A. Pontes da Silva, "Environmental Enteric Dysfunction and Growth," *Jornal de Pediatra* (Rio de Janeiro) 95, supplement 1 (March-April 2019): 85-94, https://doi.org/10.1016/j.jped.2018.11.004.
11. Morais and Pontes da Silva, "Environmental Enteric Dysfunction."
12. A. Lin, E. M. Bik, E. K. Costello, L. Dethlefsen, R. Haque, D. A. Relman, and U. Singh, "Distinct Distal Gut Microbiome Diversity and Composition in Healthy Children from Bangladesh and the United States," *PloS One* 8, no. 1 (January 2013): e53838, https://doi.org/10.1371/journal.pone.0053838.
13. S. Subramanian, S. Huq, T. Yatsunenko, R. Haque, M. Mahfuz, M. A. Alam, A. Benezra, et al., "Persistent Gut Microbiota Immaturity in Malnourished Bangladeshi Children," *Nature* 510, no. 7505 (June 19, 2014): 417-421, https://doi.org/10.1038/nature13421.
14. Morais and Pontes da Silva, "Environmental Enteric Dysfunction."
15. N. T. Iqbal, S. Syed, K. Sadiq, M. N. Khan, J. Iqbal. J. Z. Ma, F. Umrani, et al., "Study of Environmental Enteropathy and Malnutrition(SEEM) in Pakistan: Protocols for Biopsy Based Biomarker Discovery and Validation," *BMC Pediatrics* 19 (July 22, 2019): 247, https://doi.org/10.1186/s12887-019-1564-x.
16. Iqbal et al., "Study of Environmental Enteropathy."

Chapter 12 • 마이크로바이옴과 암

1. R. L. Siegel, K. D. Miller, and A. Jemal, "Cancer Statistics, 2017," CA: *A Cancer Journal for Clinicians* 67, no. 1 (January-February 2017): 7–30, https://doi.org/10.3322/caac.21387.
2. "Targeting Tumour Metabolism," *Nature Reviews Drug Discovery* 9 (July 2010): 503-504, https://doi.org/10.1038/nrd3215.
3. D. Hanahan and R. A. Weinberg, "The Hallmarks of Cancer," *Cell* 100, no. 1 (January 7, 2000): 57-70, https://doi.org/10.1016/S0092-8674(00)81683-9.
4. D. Hanahan and R. A. Weinberg, "Hallmarks of Cancer: The Next Generation," *Cell* 144, no. 5 (March 4, 2011): 646-674, https://doi.org/10.1016/j.cell.2011.02.013.
5. Nobel Prize, "James P. Allison: Facts," https://www.nobelprize.org/prizes/medicine/2018/allison/facts/, accessed January 12, 2020.
6. D. R. Leach, M. F. Krummel, and J. P. Allison, "Enhancement of Antitumor Immunity by CTLA-4 Blockade," *Science* 271, no. 5256 (March 22, 1996): 1734–1736, https://doi.org/10.1126/science.271.5256.1734.
7. J. Yuan, B. Ginsberg, D. Page, Y. Li, T. Rasalan, H. F. Gallardo, Y. Xu, et al., "CTLA-4 Blockade

Increases Antigen-Specific CD8+ T Cells in Prevaccinated Patients with Melanoma: Three Cases," *Cancer Immunology, Immunotherapy* 60, no. 8 (August 2011): 1137-1146, https://doi.org/10.1007/s00262-011-1011-9.

8. L. E. Fulbright, M. Ellermann, and J. C. Arthur, "The Microbiome and the Hallmarks of Cancer," *PLoS Pathogens* 13, no. 9 (September 21, 2017): e1006480, https://doi.org/10.1371/journal.ppat.1006480.

9. Nobel Prize, "The Nobel Prize in Physiology or Medicine 2005: Press Release," https://www.nobelprize.org/prizes/medicine/2005/press-release, accessed January 12, 2020.

10. A. Elkrief, L. Derosa, L. Zitvogel, G. Kroemer, and B. Routy, "The Intimate Relationship between Gut Microbiota and Cancer Immunotherapy," *Gut Microbes* 10, no. 3 (October 19, 2019): 424-428, https://doi.org/10.1080/19490976.2018.1527167.

11. L. Zitvogel, oral interview with authors, February 1, 2019.

12. G. Kroemer and L. Zitvogel, "Cancer Immunotherapy in 2017: The Breakthrough of the Microbiota," *Nature Reviews Immunology* 18, no. 2 (February 2018): 87-88, https://doi.org/10.1038/nri.2108.4.

13~14. Zitvogel, oral interview.

15. J. Ferlay, M. Colombet, I. Soerjomataram, T. Dyba, G. Randi, M. Bettio, A. Gavin, O. Visser, and F. Bray, "Cancer Incidence and Mortality Patterns in Europe: Estimates for 40 Countries and 25 Major Cancers in 2018," *European Journal of Cancer* 103 (November 1, 2018): 356-387, https://doi.org/10.1016/j.ejca.2018.07.005.

16. Skin Cancer Foundation, "Skin Cancer Facts and Statistics," https://www.skincancer.org/skin-cancer-information/skin-cancer-facts/, accessed January 11, 2020.

17. Global Burden of Disease Cancer Collaboration, "Global, Regional, and National Cancer Incidence, Mortality, Years of Life Lost, Years Lived with Disability, and Disability-Adjusted Life-Years for 32 Cancer Groups, 1990 to 2015: A Systematic Analysis for the Global Burden of Disease Study," *JAMA Oncology* 3, no. 4 (April 2017): 524-548, https://doi.org/10.1001/jamaoncol.2016.5688.

18. C. P. Wild, "Complementing the Genome with an 'Exposome': The Outstanding Challenge of Environmental Exposure Measurement in Molecular Epidemiology," *Cancer Epidemiology, Biomarkers and Prevention* 14, no. 8 (August 2005): 1847-1850, https://doi.org/10.1158/1055-9965.epi-05-0456.

19. Centers for Disease Control and Prevention, National Institute for Occupational Safety and Health, "Exposome and Exposomics Overview," https://www.cdc.gov/niosh/topics/exposome/default.html, accessed January 12, 2020.

20. Centers for Disease Control and Prevention, National Institute for Occupational Safety and Health, "Exposome and Exposomics Overview."

21. S. Senger, A. Sapone, M. R. Fiorentino, G. Mazzarella, G. Y. Lauwers, and A. Fasano, "Celiac Disease Histopathology Recapitulates Hedgehog Downregulation, Consistent with Wound Healing Processes Activation," *PLoS One* 10, no. 12 (December 9, 2015): e0144634, https://doi.org/10.1371/journal.pone.0144634.

22. Cancer Treatment Centers of America, "How Does the Immune System Work? When It Comes to Cancer, It's Complicated," October 19, 2017, https://www.cancercenter.com/community/blog/2017/10/how-does-the-immune-system-work-when-it-comes-to-cancer-its-complicated,

accessed January 12, 2020.
23. Zitvogel, oral interview.
24. European Commission, Cordis, Horizon 2020, "Gut OncoMicrobiome Signatures (GOMS) Associated with Cancer Incidence, Prognosis and Prediction of Treatment Response," https://cordis.europa.eu/project/id/825410, accessed January 12, 2020.
25~30. Zitvogel, oral interview.

Part 3 _ 건강 유지를 위한 마이크로바이옴의 조작

Chapter 13 • 연관성에서 인과관계로:
질병 발생에서 마이크로바이옴 구성과 기능에 대한 새로운 접근 방식

1. M. I. McBurney, C. Davis, C. M. Fraser, B. O. Schneeman, C. Huttenhower, K. Verbeke, J. Walter, and M. E. Latulippe, "Establishing What Constitutes a Healthy Human Gut Microbiome: State of the Science, Regulatory Considerations, and Future Directions," *Journal of Nutrition* 149, no. 11 (November 2019): 1882-1895, https://doi.org/10.1093/jn/nxz154.
2. Ley et al., "Obesity Alters Gut Microbial Ecology."
3. N. K. Surana and D. L. Kasper, "Moving beyond Microbiome-Wide Associations to Causal Microbe Identification," *Nature* 552, no. 7684 (December 14, 2017): 244–247, https://doi.org/10.1038/nature25019.
4. Surana and Kasper, "Moving beyond Microbiome-Wide Associations."
5. N. Geva-Zatorsky, E. Sefik, L. Kua, L. Pasman, T. G. Tan, A. Ortiz-Lopez, T. B. Yanortsang, et al., "Mining the Human Gut Microbiota for Immunomodulatory Organisms," *Cell* 168, no. 5 (February 23, 2017): 928-943, https://doi.org/10.1016/j.cell.2017.01.022.
6. J. L. Round, S. M. Lee, J. Li, G. Tran, B. Jabri, T. A. Chatila, and S. K. Mazmanian, "The Toll-Like Receptor 2 Pathway Establishes Colonization" by a Commensal of the Human Microbiota," *Science* 332, no. 6032 (May 20, 2011): 974-977, https://doi.org/10.1126/science.1206095.
7. Turnbaugh et al., "An Obesity-Associated Gut Microbiome."
8. P. J. Turnbaugh, V. K. Ridaura, J. J. Faith, F. E. Rey, R. Knight, and J. I. Gordon, "The Effect of Diet on the Human Gut Microbiome: A Metagenomic Analysis in Humanized Gnotobiotic Mice," *Science Translational Medicine* 1, no. 6 (November 11, 2009): 6ra14, https://doi.org/10.1126/scitranslmed.3000322.
9. N. W. Palm, M. R. de Zoete, T. W. Cullen, N. A. Barry, J. Stefanowski, L. Hao, P. H. Degnan, et al., "Immunoglobulin A Coating Identifies Colitogenic Bacteria in Inflammatory Bowel Disease," *Cell* 158, no. 5 (August 28, 2014): 1000-1010, https://doi.org/10.1016/j.cell.2014.08.006.
10. R. Salerno-Goncalves, F. Safavie, A. Fasano, and M. B. Sztein, "Free and Complexed-Secretory Immunoglobulin A Triggers Distinct Intestinal Epithelial Cell Responses," *Clinical and Experimental Immunology* 185, no. 3 (September 2016): 338-347, https://doi.org/10.1111/cei.12801.
11. J.-C. Lagier, S. Khelaifia, M. T. Alou, S. Ndongo, N. Dione, P. Hugon, A. Caputo, et al., "Culture of Previously Uncultured Members of the Human Gut Microbiota by Culturomics," *Nature Microbiology* 1 (November 7, 2016): 16203, https://doi.org/10.1038/nmicrobiol.2016.203.

12. J. T. Lau, F. J. Whelan, I. Herath, C. H. Lee, S. M. Collins, P. Bercik, and M. G. Surette, "Capturing the Diversity of the Human Gut Microbiota through Culture-Enriched Molecular Profiling," *Genome Medicine* 8, no. 1 (July 1, 2016): 72, https://doi.org/10.1186/s13073-016-0327-7.
13. K. M. Ellegaard and P. Engel, "Beyond 16S rRNA Community Profiling: Intra-Species Diversity in the Gut Microbiota," *Frontiers in Microbiology* 7 (September 2016): 1475, https://doi.org/10.3389/fmicb.2016.01475.
14. J. Mestecky, W. Strober, M. W. Russell, B. L. Kelsall, H. Cheroutre, and B. N. Lambrecht, *Mucosal Immunology*, 4th ed. (San Diego, CA: Elsevier, 2015).
15. K. P. Nickerson, S. Senger, Y. Zhang, R. Lima, S. Patel, L. Ingano, W. A. Flavahan, et al., "*Salmonella* Typhi Colonization Provokes Extensive Transcriptional Changes Aimed at Evading Host Mucosal Immune Defense during Early Infection of Human Intestinal Tissue," *EBioMedicine* 31 (May 1, 2018): 92–109, https://doi.org/10.1016/j.ebiom.2018.04.005.
16. Senger et al., "Human Fetal-Derived Enterospheres."
17. R. Freire, L. Ingano, G. Serena, M. Cetinbas, A. Anselmo, A. Sapone, R. I. Sadreyev, A. Fasano, and S. Senger, "Human Gut-Derived Organoids Provide Model to Study Gluten Response and Effects of Microbiota-Derived Molecules in Celiac Disease," *Scientific Reports* 9 (May 7, 2019): 7029, https://doi.org/10.1038/s41598-019-43426-w.
18. W. Gou, Y. Fu, L. Yue, G. Chen, X. Cai, M. Shuai, F. Xu, and J. S. Zheng, et al., "Gut Microbiota May Underlie the Predisposition of Healthy Individuals to COVID-19," *medRxiv*, preprint, posted April 25, 2020, https://doi.org/10.1101/2020.04.22.20076091.

Chapter 14 • 예방 의학: 질병 예측 및 차단을 위한 마이크로바이옴 모니터링

1. L. Fiechtner, oral interview with authors, October 25, 2019.
2. Fiechtner, oral interview.
3. Fiechtner, oral interview.
4. Office of the Chief Economist, U.S. Department of Agriculture, "U.S. Food Waste Challenge: FAQs," https://www.usda.gov/foodwaste/faqs, accessed February 3, 2020.
5. Centers for Disease Control and Prevention, "Childhood Obesity Facts: Prevalence of Childhood Obesity in the U.S.," https://www.cdc.gov/obesity/data/childhood.html, accessed January 31, 2020.
6. Fiechtner, oral interview.
7. L. Fadulu, "Trump Targets Michelle Obama's School Nutrition Guidelines on Her Birthday," *New York Times*, January 17, 2020, https://www.nytimes.com/2020/01/17/us/politics/michelle-obama-school-nutrition-trump.html.
8~9. Fiechtner, oral interview.
10. K. Fox, "United Supermarkets Offering Weekend Health Screenings," News Channel 6, Wichita Falls, Texas, January 8, 2020, https://www.newschannel6now.com/2020/01/08/united-supermarkets-offering-weekend-health-screenings/, accessed January 31, 2020.
11. R. Aguilar-Santos, "Latino-Owned Grocery Store Uses Bilingual Marketing to Inspire Healthy Shopping," *Salud America!*, April 4, 2014, https://salud-america.org/latino-owned-grocery-store-chain-uses-bi-lingual-marketing-labeling-program-to-inspire-healthy-shopping/, accessed January 31, 2020.

12. Fiechtner, oral interview.
13. A. Robinson, L. Fiechtner, B. Roche, N. J. Ajami, J. F. Petrosino, C. A. Camargo Jr., E. M. Taveras, and K. Hasegawa, "Association of Maternal Gestational Weight Gain with the Infant Fetal Microbiota," *Journal of Pediatric Gastroenterology and Nutrition* 65, no. 5 (November 2017): 509-515, https://doi.org/10.1097/MPG.0000000000001566.
14. M. Simione, S. G. Harshman, I. Castro, R. Linnemann, B. Roche, N. J. Ajami, J. F. Petrosino, et al., "Maternal Fish Consumption in Pregnancy Is Associated with a *Bifidobacterium*-Dominant Microbiome Profile in Infants," *Current Developments in Nutrition* 4, no. 1 (January 2020): nzz133, https://doi.org/10.1093/cdn/nzz133.
15. V. M. Martin, oral interview with authors, November 1, 2019.
16. Martin, oral interview.
17. V. M. Martin, Y. V. Virkud, H. Seay, A. Hickey, R. Ndahayo, R. Rosow, C. Southwick, et al., "Prospective Assessment of Pediatrician-Diagnosed Food Protein-Induced Allergic Proctocolitis by Gross or Occult Blood," *Journal of Allergy and Clinical Immunology: In Practice* 8, no. 5 (May 2020): 1692-1699, https://doi.org/10.1016/j.jaip.2019.12.029.
18~20. Martin, oral interview.
21. D. Ierodiakonou, V. Garcia-Larsen, A. Logan, A. Groome, S. Cunha, J. Chivinge, Z. Robinson, et al., "Timing of Allergenic Food Introduction to the Infant Diet and Risk of Allergic or Autoimmune Disease: A Systematic Review and Meta-Analysis," *Journal of the American Medical Association* 316, no. 11 (September 20, 2016): 1181-1192, https://doi.org/10.1001/jama.2016.12623.
22~25. Martin, oral interview.
26. Sellitto et al., "Proof of Concept of Microbiome-Metabolome Analysis."
27. Sellitto et al., "Proof of Concept of Microbiome-Metabolome Analysis."
28. M. Olivares, A. Neef, G. Castillejo, G. De Palma, V. Varea, A. Capilla, F. Palau, et al., "The HLA-DQ2 Genotype Selects for Early Intestinal Microbiota Composition in Infants at High Risk of Developing Coeliac Disease," *Gut* 64, no. 3 (March 2015): 406-417, https://doi.org/10.1136/gutjnl-2014-306931.
29. E. Lionetti, S. Castellaneta, R. Francavilla, A. Pulvirenti, E. Tonutti, S. Amarri, M. Barbato, et al., "Introduction of Gluten, HLA Status, and the Risk of Celiac Disease in Children," *New England Journal of Medicine* 371, no. 14 (October 2, 2014): 1295-1303, https://doi.org/10.1056 / nejmoa1400697; S. L. Vriezinga, R. Auricchio, E. Bravi, G. Castillejo, A. Chmielewska, P. C. Escobar, S. Kolaček, et al., "Randomized Feeding Intervention in Infants at High Risk for Celiac Disease," *New England Journal of Medicine* 371, no. 14 (October 2, 2014): 1304-1315, https://doi.org/10.1056/nejmoa1404172.
30. M. Leonard, oral interview with authors, November 4, 2019.
31~34. Leonard, oral interview.
35. S. J. Blumberg, M. D. Bramlett, M. D. Kogan, L. A. Schieve, J. R. Jones, and M. C. Lu, "Changes in Prevalence of Parent-Reported Autism Spectrum Disorder in School-Aged U.S. Children: 2007 to 2011-2012," *National Health Statistics Reports*, no. 65 (March 20, 2013), https://www.cdc.gov/nchs/data/nhsr/nhsr065.pdf.
36. B. B. Nankova, R. Agarwal, D. F. MacFabe, and E. F. La Gamma, "Enteric Bacterial Metabolites Propionic and Butyric Acid Modulate Gene Expression, Including CREB-Dependent

Catecholaminergic Neurotransmission, in PC12 Cells-Possible Relevance to Autism Spectrum Disorders," *PloS One* 9, no. 8 (August 2014): e103740, https://doi.org/10.1371/journal.pone.0103740; D. MacFabe, "Autism: Metabolism, Mitochondria, and the Microbiome," *Global Advances in Health and Medicine* 2, no. 6 (November 1, 2013): 52-66, https://doi.org/10.7453/gahmj.2013.089.

37. G. A. Rook, C. L. Raison, and C. A. Lowry, "Microbiota, Immunoregulatory Old Friends and Psychiatric Disorders," in *Microbial Endocrinology: The Microbiota-Gut-Brain Axis in Health and Disease*, ed. M. Lyte and J. F. Cryan (New York: Springer, 2014), 319-356, https://doi.org/10.1007/978-1-4939-0897-4_15; Y. E. Borre, R. D. Moloney, G. Clarke, T. G. Dinan, and J. F. Cryan, "The Impact of Microbiota on Brain and Behaviour: Mechanisms and Therapeutic Potential," in *Microbial Endocrinology*, ed. Lyte and Cryan, 373-403, https://doi.org/10.1007/978-1-4939-0897-4_17.

38. B. O. McElhanon, C. McCracken, S. Karpen, and W. G. Sharp, "Gastrointestinal Symptoms in Autism Spectrum Disorder: A Meta-Analysis," Pediatrics 133, no. 5 (May 2014): 872-883, https://doi.org/10.1542/peds.2013-3995.

39. E. Y. Hsiao, "Gastrointestinal Issues in Autism Spectrum Disorder," *Harvard Review of Psychiatry* 22, no. 2 (March-April 2014): 104-111, https://doi.org/10.1097/hrp.0000000000000029; S. M. Finegold, J. Downes, and P. H. Summanen, "Microbiology of Regressive Autism," *Anaerobe* 18, no. 2 (April 2012): 260–262, https://doi.org/10.1016/j.anaerobe.2011.12.018.

40. D. R. Rose, H. Yang, G. Serena, C. Sturgeon, B. Ma, M. Careaga, H. K. Hughes, and P. Ashwood, et al., "Differential Immune Responses and Microbiota Profiles in Children with Autism Spectrum Disorders and Co-morbid Gastrointestinal Symptoms," *Brain, Behavior, and Immunity* 70 (May 2018): 354-368, https://doi.org/10.1016/j.bbi.2018.03.025.

41. D.-W. Kang, J. B. Adams, A. C. Gregory, T. Borody, L. Chittick, A. Fasano, A. Khoruts, et al., "Microbiota Transfer Therapy Alters Gut Ecosystem and Improves Gastrointestinal and Autism Symptoms: An Open-Label Study," *Microbiome* 5, no. 1 (January 23, 2017): 10, https://doi.org/10.1186/s40168-016-0335-7.

42. B. Palsson and K. Zengler, "The Challenges of Integrating Multi-Omic Data Sets," *Nature Chemical Biology* 6, no. 11 (November 2010): 787-789, https://doi.org/10.1038/nchembio.462.

43. Global Burden of Disease 2017 Diet Collaborators, "Health Effects of Dietary Risks in 195 Countries, 1990-2017: A Systematic Analysis for the Global Burden of Disease Study 2017," *The Lancet* 393, no. 10184 (May 11, 2019): 1958–1972, https://doi.org/10.1016/S0140-6736(19)30041-8.

44. D. Spector, "An Evolutionary Explanation for Why We Crave Sugar," *Business Insider*, April 25, 2014, https://www.businessinsider.com/evolutionary-reason-we-love-sugar-2014-4, accessed January 31, 2020.

45. M. Singh, "Why a Sweet Tooth May Have Been an Evolutionary Advantage for Kids," *The Salt: What's on Your Plate, Eating and Health*, March 19, 2014, NPR, https://www.npr.org/sections/thesalt/2014/03/19/291406696/why-a-sweet-tooth-may-have-been-an-evolutionary-advantage-for-kids, accessed January 31, 2020.

Chapter 15 • 질병 치료법: 프리바이오틱스, 프로바이오틱스, 신바이오틱스, 포스트바이오틱스

1. G. R. Gibson and M. B. Roberfroid, "Dietary Modulation of the Human Colonic Microbiota: Introducing the Concept of Prebiotics," *Journal of Nutrition* 125, no. 6 (June 1995): 1401-1412,

https://doi.org/10.1093/jn/125.6.1401.
2. G. R. Gibson, R. Hutkins, M. E. Sanders, S. L. Prescott, R. A. Reimer, S. J. Salminen, K. Scott, et al., "Expert Consensus Document: The International Scientific Association for Probiotics and Prebiotics(ISAPP) Consensus Statement on the Definition and Scope of Prebiotics," *Nature Reviews Gastroenterology and Hepatology* 14, no. 8 (August 2017): 491-502, https://doi.org/10.1038/nrgastro.2017.75.
3. M. M. Kaczmarczyk, M. J. Miller, and G. G. Freund, "The Health Benefits of Dietary Fiber: Beyond the Usual Suspects of Type 2 Diabetes Mellitus, Cardiovascular Disease and Colon Cancer," *Metabolism* 61, no. 8 (August 1, 2012): 1058-1066, https://doi.org/10.1016/j.metabol.2012.01.017.
4. A. M. Doherty, C. J. Lodge, S. C. Dharmage, X. Dai, L. Bode, and A. J. Lowe, "Human Milk Oligosaccharides and Associations with Immune-Mediated Disease and Infection in Childhood: A Systematic Review," *Frontiers in Pediatrics* 6 (April 2018): 91, https://doi.org/10.3389/fped.2018.00091.
5. J. Van Loo, P. Coussement, L. De Leenheer, H. Hoebregs, and G. Smits, "On the Presence of Inulin and Oligofructose as Natural Ingredients in the Western Diet," *Critical Reviews in Food Science and Nutrition* 35, no. 6 (November 1995): 525-552, https://doi.org/10.1080/10408399509527714.
6. D. Vandeputte, G. Falony, S. Vieira-Silva, J. Wang, M. Sailer, S. Theis, K. Verbeke, and J. Raes, "Prebiotic Inulin-Type Fructans Induce Specific Changes in the Human Gut Microbiota," *Gut* 66, no. 11 (November 2017): 1968-1974, https://doi.org/10.1136/gutjnl-2016-313271.
7. S. Fukuda, H. Toh, K. Hase, K. Oshima, Y. Nakanishi, K. Yoshimura, T. Tobe, et al., "Bifidobacteria Can Protect from Enteropathogenic Infection through Production of Acetate," *Nature* 469, no. 7331 (January 27, 2011): 543-547, https://doi.org/10.1038/nature09646.
8. W. S. F. Chung, M. Meijerink, B. Zeuner, J. Holck, P. Louis, A. S. Meyer, J. M. Wells, H. J. Flint, and S. H. Duncan, "Prebiotic Potential of Pectin and Pectic Oligosaccharides to Promote Anti-inflammatory Commensal Bacteria in the Human Colon," *FEMS Microbiology Ecology* 93, no. 11 (November 2017): fix127, https://doi.org/10.1093/femsec/fix127.
9. R. Corrêa-Oliveira, J. L. Fachi, A. Vieira, F. T. Sato, and M. A. R. Vinolo, "Regulation of Immune Cell Function by Short-Chain Fatty Acids," *Clinical and Translational Immunology* 5, no. 4 (April 22, 2016): e73, https://doi.org/10.1038/cti.2016.17.
10. G. den Besten, K. van Eunen, A. K. Groen, K. Venema, D.-J. Reijngoud, and B. M. Bakker, "The Role of Short-Chain Fatty Acids in the Interplay between Diet, Gut Microbiota, and Host Energy Metabolism," *Journal of Lipid Research* 54, no. 9 (September 2013): 2325-2340, https://doi.org/10.1194/jlr.r036012.
11. Y. Zhao, F. Chen, W. Wu, M. Sun, A. J. Bilotta, S. Yao, Y. Xiao, et al., "GPR43 Mediates Microbiota Metabolite SCFA Regulation of Antimicrobial Peptide Expression in Intestinal Epithelial Cells via Activation of mTOR and STAT3," *Mucosal Immunology* 11, no. 3 (May 2018): 752-762, https://doi.org/10.1038/mi.2017.118.
12. G. Serena, S. Yan, S. Camhi, S. Patel, R. S. Lima, A. Sapone, M. M. Leonard, et al., "Proinflammatory Cytokine Interferony and Microbiome-Derived Metabolites Dictate Epigenetic Switch between Forkhead Box Protein 3 Isoforms in Coeliac Disease," *Clinical and Experimental Immunology* 187, no. 3 (March 2017): 490-506, https://doi.org/10.1111/cei.12911.
13. Freire et al., "Human Gut-Derived Organoids."

14. R. Y. Wu, M. Abdullah, P. Määttänen, A. V. C. Pilar, E. Scruten, K. C. Johnson-Henry, S. Napper, C. O'Brien, N. L. Jones, and P. M. Sherman, "Protein Kinase C & Signaling Is Required for Dietary Prebiotic-Induced Strengthening of Intestinal Epithelial Barrier Function," *Scientific Reports* 7 (January 18, 2017): 40820, https://doi.org/10.1038/srep40820.
15. Nobel Prize, "The Nobel Prize in Physiology or Medicine 1908," https://www.nobelprize.org/prizes/medicine/1908/summary/, accessed January 25, 2020.
16. E. Metchnikoff, *The Prolongation of Life: Optimistic Studies*, English trans., ed. P. Chalmers Mitchell (New York: G. P. Putnam's Sons; London: Knickerbocker Press, 1908).
17. Food and Agriculture Organization of the United Nations/World Health Organization, "Probiotics in Food: Health and Nutritional Properties and Guidelines for Evaluation," FAO Food and Nutrition Paper 85, Rome, 2006, http://www.fao.org/3/a-a0512e.pdf, accessed January 26, 2020.
18. T. Wilkins and J. Sequoia, "Probiotics for Gastrointestinal Conditions: A Summary of the Evidence," American Family Physician 96, no. 3 (August 1, 2017): 170-178, https://www.aafp.org/afp/2017/0801/p170.html.
19. J. Vanderhoof, oral interview with authors, August 21, 2019.
20~23. Vanderhoof, oral interview.
23. E. Isolauri, S. Rautava, and S. Salminen, "Probiotics in the Development and Treatment of Allergic Disease," *Gastroenterology Clinics* 41, no. 4 (December 2012): 747-762, https://doi.org/10.1016/j.gtc.2012.08.007.
24~27. Vanderhoof, oral interview.
28. P. V. Kirjavainen, S. J. Salminen, and E. Isolauri, "Probiotic Bacteria in the Management of Atopic Disease: Underscoring the Importance of Viability," *Journal of Pediatric Gastroenterology and Nutrition* 36, no. 2 (February 2003): 223-227, https://doi.org/10.1097/00005176-200302000-00012.
29. Vanderhoof, oral interview.
30~32. Vanderhoof, oral interview.
33. C. de Simone, "The Unregulated Probiotic Market," *Clinical Gastroenterology and Hepatology* 17, no. 5 (April 2019): 809–817, https://doi.org/10.1016/j.cgh.2018.01.018.
34~37. de Simone, "The Unregulated Probiotic Market."
38. U.S. Department of Health and Human Services, Food and Drug Administration, Center for Biologic Evaluation and Research, "Early Clinical Trials with Live Biotherapeutic Products: Chemistry, Manufacturing, and Control Information: Guidance for Industry," February 2012, updated June 2016, https://www.fda.gov/media/82945/download, accessed January 26, 2020.
39. U.S. Department of Health and Human Services, Food and Drug Administration, "Statement from FDA Commissioner Scott Gottlieb, M.D., on Advancing the Science and Regulation of Live Microbiome-Based Products Used to Prevent, Treat, or Cure Diseases in Humans," August 16, 2018, https://www.fda.gov/news-events/press-announcements/statement-fda-commissioner-scott-gottlieb-md-advancing-science-and-regulation-live-microbiome-based, accessed January 26, 2020.
40. National Institutes of Health, National Center for Complementary and Integrative Health, National Health Interview Survey 2012, "Probiotics, Prebiotics" https://nccih.nih.gov/research/statistics/NHIS/2012/natural-products/biotics#child-data, accessed January 26, 2020.
41. National Institutes of Health, National Center for Complementary and Integrative Health, National Health Interview Survey 2012, "Probiotics, Prebiotics."

42. S. Guandalini, L. Pensabene, M. A. Zikri, J. A. Dias, L. G. Casali, H. Hoekstra, S. Kolacek, et al., "*Lactobacillus* GG Administered in Oral Rehydration Solution to Children with Acute Diarrhea: A Multicenter European Trial," *Journal of Pediatric Gastroenterology and Nutrition* 30, no. 1 (January 2000): 54-60, https://doi.org/10.1097/00005176-200001000-00018.
43. Guandalini et al., "*Lactobacillus* GG Administered in Oral Rehydration Solution."
44. S. J. Allen, B. Okoko, E. G. Martinez, G. V. Gregorio, and L. F. Dans, "Probiotics for Treating Infectious Diarrhoea," *Cochrane Database of Systematic Reviews* 2003, no. 4: cd003048, https://doi.org/10.1002/14651858.cd003048.pub2.
45. Allen et al., "Probiotics for Treating Infectious Diarrhoea."
46. S. B. Freedman, S. Williamson-Urquhart, K. J. Farion, S. Gouin, A. R. Willan, N. Poonai, K. Hurley, et al., "Multicenter Trial of a Combination Probiotic for Children with Gastroenteritis," *New England Journal of Medicine* 379, no. 21 (November 22, 2018): 2015-2026, https://doi.org/10.1056/nejmoa1802597.
47. D. Schnadower, P. I. Tarr, T. C. Casper, M. H. Gorelick, J. Michael Dean, K. J. O'Connell, P. Mahajan, et al., "*Lactobacillus rhamnosus* GG versus Placebo for Acute Gastroenteritis in Children," *New England Journal of Medicine* 379, no. 21 (November 22, 2018): 2002-2014, https://doi.org/10.1056/nejmoa1802598.
48. S. Hempel, S. J. Newberry, A. R. Maher, Z. Wang, J. N. V. Miles, R. Shanman, B. Johnsen, and P. G. Shekelle, "Probiotics for the Prevention and Treatment of Antibiotic-Associated Diarrhea: A Systematic Review and Meta-Analysis," *Journal of the American Medical Association* 307, no. 18 (May 9, 2012): 1959-1969, https://doi.org/10.1001/jama.2012.3507.
49. J. Suez, N. Zmora, G. Zilberman-Schapira, U. Mor, M. Dori-Bachash, S. Bashiardes, M. Zur, et al., "Post-Antibiotic Gut Mucosal Microbiome Reconstitution Is Impaired by Probiotics and Improved by Autologous FMT," *Cell* 174, no. 6 (September 6, 2018): 1406-1423, https://doi.org/10.1016/j.cell.2018.08.047.
50. N. Zmora, G. Zilberman-Schapira, J. Suez, U. Mor, M. Dori-Bachash, S. Bashiardes, E. Kotler, et al., "Personalized Gut Mucosal Colonization Resistance to Empiric Probiotics Is Associated with Unique Host and Microbiome Features," *Cell* 174, no. 6 (September 6, 2018): 1388–1405, https://doi.org/10.1016/j.cell.2018.08.041.
51. R. M. Thushara, S. Gangadaran, Z. Solati, and M. H. Moghadasian, "Cardiovascular Benefits of Probiotics: A Review of Experimental and Clinical Studies," *Food and Function* 7, no. 2 (February 2016): 632-642, https://doi.org/10.1039/c5fo01190f.
52. F. L. Collins, N. D. Rios-Arce, J. D. Schepper, N. Parameswaran, and L. R. McCabe, "The Potential of Probiotics as a Therapy for Osteoporosis," *Microbiology Spectrum* 5, no. 4 (August 2017): bad-0015-2016, https://doi.org/10.1128/microbiolspec.bad-0015-2016.
53. M. R. Roudsari, R. Karimi, S. Sohrabvandi, and A. M. Mortazavian, "Health Effects of Probiotics on the Skin," *Critical Reviews in Food Science and Nutrition* 55, no. 9 (March 3, 2015): 1219–1240, https://doi.org/10.1080/10408398.2012.680078.
54. C. Hill, F. Guarner, G. Reid, G. R. Gibson, D. J. Merenstein, B. Pot, L. Morelli, et al., "Expert Consensus Document: The International Scientific Association for Probiotics and Prebiotics Consensus Statement on the Scope and Appropriate Use of the Term Probiotic," *Nature Reviews Gastroenterology and Hepatology* 11, no. 8 (August 2014): 506-514, https://doi.org/10.1038/

nrgastro.2014.66.
55. P. Langella, F. Guarner, and R. Martin, "Editorial: Next-Generation Probiotics: From Commensal Bacteria to Novel Drugs and Food Supplements," *Frontiers in Microbiology* 10 (August 2019): 1973, https://doi.org/10.3389/fmicb.2019.01973.
56. Food and Agriculture Organization of the United Nations/World Health Organization, "Probiotics in Food."
57. A. W. Burks, L. F. Harthoorn, M. T. J. Van Ampting, M. M. O. Nijhuis, J. E. Langford, H. Wopereis, S. B. Goldberg, et al., "Synbiotics-Supplemented Amino Acid-Based Formula Supports Adequate Growth in Cow's Milk Allergic Infants," *Pediatric Allergy and Immunology* 26, no. 4 (June 2015): 316-322, https://doi.org/10.1111/pai.12390; L. B. van Der Aa, H. S. Heymans, W. M. Van Aalderen, J. H. Sillevis Smitt, J. Knol, K. Ben Amor, D. A. Goossens, A. B. Sprikkelman, and the Synbad Study Group, "Effect of a New Synbiotic Mixture on Atopic Dermatitis in Infants: A Randomized-Controlled Trial," *Clinical and Experimental Allergy* 40, no. 5 (May 2010): 795–804, https://doi.org/10.1111/j.1365-2222.2010.0346.x; L. B. van der Aa, W. M. C. van Aalderen, H. S. A. Heymans, J. Henk Sillevis Smitt, A. J. Nauta, L. M. J. Knippels, K. Ben Amor, A. B. Sprikkelman, and the Synbad Study Group, "Synbiotics Prevent Asthma-Like Symptoms in Infants with Atopic Dermatitis," *Allergy* 66, no. 2 (February 2011): 170–177, https://doi.org/10.1111/j.1398-9995.2010.02416.x.
58. E. Nikbakht, S. Khalesi, I. Singh, L. T. Williams, N. P. West, and N. Colson, "Effect of Probiotics and Synbiotics on Blood Glucose: A Systematic Review and Meta-Analysis of Controlled Trials," *European Journal of Nutrition* 57, no. 1 (February 2018): 95–106, https://doi.org/10.1007/s00394-016-1300-3; L. E. Miller, A. C. Ouwehand, and A. Ibarra, "Effects of Probiotic-Containing Products on Stool Frequency and Intestinal Transit in Constipated Adults: Systematic Review and Meta-Analysis of Randomized Controlled Trials," *Annals of Gastroenterology* 30, no. 6 (September 21, 2017): 629–639, https://doi.org/10.20524/aog.2017.0192; S. Arumugam, C. S. M. Lau, and R. S. Chamberlain, "Probiotics and Synbiotics Decrease Postoperative Sepsis in Elective Gastrointestinal Surgical Patients: A Meta-Analysis," *Journal of Gastrointestinal Surgery* 20, no. 6 (June 2016): 1123-1131, https://doi.org/10.1007/s11605-016-3142-y.
59. K. R. Pandey, S. R. Naik, and B. V. Vakil, "Probiotics, Prebiotics and Synbiotics: A Review," *Journal of Food Science and Technology* 52, no. 12 (December 2015): 7577-7587, https://doi.org/10.1007/s13197-015-1921-1.
60. J. E. Aguilar-Toalá, R. Garcia-Varela, H. S. Garcia, V. Mata-Haro, A. F. González-Córdova, B. Vallejo-Cordoba, and A. Hernández-Mendoza, "Postbiotics: An Evolving Term within the Functional Foods Field," *Trends in Food Science and Technology* 75 (May 2018): 105–114, https://doi.org/10.1016/j.tifs.2018.03.009; H. L. Foo, T. C. Loh, N. E. A. Mutalib, and R. A. Rahim, "The Myth and Therapeutic Potentials of Postbiotics," in *Microbiome and Metabolome in Diagnosis, Therapy, and Other Strategic Applications*, ed. J. Faintuch and S. Faintuch (Amsterdam: Elsevier, 2019), 201-211, https://doi.org/10.1016/b978-0-12-815249-2.00021-x.

Chapter 16 • 장-뇌 축 질환의 마이크로바이옴 연구: 사이코바이오틱스

1. T. G. Dinan, C. Stanton, and J. F. Cryan, "Psychobiotics: A Novel Class of Psychotropic," *Biological Psychiatry* 74, no. 10 (November 15, 2013): 720-726, https://doi.org/10.1016/

j.biopsych.2013.05.001.
2. L.-H. Cheng, Y.-W. Liu, C.-C. Wu, S. Wang, and Y.-C. Tsai, "Psychobiotics in Mental Health, Neurodegenerative and Neurodevelopmental Disorders," *Journal of Food and Drug Analysis* 27, no. 3 (July 2019): 632-648, https://doi.org/10.1016/j.jfda.2019.01.002.
3. A. Slyepchenko, A. F. Carvalho, D. S. Cha, S. Kasper, and R. S. McIntyre, "Gut Emotions: Mechanisms of Action of Probiotics as Novel Therapeutic Targets for Depression and Anxiety Disorders," *CNS and Neurological Disorders-Drug Targets* 13, no. 10 (2014): 1770-1786, https://doi.org/10.2174/1871527313666141130205242.
4. S. Westfall, N. Lomis, I. Kahouli, S. Y. Dia, S. P. Singh, and S. Prakash, "Microbiome, Probiotics and Neurodegenerative Diseases: Deciphering the Gut-Brain Axis," *Cellular and Molecular Life Sciences* 74, no. 20 (October 2017): 3769-3787, https://doi.org/10.1007/s00018-017-2550-9.
5. A. P. Allen, W. Hutch, Y. E. Borre, P. J. Kennedy, A. Temko, G. Boylan, E. Murphy, J. F. Cryan, T. G. Dinan, and G. Clarke, "*Bifidobacterium longum* 1714 as a Translational Psychobiotic: Modulation of Stress, Electrophysiology and Neurocognition in Healthy Volunteers," *Translational Psychiatry* 6, no. 11 (November 2016): e939, https://doi.org/10.1038/tp.2016.191.
6. A. A. Mohammadi, S. Jazayeri, K. Khosravi-Darani, Z. Solati, N. Mohammadpour, Z. Asemi, Z. Adab, et al., "The Effects of Probiotics on Mental Health and Hypothalamic-Pituitary-Adrenal Axis: A Randomized, Double-Blind, Placebo-Controlled Trial in Petrochemical Workers," *Nutritional Neuroscience* 19, no. 9 (November 2016): 387-395, https://doi.org/10.1179/1476830515y.0000000023.
7. M. Messaoudi, R. Lalonde, N. Violle, H. Javelot, D. Desor, A. Nejdi, J.-F. Bisson, et al., "Assessment of Psychotropic-Like Properties of a Probiotic Formulation (*Lactobacillus helveticus* R0052 and *Bifidobacterium longum* R0175) in Rats and Human Subjects," *British Journal of Nutrition* 105, no. 5 (March 14, 2011): 755-764, https://doi.org/10.1017/s0007114510004319.
8. National Institutes of Health, U.S. National Library of Medicine, "Lactobacillus Plantarum PS128 in Patients with Major Depressive Disorder and High Level of Inflammation," ClinicalTrials.gov, last updated July 2, 2018, https://clinicaltrials.gov/show/nct03237078, accessed January 19, 2020; National Institutes of Health, U.S. National Library of Medicine, "Effects of Probiotics on Mood," ClinicalTrials.gov, May 29, 2018, https://clinicaltrials.gov/ct2/show/nct03539263, accessed January 19, 2020; National Institutes of Health, U.S. National Library of Medicine, "Effect of Lactobacillus Plantarum 299v Supplementation on Major Depression Treatment," ClinicalTrials.gov, last updated September 7, 2018, https://clinicaltrials.gov/show/nct02469545, accessed January 19, 2020; National Institutes of Health, U.S. National Library of Medicine, "The Probiotic Study: Using Bacteria to Calm Your Mind," ClinicalTrials.gov, January 3, 2019, https://clinicaltrials.gov/show/nct02711800, accessed January 19, 2020; National Institutes of Health, U.S. National Library of Medicine, "Probiotics and Examination-Related Stress in Healthy Medical Students," ClinicalTrials.gov, February 9, 2018, https://clinicaltrials.gov/ct2/show/nct03427515, accessed January 19, 2020; National Institutes of Health, U.S. National Library of Medicine, "Effects of Probiotics on Symptoms of Depression(ESPD)," ClinicalTrials.gov, last updated June 14, 2019, https://clinicaltrials.gov/ct2/show/nct03277586, accessed January 19, 2020.
9. C. Jiang, G. Li, P. Huang, Z. Liu, and B. Zhao, "The Gut Microbiota and Alzheimer's Disease," *Journal of Alzheimer's Disease* 58, no. 1 (May 3, 2017): 1-15, https://doi.org/10.3233/jad-161141.

10. S. A. N. Azm, A. Djazayeri, M. Safa, K. Azami, B. Ahmadvand, F. Sabbaghziarani, M. Sharifzadeh, and M. Vafa, "Lactobacilli and Bifidobacteria Ameliorate Memory and Learning Deficits and Oxidative Stress in B-Amyloid (1-42) Injected Rats," *Applied Physiology, Nutrition, and Metabolism* 43, no. 7 (July 2018): 718-726, https://doi.org/10.1139/apnm-2017-0648; N. H. Musa, V. Mani, S. M. Lim, S. Vidyadaran, A. B. A. Majeed, and K. Ramasamy, "Lactobacilli-Fermented Cow's Milk Attenuated Lipopolysaccharide-Induced Neuroinflammation and Memory Impairment In Vitro and In Vivo," *Journal of Dairy Research* 84, no. 4 (November 2017): 488-495, https://doi.org/10.1017/s0022029917000620; M. Nimgampalle and Y. Kuna, "Anti-Alzheimer Properties of Probiotic, *Lactobacillus plantarum* MTCC 1325 in Alzheimer's Disease Induced Albino Rats," *Journal of Clinical and Diagnostic Research* 11, no. 8 (August 2017): KC01-KC05, https://doi.org/10.7860/jcdr/2017/26106.10428.

11. A. Agahi, G. A. Hamidi, R. Daneshvar, M. Hamdieh, M. Soheili, A. Alinaghipour, S. M. E. Taba, and M. Salami, "Does Severity of Alzheimer's Disease Contribute to Its Responsiveness to Modifying Gut Micro- biota? A Double Blind Clinical Trial," *Frontiers in Neurology* 9 (August 2018): 662, https://doi.org/10.3389/fneur.2018.00662.

12. F. Leblhuber, K. Steiner, B. Schuetz, D. Fuchs, and J. M. Gostner, "Probiotic Supplementation in Patients with Alzheimer's Dementia-An Explorative Intervention Study," *Current Alzheimer Research* 15, no. 12 (2018): 1106-1113, https://doi.org/10.2174/1389200219666180813144834.

13. E. Akbari, Z. Asemi, R. D. Kakhaki, F. Bahmani, E. Kouchaki, O. R. Tamtaji, G. A. Hamidi, and M. Salami, "Effect of Probiotic Supplementation on Cognitive Function and Metabolic Status in Alzheimer's Disease: A Randomized, Double-Blind and Controlled Trial," *Frontiers in Aging Neuroscience* 8 (November 2016): 256, https://doi.org/10.3389/fnagi.2016.00256.

14. P. Damier, E. C. Hirsch, P. Zhang, Y. Agid, and F. Javoy-Agid, "Glutathione Peroxidase, Glial Cells and Parkinson's Disease," *Neuroscience* 52, no. 1 (January 1993): 1-6, https://doi.org/10.1016/0306-4522(93)90175-f.

15. A. Fasano, N. P. Visanji, L. W. C. Liu, A. E. Lang, and R. F. Pfeiffer, "Gastrointestinal Dysfunction in Parkinson's Disease," *The Lancet Neurology* 14, no. 6 (June 1, 2015): 625-639, https://doi.org/10.1016/S1474-4422(15)00007-1.

16. M. G. Gareau, M. A. Silva, and M. H. Perdue, "Pathophysiological Mechanisms of Stress-Induced Intestinal Damage," *Current Molecular Medicine* 8, no. 4 (June 2008): 274-281, https://doi.org/10.2174/156652408784533760; M. Maes, "The Cytokine Hypothesis of Depression: Inflammation, Oxidative and Nitrosative Stress (IO&NS) and Leaky Gut as New Targets for Adjunctive Treatments in Depression," *Neuroendocrinology Letters* 29, no. 3 (June 2008): 287–291, http://www.nel.edu/userfiles/articlesnew/NEL290308R02.pdf.

17. L. P. Kelly, P. M. Carvey, A. Keshavarzian, K. M. Shannon, M. Shaikh, R. A. E. Bakay, and J. H. Kordower, "Progression of Intestinal Permeability Changes and Alpha-Synuclein Expression in a Mouse Model of Parkinson's Disease," *Movement Disorders* 29, no. 8 (July 2014): 999-1009, https://doi.org/10.1002/mds.25736.

18. O. R. Tamtaji, M. Taghizadeh, R. D. Kakhaki, E. Kouchaki, F. Bahmani, S. Borzabadi, S. Oryan, A. Mafi, and Z. Asemi, "Clinical and Metabolic Response to Probiotic Administration in People with Parkinson's Disease: A Randomized, Double-Blind, Placebo-Controlled Trial," *Clinical Nutrition* 38, no. 3 (June 1, 2019): 1031-1035, https://doi.org/10.1016/j.clnu.2018.05.018.

19. S. Borzabadi, S. Oryan, A. Eidi, E. Aghadavod, R. D. Kakhaki, O. R. Tamtaji, M. Taghizadeh, and Z.

Asemi, "The Effects of Probiotic Supple-mentation on Gene Expression Related to Inflammation, Insulin and Lipid in Patients with Parkinson's Disease: A Randomized, Double-Blind, Placebo-Controlled Trial," *Archives of Iranian Medicine* 21, no. 7 (July 2018): 289–295, http://www.ams.ac.ir/AIM/NEWPUB/18/21/7/S1029-2977-21(07)289-0.pdf.

20. M. Barichella, C. Pacchetti, C. Bolliri, E. Cassani, L. Iorio, C. Pusani, G. Pinelli, et al., "Probiotics and Prebiotic Fiber for Constipation Associated with Parkinson's Disease: An RCT," *Neurology* 87, no. 12 (September 20, 2016): 1274-1280, https://doi.org/10.1212/wnl.0000000000003127.

21. D. Georgescu, O. E. Ancusa, L. A. Georgescu, I. Ionita, and D. Reisz, "Nonmotor Gastrointestinal Disorders in Older Patients with Parkinson's Disease: Is There Hope?," *Clinical Interventions in Aging* 11 (2016): 1601-1608, https://doi.org/10.2147/cia.s106284.

22. E. Cassani, G. Privitera, G. Pezzoli, C. Pusani, C. Madio, L. Iorio, and M. Barichella, "Use of Probiotics for the Treatment of Constipation in Parkinson's Disease Patients," *Minerva Gastroenterologica e Dietologica* 57, no. 2 (June 2011): 117–121, https://www.minervamedica.it/en/journals/gastroenterologica-dietologica/article.php?cod=RO8Y2011N02A0117.

23. Tamtaji et al., "Clinical and Metabolic Response."

24. National Institutes of Health, U.S. National Library of Medicine, search results for "probiotics | autism," ClinicalTrials.gov, https://www.clinicaltrials.gov/ct2/results?cond=autism&term=probiotics&cntry=&state=&city=&dist=, accessed January 19, 2020.

25. S. Y. Shaaban, Y. G. El Gendy, N. S. Mehanna, W. M. El-Senousy, H. S. A. El-Feki, K. Saad, and O. M. El-Asheer, "The Role of Probiotics in Children with Autism Spectrum Disorder: A Prospective, Open-Label Study," *Nutritional Neuroscience* 21, no. 9 (November 2018): 676–681, https://doi.org/10.1080/1028415x.2017.1347746.

26. A. Fattorusso, L. Di Genova, G. B. Dell'Isola, E. Mencaroni, and S. Esposito, "Autism Spectrum Disorders and the Gut Microbiota," *Nutrients* 11, no. 3 (February 28, 2019): 521, https://doi.org/10.3390/nu11030521.

Chapter 17 • 인공지능, 합성생물학, 그리고 마이크로바이옴

1. Dartmouth Highlights, "Artificial Intelligence Coined at Dartmouth," https://250.dartmouth.edu/highlights/artificial-intelligence-ai-coined-dartmouth, accessed February 2, 2020.
2. A. Zomorrodi, oral interview with authors, August 13, 2019.
3~4. Zomorrodi, oral interview.
5. C. Ross, "In Hunt for New Drugs, Amazon and Other Tech Giants Are Using AI to Find Protein Structures," Stat+, September 24, 2019, https://www.statnews.com/2019/09/24/amazon-google-facebook-ai-protein-structures/, accessed January 21, 2020.
6. HealthCatalyst, healthcare.ai, "Machine Learning versus Statistics: When to Use Each," *Data Science Blog*, https://healthcare.ai/machine-learning-versus-statistics-use/, accessed January 21, 2020.
7~8. Zomorrodi, oral interview.
9. R. A. Naqvi, M. Arsalan, G. Batchuluun, H. S. Yoon, and K. R. Park, "Deep Learning-Based Gaze Detection System for Automobile Drivers Using a NIR Camera Sensor," *Sensors* 18, no. 2 (February 2018): 456, https://doi.org/10.3390/s18020456.
10. A. Baldominos, Y. Saez, and P. Isasi, "Evolutionary Design of Convolutional Neural Networks for

Human Activity Recognition in Sensor-Rich Environments," *Sensors* 18, no. 4 (April 2018): 1288, https://doi.org/10.3390/s18041288; A. Fernández, R. Usamentiaga, J. L. Carús, and R. Casado, "Driver Distraction Using Visual-Based Sensors and Algorithms," *Sensors* 16, no. 11 (November 2016): 1805, https://doi.org/10.3390/s16111805.

11. Zomorrodi, oral interview.
12. Z. Obermeyer and E. J. Emanuel, "Predicting the Future-Big Data, Machine Learning, and Clinical Medicine," *New England Journal of Medicine* 375, no. 13 (September 29, 2016): 1216-1219, https://doi.org/10.1056/nejmp1606181.
13. P. C. Konturek, J. Koziel, W. Dieterich, D. Haziri, S. Wirtz, I. Glowczyk, K. Konturek, M. F. Neurath, and Y. Zopf, "Successful Therapy of *Clostridium difficile* Infection with Fecal Microbiota Transplantation," *Journal of Physiology and Pharmacology* 67, no. 6 (December 2016): 859-866, http://www.jpp.krakow.pl/journal/archive/12_16/pdf/859_12_16_article.pdf.
14. T. Lu, oral interview with authors, August 23, 2019.
15~25. Lu, oral interview.
26. T. Ching, D. S. Himmelstein, B. K. Beaulieu-Jones, A. A. Kalinin, B. T. Do, G. P. Way, E. Ferrero, et al., "Opportunities and Obstacles for Deep Learning in Biology and Medicine," *Journal of the Royal Society Interface* 15, no. 141 (April 1, 2018): 20170387, https://doi.org/10.1098/rsif.2017.0387.
27~29. Lu, oral interview.

Chapter 18 • 노년기까지 회복력 있는 마이크로바이옴의 유지

1. E. Biagi, L. Nylund, M. Candela, R. Ostan, L. Bucci, E. Pini, J. Nikkila, et al., "Through Ageing, and Beyond: Gut Microbiota and Inflammatory Status in Seniors and Centenarians," *PLoS One* 5, no. 5 (May 2010): e10667, https://doi.org/10.1371/journal.pone.0010667.
2. T. C. Cullender, B. Chassaing, A. Janzon, K. Kumar, C. E. Muller, J. J. Werner, L. T. Angenent, et al., "Innate and Adaptive Immunity Interact to Quench Microbiome Flagellar Motility in the Gut," *Cell Host and Microbe* 14, no. 5 (November 13, 2013): 571–581, https://doi.org/10.1016/j.chom.2013.10.009.
3. A. C. Hearps, G. E. Martin, T. A. Angelovich, W.-J. Cheng, A. Maisa, A. L. Landay, A. Jaworowski, and S. M. Crowe, "Aging Is Associated with Chronic Innate Immune Activation and Dysregulation of Monocyte Phenotype and Function," *Aging Cell* 11, no. 5 (October 2012): 867-875, https://doi.org/10.1111/j.1474-9726.2012.00851.x.
4. Metchnikoff, *The Prolongation of Life*.
5. C. Franceschi, M. Bonafè, S. Valensin, F. Olivieri, M. De Luca, E. Ottaviani, and G. De Benedictis, "Inflamm-Aging: An Evolutionary Perspective on Immunosenescence," *Annals of the New York Academy of Sciences* 908, no. 1 (June 2000): 244-254, https://doi.org/10.1111/j.1749-6632.2000.tb06651.x.
6. R. I. Clark, A. Salazar, R. Yamada, S. Fitz-Gibbon, M. Morselli, J. Alcaraz, A. Rana, et al., "Distinct Shifts in Microbiota Composition during *Drosophila* Aging Impair Intestinal Function and Drive Mortality," *Cell Reports* 12, no. 10 (September 8, 2015): 1656–1667, https://doi.org/10.1016/j.celrep.2015.08.004.
7. M. Rera, R. I. Clark, and D. W. Walker, "Intestinal Barrier Dysfunction Links Metabolic and

Inflammatory Markers of Aging to Death in *Drosophila*," *Proceedings of the National Academies of Sciences of the United States of America* 109, no. 52 (December 26, 2012): 21528–21533, https://doi.org/10.1073/pnas.1215849110.
8. S. Oliviero and R. Cortese, "The Human Haptoglobin Gene Promoter: Interleukin-6-Responsive Elements Interact with a DNA-Binding Protein Induced by Interleukin-6," *The EMBO Journal* 8, no. 4 (April 1, 1989): 1145-1151, https://doi.org/10.1002/j.1460-2075.1989.tb03485.x.
9. Y. Qi, R. Goel, S. Kim, E. M. Richards, C. S. Carter, C. J. Pepine, M. K. Raizada, and T. W. Buford, "Intestinal Permeability Biomarker Zonulin Is Elevated in Healthy Aging," *Journal of the American Medical Directors Association* 8, no. 9 (September 1, 2017): 810.e1-810.e4, https://doi.org /10.1016/j.jamda.2017.05.018.
10. Qi et al., "Intestinal Permeability Biomarker Zonulin."
11. P. Carrera-Bastos, O. Picazo, M. Fontes-Villalba, H. Pareja-Galeano, S. Lindeberg, M. Martínez-Selles, A. Lucia, and E. Emanuele, "Serum Zonulin and Endotoxin Levels in Exceptional Longevity versus Precocious Myocardial Infarction," *Aging and Disease* 9, no. 2 (April 2018): 317–321, https://doi.org/10.14336/ad.2017.0630.
12. P. L. Minciullo, A. Catalano, G. Mandraffino, M. Casciaro, A. Crucitti, G. Maltese, N. Morabito, A. Lasco, S. Gangemi, and G. Basile, "Inflammaging and Anti-inflammaging: The Role of Cytokines in Extreme Longevity," *Archivum Immunologiae et Therapiae Experimentalis* 64, no. 2 (April 2016): 111-126, https://doi.org/10.1007/s00005-015-0377-3.
13. C. Franceschi, M. Capri, D. Monti, S. Giunta, F. Olivieri, F. Sevini, M. P. Panourgia, et al., "Inflammaging and Anti-inflammaging: A Systemic Perspective on Aging and Longevity Emerged from Studies in Humans," *Mechanisms of Ageing and Development* 128, no. 1 (January 2007): 92-105, https://doi.org/10.1016/j.mad.2006.11.016.
14. N. Thevaranjan, A. Puchta, C. Schulz, A. Naidoo, J. C. Szamosi, C. P. Verschoor, D. Loukov, et al., "Age-Associated Microbial Dysbiosis Promotes Intestinal Permeability, Systemic Inflammation, and Macrophage Dysfunction," *Cell Host and Microbe* 21, no. 4 (April 12, 2017): 455–466, https://doi.org/10.1016/j.chom.2017.03.002.
15~16. Biagi et al., "Through Ageing."
17. E. Biagi, C. Franceschi, S. Rampelli, M. Severgnini, R. Ostan, S. Turroni, C. Consolandi, et al., "Gut Microbiota and Extreme Longevity," *Current Biology* 26, no. 11 (June 6, 2016): 1480-1485, https://doi.org/10.1016/j.cub.2016.04.016.
18. Biagi et al., "Gut Microbiota."
19. M. J. Claesson, I. B. Jeffery, S. Conde, S. E. Power, E. M. O'Connor, S. Cusack, H. M. B. Harris, et al., "Gut Microbiota Composition Correlates with Diet and Health in the Elderly," *Nature* 488, no. 7410 (August 9, 2012): 178-184, https://doi.org/10.1038/nature11319.

Epilogue • 마이크로바이옴 연구가 우리의 미래를 위해 중요한 이유

1. N. Pariente, "Milestones in Human Microbiota Research," *Milestones*, June 18, 2019, https://www.nature.com/immersive/d42859-019-00041-z/index.html, accessed February 2, 2020.
2. J. Leidy, *A Flora and Fauna within Living Animals* (New York: Putnam and Company, 1853).
3. P. J. Turnbaugh et al., "An Obesity-Associated Gut Microbiome."

찾아보기 _ 인명 및 고유 명사

C. J. 피터스 131
C. K. 존슨 132
CDC: 미국 질병통제예방센터 참조
D. W. 후드 106
E. R. 목슨 106
J. 로빈 워렌 299
J. 크레이그 벤터 28, 102
MGH: 매사추세츠 종합병원 참조
MGHfC: 매사추세츠 어린이 종합병원 참조
S. 두스코 에를리히 112
SDSU: 샌디에이고 주립대학교 참조
WHO: 세계 보건 기구 참조

ⓒ

게놈연구소 28, 102
구스타브 루시 연구소 301
국립 인간게놈 연구 센터: 국립 인간게놈 연구소를 참조
국립 인간게놈연구소 28, 102-103
국립과학재단 96
국민건강면접조사(NHIS) 395
국방고등연구계획국(DARPA) 89
국제 인간게놈 시퀀싱 컨소시엄 28
국제 프로바이오틱스 및 프리바이오틱스 과학 협회 374

국제생명과학연구소 317
귀도 크뤠머 302
그레고르 멘델 98
그레고리 카포라소 458, 463
그레이엄 록 152
글로리아 세레나 378
길 샤론 265

ⓝ

나바호족 129-131
나세르딘 올드자이두네 220
네안데르탈인(호모 네안데르탈렌시스) 34-35
네투샤 테바란잔 447
노벨상 28, 98-99, 101-102, 297, 299, 380
뉴멕시코 대학교 129
니나 숌머 83
니라즈 수라나 323
니브 즈모라 400

ⓓ

다니엘 디줄리오 79
다니엘 릴리 380
다트머스 대학 420
더글러스 하나한 296

더크 게버스 204
데니스 캐스퍼 271, 323-324
데이비드 렐먼 66-67
데이비드 슈나도우 398
데이비드 스트라찬 32, 152

리버만, 다니엘 343
리처드 갈로 83
리타 콜웰 95, 126
린 오스만 엘킨 101

ⓒ

라이 영 139
랜드연구소 33
랜스 볼링 143
러셀 셰들러 458, 461
레베카 브로트만 67
레오나르도 다빈치 95
레이몬드 고슬링 99
로널드 콜먼 133
로라 콕스 265
로런 피히트너 340, 368
로렌스 지트보겔 301-314
로버트 와인버그 296
로버트 코흐 6, 24, 27, 96, 458-459
로버트 헝게이트 458, 460
로베르토 베르니 카나니 388
로산나 라고스 286
로열 퍼스 병원 299
로잘리 스틸웰 380
로잘린드 프랭클린 99-100
론 부어히스 130
론다 블리칭턴 458, 463
롭 나이트 20, 42, 108, 113, 260, 268
루돌프 피르호 109
루스 레이 113, 213
루슬란 메지토프 458, 465
루이 파스퇴르 6, 27, 67, 459
르네 데카르트 261
리 카플란 208-227, 340

ⓜ

마르쿠스 드 고파우 72-73, 239
마르쿠스 클레손 450-451
마리아 도밍게즈-벨로 42-45
마리아 엘리사 페레즈-무노즈 71
마리카 팔콘 235
마이크 레빈 285
마이클 고트스만 103
마크 페퍼콘 458, 462
마틴 블레이저 19, 47, 151
마흐무드 가눔 144
매사추세츠 공과대학교(MIT) 144, 427
매사추세츠 어린이 종합병원(MGHfC) 124,
    311, 339-340, 348, 356, 364, 378, 420
매사추세츠 종합 병원(MGH) 87, 208-209,
    223, 311, 340, 378, 420, 472
맥스 페루츠 100
머린 레너드 356-359
메릴 바헤 112, 131
메릴랜드 대학교, 볼티모어 25, 29, 70, 115,
    168, 284
모리스 윌킨스 99
몰리 스타우트 80
미 해군 139
미갈 엘로비츠 81
미국 국립보건원(NIH) 88, 366
미국 국립의학도서관 143
미국 당뇨병학회 231
미국 산부인과의사협회(ACOG) 84
미국 식품의약국(FDA) 388-389, 392-394, 435

미국 암 치료 센터 307
미국 에너지부(DOE) 27, 102
미국 의학협회 206
미국 질병통제예방센터(CDC) 130-131, 146, 267, 304, 305
미국 한의학대학 120
미국과학진흥협회(AAAS) 96
미셸 스타인 151
미셸 트럭시스 25
미키오 후루세 168

ⓑ

바바라 워너 190
발레리아 마르자노 145
배리 마샬 299
버지니아 대학교 287, 289
벤 무네타 130
벤 아이즈먼 458, 461
보스턴 어린이 병원 381
보이즈 타운 국립 연구 병원 381
뵈벨 틸 151
브로드 연구소 190
브루스 템페스트 129
브리스톨 대학교 209
빅토리아 마틴 348
빌렘 드 보스 458, 463

ⓢ

사르키스 마즈마니안 260, 265, 267-280
사모스의 피타고라스 122~123
사무엘 클라인 212
살레르노 대학교 124
살레르노 유럽 생의학 연구소(EBRIS) 124, 364
샌디에이고 주립대학교(SDSU) 133, 135

샤 패밀리 재단 344
성 니콜라스 수도원 121, 124
세계 보건 기구(WHO) 119, 140, 146-147, 206-207, 286, 380
세스 라코프-나훔 458, 465
세실 루이스 46
셔우드 고르바흐 382, 387
셔우드 워시번 78
수잔 린치 151
수지 플래허티 150
스콜라 메디카 살레르니타나 121, 124
스탠포드 대학교 79
스테파노 관달리니 397
스테파니 스트라스디 140
스테파니아 셍거 88
스티그 벵마르크 382, 386-387
스티브 슈미트 13
스티브 스턴버그 129
스티븐 프리드먼 397
신시아 실베이라 135-136

ⓞ

아미쉬 151
아서 켄들 459
아슈칸 아프신 367
안드레아 내쉬 144
안셀 키스 49-50
안토니 반 레이우엔훅 457-458
안토니오 가스바리니 127
알렉산더 스톡스 100
알렉산더 플레밍 27
알리 조모로디 421-424, 435, 472
알파노 1세, 살레르노 대주교 121
알프레드 니슬 458, 460
알프레드 스터트반트 98

앙리 티시에 67
앤 기븐스 111
앨런 탄 307
앨렌 워커 87-88
야노마미 43-45
에드거 스터트반트 98
에디슨 토마스 221
에리카 이솔라우리 384, 387
에릭 트리플렛 69
에머런 메이어 222, 260, 267
에밀리 데이븐포트 20
엘레나 비아기 447-448
엘리 메치니코프 380-382, 443, 447, 459
엘시 타베라스 340-341, 346
엔페이 치 444
오메리 코렌 113-114
옥스퍼드 대학교 102
온코바이옴 프로젝트 308, 313
왕룽 귀 336
욜란다 산츠 201
워싱턴 대학교 68
워싱턴 대학교 68, 97, 213
원주민 38, 43, 44-45, 54, 130, 284
월터 길버트 101
위메이 둥 149
유럽 분자생물학 연구소 113
유럽 위원회 303, 309
유럽식품안전청(EFSA) 392
유엔 380
유엔 식량농업기구 380
유전체 연구 연구소(TIGR) 28, 102-103
이누이트 54, 58-59
이사벨 카르발류-라모스 86
인간게놈 프로젝트 27-28, 30, 103-106, 112, 157, 162, 259, 419, 463
인디언 메디컬 센터 129

임상시험용 신약(IND) 프로그램 프레임워크 393

ⓒ

자크 라벨 66, 70, 74
자크 페레이 304
장 프랑수아 데제 384
저장대학교 의과대학 120
저장대학교 의과대학 제1부속병원 120
전통 중국 의학(TCM) 120
점막 면역학 및 생물학 연구 센터(MIBRC) 87-88, 140, 311, 378-379, 421
제레미 바 135-137
제임스 앨리슨 297
제임스 왓슨 28, 99-102
제프 고든 42, 213, 222, 269, 458, 465
조나 마제트 132
조셉 뉴 69, 73, 83
조셉 레이디 458-459
조셉 리들러 151
조시 브라운 38
조지 디모풀로스 149
조탐 수에즈 399
존 밴더후프 381-391
존 스노우 6, 24
존 크라이언, 존 260
존스 홉킨스 대학교 148
주성젱 336
중국 광둥성 36-37
중국 우한 36
지카 132
짐 카퍼 25

ㅊ

치아유 창 266
치안 위안 348

ㅋ

카렌 램머스 173, 174
캘리포니아 공과대학교(Caltech) 267, 251
캘리포니아 대학교, 로스앤젤레스 222
캘리포니아 대학교, 샌디에이고 83, 140
커스틴 틸리쉬 260
커티스 후텐하우어 113
컬럼비아 대학교 98
케네스 윌슨 463
콘스탄틴 아프리카누스 121-123
콜로라도 대학교, 볼터 캠퍼스 13
크리스토스 야피자키스 125
크리스토퍼 와일드 304
크리스토프 타이스 53, 449
크리스티나 파허티 140-141
클라우디오 드 시몬 392-394
클레어 프레이저 29, 41, 103, 104-106, 112-114, 116-117
키르스티 아가드 68
킹스 칼리지 런던 100-101

ㅌ

타냐 야츠넨코 458, 466
태국 의과대학 119
태국 전통 의학(TTM) 119-120
터프츠 대학교 382
테오도르 에셰리히 459
테일러 필리 198
텍사스 A&M 대학교 139

토마스 패터슨 140
토마스 헌트 모건 98
투르쿠 대학교 384
툴레인 대학교 220
트레이시 베일 66
티모 미오헤넨 279
티모시 "팀" 루 427, 472
티모시 디난 409
팀 모스만 156

ㅍ

파리 국립 고등예술학교, 파리 384
파리 사클레 대학교 301
파브리치우스 아콰펜덴테 461
파비오 만프레디니 149
파사노 알레시오
　암과 마이크로바이옴 296
　조눌린 발견과 연구 167-168, 172-175, 384-385
　페데리코 2세 대학교(나폴리) 388
　마이크로바이옴 연구의 역사 167, 462
　이탈리아어 원어민 50, 121, 150
　소아과 진료에서의 비만 343
　염증 기둥 160
　미생물에 대한 존중 271
　장내 병원균 연구 25, 115, 271, 273-274, 284-287, 384, 396
　미래를 위한 비전 458, 467-468
파인골디아 255
파트리시오 라 로사 85
페데리코 2세 대학교, 나폴리 388
페드로 카레라-바스토스 445
펜실베이니아 대학교 66, 71, 81, 133
포레스트 로워 132, 458, 464
폴 버그 101

폴 에를리히 380
프랜시스 콜린스 28, 103, 104
프랜시스 크릭 28, 99-101
프레더릭 생어 101
프로바이오틱스 프리바이오틱스 국제 과학
 협회 374
플로레나 우디 129
플로리다 대학교 69, 88
피어 보크 113
피터 골드만 462
피터 턴보 213
피터슨 자 130
필리포 파치니 24

ㅎ

하버드 대학교 370
하버드 의대 209, 323
하워드 와이너 265
하자 수렵 채집인 46, 50, 52, 54-45, 57, 111
한타바이러스 131-132, 155
해밀턴 "햄" 스미스 101
허버트 윌슨 100
호머 부쉬 151
혼조 타스쿠 297-298
홀리 던스워스 78
후터파 교도 151
휴먼 마이크로바이옴 프로젝트 29, 41, 107, 112
히포크라테스 122, 124-125, 278

찾아보기 _ 일반 용어

ALI : 급성 폐 손상Acute lung injury 참조
ARDS : 급성 호흡 곤란 증후군 참조
AS : 강직성 척추염 참조
ASD : 자폐 스펙트럼 장애 참조
AT1001(라라조타이드 아세테이트)
    조눌린 억제제 172, 178, 252
ATP(아데노신 3인산) 17
CDGEMM : 셀리악병 유전체, 환경, 마이크로바이옴, 대사체(CDGEMM) 연구 참조
COVID-19
    노화 442
    기후 변화와 22
    글로벌 확산 35, 38-39
    면역반응 132-133
    염증 38
    마이크로바이옴 133, 347
    인종 민족 격차 65
    치료 가능성 120-121, 142, 252, 337
    혈관 투과성 172-173, 252
    인수공통전염병 기원 35-36, 121-133, 155
DNA
    노화 손상 439, 441
    태반의 오염 샘플 71-72
    이중나선 구조 28, 96, 99
    유전자 발현 337, 419
    메틸화 366

    시퀀싱 101-109, 112, 128, 131, 429, 464
DQ2, DQ8 유전자형 199-200, 232, 354-356
EE/EED : 환경성 장병증, 환경성 장 기능 장애 참조
FMT : 분변 미생물 이동 참조
GMAP : 위장, 마이크로바이옴 알레르기성 직장염(GMAP) 연구 참조
HIV/AIDS 38, 127, 146, 169, 312
IBD : 염증성 장질환 참조
IBS : 과민성 대장 증후군 참조
Ig : 면역 글로불린 참조
IL : 인터루킨 참조
LPS : 지질다당류 참조
MetaHIT(인간 장의 메타게놈학) 113
MS : 다발성 경화증 참조
RA : 류마티스 관절염 참조
SARS-CoV(중증 급성 호흡기 증후군 코로나바이러스) 36-37
SARS-CoV-2(중증 급성 호흡기 증후군 코로나바이러스 2) COVID-19의 원인 병원체 36-37
    말굽 박쥐 39
    인류의 역사 127
    전염병 유행 38
    주요 프로테아제 172

천산갑 37
조눌린 억제제 252
인수공통감염병 132, 155
SCFAs : 단쇄 지방산 참조
SEEM : 환경성 장병증 영양실조 연구 참조
T 헬퍼 세포(Th) 156, 174, 194, 205, 241-242, 245-246, 254, 256
Th 세포 : T 헬퍼 세포(Th) 참조
TIGR : 유전체 연구 연구소(TIGR)를 참조
TrialNet (T1D 유예 가능성을 살핀 연구) 231

ㄱ

가드네렐라 Gardnerella 77, 79-81
가수분해 카세인(HC) 식단 237-238
감마프로테오세균 191
강직성 척추염(AS)
    염증성 장질환과 관련 249-250
    정의 249
    환경 요인 250
건초열 156
게놈전장연관성연구(GWAS) 209
게멜라 232
결핵 24
계통발생수 134
고지혈증 170
공생
    세균과 바이러스 26, 44, 135-137
    초기 혐기성 미생물과 미토콘드리아 16-17
    파지-후생생물 136-137
    회충 소화 시스템과 세균 19
과민성 대장 증후군(IBS)
    인과 관계 요인 185-186
    장-뇌 축 185
    장내 미생물군집 186-188
    장 투과성 170

메탄 생산량 187-188
위장관 감염이 선행되는 경우 187
유병률 175-176
소장 세균 과증식 189-190
치료 189
유형 185
괴사성 장염(NEC)
    모유 88-88, 191
    장내 미생물군집 190-191, 194
    과면역반응 194-195
    장 투과성 190, 191-193
    오르가노이드(장기모사체) 연구 88, 192-193, 311-312, 333
    프로바이오틱스 치료, 381
궤양 299-300
궤양성 대장염 145
그라뉼리카텔라 255
그람양성 세균 56
그람음성 세균 20, 23, 35, 57, 148, 191, 251, 276, 300, 391
글루텐
    셀리악병 174, 176, 178, 199-201, 305-306, 334, 354, 355-357, 360, 379-380
    비셀리악 글루텐 민감성 170
    1형 당뇨병 223-238
    조눌린 트리거 173-174, 236
글리아딘 173-174, 200, 237, 379
급성 폐 손상(ALI) 39, 172, 252
급성호흡곤란증후군(ARDS) 29, 172
기생충 145, 146-147
기후 변화 22, 41, 165

ㄴ

나선형 세균 299-300

낙산균Butyricicoccus 264
낭포성 섬유증 133
내독소 53, 139, 185-186, 191, 212, 249-
251, 276, 291, 444-447
네 가지 체액 이론 122-125
네거티브쿠테스 191
노화
   암 308-309, 440
   정의 439
   식이요법 450-451
   장 투과성 170, 441, 442-445, 450
   마이크로바이옴 85-86, 439, 442-445,
     447-451, 459
   정상적 변화 439-440
   프리바이오틱스 치료 451
   프로바이오틱스 380, 403
   염증 촉진성 442-448, 450
   알츠하이머 위험인자 411
   과학적 연구 439
   이론 440-441
   효모를 통한 연구 142
농업 20-21, 35, 46, 70, 77, 154, 380, 453-454

ⓒ

다발성 경화증(MS)
   정의 240
   환경 요인 240
   형태 240
   유전적 요인 180-181, 32
   장내 미생물군집 241-243, 324
   위생가설 32
   면역반응 240-224
   염증 179
   장 투과성 170, 243
   선충 치료 145
   유병률 240
   바이러스 143
단쇄 지방산(SCFAs)
   항생제 관련 설사 399
   자가면역 229
   두뇌 발달 263
   셀리악병 199, 378-379
   식이요법 43, 248, 266
   음식 알레르기 196
   모유 올리고당 375
   쥐의 경우 321
   다발성 경화증 243
   비만 217
   포스트바이오틱스 407
   프리바이오틱스 373, 375-377
   프로바이오틱스 264
   피부 미생물군집에서 255, 257
   신바이오틱스 407
   SIBO : 소장 세균 과다 증식 참조
단순 포진 84
당뇨병, 제1형(T1D)
   자가 항체 232
   원인 231
   진단 231-232
   다이어트 238-239
   환경적 요인 232-233, 238-239
   유전적 요인 66, 232, 240
   위생가설 31
   면역반응 233-240, 267
   장 투과성 168-169, 233-240
   마이크로바이옴 144, 233-240, 267
   선충 치료 147
   유병률 231, 239
   증상 231
당뇨병, 제2형(T2D)
   알츠하이머병 411-412

진단 231
장 투과성 412
대사 장애 48, 234
마이크로바이옴 412
당뇨병: 제1형, 제2형도 참조
  노화 441
  마이크로바이옴 176
  분만방식 82
  유전적 요인 180-181
  임신 169
  프로바이오틱스 치료 405
대변 미생물 이식(FMT) 180, 427, 431, 458-461
대식세포 53, 171, 443, 445, 447
대장균Escherichia coli
  강직성 척추염 250
  항생제 민감성 44
  아토피 피부염 256
  박테리오파지에 대한 방어 136, 142
  암 300
  크론병 146, 203
  환경성 장병증 194
  태아 면역반응 193
  염증성 장질환 204, 355
  발병 기전 274
  프로바이오틱스 사용 460
  합성 생물학 433
  무균 쥐에 이식 461
  유박테리움 엘리겐스 377
  유박테리움 리모좀 448
대장균속(*Escherichia*) 242, 264
대장염
  C. 디피실 383, 398, 427, 461
  궤양성 146, 176, 205, 381
  마이크로바이옴 324
  분변 미생물 이동 427, 461

알레르기 194
장 투과성 169, 177
프로바이오틱스 치료 331, 383, 397-398, 427
항생제 관련 설사 396-397
도시화 21, 32, 153-154, 453-454
독감: 인플루엔자 참조
동물 가축화 36-37, 154, 453
동물 모델에서의 실험적 자가면역성 뇌척수염(EAE) 241, 244
동물 접촉 151, 154, 157, 453
동물원성 35, 132-133, 155, 453
디펜신 53, 166, 188

ㄹ

라라조타이드 아세테이트: AT1001 참조
라크노스피라세아 248
라크노스피라세아과 196, 323, 448
젖산간균
  양막강 68
  두뇌 발달 264
  셀리악병 201, 355
  당뇨병 237
  환경성 장병증 293
  과민성 대장 증후군 187
  프로바이오틱스 사용 376, 382-389, 395-399, 402
  항정신병 약물 사용 410-413, 415, 417
  피부 마이크로바이옴 254
  질내 미생물군집 74, 76-83, 89
락토코커스 413
레트로바이러스 128
렌티스파에레(*Lentisphaerae*) 185
로타바이러스 233, 285-286, 383, 396
로티아 254
루미노코카세 196, 488

루미노코커스과 488
류마티스 관절염(RA)
  정의 244
  식이요법 244, 246–247
  환경 요인 244
  장내 미생물군집 244–247
  면역반응 244–247
  장 투과성 244–245, 247
  구강 마이크로바이옴 245–246
리케넬라 175–176, 178

ⓜ

마이코플라즈마 제니탈리움 106
막대 모양의 세균 250
만성 염증성 질환: 염증, 염증성 질환 및 특정 질환 참조
만성 피로 증후군 162, 169
만성 피로 증후군 170
말라리아 44, 146–148, 155, 181
말라세지아 144, 255
매독 45
메타노브레비박테르 20, 243, 293
메탄세균 187–188
면역글로불린(Ig) 72, 89, 166, 290, 329–330, 383
모유 수유
  모유 올리고당(HMO) 87, 191, 375
  유아 면역 체계에 미치는 영향 88, 93
  유아 마이크로바이옴에 미치는 영향 83, 85–89, 91–93, 141, 328, 375, 462
  괴사성 장염 191

ⓗ

바실러스 37, 264

박테로이데스(*Bacteroides*)
  양수 내 마이크로바이옴 68
  자폐 스펙트럼 장애 271–272
  암의 경우 304
  인간과 비인간 영장류 장내 미생물군집에서 20
  수렵 채집인과 서양 미생물군집에서 43, 57
  면역 체계 발달 325
  다발성 경화증 240
  차세대 프로바이오틱스 405
  류마티스 관절염 247
  합성 생물학 433
  1형 당뇨병 237
박테리오파지(파지)
  점액 부착 135–136
  자가면역 142–143
  식이요법 144–145
  DNA 염기 서열 분석 464
  용균성 128, 136, 139, 149
  횡적 유전자 전달 15, 16, 44, 142–143, 274
  마이크로바이옴 128, 135, 140–141
  이동 메커니즘 140–141
  파지 요법 133, 136, 140–143
  피기백 더 위너 세균파지 상호작용(PtW) 136, 138
  합성 생물학 431
  용원성 128, 134–136
발육 부진 86, 93, 141, 193, 283, 286–289, 292–293
방선균 34, 276, 449
베루코마이크로바이아 204, 405
베루코마이크로바이아과 301
부티리비브리오 292
부티릭시모나스 243, 247
부틸산(Butyrate) 196, 238, 243, 248–249, 256, 264, 378, 385, 405

분만 형태
  천식 82
  셀리악병 82, 355, 358
  당뇨병 82
  음식 알레르기 347
  유아 면역 체계에 미치는 영향 82-84, 92
  유아 마이크로바이옴에 미치는 영향 67, 73, 81-85, 89, 91-93, 328
  괴사성 장염 197
분비성 면역 글로불린(SIgA) 89, 329-330
분절 사상균 220, 242
불안
  장-뇌 축 215, 222
  마이크로바이옴 257, 260
  파킨슨병 411
  정신병 치료 414-416
불안의 장-뇌 축, 222, 261-262
  자폐 스펙트럼 장애(ASD) 222, 261, 267, 278, 362, 418
  행동 270
  커뮤니케이션 채널 271, 411
  우울증 222, 261
  환경성 장 질환의 경우 283
  과민성 대장 증후군 185
  성숙한 뇌 264-266
  신경 발달 259-260, 262-266, 276
  신경 및 행동 장애 259-261, 278-280, 320, 401, 409-411
  비만 215, 221-222
  파킨슨병 222, 267, 277-278, 414
  프로바이오틱스 400, 410-411, 418
브라크 가설 279
블라스토시스티스 126
비 셀리악 글루텐 민감성 170
비만
  알츠하이머병 275, 383-384

항생제 220-221
쥐 모델의 인간 적용 가능성 217-218
뇌 213-215, 221-222
신부 살찌우기 219
정의 206
식이요법 207-208, 214, 217-218, 220-221, 224, 226, 340-346
운동 214-217, 223-224
지방 저장 210-212, 218, 225-226
미래의 개인형 맞춤치료 224-227
개비지 219-220
유전적 요인 208, 210-212, 215-216, 221, 224-225
장-뇌 축 215, 221-222
면역반응 112, 312
유아 마이크로바이옴 340-341, 345-346
장 투과성 170
다양한 유형 223-225
임신 중 산모의 체중 증가와 아동 비만 위험 62, 346-347
마이크로바이옴 176, 212-219, 221-224, 226, 308, 312, 320, 326, 337, 399, 412, 465
미생물 실종 가설 47
소아 영향 343
프리바이오틱스 치료 224, 342-343
유병률 65, 207, 339-340, 343
프로바이오틱스 치료 223-224, 341-343, 405-406
수면 부족 220-221, 223-224, 226
사회적 격차 343-346
사회경제 라이프스타일 요인 219-221, 223
비브리오 콜레라: 콜레라 참조
비알코올성 지방간 질환 170
비타민 76, 108, 321, 395, 455
비피더스균 34
비피도박테리움

노화 449
아토피 피부염에서 255-256
두뇌 발달 264
셀리악병의 경우 204
최초 격리 67
프리바이오틱스가 미치는 영향 376
과민성 대장 증후군 187
프로바이오틱스 사용 402, 405, 415
항정신병 약물 사용 320, 412-413, 417
1형 당뇨병의 경우 237

ㅅ

사스(중증 급성 호흡기 증후군) 35-36
사이코바이오틱스
  비피해피 411
  정의 409
  프로바이오스틱 411
  비스비옴 416-417
  비보믹스 411, 416-417
사카로미세스 125-126, 264
살모넬라 72, 115, 140, 293-294, 334
살모넬라증 115
생체리듬 52-53, 193, 220
선충류 127
설사: 콜레라, 환경성 장 질환, 과민성 대장 증후군 참조
  장내 병원균 115, 143
  분변 미생물 이동 461
  곰팡이 치료 144
  프로바이오틱스 치료 381, 383-384, 388, 395-396
세계화 453, 455-456
세라티아 마르세센스 144
셀리악병
  AT1001 치료 178

분만방식 69
세포 손상 305-306
정의 354
식이요법 357
환경요인 354-355, 357
엽산 결핍 262
유전적 요인 199-200, 241, 354-358
글루텐 174, 178, 181, 199-200, 306, 334, 354-358, 379
위생가설 31
면역반응 312, 378-379
유아 마이크로바이옴 201-202, 355-357
장 투과성 168-170, 174, 176, 178, 379
마이크로바이옴 176, 200-202, 230, 312, 337, 354-358, 360, 378-379
유기체 연구 311, 336, 379
프리바이오틱스 치료 357, 378-379
유병률 360
예방 361-363
독특한 자가면역 질환 181, 199
셀리악병 유전체, 환경, 마이크로바이옴 대사체(CDGEMM) 연구 356-357, 360
소아마비 285-286
소장 세균 과증식증(SIBO)
  프로바이오틱스 사용에 대한 우려 401
  정의 189, 289
  환경성 장병증 260, 285-286, 288-289, 291
  과민성 대장 증후군 186-187
  조눌린 트리거 173-174
  천연두 35, 38, 127
소화성 궤양 질환 276-277
수막염 72
스트레스
  과민성 대장 증후군 184
  산모 마이크로바이옴 64, 67
  비만 212, 219-220, 223

소화성 궤양 질환에서 299
연동운동 190
정신병 치료 410-411
질 미생물군집 76, 110
스피로케테스 35, 45
시겔라 115, 140-141, 274
시아노세균 12
식이섬유 43, 52, 57, 59, 166, 248-249, 256, 266, 294, 368, 376, 455
식품 단백질로 인한 알레르기성 직장염: 알레르기, 식품 참조
신경 염증성 질환 47, 156, 281, 320
신경 퇴행성 질환 157, 169
신경 행동 장애
　식이요법 266
　장-뇌 축 259-261, 279-281, 320, 410-412
　마이크로바이옴 259-261, 267-269, 280-281
　사이코바이오틱스 409-411
신경교종 150
신바이오틱스
　자폐 스펙트럼 장애 363-364
　정의 404
　메커니즘과 효과 406-407
　비만 342
　개인 맞춤형 424
　사용 180, 404, 406-407
신장 결석 57
신종 인플루엔자 110
심혈관 질환 49, 340, 318, 400, 440, 445

◎

아나에로스티프스 카카에 199
아나에로코커스 255
아넬로바이러스 128

아노펠레스 모기 146-149
아르테미시닌 147
아시네토박터 바우만나균 139
아커만시아(*Akkermansia*) 175, 178, 243, 276, 301, 448,
아토피 질환 196
아토피 피부염(AD)
　정의 252
　식이요법 252
　환경적 요인 252
　유전적 요인 252-253, 255
　장내 미생물군집 253, 255-256
　면역반응 253, 255
　유병률 252, 253
　프로바이오틱스 치료 256, 387
　피부장벽 253, 255
　피부 미생물군집 253-253
　신바이오틱 치료 406
아토피 피부염AD 252-254
알레르기 결막염 253
알레르기 비염 253
알레르기 질환: 알레르기, 음식 참조
　항생제 196
　장 감염 173
　농장 노출 151, 196
　기생충 치료 144
　위생가설 32, 156
　면역반응 155-156, 196
　마이크로바이옴 293, 326
　유병률 194-195
알레르기
　음식/환경 요인 356-358
　면역반응 194-196
　장 투과성 379
　마이크로바이옴 관련 195-198, 251, 330, 334-336

미생물 실종 가설 151
개인형 맞춤의료 349
유병률 189, 344, 347
예방 352-353
프로바이오틱스 치료 352-353, 374, 380-383, 387
신바이오틱 치료 406
알마—아타 선언 119
알츠하이머병
혈액뇌장벽 투과성 262, 265
정의 275, 411
환경 요인 275
장내 미생물군집 275-276, 412
면역반응 275-276
장 투과성 278, 414
유병률 275, 277
정신병 치료 412-413
위험인자 411
알파인 미생물 천문대 13
암
비정상적인 세포 증식 293-294, 308-309, 441
나이 306-307, 440
정단 기저암종 305
기저 세포암 304
유방 160, 325, 304, 307, 309
대장 66, 324, 381, 383
결장직장 305, 323, 381
식이요법 303-304, 327, 340
환경 요인 304-305, 325
위 299
유전적 요인 296-297, 300, 304-305, 312
특징 296-297
면역반응 297-303, 306-312
면역요법 427-428
염증 296-297, 300

장 311
장 투과성 162, 168, 312-313
신장 467
폐 304-305, 307, 310, 466
흑색종 298, 309, 467
신진대사 297, 302, 305, 309, 313
마이크로바이옴 296, 299-303, 307-313, 443, 466
다인자성 157-160, 223-225
프리바이오틱스 치료 310, 313
유병률 296, 303-204
프로바이오틱스 치료 310, 314, 381, 383, 405-406 전립선, 304, 307
성 호르몬 307-308
피부 298-303
치료 가능성 297-303, 307-314
에볼라 127, 132
에이즈: HIV/AIDS 참조
엔트아메바 47
연구 설계
동물 모델 320-322, 347, 356, 362, 364
계산적 접근 332, 337-338, 359, 366-367, 423-424
(횡)단면 75, 110, 117, 151, 190, 317, 335, 338, 347, 418, 426
배양 기반 330-331
다양한 집단 322, 325
인간 미생물군집 관련 쥐 325-326
미생물—표현형 삼각측량법 324-325
단일군집화 324-325
멀티오믹스 분석 331-332, 340-342, 366-370, 423-424
차세대 프로바이오틱스 402-403
오르가노이드 모델 333-335, 353
개인 맞춤형 의학 348-349
문제 317

전향적 코호트 75, 80-81, 117, 202, 335-337, 335, 340, 352, 356
시퀀싱 기반 331-332
연쇄상구균 아갈락티아에 72
연쇄상구균 72, 254, 410
열대성 장병증: 환경성 장병증 참조
열대열원충 146-148, 180
염증: 염증성 질환도 참조
    적응 면역 체계 164
    노화 440-451
    알츠하이머병 275-276, 411-413
    강직성 척추염 249-252
    아토피 피부염 254
    자폐 스펙트럼 장애 361-362, 468
    암 296
    셀리악병 306, 335, 378-379
    만성의 94, 156-161, 180-181, 445-446
    만성 염증성 질환 168-169
    COVID 39
    크론병 146
    설사 396
    식이요법 247-248, 368-369
    환경성 장병증 283-284, 287, 289-291
    다섯 가지 기둥 159-160, 164, 179-180
    면역 과민성 160, 162, 178-179
    염증성 장질환 202-203, 329
    장벽 기능 상실 160-165, 169, 175-178
    마이크로바이옴에 의해 조절 77, 90-93, 141, 263
    다발성 경화증 179, 242-243
    괴사성 장염에서 190-192
    비만 212, 342
    파킨슨병 179, 269, 278, 414-415
    포스트바이오틱스 처리 408
    프리바이오틱스 치료 476
    조산아 88

    프로바이오틱스 치료 381, 384, 387, 391, 400, 402, 405, 410-413, 415, 418
    류마티스 관절염에서 245-248
    합성 생물학 치료 432
    일시적 445
    제1형 당뇨병 235-236, 238, 240
    불균형한 마이크로바이옴 160, 162-163, 176-180, 187, 191, 271-272, 299-300
염증성 장질환(IBD)
    항진균제 치료 144
    유전적 요인 202
    위생가설 33
    면역반응 267
    장 투과성 176
    마이크로바이옴 176, 202-205, 230, 267, 270, 320, 326, 329
    프로바이오틱스 치료 146, 382
    염증성 질환 항목 참고
    염증 - 출산 방식에 따른 질환 82
    일주기 리듬 54
    기후 변화 22
    식이요법 367-369, 456, 465
    장 감염 173
    유전자와 환경가설 157-159, 180-181
    기생충 치료 146
    위생가설 32-33, 152-153, 156-157, 452, 456
    면역반응 155-156, 176-177
    장벽 기능 상실 169-170, 177, 463-464
    대사 기능 56
    발병 기전에서 마이크로바이옴 39, 57, 60-61, 76, 94, 282
    치료에서의 마이크로바이옴 58, 316, 319, 353, 360, 373-374
    미생물 실종 가설 19-20, 47, 151-152
    메커니즘적인 연구의 필요성 314, 331,

334, 336-337, 353
유병률 31-33, 40, 154, 271, 453-454, 465
농촌 환경과 도시 환경 153
치료 표적 164-165, 177-180, 419
인플루엔자 35, 38, 127, 130
엽산 262
예르시니아 페스티스: 페스트, 발진성 페스트 참조
예방 접종 25, 38, 164, 285-286, 288, 295, 308, 392
예쁜꼬마선충 18
오르가노이드
인간 장합성 생물학에서의 응용 434
암 연구 312
셀리악병 연구 311, 335, 379
장내 병원체 연구 142-143, 335
향후 연구용 335, 353, 404, 434
괴사성 장염 연구 88, 192-194, 311
출처와 구조 143, 333-334
오실로스피라 292
오클루딘 167, 237, 229
옥살로박터 포르미게네스 57
옥살로박터 57
우울증
장-뇌 축 222, 261
장내 미생물군집 262
장 투과성 464
파킨슨병 413
정신병 치료 410-412
위염 299
위장, 마이크로바이옴 알레르기성 직장염 (GMAP) 연구 348, 349-353
위장염 128, 397-398
유당(Lactose) 87, 375, 381
유레아플라즈마 79

유아 마이크로바이옴
항생제 85-86, 89-91, 191
분만방식 54, 65, 68-72, 76, 78-79, 304
모유 수유 83, 85-90, 91-92, 141, 328, 375, 462
셀리악병 200-201, 355-357
생후 1년 동안의 성장 85-86, 89
면역체계 89-92
유아 특정 장 질환 190-198
장기적 영향 85, 462
산모 식단 75-76, 346-347
산모의 임신 체중 증가 346-347
산모 건강 64-67, 75-76, 346-347
산모 전염 64, 67-69, 72-76, 78, 82-83
비만 340-341, 345-346
미숙아 69, 84-85, 87-88, 190-191
무균자궁 가설 67-71
유전 공학: 합성 생물학 참조
유전적 요인 250
장내 미생물군집 250-251
면역반응 250-251
장 투과성 170, 250-252
음식
노화 450-451
아토피 피부염 252
자폐 스펙트럼 장애 363-364
암에서 303-304, 313, 340
셀리악병의 경우 357
만성 염증성 질환 367-369, 455
유럽 376
약으로서의 음식 112
인간 진화 계획에서 20, 49
수렵 채집 42, 45, 46-48, 50, 55-57
세계화가 미치는 영향 455-456
산모의 식단이 유아에게 미치는 영향 75-76, 345-346

면역반응에 미치는 영향 248, 266
마이크로바이옴에 미치는 영향 20, 40, 46, 144-145, 248, 257, 294, 303, 450-451, 456, 465
지중해 49-51, 145, 228-229
신경 행동 장애 266
비만 208-209, 214, 217-218, 220-221, 224, 226, 340-346
파킨슨병 277
개인화된 개입 396
류마티스 관절염에서 244, 246-247
사회 정책 정의 문제 342-345, 455-457
1형 당뇨병의 경우 237-238
미국 376
서양 45-57, 156, 247-248, 253, 294, 456, 465
의간균 프라길리스 242, 247-248, 271-272, 300, 325, 405
의간균(*Bacteroidetes*)
  알츠하이머병 276
  암 405
  셀리악병 355
  크론병 203
  당뇨병 238-239, 405
  식이요법 248
  환경성 장병증 194, 293-294
  인간과 쥐의 마이크로바이옴 322
  현대 인간과 네안데르탈인의 구강 미생물 군집에서 34
  신경염증 405
  차세대 프로바이오틱스 405
  비만의 경우 213
  의간균문(*Bacteroidetes*) 84, 248
의간균과(*Bacteroidaceae*) 448
이리신 216
이질 99, 460-461

인간 면역 결핍 바이러스: HIV/AIDS 참조
인공 신경망(ANNs) 421
인공 지능(AI)
  멀티오믹스 분석에 적용 423-426
  합성 생물학에의 적용 427~428
  통계 분석과 비교 422-423
  딥 러닝 접근 방식 422-423
  기원 420-421
인슐린 저항성 170, 412-413, 465
인슐린 56, 231-233, 412-413, 415, 428-429
인슐린염 145
인터루킨(IL)
  노화 447-448, 446
  강직성 척추염에서 249-250
  모유에서 88
  장내 병원균 53
  기생충 155
  염증성 장질환 205, 329
  장 투과성 177-178
  다발성 경화증 240-242
  파킨슨병 415
  프리바이오틱스 376, 379
  프로바이오틱스 415
  류마티스 관절염 246~247
  합성 생물학 432
  1형 당뇨병의 경우 233

ⓢ

자가면역 질환: 특정 질병도 참조
  박테리오파지 142-143
  고전적인 설명 229
  정의 228
  장 감염 173
  상피 장벽 기능 229

진화 관련 180-181, 229
다섯 가지 기둥 145-146, 160-164, 181, 311
유전적 요인 232
면역반응 53, 155-156, 229-230, 250, 298, 374
환자에게 미치는 영향 224-225
대사 네트워크 230
마이크로바이옴 47, 152-153, 157, 227, 229-230, 258, 302
다인자성 204
선충류 치료 145
유병률 16, 152, 228-229, 255, 360
조눌린 인 168, 173
자폐 스펙트럼 장애(ASD)
위장 증상과 상관관계 360-364, 416
정의 360-361, 434
다이어트 362-363
성별 불균형 362
장-뇌 축 205, 259, 261, 278, 361, 390
장내 미생물군집 261, 267-269, 269-270, 278, 337, 360-364, 443
면역반응 354-362
장 투과성 165, 267, 272, 374-375
다인자성 278, 361
향후 가능한 치료 467-469
프리바이오틱스 치료 336-337, 388
유병률 245, 254-255, 334
프로바이오틱스 치료 363-364, 416-418
자폐증의 유전체, 환경, 마이크로바이옴 대사체(GEMMA) 연구 362~367
장구균 201
장내 병원체: 콜레라, 환경성 장 질환 참조
박테리오파지 처리 142-143
일주기 면역반응 54
진화 273-274

숙주의 면역 방어를 회피하는 메커니즘 336
마이크로바이옴 270-271, 376, 382
유기체 연구 142-143, 336
독소 383
숙주 반응의 변화 113-114
조눌린 트리거 173
동물원성 132
장내세균 468
장내세균과 187, 203
재발 완화형 다발성 경화증(RRMS) 240
전신성 홍반성 루푸스 142
젊은 당뇨병 자가면역 연구(DAISY) 230
젊은 당뇨병의 환경적 결정 요인(TEDDY) 231
정신분열증 170
젖산간균(*Lactobacilli*) 77, 238, 382, 448
젖산간균과(*Lactobacillaceae*) 145
조눌린
급성 폐 손상 171-172, 253
노화 444-445
알츠하이머병 413
강직성 척추염 250-251
아토피 피부염 256
셀리악병 174, 178
만성 염증성 질환 168-169
발견 167-168, 384-385, 463-464
환경성 장병증 290-291
진화 171-172
조눌린 형질전환 쥐의 면역반응 176-178
조눌린 형질전환 쥐의 마이크로바이옴 175
혈액-뇌 장벽 조절 263
글루텐 노출에 의해 방출 173-174
불균형한 마이크로바이옴에 의해 방출 173-175
류마티스 관절염의 경우 245
구조적 특성 171
장 투과성 치료 168, 178

1형 당뇨병의 경우 235-238
조절 T세포(Tregs) 156, 177, 195-196, 239,
　242-244, 246, 325, 378
주의력 결핍 과잉 행동 장애 170
줄기세포 52, 95, 141, 306, 379, 441
중증급성호흡기증후군(SARS) : 사스 참조
중추신경계(CNS) 222, 240-242, 262-265,
　267, 409, 414-415
지중해 빈혈 155, 181
지질다당류(LPS) 53, 139, 142, 192, 252,
　276, 287-289, 412, 443, 4445
진화
　항생제 내성 유전자 43
　자가면역 질환 180-181, 229
　세균 15-16, 21-23
　인간 진화 일정의 식단 20, 48
　인간 진화 일정의 차질 18-20, 39-40,
　　152-155, 211, 220, 454-457
　진핵생물 14-16
　인간 뇌 78
　휴먼 마이크로바이옴 공생 29, 41, 44-
　　45, 73, 162-163
　인간과 기생충의 공생 147, 155
　인간 질 미생물 87, 90
　면역체계 90, 145, 155, 164, 270
　초기 유기체에서 미생물-숙주 상호 작용
　　16-18, 270, 372
　신경계 281
　병원균 272-274
　태아, 주산기 출산 후 인간 진화 일정의 요인
　　64, 72, 85, 90-93
　원핵생물 14-16
　프로테아제 190
　당에 대한 갈망 370-371
　인간 진화상의 체중 항상성 209-211
　조눌린 171-172

질내 미생물군집
　항생제 89
　인종 민족별 차이 77-81
　진화 74, 77
　젖산간균 74, 76-81, 89
　임신 관련 변화 74-76, 78, 110
　조산 79-82
　유아에게 전염 67, 73, 76, 82-85, 89

ㅊ

척추이분증 240
천산갑 37
천식
　출산유형 82
　농장 노출 150, 196
　장내 미생물군집 261, 347, 400
　위생가설 33, 152
　면역반응 257
　장벽 기능 상실 239
초파리 115, 442, 444
출혈열 130-131
췌장염 139
치주염 246, 250
칭하오(쑥부쟁이) 1147

ㅋ

칸디다 144
칸디다투스 프로메테오아르케움 신트로피쿰
　균주 MK-D1 18
코리네박테리움 254-255
콜레라 6, 23-26, 96, 112, 114-115, 271,
　284-286
콜린셀라 인테스티날리스 226
큐티세균 254

크로톤 학파 122
크론병 144, 176, 203, 205
크리스텐센넬라과 405, 449
크립토스포리디움 194
클라도게네시스 15
클라미디아 84
클로스트리디오이데스 디피실(C. 디피실)
　293, 377, 383, 398, 427, 461
클로스트리디움강(Clostridia) 199, 243, 248
클로스트리디움과(Clostridiaceae) 145, 197, 239
클로스트리디움목(Clostridiales,) 169
클로스트리디움속(Clostridium) 196-197,
　264, 300-301

ㅌ

탄수화물 46, 135, 203, 219, 398, 456
탄저균 24
통생명체(Holobiont) 21, 34
트레포네마 팔리듐(매독균) 45-46

ㅍ

파라박테로이데스(*Parabacteroides*) 247
피칼리박테로이데스(*Parabacteroides*) 405
파지 : 박테리오파지(파지) 참조
파킨슨병
　브라크 가설 279
　원인 277
　정의 277-278, 413-414
　식습관 277
　환경요인 277, 414
　유전적 요인 161, 277, 414
　장-뇌 축 222, 267, 277, 414
　면역반응 277-278, 414-415
　염증 178

장 투과성 277, 414
마이크로바이옴 261, 267, 269, 277-279, 326
다인자성 278
살충제 278
유병률 278, 417
정신병 치료 415-416
증상 277-278, 413-414
패턴 인식 수용체(PRR) 89, 2022, 465
패혈증(Sepsis) 72, 138, 170
　신생아, 90
페니실린 56, 390-391
페스트 35-37, 129
폐렴 39, 72, 129, 172, 179
포도상구균 232-234
포르피로모나스 진지발리스 246-247
포스트바이오틱스 324, 372, 373, 385, 407-
　408, 427
푸소세균(*Fusobacteria*) 35
푸소세균(*Fusobacterium*) 300
프레보텔라 43, 57-59, 68, 77, 188, 247-
　248, 251, 292, 405
프로바이오틱스 : 사이코바이오틱스 참조
　노화 치료 380, 403
　아토피 피부염 치료 256, 388
　자폐 스펙트럼 장애 치료 363-364, 416-418
　뼈 건강 치료 400
　암 치료 309, 314, 354, 381, 405-406
　심혈관 치료 400
　셀리악병 치료 358
　대장염 치료 381, 383, 397-398, 321
　코로나19 치료 120
　컬처렐 387-388
　정의 380-381
　당뇨병 치료 405
　대장균 니슬 1917 균주 460
　발효 식품 380-383, 386-387, 403

534

식품 알레르기 치료 352-353, 381, 385, 388
산업의 성장 388, 394-395
장-뇌 축 401, 379-408, 446
염증 치료 381, 384, 387, 391, 400, 402, 405, 410-413, 415, 418
염증성 장질환 치료 146, 381
과민성 대장 증후군 치료 189
메커니즘과 효과 264, 380-381, 383-386, 405-406
괴사성 장염 치료 381
차세대 402-406, 426-427
비만 치료 223-224, 341-343, 405-406
개인 맞춤형 개입 424
주의해야 할 이유 387-389, 400-402, 408, 427
규정 388-394, 401
피부 질환 치료 401
신바이오틱스 404, 406
합성 생물학 431
사용 54, 56, 180, 219, 394-395, 427
상처 치료 400-401
프로테오박테리아 35, 194, 200-201, 205, 355, 449
프로테우스 461
프로파지 135
프로퍼딘 171-172
프리바이오틱스
  노화 치료 451
  자폐 스펙트럼 장애 치료 363-364, 416
  모유 375-376
  암 치료 310, 313
  셀리악병 치료 358, 378-379
  코로나19 치료 120
  정의 373-374
  식품에서 유래한 375-376
  메커니즘과 효과 373-377

비만 치료 224, 342-343
  개인 맞춤형 396
  신바이오틱스에서 404, 406
  사용 54, 56, 180, 219, 394-395, 327
피부 마이크로바이옴
  성인 어린이 254-255
  아토피 피부염 254, 256-257
  구성 254-255
  숙주 방어 161, 254-256
  면역반응 82, 257
  장내 미생물군집과의 상호작용 257
  산모-영아 전염 82-83
  야노마미와 미국 43
피브로박터(*Fibrobacter*) 20
피칼리박테리움 203, 248, 405
피칼리박테리움 프로스니치 256, 376, 405, 448, 441
피코르나바이러스과(*Picobirnaviridae*) 128

ㅎ

합성생물학
  도전 과제 431-434
  전통적 유전 공학 429-430
  정의 428-429
  머신 러닝 435-436
  전망 427
  안전 문제 436-437
  전략 431-432
항생제 내성
  약물 내성 감염의 박테리오파지 치료 139-141
  프로바이오틱스 사용에 대한 우려 390
  약물 내성 감염의 분변 미생물 전이 치료 139-140
  유전자 43-44, 116, 127

페니실린 56
항생제 : 항생제 내성 참조
   알레르기 질환 194
   항생제 관련 설사 135, 381, 383, 387, 396, 398
   세균성 폐렴 179
   암 301
   셀리악병 334, 337
   제왕절개 분만 80
   면역조절 151, 153
   영유아 마이크로바이옴 88, 89-93, 152, 195, 346
   전염병 25, 153, 452
   과민성 대장 증후군 184, 186
   미생물 실종 가설 47, 151
   다발성 경화증 240
   괴사성 장염 190
   비만 206-207
   수술 합병증 386-387
   1형 당뇨병 234
   질 미생물군집 75
   항원 제시 세포(APCs) 236, 245, 405
헤르페스바이러스과 128
헤모필루스 103, 106, 255
헬리코박터 파일로리 299
홍역 38, 44
환경성 장 기능 장애(EED) : 환경성 장병증
   환경성 장병증(EE) 참조
   박테리오파지 처치 143
   인과 관계 요인 193-194
   정의 282-283
   발견과 네이밍 284, 288-289
   장-뇌 축 283
   장내 미생물군집 282, 286, 289, 291-295
   면역반응 283-284, 287, 289-291
   백신 효과에 미치는 영향 286-286, 268, 295
   장 투과성 170, 283-284, 286-291
   영양실조 287-288, 293-295
   유병률 283, 286
   셀리악병과 유사 283
   위생 283, 285-289, 291
   소장 세균 과증식 283, 285-286, 289, 291-292, 294
   발육 부진 283, 286-293, 295
   간질 261
   엡스타인-바 바이러스 142
환경성 장병증 영양실조 연구(SEEM) 294-295
회충 18
효모 126, 144-145, 149, 437
후벽균(*Firmicutes*)
   알츠하이머병에서 276
   셀리악병 200-201, 355
   크론병에서 203
   식이요법 249
   환경성 장병증 293-294
   인간과 쥐의 마이크로바이옴 322
   염증성 장질환의 경우 204-205
   현대인과 네안데르탈인의 구강 미생물군집 35
   비만의 경우 213
   1형 당뇨병의 경우 238-239